V

14154

COURS D'ÉTUDES MATHÉMATIQUES

PURES ET APPLIQUÉES.

Signature de l'auteur :

COURS

D'ÉTUDES MATHÉMATIQUES

PURES ET APPLIQUÉES,

SUIVI D'INSTRUCTIONS RELATIVES A LA RÉDACTION DES DIFFÉRENTS PLANS, DEVIS ET PROJETS,

A L'USAGE DES AGENTS-VOYERS,

Ouvrage également utile à MM. les Employés des Ponts & Chaussées, des Contributions directes, des Eaux & Forêts, Architectes, Géomètres du Cadastre, Arpenteurs, Entrepreneurs de Travaux publics, etc.;

PAR

C.-A. DUBOYS-LABERNARDE,,

INSPECTEUR-VOYER DU DÉPARTEMENT DE LA CHARENTE,

*Ancien Elève de l'Ecole des Arts et Métiers
d'Angers.*

DEUXIÈME PARTIE.

PARIS,

CARILIAN-GOEURY ET Vor DALMONT,

Libraires des Corps des Ponts et Chaussées et des Mines, quai des Augustins, 49.

1850.
1851

ANGOULÊME, IMP. LEFRAISE ET C⁰,

Rue du Marché, n⁰ 6.

EXPOSITION SOMMAIRE DU SYSTÈME MÉTRIQUE.

Les mots *déca, hecto, kilo, myria* s'emploient généralement, en arithmétique, pour exprimer *dix, cent, mille* et *dix mille;* les mots *déci, centi* et *milli* signifient *dixième, centième* et *millième.* Il suffit de faire précéder le nom de l'unité, quelle que soit sa nature, de ces premiers mots, pour avoir la désignation de ses multiples, de même que le nom d'une unité quelconque, précédé des seconds, indique les divisions et subdivisions de cette même unité.

L'unité linéaire étant le *mètre,* qui équivaut à trois pieds onze lignes, plus deux cent quatre-vingt-seize millièmes de ligne, on exprimera, d'après le système décimal :

Dix mille mètres par un *myriamètre.*
Mille mètres   —   *kilomètre.*
Cent mètres   —   *hectomètre.*
Dix mètres   —   *décamètre.*
Unité principale :   LE MÈTRE.
Un dixième de mètre, un *décimètre.*
Un centième,   un *centimètre.*
Un millième,   un *millimètre.*

L'unité superficielle est l'*are,* ou un carré ayant pour côté une longueur de dix mètres. D'après ce qui vient d'être dit, on exprimera :

Dix mille ares par un *myriare.*
Mille ares   —   *kilare.*
Cent ares   —   *hectare.*
Dix ares   —   *décare.*
Unité principale :   L'ARE.
Un dixième d'are, un *déciare.*
Un centième,   un *centiare.*
Un millième,   un *milliare.*

L'hectare, l'are et le centiare sont les seules de ces mesures qui soient usitées : l'hectare est un carré qui comporte cent mètres de côté, et le centiare un second carré dont le côté n'est que d'un mètre.

L'unité de solidité ou de volume est le *mètre cube*, ou bien un cube dont chaque arête a juste un mètre de longueur. En admettant la marche qui vient d'être adoptée en principe, on aurait pu dire :

Au lieu de dix mille mètres cubes,	un *myriamètre cube.*	
— mille mètres cubes,	un *kilomètre cube.*	
— Cent mètres cubes,	un *hectomètre cube.*	
— Dix mètres cubes,	un *décamètre cube.*	
Unité principale :	LE MÈTRE CUBE.	
Un dixième de mètre cube,	un *décimètre cube.*	
Un centième,	un *centimètre cube.*	
Un millième,	un *millimètre cube.*	

Mais le volume du mètre cube étant déjà considérable par lui-même, on n'emploie jamais ses multiples.

Il n'en est pas ainsi de ses sous-multiples.

Le dixième de mètre cube est un parallélipipède rectangle ayant pour base un mètre carré et pour hauteur un décimètre.

Le centième de mètre cube est un parallélipipède rectangle ayant pour base un carré dont le côté est un décimètre et la hauteur un mètre.

Enfin, la millième partie du mètre cube est un cube ayant un décimètre de côté.

J'ai donné ces dernières explications, parce qu'il arrive que des personnes, fort instruites du reste, mais peu familiarisées avec les connaissances géométriques, ont quelquefois une fausse idée des sous-multiples du mètre cube, car, d'après l'usage, le décimètre cube est un cube qui a un décimètre de côté, et le centimètre cube un cube ayant un centimètre de côté : le premier n'est donc, en réalité, que la millième partie, et le second la millionième partie du mètre cube.

Le mètre cube prend le nom particulier de STÈRE lorsqu'il est employé à la mesure des bois de chauffage.

L'unité de capacité est le LITRE, dont le volume est égal à un décimètre cube ou à celui d'un cube ayant un décimètre de côté ; ses multiples sont le *myrialitre*, le *kilolitre*, l'*hectolitre* et le *décalitre,* dont les deux derniers sont seuls employés; les sous-multiples sont le *décilitre,* le *centilitre* et le *millilitre.*

Du poids d'un centimètre cube, ou plutôt d'un cube ayant un centimètre de côté, d'eau distillée et ramenée à son maximum de densité, on a fait l'unité de poids, à laquelle on a donné le nom de GRAMME, et l'on en a formé le *myriagramme,* le *kilogramme,* l'*hectogramme* et le *décagramme,* puis le *décigramme,* le *centigramme* et le *milligramme.*

Enfin, l'unité de monnaie est le FRANC, dont les dénominations multiples ne sont jamais employées, et dont les sous-multiples sont, par exception, désignés sous les noms de *décime* et *centime.*

Tel est l'exposé succinct du système métrique, que j'ai cru devoir placer au commencement de cette seconde partie, pour éviter les explications multipliées qu'eussent nécessitées, pour quelques personnes, chacun des chapitres qui la composent.

—∽ↄↄℰ⑨ↄↄ∽—

COURS

D'ÉTUDES MATHÉMATIQUES

PURES ET APPLIQUÉES.

DEUXIÈME PARTIE.

CHAPITRE PREMIER.

ARPENTAGE.

§ 1ᵉʳ. — INSTRUMENTS LES PLUS USUELS, LA LIGNE DROITE, SON TRACÉ, SON MESURAGE; LES LIGNES PERPENDICULAIRES, PARALLÈLES, MESURE DES ANGLES, DÉTERMINATION DES DISTANCES INACCESSIBLES.

Nº 1ᵉʳ. — Sans rechercher dans l'histoire des temps passés, les peuples auxquels nous sommes redevables des premiers essais de géométrie pratique, négligeant encore de suivre pas à pas les progrès de la science et ceux de ses applications, je me bornerai à décrire le plus succinctement possible l'état actuel des connaissances pratiques dont la première partie de ce cours a déjà établi la théorie; néanmoins, avant d'entrer en matière, il n'est pas inutile de

1

faire connaître quelques-uns des instruments les plus usuels ; quant à la manière de s'en servir, elle sera indiquée à mesure qu'il s'agira d'en faire usage.

Le premier besoin qui se fait sentir est d'évaluer la longueur d'une ligne droite donnée; aussi, l'instrument de première nécessité est-il la *chaîne métrique*, ou *décamètre*, qui a dix mètres de longueur; elle se compose ordinairement de chaînons en fil de fer, exprimant les fractions décimales du mètre, réunis les uns aux autres par des anneaux de même métal, à l'exception, cependant, de ceux qui séparent chaque mètre, qui, pour être plus apparents, sont en cuivre; les deux extrémités de la chaîne, qui font partie du premier et du dernier mètre, se terminent par des poignées.

Fig. 276 et 277, pl. XIX. L'*équerre* est un instrument en cuivre, cylindrique, ou bien encore qui a la forme d'un prisme octogonal, ouvert à sa base supérieure, et terminé partout ailleurs par une paroi assez mince; le cylindre, ou le prisme, n'importe lequel, est fendu légèrement de haut en bas, perpendiculairement à ses bases, par deux plans qui se coupent à angle droit suivant son axe; chacun des quatre angles droits ainsi formés autour de cet axe, est lui-même divisé par un autre trait ou fente légère correspondant aussi à la même ligne, et interceptant sur la circonférence du cylindre, avec les traits ou *pinnules* précédentes, des angles de 45° dont le sommet commun est situé sur l'axe même; il résulte de cette construction, que lorsque l'instrument est fixé à l'extrémité d'un bâton fiché verticalement en terre, son axe correspond à l'intersection commune de quatre plans verticaux dont les traces horizontales forment entr'elles des angles droits et des angles de 45°.

Fig. 280, pl. XIX. La *planchette* est un instrument propre à obtenir graphiquement les angles naturels; elle se compose d'une table à peu près carrée, propre à recevoir la feuille de papier sur laquelle on veut opérer; la table est fixée sur trois pieds formant triangle, au moyen d'un genou métallique ou en bois, qui permet de l'incliner en tous sens, et de la ramener, au moyen d'un niveau à bulle d'air, à la position horizontale : indépendamment de cette inclinaison qu'est susceptible de recevoir la planchette en tous sens, elle possède encore la faculté de tourner sur son point milieu considéré comme pivot, sans, pour cela, sortir du plan dans lequel elle a été placée en la fixant sur ses pieds.

Fig. 280, pl. XIX. L'*alidade* est inséparable de la planchette ; elle se compose tout simplement d'une règle en cuivre à biseau, terminée, à ses extrémités repliées à angles droits, par deux pinnules; de telle sorte que le plan passant par les pinnules, passe également par le biseau de la règle ; il arrive souvent que les pinnules sont remplacées par une lunette C D, dont l'axe est alors situé dans le même plan que le biseau AB ; cette dernière disposition permet d'opérer à de plus grandes distances, et présente en même temps plus de précision dans les opérations.

Le *déclinatoire* est encore un utile auxiliaire de la planchette ; c'est une boîte Fig. 278, pl. XIX. rectangulaire en bois, bien dressée, suivant ses côtés, au milieu de laquelle se trouve un pivot supportant une aiguille aimantée ; les deux bouts de la boîte sont ordinairement terminés à l'intérieur par des arcs de cercles gradués, de telle sorte que les divisions O soient situées, ainsi que le point d'appui de l'aiguille, sur une même droite parallèle au côté de la boîte ; l'aiguille, dans son mouvement, qui ne peut embrasser la circonférence entière, présente ses pôles sur les différentes graduations ; la boîte est couverte d'une feuille de verre, à l'effet de préserver, autant que possible, l'aiguille aimantée, des influences atmosphériques.

La *boussole* ne diffère du déclinatoire que par les arcs de circonférences Fig. 279, pl. XIX. gradués, qui sont remplacés par la circonférence entière, laquelle est inscrite dans une boîte carrée, ce qui donne à l'aiguille la faculté de la parcourir en entier, qui lui est interdite au déclinatoire ; l'un des côtés de la boîte, parallèle au diamètre du cercle qui correspond aux points de divisions O, est muni à ses extrémités de pinnules AB, qui permettent de diriger ce côté suivant une droite quelconque, lorsqu'on veut prendre l'angle que forme cette droite avec la direction de l'aiguille aimantée ; enfin, la boîte de la boussole est fixée sur un genou qui la réunit à ses pieds, sur lesquels elle peut être mise de niveau, et avec lesquels elle peut être, sans difficulté, transportée d'un lieu dans un autre.

On obtient encore les angles sur le terrain, à l'aide du graphomètre ; mais Fig. 281, pl. XIX. alors, comme lorsqu'on opère avec la boussole, leur ouverture, au lieu d'être tracée graphiquement, n'est donnée qu'en nombre ; nous indiquerons plus tard comment il est possible de les rapporter sur le papier avec toute l'exactitude désirable.

Le *graphomètre* se compose d'un demi-cercle et même le plus souvent d'un cercle entier dont la circonférence est divisée ; il est disposé sur un genou qui le réunit à son pied, semblable à celui de la planchette ; ainsi que cette dernière, le graphomètre peut tourner autour de son centre, s'incliner dans tous les sens, et être ramené à la position horizontale à l'aide du niveau à bulle d'air qui s'y trouve presque toujours adhérent ; deux règles, dont l'une fixe, et l'autre susceptible de tourner autour de son point milieu, se croisent au centre même du cercle où se trouve situé le sommet de l'angle à mesurer, dont les côtés doivent coïncider avec les deux biseaux des règles prolongés dans l'espace ; ces deux dernières sont munies de lunettes dont les axes coïncident avec leurs biseaux, et quelquefois même de simples pinnules, lorsque l'instrument n'est destiné qu'à de petites opérations.

Il existe aussi des *équerres-graphomètres ;* ces instruments, au lieu de se borner, comme les simples équerres, à ne donner que les angles droits et leurs moitiés, sont disposés de manière à ce que la partie supérieure du cylindre juxta-posée sur sa partie inférieure, tourne sur elle ; une graduation sur l'une et l'autre partie, indique le déplacement de la partie supérieure à droite ou à gauche ; le peu de volume de ces instruments, ou plutôt la petitesse de leur diamètre, ne permet guère de pouvoir s'en servir pour de grandes opérations.

Les différents instruments qui sont figurés à la planche XIX, pour la plupart en plan et en élévation, en peuvent donner une juste idée ; les dimensions y sont réduites au huit centième de leur grandeur naturelle, c'est-à-dire qu'ils sont représentés à l'échelle de huit centimètres pour un mètre ; la construction des échelles, instruments indispensables, ainsi que nous le verrons plus tard, est fort simple, mais exige une grande précision.

Fig. 275, Pl. XIX.

Pour construire une échelle décimale ou suivant le système métrique, on divise en dix parties égales la longueur prise pour unité, aux points 0, 0.1, 0.2, 0.3, 0.4, 0.5, 0.6, 0.7, 0.8, 0.9, 1.00, qui donnent les dixièmes ou *décimètres;* on élève au point zéro, une perpendiculaire OA, sur laquelle on porte successivement dix fois une distance abitraire ; puis, par chacun des points ainsi obtenus, on mène des parallèles à la droite prise pour unité, sur la dernière desquelles on porte une longueur égale à l'unité linéaire ; c'est ainsi que s'obtient le point J ; puis divisant JA en dix parties égales, on joint le point *a* au point O, et par *b, c,* etc., on mène des parallèles à cette ligne de jonction ; il est aisé de voir que, par cette construction, l'unité linéaire a été divisée en décimètres, puis le décimètre A*a* en dix centimètres ; les cotes qui sont indiquées sur l'échelle elle-même, me dispenseront de donner une description de son usage, qui permet de prendre, à un centième près, toutes les longueurs plus petites que l'unité ; on obtiendrait de même les distances plus grandes que cette même unité, en prolongeant l'échelle vers la droite, c'est-à-dire en portant de ce côté la longueur JA plusieurs fois, puis en menant par les points de division, des parallèles à la perpendiculaire AO ; cette construction est basée sur ce que les parallèles à la base du triangle *a*AO, sont

$$\frac{1}{10}, \frac{2}{10}, \frac{3}{10}, \frac{4}{10}, \text{etc.,}$$

de cette base.

2. — *Tracer sur le terrain une droite passant par deux points donnés.*

Soient A et B les deux points par lesquels doit passer la ligne dont il s'agit; Fig. 282, pl. XX. après avoir placé sur ceux-ci deux *jalons,* s'il est possible du point A d'apercevoir B, on se placera à quelques pas en arrière de ce dernier, puis dirigeant vers un point intermédiaire quelconque, quelqu'un muni d'un troisième jalon, on le fera fixer en terre verticalement, de manière à ce qu'il se confonde dans le plan vertical qui passe par le rayon visuel AB, ce qui arrivera lorsque les trois jalons se trouveront dans une même direction; pour continuer le tracé de la ligne, on se transportera vers B, de manière à pouvoir apercevoir les jalons A et C, et l'on en fixera un troisième D, se confondant dans l'alignement déterminé par les deux précédents; il est aisé de voir qu'en continuant cette opération des plus simples, on obtiendra la suite de points C, D, E, F, G, etc., dépendant de la droite demandée, et que l'on arrivera directement sur le point B, pourvu néanmoins que l'opération ait été dirigée avec précision.

On pourrait aussi, et cela deviendrait nécessaire, si de l'un des points donnés l'autre ne pouvait être aperçu, déterminer un point intermédiaire à l'aide de l'équerre; pour cela, après avoir fiché le bâton en terre, dans la position verticale, on dirigera deux pinnules opposées, sur l'un quelconque des points, puis regardant en sens contraire, on devra apercevoir l'autre si celui où l'on se trouve appartient à la droite demandée; s'il en était autrement, on tenterait de nouveaux essais, jusqu'à ce que l'on fût parvenu à réunir dans un même plan passant par l'axe de l'instrument, les deux points donnés; le point intermédiaire se trouvant ainsi déterminé, on achèvera l'opération comme précédemment, à moins que l'on ne préfère déterminer à l'aide de l'équerre les autres points de la droite, le bâton, après la détermination de chaque nouveau point, étant remplacé par un jalon.

D'après la définition de la ligne droite, il est facile de s'apercevoir que si l'on mesurait la trace qui passe par les pieds des différents jalons, en suivant les aspérités du terrain, cette ligne généralement courbe ou brisée excéderait sensiblement la plus courte distance comprise entre les points A et B; pour obtenir directement cette plus courte distance elle-même, deux hommes, dont le plus intelligent suivra derrière, opèreront le mesurage de la manière suivante : l'une des poignées étant arrêtée au point de départ par le premier porte-chaîne, le second tendra la chaîne en lui faisant suivre la trace des jalons, et mettra en terre, à l'autre extrémité, une tige en fil de fer connue sous le nom de *fiche;* il est essentiel de bien remarquer que la chaîne doit être horizontalement tendue toutes les fois que l'un des hommes ramasse

une des fiches et que l'autre en place une nouvelle; qu'ainsi, lorsque le terrain descend, la première poignée de la chaîne doit toucher à terre, tandis
que l'autre est élevée convenablement, et la fiche, abandonnée à son propre
poids, détermine sur le sol l'endroit qui lui est destiné; dans le cas contraire,
c'est-à-dire lorsque le terrain est incliné en sens opposé, un bâton droit est
planté verticalement, et la poignée de la chaîne élevée à propos le long de
lui, tandis que l'autre poignée est appuyée jusqu'à terre...; on se sert ordinairement de dix fiches; il en résulte que lorsqu'elles ont passé successivement des mains de l'un des chaîneurs dans celles de l'autre, on a mesuré un
hectomètre ou cent mètres; lorsqu'on a pour but d'effectuer une opération
délicate; il est bien de marquer chaque centaine par un piquet enfoncé en
terre; une semblable manœuvre étant exécutée sur toute la ligne, on évaluera
en mètres et fractions de mètre l'excédant des dixaines qui restera entre la
dernière fiche et le point d'arrivée.

Lorsqu'il s'agit d'une triangulation ou d'une opération sérieuse dans
laquelle la ligne mesurée joue un rôle important, on doit la remesurer en
sens contraire, et même s'assurer auparavant de l'exactitude de la chaîne.

Quand on veut tracer une droite d'un point à un autre, il arrive souvent
que, du point de départ, celui d'arrivée n'est pas visible, et que même, en certaines circonstances, il n'existe aucun point intermédiaire duquel ils puissent
être observés l'un et l'autre en même temps.

Fig. 985, pl. XX.   Soient A et B deux points se trouvant dans ce cas, et que l'on se propose
néanmoins de joindre entr'eux par une ligne droite.

On tracera une droite AC à volonté, partant du point A, et se dirigeant le
plus près possible de B à droite ou à gauche; puis ayant fixé le bâton muni de
son équerre vers le point C, on dirigera le plan de deux pinnules opposées
dans la direction CA, c'est-à-dire de manière à voir à travers celles-ci la
suite de jalons qui constitue cette ligne; puis on regardera par les pinnules
qui forment avec CA un angle droit, si le point B est situé dans un plan
perpendiculaire à l'autre; s'il en est autrement, on transportera le bâton à
droite ou à gauche, jusqu'à ce que l'on y soit parvenu, et alors CB, qui sera
également tracée avec des jalons, sera perpendiculaire à l'extrémité de AC.

On mesurera ensuite AC, ainsi que CB; il est clair que si, par l'un quelconque des points D de la droite AC dont la distance au point A soit connue, on
élève une seconde perpendiculaire à cette droite, il sera facile d'obtenir la
partie de cette perpendiculaire comprise entre la droite déjà connue, et celle
qu'il s'agit de tracer; en effet, si l'on appelle x cette portion de perpendicu-

laire, les deux triangles rectangles ACB et ADB étant semblables (Ire part., chap. II, § II, n° 8, pag. 153), donnent la proportion

$$AC : CB :: AD : x,$$

d'où l'on tire

$$x = \frac{CB \times AD}{AC}.$$

Puis, en portant la valeur de x de D en E, on fixera sur ce dernier un jalon vertical qui donnera avec celui déjà placé au point A, la facilité d'en placer un troisième, un quatrième, etc......, dépendant de la même droite et se dirigeant en conséquence sur le point B.

On vient de voir comment il est possible d'abaisser d'un point donné hors d'une droite, une perpendiculaire sur celle-ci; la même construction a également mis à même d'élever à une droite une perpendiculaire à l'un quelconque de ses points; mais alors on a employé l'équerre, et de plus le point duquel il s'agissait d'abaisser la perpendiculaire, était visible de la droite; si ce point en était fort éloigné, ou bien encore si quelque obstacle s'opposait à ce qu'il en fût aperçu, il serait également possible d'arriver au même but, et même sans le secours de l'équerre.

3. — *Un point étant donné sur une droite, élever par ce point une perpendiculaire à la droite, sans le secours de l'équerre ou de tout autre instrument propre à la mesure des angles.*

Soit AB la droite donnée sur laquelle il s'agit d'élever une perpendiculaire à l'un de ses points C; on tracera à volonté, et partant de ce point, une droite CE formant avec AB un angle aigu quelconque ECD; on mesurera sur cette droite une longueur arbitraire CE, puis du point E l'on déterminera, à l'aide d'un cordeau ou même de la chaîne, un second point D dépendant de la droite donnée, tel que l'on ait ED = EC; puis enfin on tracera la droite indéfinie DEF, sur laquelle on mesurera de E vers F, EG = ED; et la droite CG qui pourra alors être tracée à l'aide de jalons, et prolongée à volonté, sera définitivement la perpendiculaire demandée : cette construction est basée sur la réciproque de ce fait, que la droite qui joint le milieu de l'hypoténuse d'un triangle rectangle, au sommet de l'angle droit, est toujours égale à la moitié de cette même hypoténuse (Ire part., chap. II, § I, n° 12; pag. 137); car en cette circonstance, la ligne CE qui, dans le triangle GCD, joint le milieu du côté GD au sommet de l'angle opposé C, étant égale à la moitié de ce côté, il

Fig. 284, pl. XX.

en résulte que l'angle GCD est nécessairement droit, et qu'en conséquence GC est perpendiculaire à AB, précisément au point C.

4. — *Un point étant donné hors d'une droite, abaisser de ce point une perpendiculaire sur la droite en n'employant pour cette opération d'autre instrument que la chaîne.*

Fig. 285, pl. XX.

Soit AB la droite donnée sur laquelle il s'agit de déterminer le pied de la perpendiculaire abaissée du point C; on tracera d'abord du point C, deux droites CA et CB formant avec la droite donnée des angles aigus quelconques; puis on mesurera la longueur de ces droites, ainsi que la distance AB qu'elles interceptent sur la droite donnée; c'est-à-dire que l'on mesurera les trois côtés du triangle CAB, dont il ne s'agit plus que de déterminer l'un ou l'autre des segments, BD par exemple, pour obtenir un second point de la perpendiculaire demandée; et si l'on admet $BC = a$, $AB = c$, $AC = b$ et $DB = x$, il en résulte (Ire part., chap. IV, § II, n° 4, pag. 288),

$$x = \frac{1}{2} \frac{(a+b)(a-b)}{c} + \frac{c}{2};$$

et en appliquant sur AB, de B vers D, la valeur de x qui exprime la longueur du segment BD, on obtiendra le point D, qu'il ne s'agira plus que de joindre par une droite au point donné C, pour obtenir la perpendiculaire demandée.

Dans le cas, par exemple, où l'on aurait $a = 232$ mètres, $b = 191^{\text{m}}$, $c = 150^{\text{m}}$, on aurait

$$\text{BD ou } x = \frac{1}{2} \frac{423 \times 41}{150} + \frac{150}{2} = \frac{115.62}{2} + \frac{150}{2} = 132^{\text{m}} 81^{\text{c}}.$$

Il suffirait donc de porter cette dernière distance de B en D, puis de tracer la perpendiculaire d'après l'un des moyens connus.

5. — *Mener une parallèle à une droite donnée, passant par un point connu.*

Cette opération ne peut présenter aucune difficulté, car il ne s'agit que de déterminer un second point de la droite demandée, puis d'opérer le tracé de celle-ci ainsi qu'il a été dit.

Fig. 286, pl. XX.

Soient AB la droite donnée, C le point donné, hors de cette droite, par lequel doit passer la parallèle; on abaissera du point C, CD perpendiculaire à AB, on en mesurera la longueur, puis on élèvera à un certain point de AB une perpendiculaire EF que l'on fera égale en longueur à CD ; la droite tracée par les points C et F sera la parallèle demandée.

On pourrait arriver au même but en n'employant que les seules considéra- Fig. 287, pl. xx. tions géométriques.

Soient toujours AB la droite donnée, et C le point donné hors de cette droite, par lequel doit passer la parallèle dont il s'agit de déterminer un second point F ; on tracera une droite quelconque BC, passant par le point donné, et rencontrant la droite quelque part en B ; on prolongera cette droite en G d'une longueur prise arbitrairement ; puis enfin on achèvera le triangle GBA, le point A étant pris à volonté sur AB ; ceci posé, on mesurera GC, BG, et GA, puis on déterminera GF de la manière suivante :

Les deux triangles GAB et GFC étant semblables, donnent

$$GB : GA :: GC : GF, \text{ d'où } GF = \frac{GA \times GC}{GB};$$

et il ne restera plus qu'à faire l'application de la longueur calculée pour GF, de G en F, puis à jalonner la droite passant par les points C et F.

6. — *Une droite étant donnée sur le terrain, mener une seconde droite formant avec elle un angle donné.*

Soient AB la droite donnée, et A le point connu sur celle-ci par lequel doit Fig. 288, pl. xx. passer la droite à tracer ; ce point étant le sommet de l'angle qu'il s'agit de construire, on placera le graphomètre de manière à ce que le centre du cercle soit verticalement situé sur ce point ; puis, après avoir disposé le cercle dans un plan horizontal à l'aide du niveau à bulle d'air, on dirigera l'axe de la lunette fixe suivant la droite AB, et faisant ensuite tourner la lunette mobile jusqu'à ce que la direction de son axe forme avec l'axe de la première un angle égal à celui qu'il s'agit de tracer, on fera placer une suite de jalons en ligne avec l'axe de la lunette ainsi disposée, ce qui déterminera matériellement l'angle BAC qu'il s'agissait de construire.

On voit, d'après cela, que, pour obtenir numériquement l'angle intercepté par deux droites tracées sur le terrain, il suffit de placer l'instrument dans une position horizontale, sur le sommet de l'angle à mesurer, de diriger l'axe de la lunette fixe sur l'un quelconque des côtés de l'angle, puis d'amener l'axe de l'autre lunette sur le second côté, et enfin de compter, en cet état de choses, sur le cercle gradué, les nombres de degrés et minutes compris entre les deux axes; on obtient le même résultat en se servant de la boussole; et la planchette peut aussi, mais graphiquement, conduire au même but

7. — *Obtenir la longueur d'une droite dont les extrémités sont seules accessibles.*

Soit AB la droite donnée dont il s'agit de déterminer la longueur; on tracera, à partir du point A, une droite quelconque AI qui puisse être facilement mesurée, de manière toutefois à ce qu'il soit également possible de tracer et mesurer, sans obstacle, la droite BI; on prolongera AI en *a*, d'une longueur égale à elle-même, et l'on opèrera une construction analogue à l'égard de BI pour obtenir le point *b*; la distance *ab* étant mesurée, donnera la longueur demandée; car les deux angles dont le sommet commun est en I étant égaux (Ire part., chap. II, § I, n° 3, pag. 129), et la construction ayant établi AI = *a*I et BI = *b*I, il en résulte que les triangles ABI et *ab*I sont égaux (Ire part., chap. II, § I, n° 7, pag. 131), et qu'en conséquence, on a *ab* = AB.

On peut aussi, avec l'aide de l'équerre, si toutefois la disposition des lieux le permet, arriver au même but, en cherchant un point I, tel que l'angle AIB soit droit, puis mesurer, comme précédemment, les distances AI et BI; le triangle ABI étant alors rectangle en I, donne (Ire part., chap. II, § II, n° 5, pag. 148) :

$$\overline{AB}^2 = \overline{AI}^2 + \overline{BI}^2$$

et par suite,

$$AB = \sqrt{\overline{AI}^2 + \overline{BI}^2}.$$

Ainsi, dans le cas où AI serait égale à 22 mètres 3 décimètres, BI à 18 mètres 5 décimètres, on aurait

$$AB = \sqrt{497.29 + 342.25} = \sqrt{839.54} = 28.97.$$

On pourrait encore, dans le cas où la direction de la droite à mesurer serait visible de l'une et l'autre de ses extrémités, élever à chacun de ces points des perpendiculaires égales A*a* et B*b*, et l'on aurait (Ire part., chap. II, § I, n° 16, pag. 141) AB = *ab*. Au lieu d'élever A*a* et B*b* perpendiculaires à AB, on aurait également la faculté, en se basant sur le même principe, de tracer ces deux droites, toujours égales, de manière à ce qu'elles forment avec AB des angles de 45°, dont les ouvertures soient dirigées dans le même sens; enfin l'on arriverait généralement au même but en menant aux extrémités A et B des parallèles égales, formant avec la droite donnée un angle quelconque, et l'on obtiendrait ainsi, pour tous les cas possibles, $AB = a'b'$.

8. — *Evaluer la longueur d'une droite dont l'une des extrémités est seule accessible.*

On élèvera au point B de la droite, supposé accessible, la perpendiculaire indéfinie BX; puis l'on cherchera sur cette dernière, à l'aide de l'équerre ou de tout autre instrument propre à la mesure des angles, un point I, tel que la droite IA forme avec la droite BX un angle de 45°; il est aisé de voir qu'alors le triangle rectangle ABI sera isoscèle, et qu'en conséquence le côté inconnu AB sera égal à BI qu'il suffira de mesurer pour avoir la longueur demandée. Fig. 292, pl. XX.

La même question peut encore se résoudre de la manière suivante : prolongez AB d'une longueur arbitraire en C, élevez à ce dernier point CD, perpendiculaire à AC, faites $CE = ED$, puis élevez au point D, Da, perpendiculaire à CD, et tracez enfin, à l'aide des points A et E, la droite AEa, et au moyen de B et E, la droite BEb; la partie ab de la perpendiculaire Da étant mesurée, donnera la longueur de AB, car d'après la construction qui vient d'être indiquée, les triangles rectangles ACE et aDE sont égaux (Ire part., chap. II, § I, n° 6, pag. 131), et l'on a $AC = aD$; et comme l'on a également $BC = bD$, d'après l'égalité des triangles BCE et bDE, il en résulte $AC - BC = aD - bD$, ou ce qui revient au même $AB = ab$. Fig. 293, pl. XX.

Les différentes solutions qui précèdent sont loin d'être les seuls moyens qui puissent être employés; les circonstances dans lesquelles se trouve celui qui opère, sont toujours susceptibles d'être exploitées à l'aide des principes de géométrie, même souvent les plus élémentaires, que le géomètre doit toujours avoir présents à la pensée; il serait donc absolument inutile de citer de nouveaux cas dont les constructions presque toujours aussi simples que les exemples qui viennent d'être démontrés, ne sauraient susciter le moindre embarras; je terminerai néanmoins cette partie du mesurage de la ligne droite, par la détermination des hauteurs, en combinant la direction de la lumière avec les principes déjà connus.

9. — *Déterminer la hauteur d'un objet quelconque à l'aide de son ombre portée.*

Fig. 294, pl. XX.
Le point S, dont on veut déterminer la hauteur, portant son ombre en B, on considèrera la partie SB du rayon lumineux qui passe par ces deux points, comme le côté d'un triangle dont SA et AB sont les deux autres côtés; on placera quelque part vers *a*, un bâton de longueur connue, dans une position parallèle à l'objet dont la hauteur doit être déterminée; puis enfin l'on mesurera séparément AB et *a*B.

Les triangles SAB et *sa*B, ordinairement rectangles en A et *a*, seront semblables dans toutes les circonstances possibles (I⁰ part., chap. II, § II, n° 10, pag. 155), et donneront en conséquence la proportion :

$$a\text{B} : \text{AB} :: as : \text{AS};$$

d'où l'on tirera

$$\text{AS} = \frac{\text{AB} \times as}{a\text{B}}.$$

Supposons que l'on ait AB = 48 mètres, $a\text{B} = 2^m 25^c$ et $as = 0^m 75^c$, il en résultera

$$\text{AS} = \frac{48 \times 0.75}{2.25} = \frac{36}{2.25} = 16^m.$$

10. — *Déterminer la hauteur d'un objet à l'aide d'un miroir.*

Fig. 294, pl. XX.
Nous avons vu (I⁰ part., chap. VI, § III, n° 1, pag. 421) que le rayon lumineux qui arrive sur une surface réfléchissante, s'y brise en faisant l'angle d'incidence égal à l'angle de réflexion; si donc l'on met en B′ une glace, un miroir ou toute autre surface opaque, le rayon SB′, se réfléchira de B′ en *s*′, la hauteur *s*′*a*′ pourra être mesurée à l'aide d'un bâton fixé en terre, et les distances *a*′B′ et AB′ mesurées à la chaîne, comme dans le cas qui précède, les deux triangles SAB′ et *s*′*a*′B′ seront semblables, et l'on aura la proportion :

$$a'\text{B}' : \text{AB}' :: a's' : \text{AS},$$

dont les trois premiers termes connus détermineront le quatrième.

Fig. 295, pl. XX.
11. — Les longueurs des droites inaccessibles s'obtiennent encore à l'aide des principes trigonométriques, et c'est même la méthode préférable toutes

les fois qu'il s'agit de déterminer de grandes distances ; on dispose alors une ligne droite dont le tracé et la mesure exacte soient faciles, on observe par deux stations faites aux extrémités de cette ligne prise pour base, à l'aide du graphomètre, les différents points dont il s'agit de déterminer la position ; la combinaison des angles ainsi mesurés, avec la longueur de la base, deviennent les données de la question, et amènent sans difficulté à la connaissance des lignes situées dans l'espace qu'il s'agit d'obtenir.

Qu'il s'agisse, par exemple, de calculer la distance comprise entre deux points inaccessibles, A et B ; après avoir tracé et mesuré une base quelconque ab, que nous supposerons, dans ce cas, avoir 845 mètres de longueur, on observera du point a les angles AaB et Bab, dont la somme constitue l'angle total Aab ; on observera de même du point b les angles partiels BbA et Aba dont la réunion forme l'angle total de Bba.

Admettons que, dans le cas qui nous occupe, le mesurage et l'observation aient fourni les données suivantes :

$$ab = 845 \text{ mètres, AaB} = 28° 12', \text{ Bab} = 30° 10'; \text{ d'où Aab} = 58° 22',$$
$$\text{BbA} = 38° 15', \text{ Aba} = 16° 04', \text{ d'où Bba} = 54° 19'.$$

La somme des trois angles d'un triangle quelconque étant, pour tous les cas possibles, égale à 180°, ou à deux angles droits, on obtiendra l'angle aBb en retranchant de 180° la somme des deux angles du triangle Bab, observés en a et en b, c'est-à-dire que l'on aura :

$$a\text{B}b = 180° - (54° 19' + 30° 10') = 95° 31';$$

de même que le triangle aAb permet d'établir :

$$a\text{A}b = 180° - (58° 22' + 16° 04') = 105° 34'.$$

Ceci posé, le premier de ces deux triangles (Ire part., chap. III, § III, n° 3, pag. 271) donnera les deux proportions :

$$sin\ 95° 31' : sin\ 30° 10' :: 845 : \text{B}b, \text{ d'où B}b = 426^m 60^c,$$

et

$$sin\ 95° 31 : sin\ 54° 19' :: 845 : a\text{B}, \text{ d'où } a\text{B} = 689^m 50^c;$$

et d'après le même principe, le dernier triangle permettra d'établir :

$$sin\ 105° 34' : sin\ 58° 22' :: 845 : \text{A}b, \text{ d'où A}b = 746^m 85^c;$$

et enfin,

$$sin\ 105° 34' : sin\ 16° 04' :: 845 : \text{A}a, \text{ d'où A}a = 242^m 74^c.$$

L'opération étant parvenue à ce point, il est aisé de voir que l'on peut arriver à la connaissance de la longueur AB de deux manières différentes, en résolvant soit le triangle A*b*B, soit le triangle AB*a*, dans chacun desquels l'on connaît deux côtés et l'angle qu'ils comprennent entr'eux; les angles s'obtiendront d'abord par le principe démontré (Ire part., chap. III, § III, n° 5, pag. 273 et 274), et enfin le côté AB = 489^m 25^c, d'après le théorème démontré (Ire part., chap. III, § III, n° 1, pag. 269 et 270).

La longueur de ce dernier côté étant obtenue par la résolution de deux triangles différents, permet d'ajouter toute la confiance possible à l'opération, car le résultat fourni par la résolution de l'un quelconque des deux triangles, est sérieusement contrôlée par celle de l'autre; j'ai cru devoir me borner à indiquer seulement les opérations dont les résultats sont cotés sur la figure, abandonnant aux lecteurs, comme exercice, le soin d'opérer les calculs dont le type est suffisamment indiqué dans les exemples numériques consignés dans le § III de la première partie, auxquels on pourra avoir recours au besoin.

Fig. 296, pl. XX.   **12.** — Il pourrait arriver que l'on eût à déterminer la longueur d'une droite verticale, ou même qui fût plus ou moins inclinée par rapport à l'horizon, et en même temps inaccessible; nous allons successivement donner la solution numérique de ces deux cas.

Nous avons déjà dit que le cercle gradué du graphomètre est susceptible de se fixer dans un plan quelconque, au moyen du genou sur lequel il repose; cette faculté met à même de mesurer les angles quels que soient du reste les plans dans lesquels ils se trouvent situés dans l'espace; car alors il suffit d'établir le cercle dans le plan qu'occupe l'angle à mesurer; puis d'opérer comme si ce même angle était situé dans un plan parallèle à l'horizon.

Supposons qu'après avoir fixé le graphomètre en A, dans un plan vertical, passant de plus par le sommet S d'un arbre dont il s'agit de déterminer la hauteur au-dessus du point A, après avoir arrêté la lunette fixe sur les deux points O et l'avoir dirigée horizontalement vers le tronc de l'arbre, en B, ce qui se fait à l'aide du niveau à bulle d'air, l'on tourne l'autre lunette jusqu'à ce que son axe se dirige sur le point S; alors le nombre de degrés et minutes compris entre les deux rayons visuels, est la mesure de l'angle que nous admettrons ici être de 36° 18'.

Et si l'on remarque que le triangle BSA est rectangle en B, on en conclura que l'angle aigu ASB est de 90° — 36° 18' = 53° 42' (Ire part., chap. II, § I, n° 13, corol. XI, pag. 138); si l'on joint à ces connaissances la longueur du côté AB = 58 mètres, laquelle peut être mesurée, on obtiendra la hauteur AS en calculant le quatrième terme de l'une ou l'autre des proportions :

R : tang 36° 18' :: 58 : AS (Ire part., chap. III, § II, n° 2, pag. 265),

ou

sin 53° 42' : sin 36° 18' :: 58^m : AS (I^r part., chap. III, § III, n° 1, pag. 269),

qui donneront, en opérant les calculs par logarithmes,

Comp. arith. log. $sin\,53°42'$ = 0.093704   Comp. ar. log. R = 0.000000
Log. $sin\,36°18'$................ 9.772331   Log. tang. 36° 18'. 9.866035
Log. du nombre 58.......... 1.763428   Log. 58............ 1.763428

          1.629463.   1.629463 = log. 42^m 60^c.

Il est aisé de voir que de ces deux proportions qui conduisent au même résultat, il est préférable de prendre celle qui n'exige l'emploi que de deux logarithmes, tandis que l'autre nécessite trois recherches. Dans le cas qui nous occupe, la hauteur SB est donc de 42 mètres 60 centimètres, à laquelle il faut encore ajouter la hauteur de l'instrument au-dessus du sol, qui est supposé horizontal.

13. — S'il fallait calculer la hauteur d'un objet quelconque, d'un mur par exemple, dont le pied fût inaccessible, on s'y prendrait de la manière suivante : Fig. 297, pl. XX.

Après avoir tracé et mesuré une base CB, située dans un plan vertical passant par la droite à calculer, ou ce qui est la même chose, se dirigeant sur son pied, on obtiendrait avec le graphomètre, les angles SCB et CBS qui permettraient, en retranchant leur somme de 180°, d'obtenir l'angle CSB ; il serait facile ensuite de calculer, par la résolution du triangle SBC, le côté BS.

Le graphomètre étant placé en B, son cercle dans un plan vertical, et la lunette fixe dirigée horizontalement sur la droite à mesurer quelque part en *a*, on observera l'angle aigu SB*a* du triangle S*a*B rectangle en *a*, ce qui permettra de conclure l'autre angle aigu BS*a* du même triangle ; enfin, on mesurera l'angle total SBA, et l'on obtiendra l'angle BAS, en déduisant la somme des deux premiers de deux angles droits ou de 180°.

Les angles du triangle ABS se trouvant connus, ainsi que l'un de ses côtés SB, il sera facile de calculer le côté AS, au moyen de la proportion :

$$Sin \text{ BAS} : sin \text{ ABS} :: \text{SB} : \text{AS}.$$

Toutes ces opérations, qui ne sont ici que sommairement indiquées, ont été faites dans le cas particulier où l'on a BC = 36 mètres, SCB = 12° 08′, CBS = 153° 40′, SBa = 36° 09′, et enfin SBA = 42° 00′; et les résultats obtenus sont cotés sur la figure; il sera donc aisé à ceux qui voudront se familiariser avec les calculs numériques, de les effectuer eux-mêmes.

Fig. 298, pl. XXI.   **14.** — Pour obtenir la longueur exacte d'une droite AB située dans l'espace, dans une position oblique à l'horizon, on commence d'abord par calculer la projection horizontale A′B′ ou Ab de cette droite (n° 11, pag. 13) à l'aide d'une base CD prise sur un terrain régulier autant que possible. On détermine ensuite séparément les hauteurs des points A et B, au-dessus d'un même point accessible, de C ou D par exemple; puis retranchant la plus petite de ces hauteurs de la plus grande, on détermine Bb, et il ne reste plus à considérer que le triangle rectangle AbB, dans lequel on connaît les deux côtés de l'angle droit, ce qui permet de calculer l'hypoténuse par la formule :

$$\text{AB} = \sqrt{\overline{\text{A}b}^2 + \overline{\text{B}b}^2}.$$

Car en accordant un peu d'attention à la solution de cette question, on voit que la droite Ab est la projection horizontale de la longueur demandée, qui est elle-même l'hypoténuse d'un triangle rectangle dont Bb est l'autre côté de l'angle droit (Ire part., chap. VI, § I, n° 4, pag. 395).

15. — Enfin, il existe un procédé qui peut être substitué aux moyens géométriques pour la mesure des grandes hauteurs; chacun sait que la pression atmosphérique agissant à la surface d'un bain de mercure, détermine l'ascension de ce fluide dans un tube qui y serait plongé verticalement et dans lequel on aurait, au préalable, fait le vide; la hauteur de la colonne ascendante est ordinairement de 0,76^c environ au-dessus de la surface du bain dans lequel le tube est plongé.

Cette hauteur de 0.76ᶜ doit sa variation à plusieurs causes : la première et qui est la plus importante, dépend de l'élévation du point où l'expérience a lieu; ainsi, une différence de niveau de $10^m 8^d$ entre deux stations différentes, établit une différence approximative de 0,001 entre les hauteurs correspondantes de la colonne de mercure prises à l'une et l'autre station; la seconde cause de variation est due à la chaleur, qui, par son action, dilate plus ou moins le mercure, en augmentant ou en atténuant son volume, et par conséquent la hauteur de la colonne qui se trouve dans un espace resserré lui permettant seulement de s'élever ou de s'abaisser.

Enfin, une troisième cause dépend de ce que l'action de la pesanteur agissant sur les différents corps placés à la surface de la terre, diminue lorsqu'on approche de l'équateur, c'est-à-dire à mesure que la latitude diminue, et que, de plus, la pesanteur décroît pour une même latitude lorsqu'on s'élève à une plus grande hauteur; ces différents motifs pris en considération, on a obtenu plusieurs formules propres à calculer la hauteur verticale d'un certain lieu au-dessus d'un autre, après avoir toutefois fait les observations nécessaires sur l'un et l'autre point; nous nous dispenserons de donner ces formules, qui ne sauraient être employées que pour des opérations topographiques qui n'exigeraient pas une grande approximation ; dans les opérations ordinaires d'arpentage et de nivellement qui imposent une grande rectitude, on doit s'abstenir d'en faire usage, par cela seul que l'observation faite sur la hauteur de la colonne mercurielle, ne peut offrir assez de précision pour donner, après les calculs, des résultats assez rigoureux; en effet, un millimètre de hauteur de mercure en plus ou en moins déterminant une différence approximative de $10^m 8^d$ de hauteur entre les points observés, le baromètre n'indiquera que 0,0001 environ pour un mètre; et cette légère différence échapperait certainement à l'œil même le plus observateur.

Ceux qui voudraient néanmoins connaître les usages du baromètre pour la mesure des hauteurs, pourront consulter avec avantage les *Tables à l'usage des Ingénieurs et des Physiciens,* dressées par M. d'Aubuisson, Ingénieur en chef des ponts et chaussées, ou bien encore celles contenues dans l'*Annuaire du Bureau des Longitudes.*

§ II. — DES FIGURES CONSIDÉRÉES AVEC LEURS DIMENSIONS NATURELLES, ÉVALUATION DE LEURS SURFACES, LEUR DIVISION.

1. — On entend par surface, nous l'avons déjà dit, l'étendue comprise sous deux dimensions, longueur et largeur.

3

Toute surface finie est environnée de lignes qui en sont séparément les côtés, et qui, dans leur ensemble, en forment le périmètre.

Les figures semblables, seules, sont en rapport constant avec leurs périmètres ou avec leurs côtés homologues; et les surfaces de ces mêmes figures suivent le rapport des carrés de leurs contours ou de leurs côtés homologues (II⁰ part. § II, n° 15, pag. 159); de là l'impossibilité de pouvoir apprécier la surface ou aire d'une figure quelconque avec la seule connaissance de son périmètre; et en effet, il n'arrive pour ainsi dire jamais que deux figures différentes ayant des surfaces équivalentes, aient des périmètres égaux.

Le § II du deuxième chapitre de la première partie, nous a démontré à quoi étaient généralement égales; 1° l'aire du carré; 2° l'aire du rectangle; 3° celle du triangle; 4° enfin, celle du trapèze; il est à remarquer que les figures de formes les plus variées, peuvent, en y introduisant certaines lignes auxiliaires, se décomposer en ces figures élémentaires, et qu'en réunissant les aires de celles-ci, on obtiendra la surface totale de la figure proposée; telle est la marche généralement suivie pour le mesurage des surfaces.

Fig. 299, pl. XXI.   2. — Soit un carré ABCD, dont on se propose de calculer la surface; après avoir mesuré ou chaîné son côté AB, que nous supposerons avoir 64 mètres 5 décimètres, on élève 64.5 au carré (I⁰ part., chap. II, § II, n° 3, pag. 143), ce qui donne :

$$64.5 \times 64.5 = 4160^{\text{m}}\ 25^{\text{c}}.$$

On remarquera que le mètre étant considéré comme unité linéaire, le produit $4160^{\text{m}}\ 25^{\text{c}}$ exprime 4160 mètres carrés ou centiares et 25 centièmes de centiare; et comme il faut cent centiares pour faire un are, que les deux chiffres 60 ne peuvent exprimer que des centiares, de même que les deux chiffres 41 n'expriment que des ares, et qu'enfin ceux qui seraient placés à leur gauche signifieraient des hectares, on est donc conduit, après avoir obtenu le produit et en avoir retranché le nombre de décimales qui se trouve dans ses facteurs, à séparer les autres chiffres de deux en deux, en allant de la droite vers la gauche, et à donner aux unités de chaque tranche le nom qui leur convient; c'est ainsi que l'on aura, dans le cas qui nous occupe,

41 ares 60 centiares 25 dix-milliares.

Quelquefois, surtout lorsque les surfaces à mesurer ont peu d'étendue, on prend le mètre carré pour unité superficielle, au lieu de prendre l'are; alors, les chiffres placés à droite de celui des mètres carrés, expriment des fractions décimales de mètre carré.

3. — La mesure du rectangle s'obtient en faisant le produit de sa base par sa hauteur (l^{re} part., chap. II, n° 4, pag. 144); ainsi, connaissant le nombre de mètres et fractions de mètre linéaire que contiennent séparément la base et la hauteur, le produit de ces deux nombres exprimera numériquement la surface; ainsi, 42^m 3^d étant la base d'un rectangle, dont la hauteur est de 15^m 6^d, sa surface est de 6 ares 59 centiares 88 dix-milliares.

Le corollaire IV du même n° 4, pag. 146, nous apprend que la surface du triangle est égale à la moitié du nombre des unités de sa base, multiplié par le nombre des unités contenues dans sa hauteur; le triangle dont la base est de 72^m 4^d, et la hauteur de 12^m 3^d, a pour surface 4 ares 45 cent. 26 dix-mill.

Le corollaire suivant fait voir que l'aire d'un trapèze est égale au nombre d'unités linéaires de sa hauteur, multiplié par la moitié du nombre d'unités qu'exprime la somme des deux bases parallèles; on y voit également que la surface du trapèze peut encore être évaluée en faisant la somme des surfaces des deux triangles dont il est composé, lorsqu'on a tracé l'une ou l'autre de ses diagonales.

4. — Les polygones en général, quels que soient leur figure et le nombre des côtés dont est formé leur contour, sont toujours décomposables en carrés, rectangles, triangles ou trapèzes, dont l'ensemble constitue l'aire du polygone lui-même; il suffit donc d'évaluer séparément chacune des surfaces élémentaires, puis d'en faire la somme, pour avoir la surface du polygone lui-même, exprimée numériquement.

Lorsqu'on se propose d'obtenir la surface d'un terrain de forme quelconque, Fig. 300, pl. XXI.
on commence par en tracer un croquis visuel, ABCDEFGHI, sur lequel on indique au crayon ou par des lignes ponctuées, la décomposition en figures élémentaires; à mesure que les distances nécessaires sont mesurées sur le terrain, on les cote en chiffres sur le croquis, avec toute l'exactitude possible; ainsi, dans le cas qui nous occupe, il existe sept triangles élémentaires désignés par les lettres *a, b, c, d, e, f, g*, dont les bases et les hauteurs respectives ont été rigoureusement mesurées; il est bien de remarquer que, dans l'opération du terrain, on s'est attaché à affecter autant que possible une base commune

à deux triangles contigus; cette attention de la part du géomètre, lui évite le mesurage de quelques lignes, et abrège ainsi son opération la plus pénible, celle du terrain.

En ce qui concerne le calcul, on peut le présenter ainsi :

Triangle $a = 22.3 \times 15.4 =$ 3 ares 43 cent. 42 dix-mill.
$b = 22.3 \times 20 = 4$ 46   »
$c = 13 \times 7.6 =$ »   98   80
$d = 15.7 \times 6.3 =$ »   98   91
$e = 17 \times 21 = 3$ 57   »
$f = 17 \times 18 = 3$ 06   »
$g = 12 \times 12 = 1$ 44   »

Surface totale................ 17   94   13

Cet exemple seul suffit pour mettre à même d'opérer le mesurage d'un terrain lors même qu'il affecte une forme des plus irrégulières.

Il arrive souvent que le périmètre du polygone à mesurer, se compose de lignes plus ou moins contournées, qui présentent plutôt des sinuosités en courbes arrondies, que des angles à sommets apparents; alors, la méthode qui n'est qu'approximative, n'en est pas moins propre à satisfaire les exigences même les plus minutieuses, car il est toujours aisé de décomposer le périmètre de la figure en portions telles qu'elles puissent être considérées, sans erreurs sensibles, comme de simples lignes droites; le reste de l'opération ne présente du reste aucune différence avec la précédente.

Fig. 301, pl. XXI. **5.** — Enfin, l'on peut encore, en s'écartant de la voie ordinaire de décomposition, déterminer la surface d'un polygone A'B'C'D'E'F'G'b'a', donné sur le terrain; en effet, si l'on trace en dehors de celui-ci, et dans une direction quelconque, une droite AG, dont le mesurage soit facile, puis que l'on abaisse de chacun des angles du polygone, des perpendiculaires à cette directrice, il en résultera deux séries de trapèzes, AA'B'B, BB'C'C, CC'D'D, DD'E'E, EE'F'F, FF'G'G et AA'a'a, aa'b'b et bb'G'G, telles que la somme des trapèzes qui composent la première, étant diminuée de la somme de ceux qui constituent la seconde, donnera généralement pour différence l'aire du polygone proposé; c'est-à-dire que l'on aura, S représentant la surface demandée,

$$S = \frac{[(AA'+BB')\,AB+(BB'+CC')\,BC+(CC'+DD')\,CD+(DD'+EE')\,DE}{2}$$
$$\frac{+\;(EE'+FF')\;EF\;+\;(FF'+GG')\;FG]}{2}$$
$$-\;\frac{[(AA'+aa')\,Aa+(aa'+bb')\,Bb+(bb'+GG')\,bG].}{2}$$

La figure 301, représentant le croquis visuel d'un polygone mesuré sur le terrain, ainsi que les cotes qui lui sont relatives, l'on aura sa surface en effectuant les opérations suivantes :

$$S = \frac{[(14+30)\,10+(30+37.4)\,10+(37.4+44.3)\,10+(44.3+48)}{2}$$
$$\frac{18.5+(\,48+31)\,10.5+(31+7)\,9]}{2}$$
$$-\;\frac{[(14+6)\,8+(6+5.8)\,40+(5.8+7)\,20]}{2}$$
$$=\;\frac{[440+674+817+1707.55+829.5+342]-[160+472+256]}{2}$$
$$=\;\frac{4810.05-888}{2}=\frac{3922.05}{2}=19\;ares\;61\;centiares\;02\;dix\text{-}mill.$$

Il est à remarquer que si la directrice était intérieure au polygone au lieu de lui être extérieure, les termes négatifs deviendraient positifs, et qu'alors la seconde série de trapèzes serait ajoutée à la première, au lieu d'en être retranchée.

6. — Nous venons d'admettre, dans les deux cas qui précèdent, que l'intérieur du polygone à mesurer pouvait être parcouru dans tous les sens, à l'effet de permettre le chaînage des différentes lignes nécessitées par les opérations; mais il peut arriver que ce terrain oppose certains obstacles, et qu'il faille alors avoir recours à l'art pour obtenir les différentes longueurs qui ne sauraient être mesurées à la chaîne; on peut aussi, dans quelques circonstances, obtenir, soit directement, soit par suite d'opérations auxiliaires, la surface demandée, bien que ses côtés seuls soient accessibles.

Fig. 302, pl. XXI.   Soit ABC une nappe d'eau de forme triangulaire, dont on se propose de déterminer la surface; on commencera d'abord par obtenir la longueur des côtés AB = 19^m, AC = 42^m, BC = 42^m, par exemple, soit à la chaîne s'ils sont accessibles, soit à l'aide des opérations auxiliaires connues, s'il en est autrement; en cet état de choses, on aura la surface du triangle proposé, en ayant recours à la solution du problème (Ire part., chap. IV, § II, n° 6, pag. 291 et 292) et l'on obtiendra, en se servant de la formule logarithmique :

$$\text{Log. } S = \frac{\log. 51.5 + \log. 9.5 + \log. 9.5 + \log. 32.5}{2} = 2.589569;$$

d'où

S = 3 ares 88 centiares 67 dix-milliares.

Fig. 303, pl. XXI.   **7.** — Soit proposé en second lieu de calculer la surface d'un polygone quelconque aA'B'C'D', connaissant la longueur de chacun de ses côtés, ainsi que les angles qu'ils forment entr'eux.

Les ouvertures des angles et les longueurs des côtés ayant été prises sur le terrain et cotées sur un croquis visuel, on imaginera une droite directrice passant par l'un des angles, par le point a par exemple, et formant avec le côté aA' un angle arbitraire connu, de 35° 15' dans ce cas; et l'on calculera les ordonnées abaissées de chacun des sommets du polygone sur cette directrice, ainsi que les distances comprises entre les pieds de ces mêmes ordonnées, en opérant de la manière suivante :

D'abord, on observera que le triangle aAA' rectangle en A, ayant l'hypoténuse aA' et un angle aigu déterminés, il est aisé d'obtenir l'autre angle aigu A', qui est évidemment de 90° — 35° 15' = 54° 45', puis les deux côtés de l'angle droit en employant le procédé (Ire part., chap. III, § II, n° 3, pag. 266), ce qui donnera :

$$2.067344 = \log. 116^m 77^c.$$

Log. *cos* 35° 15' = 9.912031
Log. nombre 142.99 = 2.155310
Log. *sin* 35° 15' = 9.761285

$$1.916595 = \log. 82^m 53^c.$$

Ainsi

$$Aa = 116^m 77^c \text{ et } AA' = 82^m 53^c.$$

La somme des angles dont le sommet commun est en a, et d'un même côté de la droite AD, étant égale à deux angles droits, on aura l'angle aigu DaD' = 30° 18', en retranchant de 180° la somme D'aA' + A'aA = 149° 42'; et il ne restera plus qu'à résoudre le triangle rectangle aDD', dans lequel on a pour données l'hypoténuse et l'un des angles aigus; l'autre angle aigu, dont le sommet est en D', sera de 59° 42', et de plus l'on aura D'D = 82^m 53^c et aD = 141^m 23^c.

Si maintenant on imagine, par le point D', une parallèle à la directrice AD, elle rencontrera à angle droit, quelque part vers m, l'ordonnée abaissée du point C'; on aura l'angle aigu D' = 44° 02' du triangle rectangle C'mD' en retranchant un angle droit ou 90° de l'angle total C'D'D = 134° 02'; puis enfin, à l'aide de l'hypoténuse C'D' = 154^m 62^c, on obtiendra les côtés C'm = 107^{m}47^c et D'm=111^{m}16^c. On imaginera ensuite, par le point C', une nouvelle parallèle à la directrice, et par conséquent perpendiculaire à l'ordonnée abaissée du point B', qu'elle rencontrera quelque part vers le point n, et la résolution du triangle rectangle C'nB', donnera C'n = 135^m 06^c et B'n = 14^m 12^c.

Enfin, une dernière parallèle à AD, passant par le point A', formera le nouveau triangle rectangle B'oA', qui fera connaître B'o = 121^m 59^c et oA' = 11^m 78^c.

Rien n'est plus aisé maintenant que de connaître la longueur des ordonnées, ainsi que les distances qui les séparent, prises sur la directrice AD; il suffit seulement. de se rappeler que les parallèles comprises entre parallèles sont égales (Ire part., chap. II, § I, n° 16, pag. 141), et l'on en conclura pour les premières :

$$A'A = \ldots\ldots\ldots\ldots\ldots\quad 82^m53^c$$
$$B'B = B'o + oB \text{ ou } A'A = 121.59 + 82.53 = 204.12$$
$$C'C = C'm + mC \text{ ou } D'D = 107.47 + 82.53 = 190.00$$
$$D'D = \ldots\ldots\ldots\ldots\ldots\quad 82.53;$$

et pour les secondes,

$$AB = A'o = \ldots\ldots\ldots\quad 11^m78^c$$
$$Aa = \ldots\ldots\ldots\quad 116.77$$
$$BC = C'n = \ldots\ldots\ldots\quad 135.06$$
$$aD = \ldots\ldots\ldots\quad 141.23$$
$$CD = D'm = \ldots\ldots\ldots\quad 111.16$$

Maintenant il ne reste plus qu'à déterminer la surface du polygone proposé en faisant l'application de la formule du n° précédent, ce qui donne :

$$S = \frac{[(82.53+204.12)11.78+(204.12+190)135.06+(190+82.53)111.16]}{2}$$
$$- \frac{[(82.53 + 0.00) 116.77 + (0.00 + 82.53) 141.23]}{2}$$
$$= \frac{[3376.74 + 53229.85 + 30294.43] - [9637.03 + 11655.71]}{2}$$
$$= \frac{86901.02 - 21292.74}{2} = \frac{65608.28}{2} = 3 \text{ hect. } 28 \text{ ares } 04 \text{ cent. } 14 \text{ dix-mil.}$$

Avant de terminer ce paragraphe spécialement destiné à l'évaluation des surfaces, d'après les mesures du terrain, nous ferons remarquer de nouveau que les contours des polygones à mesurer, s'ils sont curvilignes, seront toujours décomposables en portions assez petites pour pouvoir être, sans erreur sensible, considérées comme droites, ce qui permettra, ainsi que nous l'avons déjà dit, la décomposition du polygone total en figures élémentaires, et par suite le calcul de sa superficie.

8. — Ces méthodes longues et pénibles sont les seules praticables lorsque les figures à mesurer ne peuvent être définies; mais il n'en est pas ainsi lorsque, d'après une définition circonstanciée, ces mêmes figures ont été l'objet d'études

sérieuses, et que les diverses propriétés dont elles jouissent, elles ou certaines de leurs parties, ont été mathématiquement démontrées et classées parmi les faits incontestables. (Voir pour l'aire des polygones réguliers, Ire part., § III, n° 12, pag. 177.)

9. — La mesure superficielle du cercle, par exemple, qui entre dans cette catégorie, est rigoureusement exprimée par la formule πR^2 de la Ire part., chap. II, § III, n° 12, pag. 180, à laquelle on renvoie, pour l'application, à l'exemple numérique qui s'y trouve consigné.

La surface d'un secteur étant égale à son arc multiplié par la moitié du rayon, on déterminera d'abord la longueur rectifiée de l'arc, puis on n'aura plus qu'à opérer une simple multiplication de cette longueur par la moitié du rayon.

Fig. 304, pl. XXI.

On arrive encore au même but en opérant de la manière suivante, soit par exemple à déterminer l'aire du secteur d'un arc de 75° 32' appartenant à un cercle de 2 mètres de rayon ; on remarquera d'abord que le cercle entier contient 360°, ou 21600', tandis que l'arc proposé n'en contient que 4532 ; mais comme le cercle entier d'une autre, et le secteur proposé de l'autre, peuvent être assimilés à deux surfaces triangulaires, ayant pour hauteur commune le rayon du cercle, et par conséquent étant entr'elles dans le même rapport que leurs bases, ou comme 21600' est à 4532', on pourra établir

$$3.1415 \times 4^m : x :: 21600 : 4532,$$

ou plutôt

$$12^m 5660 : x :: 21600 : 4532;$$

d'où

$$x = 2^m 6365.$$

Ainsi, la surface du secteur proposé est de 2 centiares 64 milliares à très peu près.

Si de ce dernier résultat on retranchait la surface du triangle ACB, qui serait du reste facile à calculer, il est évident que l'on obtiendrait celle du segment ADB.

10. — L'aire de l'ellipse s'obtient directement par l'application du théorème démontré (Ire part., chap. II, § III, n° 22, pag. 190, 191 et 192).

En effet, nous voyons, pag. 190 et 191, 1° *que la surface de l'ellipse est à celle du cercle décrit sur son grand axe pris pour diamètre, comme le petit axe est au grand axe; 2° que la même surface est à celle du cercle décrit sur son petit axe, comme le grand axe est au petit axe;*

3° Et qu'enfin *la surface de l'ellipse est une moyenne proportionnelle entre celles des cercles décrits sur ses deux axes pris pour diamètres.*

De là, trois moyens différents peuvent être mis en pratique pour déterminer l'aire elliptique, lorsque ses axes sont connus; nous allons successivement les appliquer à l'ellipse dont le grand axe est de 5 mètres 80 cent., et le petit de $3^m 12^c$; et d'abord, rappelons-nous que la formule générale de la surface du cercle étant πR^2, celle du cercle décrit sur le grand axe comme diamètre, sera exprimée par $3.1415 \times (2.90)^2 = 26^m 420$; de même que celle du cercle décrit sur le petit axe est de $3.1415 \times (1.56)^2 = 7.645$; S désignant la surface elliptique, il sera donc permis d'établir la proportion :

$$S : 26.420 :: 3.12 : 5.80,$$

de laquelle on tire :

$$S = \frac{26.420 \times 3.12}{5.80} = 14^m 212.$$

En second lieu, il est également facultatif de poser :

$$S : 7.645 :: 5.80 : 3.12,$$

qui donne également :

$$S = \frac{7.645 \times 5.80}{3.12} = 14^m 212.$$

Enfin, l'application du troisième principe fournit :

$$26.420 : S :: S : 7.645;$$

d'où,

$$S = \sqrt{26.420 \times 7.645} = 14^m 212;$$

et ces trois modes d'opérer amènent essentiellement au même but.

11. — Le théorème démontré (Ire part., chap. II, § III, n° 30, pag. 201, 202 et 203) nous donne le moyen d'obtenir l'aire d'un segment parabolique, en prenant les deux tiers du produit qui résulte de la multiplication de sa corde par la portion d'axe comprise entre cette corde et le sommet de la courbe; cette opération purement arithmétique est trop simple pour qu'il soit encore nécessaire de l'éclaircir par une explication.

12. — Enfin, l'évaluation des aires circonscrites par les courbes dites anses de panier, s'obtient en mesurant séparément chacun des secteurs qui les composent, en cumulant les résultats, puis en retranchant du total les espaces triangulaires qui excèdent la base de la courbe, lorsqu'il s'agit de l'une de ses moitiés; et c'est précisément toujours le cas qui se présente; du reste, s'il s'agissait de mesurer l'espace circonscrit par la courbe entière, la figure elle-même, qui se trouve suffisamment décomposée par ses rayons, indiquerait seule les différentes opérations que l'on aurait à pratiquer.

13. — Soit maintenant ABCDE un terrain aquatique et fangeux, sur lequel il est impossible de pratiquer aucune opération, son périmètre seul étant abordable; il est aisé de s'apercevoir qu'ayant mesuré les angles et les côtés du polygône proposé, rien ne serait plus facile que le calcul de ses diagonales AD et BD, en employant les méthodes trigonométriques, ce qui permettrait ensuite d'obtenir les surfaces partielles des triangles ABD, ADE et BDC (Ire part., chap. IV, § II, n° 6, pag. 291 et 292), dont la somme ne serait autre chose que la surface demandée.

Il est un autre moyen d'un plus facile usage, qui consiste à substituer aux calculs trigonométriques, des constructions matérielles propres à déterminer sur le terrain même qui environne le polygone à mesurer, chacun des triangles qui le composent, avec ses dimensions exactes; en effet, qu'après avoir mesuré séparément les deux côtés contigus AE et ED du triangle AED, on prolonge celui AE vers le point a d'une longueur égale à lui-même; que ED soit également prolongé en d, de manière à avoir $Ed = ED$; il est clair que le triangle aEd sera égal au triangle AED; car, outre l'égalité de deux côtés du premier à deux côtés du second, les deux angles dont le sommet est en E, sont égaux (Ire part., chap. II, § I, n° 7, pag. 131); il en résulte donc $ad = AD$; une construction analogue, opérée à l'égard du triangle BCD, fera connaître son égal bCd'; on se conduira de la même manière pour le triangle ABD, avec cette seule différence, que ne pouvant mesurer la longueur de AD elle-même, on fera l'application de son égale ad de A vers d''; c'est ainsi que seront construits les trois triangles extérieurs aEd, bCd' et $b'Ad''$ accessibles dans tous

Fig. 505, pl. XXI.

les sens, dont les bases et les hauteurs pourront être aisément mesurées, et par suite les aires calculées et réunies pour former dans leur ensemble la surface demandée.

En général, les principes que nous avons donnés pour déterminer les distances inaccessibles, soit à l'aide de simples constructions géométriques, soit en employant la trigonométrie, feront toujours connaître les dimensions d'un polygone quelconque, lors même que son périmètre serait inabordable; puis de là à la connaissance des surfaces le passage sera également facile et ne pourra offrir d'autre difficulté que la longueur des opérations; il serait donc inutile de suivre pas à pas les nombreux exemples que l'on pourrait se créer à ce sujet, et qui ne se rencontrent du reste que très rarement dans la pratique.

14. — La division des surfaces en parties égales ou inégales, ne peut offrir de grandes difficultés lorsqu'on est familiarisé avec les principes de la géométrie; nous nous occuperons, en premier lieu, de la division du triangle, comme étant le plus simple des polygones.

Diviser un triangle en un nombre quelconque de parties égales.

Soient b la base du triangle, h sa hauteur, et enfin n le nombre par lequel sa surface doit être divisée; l'aire totale du triangle étant

$$\frac{bh}{2}$$

(Ire part., chap. II, § II, n° 4, coroll. IV, pag. 146), la surface de l'une des parties sera

$$\frac{bh}{2n} = \frac{b}{n} \times \frac{h}{2},$$

c'est-à-dire un triangle dont la base est la n^{me} partie de celle du triangle total, et la hauteur la même que celle de celui-ci; ainsi, *pour diviser un triangle quelconque en un certain nombre de parties égales, il suffit de diviser en ce même nombre de parties l'un quelconque des côtés du triangle, puis de joindre les points de division au sommet de l'angle opposé à ce côté.*

Fig. 306, Pl. XXI.   Qu'il s'agisse par exemple de diviser un triangle ayant une base de 80 mètres et 45 mètres de hauteur, en huit parties égales; on aura huit triangles partiels ayant chacun 10 mètres de base, et pour hauteur la hauteur commune, c'est-à-dire leur sommet commun, situé au point A.

15. — *Diviser un triangle quelconque en un certain nombre de parties égales, au moyen de lignes menées parallèlement à l'un de ses côtés pris pour base.*

Désignons toujours par b la base du triangle donné, et par h sa hauteur, Fig. 307, pl. XXI. n exprimant le diviseur ou plutôt le nombre des parties qui doivent résulter de la décomposition.

Il est à remarquer que chacune des lignes de division qu'il s'agit de déterminer étant parallèle à la base du triangle, sa surface doit être décomposée en trapèzes équivalents, à l'exception néanmoins de la partie située au sommet, qui, nécessairement, est un triangle semblable au triangle total, et dont la surface en est la n^{me} partie, ainsi que celles de chacun des trapèzes dont les hauteurs diminuent successivement en s'éloignant du sommet, puisque leurs bases parallèles suivent une marche contraire.

La surface du triangle total étant

$$\frac{bh}{2},$$

celle de l'une des surfaces partielles n'en sera que la n^{me} partie, c'est-à-dire

$$\frac{bh}{2n};$$

il existe donc au sommet du triangle total, un triangle qui lui est semblable, dont la surface est

$$\frac{bh}{2n},$$

et dont il s'agit de déterminer la hauteur, que nous désignerons par u.

Les triangles semblables étant entr'eux comme les carrés des côtés homologues (Ire part., chap. II, § II, n° 14, pag. 158), on pourra établir la proportion :

$$\frac{bh}{2} : \frac{bh}{2n} :: h^2 : u^2,$$

de laquelle on tire :

$$u^2 = \frac{bh^3}{2n} \times \frac{2}{bh} = \frac{2bh^3}{2nbh},$$

puis en supprimant aux deux termes le facteur commun $2bh$,

$$u^2 = \frac{h^2}{n},$$

et enfin,

$$u = \sqrt{\frac{h^2}{n}}.$$

Telle est l'expression de la hauteur du triangle formant la première partie qu'il s'agissait de déterminer.

Pour obtenir la seconde, nous la supposerons réunie à la première et formant avec celle-ci un nouveau triangle semblable au triangle donné, et dont la surface est double de celle du triangle qui vient d'être déterminé, c'est-à-dire de

$$\frac{bh}{2n} \times 2 = \frac{2bh}{2n} = \frac{bh}{n};$$

et en appelant v la hauteur inconnue de ce nouveau triangle, on aura :

$$\frac{bh}{2} : \frac{bh}{n} :: h^2 : v^2;$$

puis,

$$v^2 = \frac{bh^3}{n} \times \frac{2}{bh} = \frac{2bh^3}{nbh};$$

et en divisant les deux termes par bh,

$$v^2 = \frac{2h^2}{n};$$

d'où,

$$v = \sqrt{\frac{2h^2}{n}}.$$

Pour obtenir la troisième division, on la supposera réunie aux deux premières, et formant avec celles-ci un troisième triangle triple du premier, et comme lui, semblable au triangle total; son aire étant exprimée par

$$\frac{bh}{2n} \times 3,$$

ou par

$$\frac{3bh}{2n},$$

on pourra établir, en désignant par x sa hauteur :

$$\frac{bh}{2} : \frac{3bh}{2n} :: h^2 : x^2;$$

puis, en faisant le produit des extrêmes et celui des moyens, et tirant la valeur de x^2,

$$x^2 = \frac{3bh^3}{2n} \times \frac{2}{bh} = \frac{6bh^3}{2nbh} = \frac{3h^2}{n};$$

et enfin,

$$x = \sqrt{\frac{3h^2}{n}}.$$

En continuant ainsi l'opération, et en désignant par y, z, etc..., les hauteurs des nouveaux triangles successifs, on obtiendrait :

$$y = \sqrt{\frac{4h^2}{n}}, z = \sqrt{\frac{5h^2}{n}}, \text{ etc....};$$

en sorte que la hauteur du n^{me} et dernier triangle serait généralement exprimée par

$$\sqrt{\frac{nh^2}{n}} = \sqrt{h^2} = h;$$

et en effet, cette hauteur se confond avec celle du triangle à diviser. On peut *donc conclure qu'en général, la distance comprise entre le sommet du triangle à diviser et l'une des parallèles, est égale à la racine carrée du produit résultant de la multiplication du nombre qui indique le rang de la division dont il s'agit, par le carré de la hauteur du triangle, divisé par le nombre total des divisions à opérer.*

Les différentes hauteurs des triangles successifs se trouvant ainsi déterminées, il ne restera plus qu'à en faire l'application de A vers D, sur la perpendiculaire AD, puis de mener par les différents points ainsi obtenus, des parallèles à la base BC.

Pour rendre plus palpable ce principe rigoureux dans tous les cas possibles, nous prendrons, au hasard, le triangle dont la base serait de 47 mètres et la hauteur de 80, que nous nous proposerons de diviser en cinq parties égales, par des parallèles à sa base; on aura, dans cette circonstance, $b=47$, $h=80$, et enfin $n = 5$; la substitution de h et de n dans l'expression :

$$u = \sqrt{\frac{h^2}{n}},$$

donnera :

$$u = \sqrt{\frac{6400}{5}} = \sqrt{1280} = 35^{m} 77^{c},$$

et l'on aura de même :

$$v = \sqrt{\frac{2 \times 6400}{5}} = \sqrt{2560} = 50^{m} 60^{c},$$

$$x = \sqrt{\frac{3 \times 6400}{5}} = \sqrt{3840} = 61^{m} 97^{c},$$

$$y = \sqrt{\frac{4 \times 6400}{5}} = \sqrt{5120} = 71^{m} 55^{c},$$

et enfin,

$$z = \sqrt{\frac{5 \times 6400}{5}} = \sqrt{6400} = 80^{m}.$$

16. — La division du triangle ainsi rapportée à sa perpendiculaire, est loin d'être la seule possible, car les surfaces des figures semblables étant entr'elles non seulement comme les carrés de leurs côtés homologues, mais encore comme les carrés des lignes homologues qui pourraient être tracées sur l'une et l'autre des figures, il s'ensuit qu'il suffit de tracer dans le triangle une ligne quelconque, le divisant en deux parties connues, pour pouvoir diviser ensuite sa surface entière, en parties égales entr'elles ou ayant des rapports donnés, par des droites parallèles à celle-ci.

On trouvera (Ire part., chap. IV, § II, n° 9, pag. 295) la solution du problème relatif à la division du triangle en deux parties équivalentes, au moyen d'une droite assujétie à passer par un point pris à volonté sur l'un quelconque de ses côtés.

17. — *Déterminer un point intérieur à un triangle, tel qu'en le joignant par des droites à ses trois sommets, il se trouve ainsi divisé en trois triangles équivalents.*

Soient a, b, c, les trois côtés du triangle donné, qui doivent également servir de bases correspondantes à chacun des triangles cherchés ; les deux triangles dont la base commune est a par exemple, seront entr'eux comme leur hauteur ; mais comme la surface de l'un, d'après l'énoncé même de la question, est le tiers de celle de l'autre, il s'ensuit que sa hauteur est également le tiers de celle du triangle total, et il en serait ainsi des autres ; on voit donc qu'il suffit d'abaisser des perpendiculaires des sommets sur le côté opposé, puis au tiers de chacune de ces perpendiculaires, et en partant de la base, de tracer des parallèles à cette même base ; la rencontre des parallèles est précisément le sommet commun aux trois triangles demandés.

Fig. 308, pl. XXI.

18. — Proposons-nous maintenant de diviser un parallélogramme quelconque en un certain nombre de parties égales ; et pour cela, reportons-nous à l'expression générale de sa surface, qui est bh, b étant sa base, et h sa hauteur ; si nous désignons par n le nombre des divisions à opérer, la surface de chacune d'entr'elles étant la n^{me} partie de la surface totale, sera aussi généralement de

$$\frac{bh}{n},$$

qui équivaut indifféremment soit à

$$\frac{b}{n} \times h,$$

soit à

$$\frac{h}{n} \times b;$$

5

et l'on en conclut que la division du parallélogramme est possible de deux manières différentes, ou en divisant l'un des plus grands côtés en n parties égales, et en menant par les points de division des parallèles aux deux plus petits; ou en divisant l'un des plus petits par le même nombre, et en imaginant, par les points de division ainsi obtenus, des droites parallèles aux deux plus grands.

Fig. 309, pl. XXI. La base AB d'un parallélogramme étant de 160^m, et sa hauteur CH de 80^m, la surface sera de

$$AB \times CH = 160 \times 80 = 1^h \; 28^a \; 00^c;$$

et s'il s'agit de diviser cette surface en cinq parties égales, par exemple, l'une d'entr'elles sera évidemment de

$$\frac{1,28,00}{5} = 25 \text{ ares } 60 \text{ centiares};$$

et il ne reste plus qu'à déterminer sur la figure elle-même la place réservée à chaque division superficielle; divisant donc la base 160^m par le nombre des divisions 5, il en résulte 32^m pour la largeur de chaque parallélogramme partiel, prise sur la base du parallélogramme total, et il ne reste plus qu'à mener par les points de division les droites ad, $a'd'$, $a''d''$, $a'''d'''$, parallèles à AD ou à BC, pour avoir le système de division indiqué dans le premier cas.

Fig. 310, pl. XXI. Pour établir les divisions parallèles à la base du parallélogramme total, il suffit de diviser sa hauteur 80^m par 5, ce qui donne 16^m pour hauteur de chacun des parallélogrammes partiels, et les parallèles ad, $a'd'$, $a''d''$, $a'''d'''$, intercepteront entr'elles les divisions à déterminer.

Fig. 311, pl. XXI. **19.** — Soit encore à diviser un parallélogramme quelconque en deux trapèzes équivalents : pour faire disparaître l'indétermination qui caractérise la solution de cette question, il est nécessaire de se donner l'un des points de division sur l'un quelconque des côtés du parallélogramme à diviser.

Soit proposé de diviser ainsi le parallélogramme ABCD, dans lequel on a

$$AB = 108^m, \; DH = 56^m,$$

avec cette condition que la ligne séparative soit assujétie à passer par un certain point E, éloigné de 40 mètres de l'angle C, ou ce qui est la même chose, de 68 mètres du point D; on voit alors que tout se réduit à déterminer sur AB, la position du point F par rapport à l'un ou à l'autre des points A et B; si l'on désigne par x la distance FB, par exemple, l'aire du trapèze ECBF sera exprimée par

$$\left(\frac{40 + x}{2} \right) 56,$$

et celle du parallélogramme à diviser étant de

$$108 \times 56,$$

et de plus, double de la première, il en résultera l'équation :

$$\frac{108 \times 56}{2} = \left(\frac{40 + x}{2} \right) 56,$$

qui revient à

$$6048 = 2240 + 56\, x;$$

ou bien encore à

$$56x = 3808;$$

d'où l'on tire enfin :

$$x = \frac{3808}{56} = 68 \; mètres.$$

Ainsi, le point F doit être éloigné du point B de la même distance que le point E l'est lui-même du point D, c'est-à-dire de 68 mètres; et il est aisé de s'apercevoir, d'après l'inspection seule de la figure, qu'en cet état de chose les deux trapèzes ECBF et FADE sont égaux, la surface de chacun d'eux étant de

$$\frac{40 + 68}{2} \times 56 = 30^a\, 24^c,$$

tandis que celle du parallélogramme total ABCD est de

$$108 \times 56 = 60^a\, 48^c.$$

20. — Soit un trapèze ABCD, LM la droite qui joint les milieux de ses bases non parallèles; si, par le point M, on imagine HMG perpendiculaire aux bases Fig. 312, pl. XXI.

parallèles prolongées s'il.en est nécessaire, on formera deux triangles égaux
MHC et MGB, dont l'un extérieur au trapèze donné, et l'autre qui lui est
intérieur (Ire part., chap. II, § I, n° 6, pag. 131); on pourra, sans altérer
la superficie du trapèze ABCD, en retrancher le triangle MGB, pourvu qu'on
lui ajoute en même temps son égal MHC; la même construction faite à l'égard
du point L, déterminera l'addition du triangle LED et la soustraction de son
égal LFA; et le rectangle EFGH sera équivalent au trapèze ABCD; la droite
IOK, élevée perpendiculairement à LM, sur son point milieu, qui divise le
premier en deux parties égales, divise donc également le second de la même
manière.

Fig. 313, pl. XXI. LM étant toujours la droite qui joint les milieux des bases non parallèles
dans le trapèze ABCD, si, par le point L, on imagine ELF parallèle à CB, le
parallélogramme EFBC sera équivalent au trapèze ABCD, et la droite IOK
menée par le milieu de LM parallèlement à BC, qui divise le parallélogramme
en deux portions égales, divise aussi le trapèze de la même manière; c'est
ainsi que l'on peut diviser un trapèze, soit perpendiculairement à la direction
de ses bases parallèles, soit parallèlement à l'un ou l'autre de ses côtés.

Le problème n° 10, Ire part., chap. IV, § II, pag. 296, sert à diviser l'aire
du trapèze en deux parties équivalentes, avec cette condition que la droite de
division soit assujétie à passer par le milieu de l'un de ses côtés.

Fig. 314, pl. XXI. **21.** — On arrive à la division du trapèze en un nombre quelconque de parties égales, en divisant séparément chacune de ses bases parallèles par ce
même nombre, puis en joignant par des droites chaque division linéaire de
l'une à celle correspondante de l'autre; il est clair que chaque espace compris
entre deux droites de jonction consécutives, exprime le quotient superficiel
demandé; en effet, si l'on désigne par a l'une des bases parallèles, l'autre par
b, et enfin par n le nombre des divisions à opérer, la hauteur du trapèze
étant h, sa surface sera exprimée par

$$\left(\frac{a+b}{2}\right) h;$$

et si l'on prend la n^{me} partie de ce résultat, on aura pour expression de
l'une des divisions :

$$\left(\frac{a+b}{2n}\right) h = \left(\frac{\frac{a}{n}+\frac{b}{n}}{2}\right) h,$$

qui exprime en réalité la superficie d'un trapèze ayant pour bases les n^{mes} parties de celles du trapèze total, et pour hauteur, la même que celui-ci.

Qu'il s'agisse, par exemple, de diviser en cinq parties égales un trapèze ayant l'une de ses bases parallèles de 200 mètres, l'autre de 140 mètres, sa hauteur étant de 76; d'après ce qui vient d'être dit, la base supérieure de chaque trapèze partiel sera de

Fig. 314, pl. XXI.

$$\frac{200}{5} = 40^m ;$$

celle inférieure, de

$$\frac{140}{5} = 28^m ;$$

et sa surface, de

$$\left(\frac{40 + 28}{2} \right) \times 76 = 25^a 84^c ;$$

et la surface du trapèze total étant de

$$\left(\frac{200 + 140}{2} \right) \times 76 = 1^h 29^a 20^c ,$$

on a en effet

$$25,84 \times 5 = 1^h 29^a 20^c.$$

22. — Proposons-nous maintenant de diviser un trapèze quelconque, ABCD, en un certain nombre de parties égales, au moyen de droites parallèles à ses bases.

Fig. 315, pl. XXI.

Pour arriver à ce but, on déterminera d'abord la hauteur FX du triangle extérieur formé par la moindre des deux bases du trapèze donné, avec le prolongement de ses côtés non parallèles, en opérant de la manière suivante :

Les triangles XAB et XDC étant semblables, puisque DC est parallèle à AB, donnent la proportion

$$AB : EX :: DC : FX,$$

ou

$$AB : (EF + FX) :: DC : FX,$$

de laquelle on tire :

$$AB \times FX = EF \times DC + FX \times DC,$$

qui peut se mettre sous la forme :

$$FX (AB - DC) = EF \times DC;$$

puis enfin, tirant la valeur de FX, on a

$$FX = \frac{EF \times DC}{AB - DC}.$$

En cet état de choses, il sera toujours aisé de calculer la surface du triangle XDC, dont la base et la hauteur sont maintenant connues, ainsi que celle du trapèze ABCD, dont nous admettons les bases AB et DC, ainsi que la hauteur EF, comme faisant partie des données de la question.

En nous proposant la division d'un trapèze donné en n parties équivalentes, nous supposerons, pour plus de simplicité,

$$AB = a, \ DC = b, \ EF = h, \ FX = h';$$

et de plus que la surface calculée du triangle XDC soit égale à s, et celle du trapèze ABCD égale à S, dont la n^{me} partie

$$\frac{S}{n}$$

est la surface partielle attribuée à chaque division à construire, IJCD, KLJI, MNLK, etc.

La droite IJ étant parallèle à DC, les deux triangles XDC et XIJ sont semblables et donnent (Ire part., chap. II, § II, n° 14, pag. 158 et 159) :

$$s : s + \frac{S}{n} :: h'^2 : \overline{GX}^2$$

Fig. 315, pl. XXI.

d'où l'on tire :

$$GX^{-2} = \frac{\left(s + \dfrac{S}{n} \right) h'^2}{s} = h'^2 + \frac{h'^2 S}{ns};$$

et enfin,

$$GX = \sqrt{h'^2 + \frac{h'^2 S}{ns}};$$

puis on a

$$GF = GX - FX = \sqrt{h'^2 + \frac{h'^2 S}{ns}} - h' \quad (1).$$

Fig. 315, pl. XXI.

Pour déterminer HG, on comparera les triangles semblables XDC et XKL; il en résultera

$$s : s + \frac{2S}{n} :: h'^2 : HX^{-2};$$

et l'on aura

$$HX^{-2} = h'^2 + \frac{2h'^2 S}{ns};$$

et par suite,

$$HX = \sqrt{h'^2 + \frac{2h'^2 S}{ns}};$$

et enfin,

$$HG = HX - GX = \sqrt{h'^2 + \frac{2h'^2 S}{ns}} - \sqrt{h'^2 + \frac{h'^2 S}{ns}} \quad (2).$$

La comparaison du triangle extérieur XDC avec le nouveau triangle XMN, fournit :

$$s : s + \frac{3S}{n} :: h'^2 : UX^{-2};$$

qui donne

$$UX = \sqrt{h'^2 + \frac{3h'^2S}{ns}};$$

et puis l'on a

$$UH = UX - HX = \sqrt{h'^2 + \frac{3h'^2S}{ns}} - \sqrt{h'^2 + \frac{2h'^2S}{ns}} \; (3).$$

Et l'on pourrait ainsi pratiquer l'opération autant de fois qu'il y a d'unités dans le nombre des divisions; et la hauteur du n^{me} trapèze partiel serait généralement exprimée par

$$\sqrt{h'^2 + \frac{nh'^2S}{ns}} - \sqrt{h'^2 + \frac{(n-1)h'^2S}{ns}} \; (n).$$

Fig. 345, pl. XXI. **23.** — Pour rendre plus palpable cette théorie de la division d'un trapèze, par des lignes parallèles à ses bases, nous traiterons le cas particulier où l'on a les données suivantes :

$$a = 60^m, b = 40^m, h = 30, h' = 60;$$

et par conséquent,

$$s = 12^a \, 00^c, \text{ et } S = 15^a \, 00^c,$$

et enfin,

$$n = 4, \text{ d'où } \frac{S}{n} = \frac{1500}{4} = 3^a \, 75^c.$$

La formule (1) deviendra, par la substitution de ces différentes valeurs :

$$GF = \sqrt{3600 + \frac{3600 \times 1500}{4 \times 1200}} - 60 = \sqrt{4725} - 60 = 68.74 - 60 = 8^m 74^c.$$

La formule (2) deviendra

$$HG = \sqrt{3600 + \frac{7200 \times 1500}{4 \times 1200}} - 68.74 = \sqrt{5850} - 68.74 = 76.49 - 68.74 = 7.75.$$

La formule (3) deviendra

$$UH=\sqrt{3600+\frac{10800\times1500}{4\times1200}}-76.49=\sqrt{6975}-76.49=83.52-76.49=7.03.$$

La formule (n) deviendra

$$EU=\sqrt{3600+\frac{14400\times1500}{4\times1200}}-83.52=\sqrt{8100}-83.52=90.00-83.52=6.48.$$

24. — On remarquera, sans doute, que le premier terme de chaque proportion n'est autre chose que la surface du triangle XDC, et que le second se composant de ce même premier terme augmenté de la n^{me} partie de l'aire du trapèze donné, il est loisible à celui qui opère, de substituer, dans la formule générale, à cette n^{me} partie, une quantité quelconque, et que l'on peut ainsi, par cette méthode, non seulement opérer la division en parties équivalentes, mais encore de telle sorte que ces parties conservent entr'elles un rapport quelconque.

Fig. 515, pl. XXI.

25. — La division des polygones irréguliers d'un grand nombre de côtés, ne se rattachant à aucune règle générale, oblige à l'impérieuse nécessité d'avoir recours à des artifices plus ou moins ingénieux, qui offrent presque toujours l'avantage de conduire, sans beaucoup de travail, au but que l'on se propose.

Nous allons en faire l'application à un polygone dont les opérations du terrain auraient été consignées sur un croquis visuel ABCDEFG.

Fig. 516, pl. XXII.

Le tableau suivant indique les calculs partiels auxquels il a fallu avoir recours pour déterminer la surface totale, 54 ares 22 centiares 27 dix-milliares, que nous nous proposerons, en cette circonstance, de diviser en trois parties, par des droites perpendiculaires à la ligne d'opération CD, de telle sorte que la portion X ait une superficie de 13 ares, que celle Y soit égale à 29 ares 22 centiares 27 dix-milliares, et qu'enfin la dernière, Z, ne contienne que 12 ares.

Trapèze	$a =$	3^m	5^d	×	4^m	»^{d}	=	»^{a} 14^c	»$^{dix-m}$
Triangle	$b =$	9	»	×	2	2	=	» 19	80
Trapèze	$c =$	6	»	×	5	»	=	» 30	»
Id.	$d =$	11	4	×	7	»	=	» 79	80
Id.	$c =$	29	9	×	4	»	=	1 19	60
Triangle	$f =$	25	5	×	4	»	=	1 02	»
Id.	ACI =	21	»	×	15	»	=	3 15	»
Id.	$g =$	10	5	×	6	7	=	» 70	35
Id.	$h =$	18	1	×	2	»	=	» 36	20
Trapèze	$i =$	8	3	×	11	»	=	» 91	30
Id.	$j =$	13	»	×	9	»	=	1 17	»
Triangle	$k =$	9	5	×	2	»	=	» 19	»
Triangle	GAH =	34	6	×	41	»	=	14 18	60
Id.	$l =$	7	»	×	5	»	=	» 35	»
Trapèze	$m =$	14	5	×	4	5	=	» 65	25
Id.	$n =$	5	»	×	4	5	=	» 22	50
Triangle	$o =$	5	5	×	10	»	=	» 55	»
Trapèze	$p =$	18	»	×	11	»	=	1 98	»
Triangle	$q =$	15	»	×	3	»	=	» 45	»
Id.	GDF =	26	8	×	24	6	=	6 59	28
Id.	GDH =	25	8	×	13	9	=	3 58	62
Triangle	$r =$	3	2	×	3	»	=	» 9	60
Trapèze	$s =$	4	3	×	7	9	=	» 33	97
Id.	$t =$	11	5	×	»	8	=	» 9	20
Id.	$u =$	5	»	×	18	2	=	» 91	»
Id.	$v =$	6	»	×	15	»	=	» 90	»
Id.	$x =$	10	»	×	12	7	=	1 27	»
Triangle	AHI =	27	4	×	42	»	=	11 50	80
Trapèze	$y =$	8	7	×	2	»	=	» 17	40
Triangle	$z =$	11	»	×	2	»	=	» 22	»

TOTAL................ 54 22 27

1° On déterminera X en évaluant d'abord la surface LDEFG, qui ne peut évidemment qu'être plus grande, plus petite, on égale à 13 ares; dans le premier cas, il faudra transporter la droite GL parallèlement à elle-même, de H vers D; dans le second, on devrait au contraire l'éloigner de D; et enfin, dans le troisième cas, que l'on ne saurait attribuer qu'à l'effet du hasard, la droite GL serait elle-même la ligne de division demandée; or, l'espace superficiel LDEFG, se compose ainsi qu'il suit :

Triangle	$l =$	»ª35ᶜ »ᵈⁱˣ⁻ᵐ·		
Trapèze	$m =$	» 65	25	
Id.	$n =$	» 22	50	
Triangle	$o =$	» 55	»	
Trapèze	$p =$	1 98	»	
Triangle	$q =$	» 45	»	
Id.	GDF $=$	6 59	28	
Id.	GDH $=$	3 58	62	
Id.	$r =$	» 9	60	
Trapèze	$s =$	» 33	97	
	Total.........	14 82	22	

Et comme ce résultat est trop grand de 1ª 82ᶜ 22 ᵈⁱˣ⁻ᵐ·, il ne s'agit plus que d'en retrancher un parallélogramme ayant ce dernier nombre pour surface, et pour base, 51ᵐ 6ᵈ + 5ᵐ 5ᵈ, ou 57ᵐ 1ᵈ, ce qui permet d'obtenir directement sa hauteur, ou la quantité linéaire dont GL doit être déplacée de H vers D; cette distance est de

$$\frac{182.22}{57.1} = 3^m\ 19^c$$

Il suffit donc, pour limiter X, de porter 3ᵐ 19ᶜ de H vers D, et d'élever au point ainsi déterminé, une perpendiculaire à DC, ou ce qui revient au même, de tracer par ce même point, une parallèle à GH;

2° Pour construire Z, qui ne doit avoir que 12 ares, on évaluera de même la surface du polygone irrégulier ABCK, et l'on aura :

Trapèze	$a =$	»ª14ᶜ »ᵈⁱˣ⁻ᵐ·		
Triangle	$b =$	» 19	80	
Trapèze	$c =$	» 30	»	
Id.	$d =$	» 79	80	
Id.	$e =$	1 19	60	
Triangle	$f =$	1 02	»	
Id.	ACI $=$	3 15	»	
Trapèze	$y =$	» 17	40	
Triangle	$z =$	» 22	»	
	Total.........	7 19	60	

Mais cette somme étant trop faible de $4^a 80^c 40^{dix-m.}$, il faut, cette fois, transporter la perpendiculaire $AK = 42^m + 4^m 7^d = 46^m 7^d$, de I vers H, de manière à ce que l'espace superficiel compris entre ces deux droites, soit effectivement de $4^a 80^c 40^{dix-m.}$: pour cela, à un point quelconque pris sur IH, à dix mètres par exemple du point I, menons sur le terrain et parallèlement à AK, une droite UV, dont la longueur, dans ce cas de $59^m 8^d$, puisse être facilement mesurée; il est à remarquer que les côtés UA et VK n'étant pas parallèles, se rencontreront nécessairement du côté de AK, qui est la moindre des deux bases du trapèze AKVU, et que leur point de rencontre R est le sommet commun à deux triangles semblables dont les bases respectives sont AK et UV, ou $46^m 7^d$ et $59^m 8^d$; on aura la hauteur du premier de ces triangles, que nous désignerons par x, en établissant la proportion (n° 22, pag. 37 et 38) :

$$59.8 : (10 + x) :: 46.7 : x,$$

qui donne, en faisant le produit des extrêmes et celui des moyens,

$$\frac{598x}{10} = 467 + \frac{467x}{10};$$

ou, en multipliant tous les termes par 10,

$$598x = 4670 + 467x,$$

qui se réduit à

$$131x = 4670,$$

d'où l'on tire enfin :

$$x = \frac{4670}{131} = 35^m 65^c.$$

La hauteur du triangle RAK se trouvant ainsi déterminée, et sa base $46^m 7^d$ étant d'ailleurs connue, il sera facile de calculer sa surface,

$$\frac{35.65 \times 46.7}{2} = 8^a 32^c 43^{dix-m}.$$

Puis enfin rien ne s'opposera à ce que, d'après le procédé connu (n° 22, pag. 37, 38 et 39), l'on obtienne la hauteur d'un trapèze contigu au triangle RAK, ayant pour surface $4^a 80^c 40^{dix-m}$; pour cela, en désignant par y la hauteur d'un second triangle semblable à RAK, ayant également son sommet en R, mais dont la surface soit

$$8^a 32^c 43^{dix-m} + 4^a 80^c 40^{dix-m} = 13^a 12^c 83^{dix-m},$$

on établira

$$8.32.43 : 13.12.83 :: 35.65^2 : y^2;$$

ou

$$8.32.43 : 13.12.83 :: 1270.92 : y^2,$$

et l'on en tirera

$$y = \sqrt{\frac{1312.83 \times 1270.92}{832.43}} = 44^m 77^c;$$

et l'on aura enfin

$$y - x = 44.77 - 35.65 = 9^m 12^c;$$

d'où l'on voit qu'il faut transporter le point I de $9^m 12^c$ vers H, puis par ce dernier point, mener une parallèle à la droite AK;

3° Il ne reste plus, en dernier lieu, qu'à vérifier numériquement la portion que nous avons désignée par Y, laquelle se compose ainsi qu'il suit :

		a.	c.	dix-m.
Triangle	$g =$	»	70	35
Trapèze	$h =$	»	36	20
Id.	$i =$	»	91	30
Id.	$j =$	1	17	»
Triangle	$k =$	»	19	»
Id.	GAH $=$	14	18	60
Trapèze	$t =$	»	9	20
Id.	$u =$	»	91	»
Id.	$v =$	»	90	»
Id.	$x =$	1	27	»
Triangle	AHI $=$	11	50	80
TOTAL........		32	20	45
A quoi il faut ajouter...		1	82	22
Ce qui donne en somme.		34	02	67
Puis retrancher..........		4	80	40

Et il reste enfin Y $= 29\ 22\ 27$ ainsi que cela devait être.

§ III. — DES FIGURES SEMBLABLES, LE LEVÉ A LA PLANCHETTE, AVEC ET
SANS DÉCLINATOIRE, AU GRAPHOMÈTRE, A LA BOUSSOLE, A L'ÉQUERRE, A
LA CHAÎNE SEULEMENT. — TRIANGULATION, SES CALCULS, SON RAPPORT,
RÉDUCTION ET DÉVELOPPEMENT DES PLANS, ÉVALUATION DE LEURS SURFACES,
LEUR DIVISION GRAPHIQUE.

1. — Jusqu'ici, nous avons considéré les figures avec leur grandeur naturelle, aussi a-t-il fallu opérer sur le terrain même le mesurage d'un grand
nombre de distances, opération qui, outre les difficultés d'un travail long et
pénible, entraîne toujours avec elle la perte d'un temps plus ou moins précieux; on évite sinon en totalité, du moins en partie ces inconvénients en
pratiquant les opérations ordinaires, non plus sur le terrain, mais bien sur
des figures semblables aux polygones naturels, jouissant en conséquence des
mêmes propriétés que ceux-ci, et offrant de plus cet avantage immense de
pouvoir être, d'un seul coup d'œil, observées dans leurs moindres détails;
c'est ce dernier point de vue surtout qui rend les plans si précieux, soit pour
la rédaction des différents projets de travaux, soit pour les administrations
qui veulent s'éclairer pour arriver à la solution de certaines affaires.

Le levé des plans est l'art de tracer en petit sur une feuille de dessin, des
figures semblables aux différentes étendues, en conservant avec les dimensions
de ces dernières un rapport connu.

On lève à la planchette seule, ou munie du déclinatoire, au graphomètre, à
la boussole, à l'équerre, à la chaîne seulement, ou enfin en se servant simultanément de ces différents instruments pendant le cours de la même opération; ce sont en général les circonstances locales qui indiquent au géomètre
le choix des instruments qu'il peut employer le plus avantageusement.

Fig. 317, p. XXIII. 2. — Soit un polygone quelconque CDEFGH, etc., dont on se propose
de lever le plan en se servant de la planchette; après avoir tendu et fixé sur
celle-ci la feuille qui doit recevoir le dessin, on se transporte muni de cet instrument, sur un point A du terrain, duquel on puisse, sans obstacle, observer plusieurs sommets du polygone proposé; là, après avoir placé la table horizontale,
fixé à travers la feuille et dans la table elle-même une aiguille fine et déliée
au point a situé verticalement au-dessus de A, ou appliquera la règle de
l'alidade contre l'aiguille, de telle façon que l'on puisse, en même temps,
voir dans la lunette le point Q par exemple, puis on tracera au crayon, le
long de la règle, un trait léger qui se trouvera ainsi dans la direction aQ;

faisant ensuite tourner l'alidade jusqu'à ce que l'on aperçoive C vis-à-vis l'axe de la lunette, on tracera également sur le papier la direction aC; puis mesurant chacune des distances AQ et AC, on portera, à l'aide du compas, de a en q, et de a en c les longueurs correspondantes prises sur l'échelle de proportion que l'on aura adoptée; et enfin l'on joindra qc, qui sera nécessairement proportionnelle à QC; car, de cette construction, il résulte évidemment (Irᵉ part., chap. II, § II, n° 9, pag. 155) la similitude des triangles CAQ, caq, et conséquemment la proportionnalité de leurs côtés homologues CQ et cq.

Admettons maintenant qu'après avoir, de la même manière, lancé et tracé le rayon visuel, AD, au lieu de le mesurer, on obtienne la longueur du côté CD à l'aide de la chaîne; puis qu'ayant pris sur l'échelle une longueur cd proportionnelle à CD, on décrive du point c comme centre, un arc de cercle coupant la direction aD, quelque part en d; le petit triangle acd sera également semblable à ACD; mais il est à remarquer que, dans ce cas, l'arc est susceptible de couper en deux points la droite ad, et qu'il est alors nécessaire, pour éviter une erreur, de distinguer celui des deux points de rencontre qui appartient réellement à la figure qu'il s'agit de construire; un peu d'attention suffira presque toujours pour déterminer ce choix; et l'on pourrait du reste faire cesser toute incertitude à cet égard, en mesurant AD et en appliquant une longueur proportionnelle de a en d; c'est ainsi que seront successivement levés chacun des sommets du polygone donné qui peuvent être observés du point A.

Il est bien de remarquer encore que lorsqu'on rencontre deux rayons visuels lancés aux extrémités d'un même côté, dans une disposition telle que l'on ne puisse, après en avoir chaîné un, couper la direction de l'autre au moyen de l'intersection d'un arc de cercle, qui peut, dans certains cas, ou couper cette direction en deux points, ou bien lui être tangente, le point de contact ne peut être rigoureusement déterminé, et qu'alors l'opération devient douteuse; le moyen de faire cesser ce doute, nous l'avons déjà dit, est de mesurer la longueur du second rayon; cependant on peut s'éviter cette peine et arriver au même but de la manière suivante:

Soient les points O et N, à peu près également éloignés du pied de la planchette, dont il s'agit de déterminer les positions sur le plan; au premier aspect, on pourrait croire qu'il est indispensable de mesurer les longueurs des rayons visuels AN et AO: il serait bien sans doute d'agir ainsi; mais on peut abréger l'opération:

En mesurant sur le terrain la longueur du rayon AN, prenez également sur sa direction la distance AN' d'un certain point N' qui sera marqué, sur le terrain par un jalon; puis achevez le mesurage de AN; ensuite, au lieu de mesurer sur le terrain le rayon OA, mesurez ON' dont la longueur sera de beaucoup inférieure et conséquemment plus tôt obtenue, il sera également aisé de rapporter sur le papier le point O; en effet, après avoir rapporté les longueurs an' et an, proportionnelles à AN' et AN, on prendra sur l'échelle une troisième longueur n'o, proportionnelle à N'O, et du point n' pris pour centre, on coupera la direction aO quelque part en o, point qui représente évidemment la position du point O.

Ayant ainsi, d'après l'un ou l'autre des deux procédés que je viens de décrire, obtenu la position des différents points qui peuvent être observés de la station A, on dirigera l'alidade quelque part vers B, nouveau lieu que l'on aura choisi à l'avance pour placer la planchette ainsi qu'on l'a déjà fait en A; puis on tracera avec des jalons la droite AB, qui sera également indiquée au crayon sur le papier, où il lui sera affecté une longueur ab, contenant le même nombre d'unités linéaires prises à l'échelle que AB contient de mètres sur le terrain; cela posé, on transportera la planchette de A vers B, sur lequel elle sera immédiatement placée, de telle sorte que le point b du papier soit verticalement au-dessus de celui B du terrain qu'il représente, et de plus que la droite ba soit justement superposée sur la droite BA; cette dernière opération ne présente aucune difficulté, d'après la faculté qu'a la planchette de pouvoir tourner en tout sens, sans qu'il soit nécessaire de déranger ses pieds; en cet état de choses, il est à remarquer que la portion de polygone opqcde, obtenue de la première station, c'est ainsi que se désigne chaque point du terrain sur lequel se place la planchette, se trouve dans une position parallèle à la portion du polygone naturel NOPQCDE, dont elle est l'image fidèle; l'action de disposer ainsi la planchette, est ce qu'on appelle l'orienter; et du moment où elle est orientée, on ne doit plus l'approcher, pendant le temps que durera le travail de la station, qu'avec soin et ménagement; le moindre dérangement dans la position quelle occupe étant l'avant-coureur d'un déplacement général de tout le travail obtenu de cette station; cela posé, on lèvera, comme pour le point A, tous ceux des angles du polygone qui peuvent être observés de ce dernier lieu, et de plus on pourra s'assurer la position de ceux déjà levés du point A, car en dirigeant l'axe de la lunette dans leur direction, leur image devra également se trouver sur le biseau de l'alidade; ainsi, tel point F qui aurait été observé des stations A et B, et dont les directions auraient été seulement tracées au crayon pour l'une et l'autre, sans autre mesurage que celui de AB, se trouvera incontestablement situé sur le plan, à l'intersection même de ces deux rayons en *f*, car les triangles AFB, *afb*, ont les côtés AB et *ab* proportionnels compris entre deux angles égaux chacun à chacun, ou ce qui revient au même, sont équiangles ; tels sont les trois procédés qui renferment en eux toute la théorie du levé des plans à la planchette. Pour avoir toute la précision possible, on doit s'attacher, dans les constructions graphiques, à ce que les intersections soient, autant que possible, déterminées par des angles droits ou à peu près, la rencontre de deux droites qui se coupent n'offrant un seul point que mathématiquement.

3. — La propriété physique dont jouit l'aiguille aimantée, de demeurer fixe dans le plan du méridien magnétique du lieu dans lequel on la place, fournit aux géomètres un autre moyen d'orienter la planchette ; en effet, que AB soit une ligne tracée et mesurée sur le terrain, *ab*, son homologue, tracée et limitée à l'aide de l'échelle de proportion, sur la planchette ; on pourra, cette dernière étant placée sur le point A, et les deux droites AB et *ab* juxta-posées à l'aide de l'alidade, disposer le déclinatoire sur la table, de manière à ce que les pôles ou extrémités de l'aiguille correspondent de part et d'autre aux points 0 des arcs gradués, et en cet état de choses, tracer sur le papier, le long de la boîte, un trait au crayon *ns* indiquant, d'après la construction même de l'instrument, la direction de l'aiguille dans son état de stabilité. Je supposerai maintenant que les stations A et B ayant été faites, on sente la nécessité d'en faire une troisième vers un certain lieu R, duquel A et B puissent être observés ; on pourra alors, et sans autre préparation, se transporter au lieu de la station projetée, y placer la planchette de niveau, disposer sur celle-ci et contre le trait *ns*, le déclinatoire de la même manière qu'il avait été mis au point A, puis faire tourner le tout ensemble, jusqu'à ce que l'aiguille elle-même corresponde, ainsi que cela existait au premier orientement, aux deux points 0 ; en cet état de choses, il est évident que la droite *ab* sera parallèle à AB, que par conséquent l'instrument se trouvera disposé de la même manière qu'il l'était au point A, et qu'enfin la planchette sera orientée.

Il reste encore à déterminer sur le plan la position du point où l'on se trouve, et ce point lui-même sur le terrain ; pour cela, après avoir fixé verticalement deux aiguilles, l'une sur le point *a*, l'autre sur le point *b*, on rapprochera la règle de l'alidade contre le point *a*, par exemple, puis la faisant tourner jusqu'à ce que le point A se trouve dans l'alignement de l'axe de la lunette, on tracera sur le papier le prolongement de cet alignement *ax ;* la

Fig. 517, pl. XXIII

7

même opération étant faite pour les points *b* et B, on aura sur le papier le prolongement *by*, et le point que l'on cherche sera nécessairement à leur rencontre en *r;* pour obtenir le point correspondant R sur le terrain, il suffira de laisser tomber de *r* un corps quelconque, qui indiquera, par sa chute, le point que l'on cherche, et ce sera alors de ce dernier que devront partir les distances à mesurer pour la nouvelle station, qui sera faite comme les précédentes.

Fig-318, pl. XXIII **4.** — Il nous reste encore à parler d'un moyen qui s'emploie fort souvent dans les pays couverts, pour lever un chemin, un sentier ou toute autre limite sinueuse dont les sommets des angles ne peuvent être aperçus des lieux environnants, soit ABCDE, la ligne brisée dont on veut lever le plan ; on fera la première station au point B, d'où, après avoir pris l'orientement *ns,* on lancera les rayons visuels BA et BC, qui, mesurés et rapportés sur le papier, donneront déjà sur le plan la ligne brisée *abc;* transportant ensuite l'instrument en D, on l'orientera à l'aide du déclinatoire, puis faisant tourner la règle autour du point *c*, jusqu'à ce qu'on aperçoive dans la lunette le jalon placé sur son homologue C, on tracera au crayon le rayon visuel sur lequel on rapportera *cd*, proportionnelle à CD, que l'on aura eu le soin de mesurer auparavant; puis enfin, plaçant l'alidade sur le point *d*, on visera E, et la distance *de* sera rapportée sur cette direction avec une longueur proportionnelle à DE ; l'on pourrait ainsi continuer l'opération aussi loin que l'on voudrait; il est rare cependant que le rapport successif d'un grand nombre de distances à la suite les unes des autres, n'amène pas quelque différence dans l'ensemble de la figure.

La même opération est aussi praticable avec la planchette seule; mais alors il est indispensable de faire une station sur chaque sommet, tandis que le déclinatoire offre cet avantage de n'exiger de station que de deux en deux.

5. — Les graphomètre, théodolite et cercle répétiteur, ne s'emploient guère pour les simples opérations de détail ; leurs fonctions, d'un ordre plus élevé, sont plutôt de déterminer l'ouverture des angles que forment entr'elles certaines lignes d'une grande longueur, dont l'ensemble est indispensable pour assurer les opérations géodésiques ; néanmoins, le graphomètre peut s'employer de la même manière, et dans les mêmes cas que la planchette, qu'il ne peut cependant remplacer avec avantage; la difficulté que l'on éprouve à le disposer horizontalement sur le sommet des angles à mesurer, celle bien plus grande encore de rapporter rigoureusement ces mêmes angles sur le papier, d'après les observations du terrain, en rendent l'emploi difficile et minutieux dans la pratique. On rencontre parfois des personnes inhabiles ou peu habituées, qui, après avoir évalué en degrés et minutes des angles observés sur le terrain, ne craignent point d'en faire l'application sur le papier, à l'aide du rapporteur ordinaire qui fait partie de tous les étuis de mathématiques; ces sortes de constructions qui peuvent être adoptées lorsqu'il s'agit du tracé de simples croquis visuels sans importance, ne sauraient être admises dans les constructions rigoureuses qu'exige un levé géométrique.

On devra donc, après avoir pris numériquement la valeur des angles que forment les différents rayons visuels, et mesuré ceux d'entr'eux dont les longueurs sont nécessaires pour opérer le rapport, ainsi que cela a été dit pour le levé à la planchette, s'occuper du tracé exact de ces mêmes angles, dont les sommets sont aux points de stations.

Un angle se mesurant par l'arc de circonférence compris entre ses côtés, et décrit de son sommet pris pour centre, ne peut être rigoureusement exprimé sur un plan qu'à l'aide du rayon avec lequel il doit être décrit et de la corde qui le sous-tend; le rayon pouvant être d'une longueur arbitraire, il n'existe donc réellement de difficulté que pour la détermination de la corde, car aussitôt celle-ci connue, il ne s'agira plus que de construire un triangle isoscèle ayant pour base la corde elle-même, et pour côtés le rayon.

6. — Soit proposé de faire au point A, de la droite AB, un angle de 37° 20'; Fig.310, Pl. XXIII
pour cela, on calculera la base d'un triangle isoscèle dont on se donnera les côtés de 1,000 mètres par exemple; et dans ce cas l'on établira, après avoir conclu les angles à la base, qui seront chacun de 71° 20', parce que 180° — 37° 20' = 142° 40', et que

$$\frac{142°\ 40'}{2} = 71°\ 20',$$

$$Sin\ 71°\ 20' : sin\ 37°\ 20' :: 1000 : x.$$

D'où

$$x = 640^m\ 1^d;$$

et il ne reste plus qu'à décrire du point A comme centre, et avec un rayon de 1,000 mètres, pris à l'échelle du plan pour lequel on opère, un arc de cercle illimité BOC; puis, prenant ensuite sur la même échelle une longueur de 640ᵐ 1ᵈ, l'on décrira du centre B un second arc de circonférence ICN, dont l'intersection C, avec le premier arc, sera évidemment un point dépendant du côté de l'angle à construire, dont A est d'ailleurs le sommet; il ne restera donc plus qu'à tracer par les points A et C la droite AC.

Cette construction, on le voit, est simple et d'un facile usage; mais elle nécessite un calcul pour lequel il faut encore passer quelques instants; nous allons présenter un second moyen plus direct et plus expéditif; pour cela, rappelons-nous (Ire part., chap. III, § I, n° 3, pag. 252), que le *sinus* d'un angle quelconque est toujours moitié de la corde qui sous-tend un arc double, et cherchons dans les tables trigonométriques le logarithme du *sinus* de

$$\frac{37° 20'}{2},$$

ou de

$$18° 40',$$

nous trouverons qu'il est de

$$9.505234;$$

mais si l'on remarque que les tables étant calculées pour un rayon de 10,000,000,000 de parties, il faut essentiellement le diviser par 10,000,000 pour le réduire à 1,000, on en conclura qu'il faut retrancher sept unités de la caractéristique du logarithme 9.505234, ce qui le ramène à 2.505234; cherchant donc enfin, dans la table des nombres, celui auquel correspond ce dernier logarithme, on trouvera définitivement que, pour un rayon de 1,000^m, le *sinus* de l'angle de 18° 40', est de 320^m 05^d, qui, multiplié par deux, donne 640^m 1^d, ou la corde de 37° 20'; il est également à remarquer que 320^m 05^c est la corde du même angle pour un rayon de 500^m seulement; qu'en conséquence, il suffit, pour arriver au même but, de décrire du point A comme centre, et avec un rayon de 500^m, un arc de cercle B'O'C'; puis du point B' comme centre, et avec un second rayon de 320^m 05^c, de couper le premier arc quelque part en C'.

On pourrait encore obtenir la corde pour un rayon de 250^m, qui serait de

$$\frac{320.05}{2} = 160^m 02^c.$$

En général, on obtient la corde d'un arc quelconque, décrit avec un rayon de 500 mètres, en prenant dans les tables trigonométriques ordinaires le

logarithme du sinus *de la moitié de cet arc, duquel il suffit de retrancher sept unités à la caractéristique pour avoir le logarithme de la corde
demandée, qui se trouve alors dans la table des nombres, en regard de ce log.*

On emploiera avec avantage l'ouvrage de Baudusson, intitulé le *Rapporteur
exact,* ou mieux encore, *le Rapporteur de précision,* de M. Cousinery,
ingénieur en chef des ponts et chaussées; ces deux ouvrages contiennent les
longueurs des cordes calculées, pour tous les arcs de la circonférence, avec
différents rayons; notre but est de mettre le lecteur à même de pouvoir, au
besoin, se passer de ces ouvrages en se servant des tables de logarithmes
ordinaires à l'aide desquelles les résultats sont aussi vite obtenus.

7. On peut aussi, après avoir mesuré les angles d'un polygone à l'aide du
graphomètre et ses côtés au moyen de la chaîne, calculer trigonométriquement les ordonnées abaissées des sommets du polygone sur une directrice
choisie dans une position quelconque, ainsi que les distances comprises entre
les pieds des différentes ordonnées (§ II, n° 7, pag. 22, 23 et 24); puis
traçant cette directrice sur le papier, et lui élevant des perpendiculaires
proportionnelles à celles correspondantes du terrain, à des distances aussi
proportionnelles à celles obtenues par le calcul, on obtiendra les positions
des différents sommets, qui, joints les uns aux autres, formeront dans leur
ensemble un polygone semblable à celui du terrain.

Supposons qu'après avoir mesuré sur le terrain les droites $AB = 154^m 8^d$, Fig. 520, pl. XXIII
$BC = 112^m 5^d$, et $CD = 184^m 3^d$, et les angles $ABC = 135°10'$ et $BCD = 120°15'$,
on se propose de rapporter sur le papier, à une échelle donnée, le plan de la
ligne brisée ABCD, en se servant de cette dernière méthode; pour cela, imaginons une droite infinie XY, passant par l'un quelconque des points qu'il
s'agit de rapporter, par le point B dans ce cas, formant avec AB un angle
connu, que nous supposerons être, en cette circonstance, de 10°; cela posé, il
sera facile de résoudre le triangle rectangle ABA', dans lequel on connaît l'hypoténuse $AB = 154^m 8^d$ et les angles; les calculs pourront ainsi se disposer;

Somme des deux premiers log. $= 1.429441 = $ log. $26^m 88^c$,

Log. *sin* 10° $= 9.239670$
Log. 154.8 $= 2.189771$
Log. *cos* 10° $= 9.993351$

Somme des deux derniers log. $= 2.183122 = $ log. $152^m 45^c$, et donneront

$$AA' = 26^m 88^c \text{ et } A'B = 152^m 45^c.$$

On résoudra ensuite de la même manière le triangle BCC', en déterminant d'abord son angle aigu en B, en retranchant de

$$180°, 135° 10' + 10° 00',$$

ce qui donnera :

$$34° 50';$$

et l'on aura de même :

$$CC' = 64^m 26^c \text{ et } BC' = 92^m 34^c;$$

l'angle C du même triangle s'obtiendra en établissant

$$90° - 35° 50' = 55° 10'.$$

Pour calculer les deux côtés de l'angle droit du triangle rectangle dont CD = 184^m 3^d est l'hypoténuse, et 120° 15' — 55° 10' = 65° 05' l'un des angles aigus, on opèrera de la même manière, et l'on aura :

$$CI = 77^m 65^c, \text{ et ID ou } C'D' = 167^m 14^c;$$

enfin l'on aura :

$$D'D = CI - CC' = 77.65 - 64.26 = 13^m 39^c;$$

et l'on pourrait, en continuant ainsi, déterminer les positions d'autant de points que l'on voudrait, par rapport à la directrice XY.

Fig. 321, pl. XXIII **8.**—Quant au rapport sur le papier, de la ligne ABCD, il se trouve ainsi réduit à la plus grande simplicité ; car il suffit alors de tracer sur le papier une droite illimitée xy, de rapporter, d'après l'échelle adoptée, les longueurs $a'b$, bc' et $c'd'$ proportionnelles à A'B, BC' et C'D' que l'on vient d'obtenir par le calcul ; puis aux points a', c' et d', d'élever des perpendiculaires dont les longueurs doivent également être réglées d'après les hauteurs obtenues AA', CC' et DD'.

On pourrait également rapporter les angles B et C, d'après les cordes ou les *sin*, ainsi que nous l'avons déjà dit, et établir les longueurs de leurs côtés proportionnelles aux longueurs du terrain ; mais ce procédé, bien que rigoureux mathématiquement, entraînerait le déplacement des derniers sommets, si l'on avait un grand nombre d'angles liés par des droites à rapporter successivement.

9. — Soit un polygone ABCDE dont on se propose de lever le plan à la boussole, on placera d'abord cet instrument, fixé sur son pied, sur le point A ; et là, après l'avoir disposé de niveau, l'on fera tourner la boîte dans son entier, jusqu'à ce que la règle de l'alidade corresponde sur la ligne du terrain AE ; si cette droite est parallèle à la méridienne magnétique, les pôles de l'aiguille correspondront sur les points O du cercle gradué ; mais le plus ordinairement, la droite dont il s'agit formera avec la méridienne un angle à l'est ou à l'ouest, dont la mesure sera exprimée par l'arc compris entre le point O, et celui du cercle où le pôle de l'aiguille se sera alors arrêté ; et l'on pourra ainsi apprécier, en degrés et minutes, la mesure de l'angle proposé à l'un ou à l'autre des pôles, car il existe deux angles opposés au sommet, qu'il est permis de prendre l'un pour l'autre ; cette observation ayant donné, dans le cas qui nous occupe, 44° 17', on dirigera, en faisant tourner la boîte sans déranger le pied, l'alidade suivant AB, et l'aiguille indiquera aussitôt l'angle que forme cette dernière droite avec la méridienne, et que nous supposerons, dans ce cas, être de 26° 30' ; on transportera ensuite l'instrument sur le sommet C, où l'on opérera une station de la même manière que sur le point A, ce qui donnera la direction des droites CB et CD, de 18° 15' et de 20° 10' ; il restera encore, dans le cas qui nous occupe, à prendre la direction de DE, que l'on obtiendra par une station opérée sur l'un quelconque de ses points ; bien que cet angle soit le même sur tous les points d'une même droite, les stations se font ordinairement aux extrémités, car on obtient alors, sans déplacement, les directions de deux droites, et même au besoin l'angle qu'elles forment entr'elles ; car l'on aura par exemple l'angle EAB = 180° — (44° 17' + 26° 30') = 180° — 70° 17' = 109° 13'.

10. — Les directions des différentes lignes se trouvant ainsi déterminées par les angles qu'elles forment avec la méridienne, on devra mesurer les côtés du polygone à la chaîne, et tracer, du tout, un croquis visuel, sur lequel on cotera les mesures du terrain ; ceci posé, il ne restera plus qu'à rapporter la figure sur le papier, soit à l'aide des cordes ou des *sinus*, si l'on a déterminé les angles mêmes du polygone, soit en réduisant tous les points à la même directrice, si l'on s'est contenté d'obtenir les simples directions ; la première méthode ne présentant aucune difficulté d'après ce qui a été dit (n° 7, pag. 53 et 54), nous allons nous occuper du second cas, qui se réduit à la résolution de triangles rectangles, dans lesquels on connaît pour chacun l'hypoténuse et les angles : il serait également inutile d'effectuer les calculs auxquels cette opéra-

ARPENTAGE.

tion donne lieu; nous nous bornerons, en conséquence, à signaler les résultats pour le cas dont il s'agit :

$$\text{Triangle } AA'B \begin{cases} A'A = 178^m \ 48^c. \\ A'B = 358 \quad \text{\textturnv} \end{cases}$$

$$\text{Triangle } BB'C \begin{cases} BB' = 65 \ \ 89 \\ B'C = 199 \ \ 82 \end{cases}$$

$$\text{Triangle } CC'D \begin{cases} CC' = 110 \ \ 30 \\ C'D = 300 \ \ 40 \end{cases}$$

$$\text{Triangle } DE'E \begin{cases} EE' = 106 \ \ 68 \\ E'D = 499 \quad \text{\textturnv} \end{cases}$$

$$\text{Triangle } AA''E \begin{cases} AA'' = 248 \quad \text{\textturnv} \\ EA'' = 241 \ \ 60 \end{cases}$$

et maintenant il sera facile, à l'aide de ces simples résultats, d'obtenir les longueurs des ordonnées abaissées des angles du polygone, sur la directrice XY passant par le point D, ou à celle passant par l'un quelconque des autres points; en effet, l'on aura, pour ce qui est des ordonnées :

$$EE' = 106^m \ 68^c;$$

$$AA''' = AA'' + EE' = 248 + 106 \ 68 = 354^m \ 68^c;$$

$$BB'' = BB' + CC' = 65.89 + 110.30 = 176^m \ 19^c;$$

$$CC' = 110^m \ 30^c;$$

et en ce qui concerne les distances comprises entre les pieds des mêmes ordonnées :

$$E'A''' = E'A'' = 241^m \ 60^c;$$

$$A'''D = E'D - E'A''' = 499^m \ 00 - 241.60 = 257^m \ 40^c;$$

$$DB'' = A'B - A'''D = 358^m \ 00 - 257.40 = 100^m \ 60^c;$$

$$B''C' = DC' - DB'' = 300.40 - 100.60 = 199^m \ 80^c;$$

et il ne reste plus qu'à pratiquer la simple opération graphique, à laquelle on procèdera ainsi qu'il suit.

Fig. 525, pl. XXIV **11.** — Après avoir tracé au crayon la droite infinie $e'c'$, prenez à l'échelle les longueurs $e'a'''$, $a'''b''$, $b''c'$, proportionnelles aux distances calculées

E'A''', A'''B'', B''C' ; et fixez ainsi les points e', a''', b'' et c', auxquels il sera élevé des perpendiculaires à e'c'; quant aux longueurs de ces perpendiculaires, il est aisé de voir qu'elles peuvent également être prises à l'échelle, puisqu'elles sont numériquement connues ; enfin, les extrémités des différentes perpendiculaires étant jointes entr'elles, constitueront le plan qu'il s'agissait de lever.

12. — Pour lever un plan à l'équerre, on commencera d'abord par tracer, Fig. 324, p. XXIV. sur le terrain, des droites AB, AC, CB, AE, etc., se coupant les unes et les autres, de manière à former des angles qui ne soient pas par trop aigus ; ces droites devront, autant que possible, passer à de petites distances des détails à lever ; on les mesurera à la chaîne, de manière à pouvoir rapporter sur le papier l'ensemble du travail comme il va être dit : admettons $AB = 275^m\,2^d$, $BC = 192^m\,3^d$, $CH = 372^m\,5^d$, $AC = 332^m\,8^d$, $CD = 354^m\,6^d$, $DH = 204^m\,8^d$, $DE = 192^m$, $EH = 162^m$, $EI = 281^m$, $IA = 302^m$, $EF = 187^m$, $EG = 292^m\,3^d$, $FI = 247^m$, $IK = 259^m$, $BK = 160^m$, $AG = 506^m\,4^d$; en opérant sur le terrain le mesurage de ces lignes, on aura dû arrêter sur chacune d'elles la distance comprise entre son extrémité et chaque point où elle coupe des limites apparentes, telles que chemins, ruisseaux, haies, fossés, limites des différentes natures de cultures, etc. ; ces distances seront respectivement cotées au croquis visuel, sur la ligne qui les rencontre, ainsi que la longueur totale de cette même droite.

Cette première opération, qui a pour but d'assurer l'ensemble, se trouvant ainsi terminée, on devra recommencer le mesurage des lignes, en s'occupant des détails ; il sera abaissé de chaque angle à lever, des perpendiculaires sur la ligne de construction qui s'en trouve le plus à proximité, et en opérant le remesurage de cette droite, on indiquera au croquis les distances de chaque pied de perpendiculaire, à l'origine de la droite sur laquelle elle est abaissée ; puis enfin, l'on mesurera les perpendiculaires elles-mêmes, dont les longueurs seront également notées. Les lignes ED, DC et CB indiquent les opérations du terrain, ainsi que le mode qui s'emploie ordinairement pour l'indication des distances ; ces lignes, dans ce cas, sont mesurées dans le sens EDCB, et on doit avoir l'attention, aussitôt qu'une ligne coupe quelque limite déjà cotée sur le croquis d'ensemble, de s'assurer si le remesurage donne le même résultat que le chaînage primitif ; c'est un sûr moyen d'éviter toute erreur dans l'opération du terrain, qui se trouvera terminée lorsqu'on aura ainsi suivi toutes les droites d'opération que l'on avait jugé convenable d'établir.

Fig. 325, p. XXIV. **13.** — Pour faire l'application sur le papier, on doit, comme pour l'opération du terrain, composer d'abord l'ensemble du travail ; après avoir choisi sur le croquis une droite à peu près centrale, dont la direction puisse servir de base au plus grand nombre possible de triangles, telle enfin que EHA : cette droite étant tracée au crayon sur le papier, on fixera sur elle les points e, h, i et a, de telle sorte que la droite eh contienne 162^m pris à l'échelle, son homologue en contenant autant en grandeur naturelle, et ainsi des autres ; on construira ensuite le triangle edh, en décrivant du point e comme centre, et avec un rayon de 192^m, un arc de cercle ; puis en décrivant, du point h pris comme centre, et avec un rayon de 204^m 8^d, un second arc, formant section avec le premier en d, puis enfin, en traçant au crayon de et dh.

La position du point c se déterminera par l'intersection commune de trois arcs de cercle décrits des centres d, h et a, avec des rayons de 354^m 6^d, 372^m 8^d et 332^m 8^d. Pour rapporter le triangle abc, l'on prendra ac pour base, et l'on décrira des extrémités c et a, avec des rayons de 192^m 3^d et de 275^m 2^d, des arcs de circonférence dont l'intersection déterminera le point b ; le point g pourra être obtenu par l'intersection de trois arcs décrits des centres a, i, e ; et enfin, la droite fb sera tracée suivant les points f, i, k, b, par lesquels elle doit nécessairement passer, si elle est à la fois parfaitement droite sur le terrain, et si le rapport sur le papier est exact. Ceci posé, on suivra de nouveau chacune des droites d'opération, en rapportant avec précision sur le papier chacun des points de détail qui se trouvent situés sur ces lignes, auxquelles il suffira d'élever des perpendiculaires à des distances proportionnelles à celles cotées sur le croquis, et dont les longueurs seront également fixées proportionnellement à l'aide de l'échelle et du compas. La figure 325 représente l'ensemble figuré à l'échelle de 1 à 10,000 et les détails rapportés sur les lignes ed, dc et cb seulement ; il eût été inutile de s'occuper des autres lignes, la complication du dessin ayant plutôt amené de la confusion dans ce qui vient d'être dit, que des éclaircissements dont il n'est guère besoin dans la circonstance.

Nous ferons remarquer qu'il est essentiel, dans le levé à l'équerre, de faire partir les mesures sur le terrain, de l'origine de la droite sur laquelle on opère, car s'il en était autrement, et que l'on établît seulement au croquis les distances comprises entre les perpendiculaires consécutives, on aurait à redouter non seulement les différences faites sur le terrain, parce qu'il deviendrait impossible de commencer un mesurage précisément au point où l'on aurait terminé le précédent, mais encore celles qui pourraient être le résultat de plusieurs distances rapportées au compas, à la suite les unes des autres, ce qui déplacerait inévitablement les dernières perpendiculaires, dont les pieds doivent nécessairement être rattachés à une origine commune. Les différentes lignes qui constituent un plan se trouvant ainsi tracées au crayon, sont passées à l'encre de Chine à l'aide du tire-ligne et de la règle si elles sont droites, et à la plume lorsqu'elles forment des contours arrondis, comme lorsqu'il s'agit de cours d'eau, de chemins sinueux, etc.... Les lignes d'opération doivent être effacées.

14. — Après avoir disposé sur le terrain et rapporté sur la feuille de plan l'ensemble des lignes d'opération, on peut encore lever les détails à l'aide de la chaine seule, car il suffit de connaitre la distance de deux points connus à un certain point dont la position est à déterminer, pour fixer ce dernier sur le plan, au moyen d'une intersection ; mais ce procédé, tout en évitant l'emploi de certains instruments, rend l'opération du terrain un peu plus longue ; on peut encore, dans plusieurs cas, fixer sur le plan certains points, sans multiplier, ainsi qu'il vient d'être dit, le nombre des distances à mesurer. Nous citerons comme exemple la parcelle MNORT, pour laquelle on a arrêté sur la droite GA les points M et N, qui figurent en m et n ; sur AH, P et Q, qui se trouvent, sur le terrain, dans l'alignement de ON et de RT, et dont l'expression sur le plan est p et q ; et enfin, sur GI, le point S qui se trouve sur le prolongement de TM et situé, sur le plan, au point s. En cet état de choses, il est aisé de voir que les points o, r, t seront situés sur les droites fictives np, tq et ms, qu'en conséquence il suffira de mesurer sur le terrain OP ou ON, QR ou RT et ST ou TM, pour en faire l'application avec les mesures correspondantes prises à l'échelle : c'est ainsi que le levé des plans peut s'effectuer avec le seul secours de la chaine et les instruments ordinaires du cabinet.

15. — Enfin, d'après ce qui vient d'être dit en particulier, au sujet de chaque instrument, il nous reste peu de chose à dire sur leur emploi simultané dans la même opération, car l'ensemble des lignes de construction étant invariablement arrêté sur le terrain et sur le papier, rien n'offre moins de difficulté que leur usage : ainsi, il sera loisible d'orienter la planchette sur tel ou tel point d'une ligne et d'y faire une station, sur les rayons de laquelle on pourra au besoin élever des perpendiculaires à l'équerre, ou

Fig. 324 et 325, pl. XXIV.

bien encore arrêter tels alignements qu'il paraîtra convenable ; il pourra en être ainsi du graphomètre et des autres instruments dont l'usage est maintenant connu. Quels que soient les instruments dont on veuille faire usage, on ne saurait attacher trop d'attention à la construction de l'ensemble du plan ; c'est de cette opération délicate que dépend sa régularité ; une erreur commise dans le levé des détails ne manque pas d'être sérieuse et doit être scrupuleusement évitée ; mais un déplacement dans l'ensemble est l'origine d'un vice général et produit une opération complètement défectueuse ; la planchette est avec raison l'instrument préféré de tous les praticiens, parce qu'elle offre cet avantage de présenter à l'œil la configuration du terrain à mesure que l'on opère, le rapport se faisant ordinairement sur les lieux. On voit cependant beaucoup de géomètres lever des feuilles entières d'une grande étendue sans en faire le rapport immédiat, se réservant cette opération minutieuse pour des journées où les mauvais temps s'opposent aux opérations du terrain ; alors les rayons, lancés à mesure qu'ils opèrent, sont numérotés à la fois sur la planchette et sur le croquis visuel qu'ils font du terrain, de façon à pouvoir les mettre en mesure de se reconnaître même après l'expiration d'un grand laps de temps.

L'équerre est également un instrument précieux et d'une rigueur reconnue ; il est à regretter néanmoins que les opérations du terrain, qui se font à l'équerre avec célérité, ne puissent être aussi vite consignées sur le papier ; l'équerre s'emploie communément pour lever les traverses des chemins dans les bourgs et villages, parce qu'on a l'avantage de conserver numériquement les longueurs des ordonnées, ce qui est nécessaire dans cette circonstance.

Le graphomètre, ainsi que nous l'avons déjà dit, n'est guère commode pour le levé des détails ; il nécessite un rapport long et minutieux ; sa destination est plus spécialement de donner la mesure des angles que forment entr'elles les lignes d'ensemble, pour calculer leurs longueurs et assurer la régularité de cet ensemble.

La boussole et le déclinatoire peuvent, en facilitant le travail du terrain, accélérer le levé d'un plan ; mais il est à regretter que ces instruments soient sujets à éprouver parfois certaines variations qui rendent presque toujours suspects les résultats que l'on obtient en les employant. Non seulement l'aiguille aimantée varie de direction dans les lieux où se trouvent des dépôts ferrugineux ; mais il arrive encore que, cédant à certaines influences atmosphériques, elle peut se fixer dans des directions différentes, bien que l'expérience soit faite dans le même lieu ou dans des endroits fort rapprochés les uns des autres : ainsi, l'orientement pris sur une ligne droite tracée sur le terrain, varie souvent de quelques minutes, selon l'heure de la journée à laquelle l'expérience est faite; et l'hiver, par un temps de fortes gelées, l'orientement n'est plus le même que celui qui aurait été pris sur le même point de la même droite, par un temps pluvieux ou même par un simple dégel. Cette dernière différence ne serait-elle pas due au frottement de l'aiguille sur son pivot, qui cesserait d'être le même dans ces deux circonstances? On ne peut, à cet égard, que former des conjectures incertaines; enfin, quoi qu'il en soit, il est toujours prudent de se tenir en garde contre ces inconvénients, dont l'existence est bien reconnue.

L'exactitude des plans ne pouvant être bien constatée que par les mesures du terrain appliquées proportionnellement sur le papier, c'est en prenant un grand nombre de mesures, en rattachant les unes aux autres les stations ou autres opérations, sans laisser entr'elles d'espaces non mesurés, que l'on parviendra à obtenir les images fidèles des différents lieux. Une saine pratique, basée sur des principes incontestables, peut facilement vaincre les difficultés qui se rencontrent sans cesse sur le terrain, et diriger vers le choix à faire des instruments.

16. — La facilité de décomposer les différents polygones en triangles élémentaires, et, réciproquement, de reproduire, par la réunion de ceux-ci, les figures plus compliquées dont ils ne sont que les éléments, a toujours été d'un avantage immense dans les applications usuelles de la géométrie, soit qu'elle ne considère que la mesure des lignes, soit qu'elle ait pour but l'appréciation rigoureuse des surfaces que celles-ci renferment entr'elles; aussi, pour lever le plan d'une contrée comprenant une grande étendue, doit-on commencer par en faire la triangulation, opération importante, de laquelle dépend essentiellement l'exactitude du levé.

On dispose sur le terrain, et à des distances plus ou moins éloignées, mais toujours en des lieux d'où ils puissent être observés les uns des autres, des signaux adaptés aux extrémités de longues perches, qui sont ensuite fixées, soit en terre au moyen d'une barre de fer, soit sur des arbres élevés si la position l'exige : dans l'un comme dans l'autre cas, le triangulateur a le soin de fixer d'une manière invariable, sur le sol même, par de forts piquets, les points de station correspondant à la verticale passant par chaque signal.

La distribution des points A, B, C, D, E, F, G, H, I, J, K, disposés sur le Fig. 326, pl. XXV. terrain que l'on se propose de lever, indique assez que l'on doit généralement les placer de manière à ce qu'en les joignant deux à deux par des lignes droites, ces lignes puissent former entr'elles des triangles qui ne soient pas trop irréguliers; et qu'en même temps il est avantageux que ces mêmes lignes traversent les parties détaillées du terrain ou s'en trouvent à proximité; on choisira ensuite l'une de ces lignes, telle que AB, pour servir de base à l'opération; la base doit être aussi centrale que possible et suivre en même temps le terrain le moins accidenté; elle doit être tracée avec des jalons, de telle sorte qu'il ne puisse se présenter aucun doute sur sa rectitude; elle sera mesurée avec le plus grand soin, en ayant continuellement égard à ce que la chaîne soit horizontalement tendue au moment où les chaîneurs seront en activité. Le géomètre prudent devra même s'assurer de la vraie longueur de cette base, en réitérant le mesurage en sens contraire, avant de se livrer aux observations et aux calculs trigonométriques; il devra de même tracer et mesurer quelques-unes des autres lignes éloignées de la base, telles que GK, ED, HJ.

Ces dispositions prises, on procède à la mesure des angles que forment entr'elles les différentes lignes, en faisant une station au graphomètre sur chacun des piquets qui correspondent aux signaux; le graphomètre se trouvant ainsi placé sur le point A de la base, l'on observera les angles GAF, FAB, BAC, CAD, DAE, et enfin celui formé par la même base AB avec la méridienne magnétique passant par le point A.

Au fur et à mesure que l'on obtiendra la valeur numérique de chaque angle, on l'inscrira à la place qui lui est réservée sur un croquis visuel du réseau des triangles, fig. 327; avant de quitter la station A, on devra s'assurer si *le tour d'horizon* est complet, c'est-à-dire si la somme des angles formés autour de ce point est, ainsi que cela doit être, de 360°.

On se transportera ensuite sur l'autre extrémité B de la base, où l'on observera de même les angles FBA et ABC, dont la somme, dans ce cas particulier, doit être de 180°, ou égale à deux angles droits, puisque les côtés extérieurs BC et BF sont en ligne droite.

Le géomètre devra ainsi faire une station sur chaque sommet, où il observera scrupuleusement tous les angles susceptibles de l'être, en ne négligeant jamais surtout de prendre partout le tour d'horizon complet, à l'effet de vérifier sur les lieux mêmes le résultat de ses observations. Les opérations du terrain se trouvant ainsi terminées, pour ce qui est de la triangulation, il se disposera à effectuer les calculs trigonométriques ainsi qu'il suit.

Fig. 327, pl. XXV.   **17.** — Le croquis ABCDEFGHIJK, indiquant les données du terrain, nous allons développer les moyens en usage pour déterminer, à l'aide de ces quantités connues, les côtés et les angles qu'on ne connaît pas.

Considérant d'abord le triangle ABF, dans lequel on a le côté $AB = 1661^m$ 2^d, l'angle $BAF = 31°09'30''$, et l'angle $ABF = 93°20'$; on obtiendra le troisième angle $BFA = 55°30'30''$, en retranchant la somme des deux autres, qui est $124°29'30''$, de $180°$, valeur de deux angles droits.

Pour obtenir la longueur AF, on établira la proportion (1ʳᵉ part., chap. III, § III; n° 1, pag. 269 et 270) :

$$Sin\ 55°30'30'' : sin\ 93°20' :: 1661.2 : AF,$$

qui donne immédiatement

$$AF = \frac{Sin\ 93°\ 20' \times 1661.2}{Sin\ 55°\ 30'\ 30''} = 2012^m\ 1^d;$$

ou en suivant le type ordinaire des opérations logarithmiques,

Complément arithmétique de logarith. *sinus* $55°30'30'' = 0,083963.$
Logarith. *sinus* $93°20' = 9.999265.$
Logarithme $1661.2 = 3.220422.$

Somme $\quad 3.303650,$

qui correspond directement, dans les tables, au nombre de $1012^m\ 1^d = AF$.

Pour déterminer le côté BF, on établira, comme dans le cas précédent,

$$Sin\ 55°30'30'' : sin\ 31°09'30'' :: 1661.2 : BF;$$

puis,

$$BF = \frac{Sin\ 31°\ 09'\ 30'' \times 1661.2}{Sin\ 55°\ 30'\ 30''} = 1042.6;$$

et par suite :

Complément arithmétique de logarith. *sin* $55°30'30'' = 0.083963.$
Logarith. *sin* $31°09'30'' = 9.713736.$
Logarith. $1661,2 = 3.220422.$

Somme $\quad 3.018121,$

qui est le logarithme du nombre $1042.6 = BF$.

On remarquera, en cette circonstance, que la longueur que l'on vient ainsi d'obtenir pour la ligne BF est plus petite d'un décimètre que celle obtenue par le mesurage du terrain et cotée au croquis ; mais cette légère différence, loin de donner des craintes au calculateur, ne peut que lui confirmer l'exactitude de ses opérations.

La proportion :

$$Sin.\ 70°37'\ :\ sin.\ 86°40'\ ::\ 1661.2\ :\ AC,$$

prise dans le triangle ABC, fera connaître la longueur du côté AC de 1758 mètres.

Et dans le même triangle, $sin\ 70°37'\ :\ sin.\ 22°43'\ ::\ 1661.2\ :\ BC$ fait connaître BC, qui est de 680 mètres.

Le point C n'ayant pu être observé du point A, on a conclu l'angle BAC en retranchant 157°17', somme des angles ABC et ACB de 180°.

Dans le triangle ACD, les angles CAD et ADC n'ayant pu être observés sur le terrain, seront déterminés par le calcul, à l'aide de l'angle connu ACD = 83°30'30" et des côtés AC = 1758^m, et DC = 1247^m 8^d, d'après le mesurage du terrain.

La somme des deux angles inconnus est évidemment de 180° — 83°30'30" = 96°29'30", dont la moitié est 48°14'45".

On a aussi :

$$1758 + 1247.8 = 3005.8$$

et

$$1758 - 1247.8 = 510.2,$$

ce qui permet d'établir la proportion suivante (Ire part., chap. III, § III, n° 5, pag. 273 et 274) :

$$3005.8\ :\ 510.2\ ::\ tang\ 48°14'45''\ :\ tang\ x,$$

x représentant la demi-différence des angles inconnus.

Tirant la valeur de x, on a

$$x = \frac{510.2 \times tang\ 48°\ 14'\ 45''}{3005.8},$$

et en appliquant le calcul des logarithmes,

Complément arith. Logarith. 3005.8 =	6.522044.
Logarith. 510.2 =	2.707740.
Logarith. tang 48°14'45" =	0.049124.
Somme	9.278908.

Qui correspond directement dans les tables des lignes trigonométriques, à la *tangente* de l'angle de 10°46', demi-différence des deux angles inconnus; on obtiendra alors le plus grand de ces deux angles :

$$ADC = 48°14'45'' + 10°46' = 59°00'45''$$

et le plus petit, CAD $= 48°14'45'' - 10°46' = 37°28'45''$

on a d'ailleurs l'angle ACD $= 83°30'30''$

et enfin,   180°00'00' pour

la somme des trois angles du triangle ABC, ce qui devait en effet exister, puisque la somme des trois angles de tout triangle est toujours équivalente à deux angles droits.

On trouvera maintenant la longueur du côté $AD = 2037^m 3^d$, appartenant au même triangle ACD, en cherchant le quatrième terme de la proportion, dont les trois premiers sont :

$$Sin\ 59°00'45'' : sin\ 83°30'30'' :: 1758 : AD,$$

ou bien encore

$$Sin\ 37°28'45'' : sin\ 83°30'30'' :: 1247.8 : AD.$$

La proportion :

$$Sin\ 91°12'30'' : sin\ 54°13' :: 2037.3 : AE,$$

donnera :

$$AE = 1653^m.$$

Dans le triangle ADE, bien que le côté DE ait été mesuré sur le terrain, et que sa longueur $1156^m 5^d$ soit connue, on devra néanmoins l'obtenir directement par le calcul, afin de contrôler l'ensemble des opérations.

On peut avoir d'abord :

$$Sin\ 54°13' : sin\ 34°34'30'' :: 1653 : ED,$$

ou

$$Sin\ 91°12'30'' : sin\ 34°34'30'' :: 2037.3 : ED.$$

9

Le calcul de la première de ces proportions donne :

Complément arith. Logarith. *sin* 54°13′ $= 0.090854$.
Logarith. *sin* 34°34′30″ $= 9.753871$.
Logarith. 1653 $= 3.218273$.

Somme 3.062998 ,

qui correspond à 1156ᵐ 1ᵈ.

Et le calcul de la seconde :

Complément arithmétique *sin*....... 91°12′30″ $= 0.000098$.
Logarith. *sin*....... 34°34′30″ $= 9.753871$.
Logarith. du nombre 2037.3 $= 3.309055$.

Somme 3.063024, qui correspond
au nombre 1156ᵐ 2ᵈ, résultat qui ne présente qu'un décimètre de différence
avec celui offert par la première proportion, et trois décimètres avec la
longueur chaînée et portée au croquis, faits qui démontrent l'exactitude de
l'opération.

En continuant ainsi, l'on parviendra à compléter tous les triangles indiqués
au croquis, et par conséquent à remplir sans difficulté les cinq premières colonnes du tableau suivant, destiné à recevoir les résultats des opérations trigonométriques.

(*Voir le Tableau ci-contre.*)

TABLEAU DES OPÉRATIONS TRIGONOMÉTRIQUES

Faites pour le Levé du Plan de.....

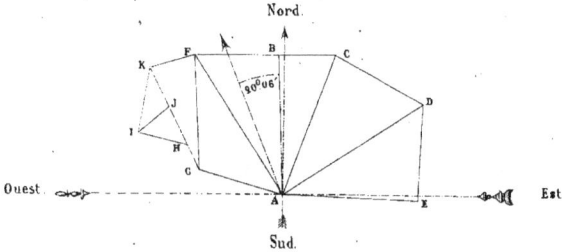

ANGLES.			LIGNES.		DISTANCES DES SOMMETS		
Lettres indicatives.	SOMMETS. — Objets formant les Signaux.	VALEUR.	Extrémités.	Longueur.	à la méridienne du point A.	à la perpendiculaire du point A.	Observations.
1	2	3	4	5	6	7	8
		° ′ ″		m. d.	m. d.	m. d.	
A		22 43 »	AB	1661 2	0 »	0 »	
B		86 40 »	BC	680 »	— 59 9	+1660 1	
C		70 37 »	CA	1758 »	+ 620 »	+1645 1	
A		37 28 45	AC	1758 »	0 »	0 »	
C		83 30 30	CD	1247 8	+ 620 »	+1645 1	
D		59 00 45	DA	2037 3	+1729 9	+1075 6	
A		34 34 30	AD	2037 3	0 »	0 »	
D		54 13 »	DE	1156 2	+1729 9	+1075 6	
E		91 12 30	EA	1653 »	+1651 2	— 78 »	
A		31 09 30	AB	1661 2	0 »	0 »	
B		93 20 »	BF	1042 6	— 59 9	+1660 1	
F		55 30 30	FA	2012 1	—1102 7	+1683 »	
A		41 09 »	AF	2012 1	0 »	0 »	
F		30 32 30	FG	1394 8	—1102 7	+1683 »	
G		108 18 30	GA	1077 »	—1037 2	+ 289 9	
G		23 15 »	GF	1394 8	—1037 2	+ 289 9	
F		76 00 »	FK	557 8	—1102 7	+1683 »	
K		80 45 »	KG	1371 2	—1634 3	+1524 7	
H		49 57 »	HI	597 4	—1190 4	+ 607 2	
1		53 24 30	IJ	470 »	—1769 3	+ 754 6	
J		76 38 30	JH	493 »	—1404 7	+1051 2	
I		42 59 »	IJ	470 »	—1769 3	+ 754 6	
J		103 21 30	JK	578 2	—1404 7	+1051 2	
K		33 39 30	KI	825 8	—1634 3	+1524 7	

18. — D'après un simple examen du tableau qui précède, ou s'aperçoit qu'à l'aide des longueurs portées à la colonne n° 5, on peut construire consécutivement les triangles indiqués au croquis, par une suite d'intersections décrites avec des ouvertures de compas respectivement proportionnelles aux longueurs des côtés. Mais cette opération, bien que juste et rigoureuse, doit encore subir une nouvelle épreuve, qui puisse conserver à la construction géométrique cette certitude incontestable qui caractérise les résultats obtenus à l'aide du calcul. Pour parvenir à ce but, on a imaginé deux lignes infinies XX' et YY', se coupant rectangulairement à l'extrémité A de la base; et puis, pour chacun des points B, C, D, E, F, etc. du croquis visuel, obtenu les plus courtes distances Bx, By, Cx', Cy', Dx'', Dy'', etc., afin que, pour rapporter la position des points A, B, C, D, etc. sur la feuille de plan, après y avoir tracé et prolongé indéfiniment dans les quatre sens, les deux axes XX' et YY', dont l'intersection détermine le point A, on puisse obtenir celle du point B, par exemple, en prenant sur la méridienne ou axe des X, et à partir du point A, une longueur Ax, proportionnelle à la longueur obtenue By; puis, menant par le point x une parallèle à la perpendiculaire YY' ou axe des Y, la position de ce point devra évidemment se trouver sur cette ligne; prenant de même sur l'axe des Y une longueur Ay, proportionnelle à la longueur calculée Bx, et par le point y, traçant yB, parallèle à la méridienne XX', la position du point B devra se trouver sur sa direction : étant à la fois sur xB et sur yB, il sera déterminé par leur intersection. La longueur AB, prise sur le plan à l'aide du compas et évaluée d'après l'échelle qui a servi au rapport des longueurs Ax et Ay, devra reproduire juste le nombre 1661^m 2^d, porté à la colonne n° 5 du tableau. Cet exemple, dont l'application sera faite plus tard, démontre l'avantage incontestable que l'on peut tirer du calcul des distances de chaque point à deux axes rectangulaires.

19. — Pour établir un rapprochement facile des différents plans entr'eux, afin d'en composer, selon les besoins, des cartes plus étendues de communes, de cantons, d'arrondissements, de départements et même de la France entière, on est convenu d'adopter pour les axes des coordonnées, la méridienne astronomique et sa perpendiculaire, passant l'une et l'autre par l'un des points principaux de la triangulation : c'est ordinairement par un clocher, et afin de pouvoir juger au premier coup d'œil à quelle région appartient le point que l'on considère; on adopte comme principes :

1° Que toutes les distances à la perpendiculaire, situées au nord de celle-ci, sont positives, ou précédées du signe +;

2° Que toutes celles situées au sud de la même ligne sont négatives, et pour cela affectées du signe —;

3° Que toutes les distances à la méridienne, placées à l'est de celle-ci, sont positives, et portent le signe +;

4° Qu'enfin, les distances à la méridienne placées à l'ouest, sont négatives ou affectées du signe —; avec ces annotations, régulièrement portées au tableau des opérations trigonométriques, et à l'aide de ce seul document, il sera toujours aisé de représenter sur le papier, avec toute l'exactitude désirable, les points, lignes ou portions de lignes de la triangulation.

Si l'on compare la direction de l'aiguille aimantée avec celle d'une ligne méridienne rigoureusement déterminée, on s'apercevra bientôt que ces deux lignes s'écartent l'une de l'autre, et que la direction de l'aiguille aimantée ou *la méridienne magnétique*, se dirige dans la région nord-ouest, en formant avec la méridienne astronomique un angle de 22°10′ dans nos contrées, mais susceptible de variations pour les autres climats.

20. — L'observation faite au point A ayant donné un angle de 20°06′, Fig. 327, pl. XXV. formé par la base AB et la méridienne magnétique, on en retranche l'angle de déclinaison, qui est de 22°10′; et le reste, — 2°04′, indique exactement celui que fait cette base avec la méridienne astronomique ou direction *vrai nord* ; on obtiendra également l'angle formé par la base et la perpendiculaire YY′, 87°56′, en retranchant 2°04′ de 90°; nous allons voir comment, à l'aide de ces deux angles et des lignes précédemment calculées, la trigonométrie permet d'obtenir les distances des sommets déjà connus, B,C,D,E,F,G, etc., à la méridienne passant par le point A et à sa perpendiculaire élevée au même point, ces deux lignes fictives devant servir de directrices pour fixer plus tard la position rigoureuse des différents points dont il vient d'être parlé. Les colonnes nos 6 et 7 du tableau sont destinées à recevoir les résultats au fur et à mesure qu'ils seront obtenus par le calcul.

Le point A étant pris pour l'origine, on connaîtra la position de B en déterminant la longueur des côtés Ax et Bx du triangle rectangle ABx, dans lequel le point fictif x est placé au pied de la perpendiculaire imaginée du point B sur la méridienne passant par le point A. Ce triangle imaginaire est, du reste, le même que celui ABy, qui est évidemment son égal : l'un ou l'autre de ces triangles donne également les proportions

$$R : Sin \ 87°56' :: 1661.2 : By.$$

$$R : Cos \ 87°56' :: 1661.2 : Bx.$$

Afin d'abréger l'opération, on dispose ainsi les calculs, en considérant le rayon des tables égal à l'unité, ce qui n'altère en rien les résultats.

Somme des deux premiers log. 3.220139, correspondant dans les tables au nombre 1660ᵐ 1ᵈ = By.

Log. *sin* 87°56   = 9.999717.
Log. hypoténuse 1661.2   = 3.220422.
Logarith. *cos* 87°56'   = 8.557054.

Somme des deux derniers log.   1.777476, correspondant dans les tables au nombre 59ᵐ 9ᵈ = Bx.

On comprend aisément que cette disposition des calculs, tout en évitant d'écrire deux fois le logarithme de l'hypoténuse, amène en même temps deux solutions, en déterminant à la fois les deux côtés de l'angle droit ; on remarquera de même que les tables trigonométriques étant ouvertes pour le logarithme du *sinus* de l'un des angles aigus, on trouvera en regard de celui-ci, et sur la même page, le logarithme du *cosinus* de cet angle, qui est le même que le *sinus* de son complément.

Pour déterminer la position de C, on cherchera d'abord l'angle formé par la ligne AC avec la perpendiculaire, en retranchant 22°43', — 2°04' = 20°39' de 90°, ce qui donne 69°21' pour l'un des angles aigus du triangle ACy', rectangle en y', dans lequel il s'agit d'obtenir les côtés de l'angle droit comme dans le cas précédent. Voilà les calculs nécessaires pour y parvenir :

Somme des deux premiers log. 3.216180, correspondant au nombre 1645ᵐ 1ᵈ = Cy'.

Logarith. *sin* 69°21',   = 9.971161.
Logarith. hypoténuse 1758 = 3.245019.
Logarith. *cos* 69°21'   = 9.547354.

Somme des deux derniers log. 2.792373, correspondant au nombre 620 = Ay'.

Puis on cherchera l'angle formé par la perpendiculaire et la ligne AD, en retranchant 37°28'45" de 69°21' ; le reste 31°52'15", sera l'un des angles aigus du triangle rectangle, dont l'hypoténuse est 2037ᵐ3ᵈ, et le sommet de l'angle droit en y''. Le calcul suivant lui est relatif :

Somme   3.031648, répondant dans les tables au nom-
bre 1075.6
Log. *sin* 31°52′15″ =   9.722593.
Logarith. hypoténuse 2037.3 = 3.309055.
Log. *cos* 31°52′15″ =   9.928978.

Somme   3.238033, répondant dans les tables au nombre 1729ᵐ 9ᵈ.

On trouvera, en suivant le même principe, la position du point E ainsi
qu'il suit :
Somme   1.892023, correspondant au nombre 78ᵐ 0ᵈ.

Logarith. *sin* 2°42′15″ =   8.673750.
Logarith. hypoténuse 1653 = 3.218273.
Logarith. *cos* 2°42′15″ =   9.999516.

                             3.217789, correspondant au nombre 1651ᵐ 2ᵈ.

Les points C, D, E, situés dans les régions nord-est et sud-est, se trouvant
ainsi rattachés par leurs plus courtes distances à la méridienne du point A et
à sa perpendiculaire, on se conduira de la même manière relativement à F, G,
H, I, J, K, qui appartiennent à la région nord-ouest. Par une suite de déduc-
tions successives, on aura les angles formés par les différentes hypoténuses
des triangles; et ceux-ci seront ensuite résolus comme il a été indiqué précédemment.

Après que les distances des points les plus rapprochés de la base auront été
déterminées, on obtiendra celles des points plus éloignés en rapportant l'origine des coordonnées au dernier point obtenu, et en opérant d'après celui-ci,
comme il a été fait pour le point A; mais il faut alors ajouter aux résultats, ou
en retrancher, selon que la position l'exige, les distances précédemment obtenues, et arrêtées définitivement pour le point d'où l'on est parti : c'est ainsi
qu'en considérant comme origine le point J, on a calculé les plus courtes
distances Ku = 229ᵐ 6ᵈ à la méridienne, et Kv = 473ᵐ 5ᵈ à la perpendiculaire de ce même point; mais alors l'on ajoute ces longueurs aux deux
distances déjà obtenues pour le point J; c'est-à-dire à 1404ᵐ 7ᵈ et à 1051ᵐ 2ᵈ,
et l'on a la certitude que le point K est à 1634ᵐ 3ᵈ de la méridienne, et à
1524ᵐ 7ᵈ de la perpendiculaire du point A. Cet exemple seul suffit pour éviter
tout embarras au lecteur même le moins habitué à ces sortes d'opérations.

Les colonnes 6 et 7 du tableau seront ainsi remplies, en ayant soin de faire précéder chaque nombre du signe particulier qui le caractérise en indiquant la région à laquelle il appartient ; on devra placer en vue de ce tableau, pour en faciliter l'intelligence, un canevas de la triangulation, dressé à une très petite échelle, sur lequel seront tracées la méridienne et sa perpendiculaire, ainsi que l'angle formé par la base avec la méridienne magnétique.

Fig. 328, pl. XXV.

21. — Connaissant les distances de deux points à la méridienne et à sa perpendiculaire, on peut se proposer de déterminer la plus courte distance qui les sépare ; en effet, soient A et B les deux points dont il s'agit, Ao et Bp leurs distances respectives à la méridienne NS ; Am et Bn leurs distances correspondantes à la perpendiculaire; prolongeons les droites Am et Bp jusqu'à leur rencontre en q : la droite AB, dont il s'agit de déterminer la longueur, étant l'hypoténuse du triangle ABq, rectangle en q, on a (1re part., chap. II, § II, n° 5, pag. 148 et 149).

$$AB = \sqrt{\overline{Aq}^2 + \overline{Bq}^2};$$

Mais Aq = Am + mq = Am + Bn et Bq = Bp + pq = Bp + Ao ; l'on a donc, en mettant à la place de Aq et de Bq, leurs valeurs,

$$AB = \sqrt{(Am+Bn)^2+(Bp+Ao)^2}.$$

Telle est l'expression de la droite AB, dans le cas où les points A et B sont situés dans des régions différentes.

Si les points A et B étaient situés dans la même région, on aurait Aq = Am — Bn, et Bq = Bp — Ao ; et l'on on conclurait :

$$AB = \sqrt{(Am-Bn)^2+(Bp-Ao)^2}.$$

Ces deux expressions peuvent se réduire à une seule formule,

$$AB = \sqrt{(Am \pm Bn)^2+(Bp \pm Ao)^2},$$

qui réunit les deux cas où les points sont situés, soit dans la même région, soit dans des régions différentes.

22. — Lorsque la triangulation et ses calculs sont terminés, il reste encore Fig. 329, p. XXVI.
à en rapporter les résultats sur le papier, à l'échelle adoptée pour le levé du
plan. Nous prendrons celle de un à cinq mille, et nous nous occuperons de la
préparation d'une feuille propre à recevoir la partie est de la triangulation qui vient d'être calculée ; on commencera d'abord par diviser avec la
plus grande précision possible, et de manière à ce que les lignes soient à peu
près parallèles aux bords du papier, la feuille de dessins, en carrés de cinq cents
mètres de côtés ; les lignes doivent être tracées à l'aide d'une règle très droite,
et les côtés des carrés vérifiés à l'échelle et au compas ; A étant pris pour la
rencontre de la méridienne avec la perpendiculaire, on cotera les distances
des autres méridiennes à l'est et à l'ouest de ce point, en indiquant leurs
signes ; on fera la même opération pour les perpendiculaires au nord et au sud
du même point A, puis on rapportera les autres points trigonométriques
ainsi qu'il suit :

Le point B étant, d'après le tableau, à —59^m 9^d de la méridienne, et à +1660^m
1^d de sa perpendiculaire, on portera 1660^m 1^d sur la méridienne, en partant
de A, ou plutôt on portera 160^m 1^d au nord, sur le côté du quatrième carré,
en partant de l'angle du troisième ; puis, de ce même angle, 59^m 9^d à l'ouest ;
de ces deux nouveaux points, et avec des ouvertures de compas égales à 59^m 9^d
et à 160^m 1^d, on décrira les arcs de circonférence qui détermineront le point B
par leur intersection ; on rapportera de la même manière les autres points de la
triangulation qui pourront entrer sur la feuille ; il suffira sans doute des opérations indiquées au trait ponctué, pour rendre familière cette construction,
qui doit, nous ne saurions trop le faire observer, être faite avec la plus grande
précision.

23. — Il arrive souvent que certains points de la triangulation n'ayant pu
trouver place sur la feuille de plan, l'on ait besoin de fixer la position de quelques lignes se dirigeant sur eux ; on pourrait coller provisoirement à celle-ci
une seconde feuille offrant assez d'étendue pour effectuer sur elle, comme il
vient d'être dit, le rapport des points trigonométriques et le tracé des lignes
entières, dont les parties situées sur la première, seraient, après la séparation
des deux feuilles, les directions des droites demandées ; mais cette opération
peut être avantageusement remplacée par le rapport des angles à l'aide de leurs
cordes, ainsi que nous l'avons dit (n° 6, pag. 51, 52 et 53).

Qu'il s'agisse de rapporter une portion de BF, par exemple ; l'angle FBA

étant de 93°20', on cherchera le logarithme du *sinus* de 46° 40', lequel est de
9.861758, duquel retranchant 7 unités à la caractéristique, il reste 2.861758,
qui correspond dans la table ordinaire des nombres à 727ᵐ 4ᵈ qui est précisément la corde de l'arc de 93°20', pour un rayon de 500 mètres; on décrira donc du point B comme centre et avec un rayon B*q*, de 500 mètres pris à
l'échelle, un arc de circonférence; puis, avec un second rayon de 727ᵐ 4ᵈ, et
du centre *q* on coupera le premier arc décrit en *p*, et B*p* sera la direction de
la droite demandée : l'on rapportera de la même manière les directions AF et
AG. Après s'être suffisamment assuré que les lignes AB, AC, AD, etc., mesurées à l'échelle, ont bien sur le papier les longueurs indiquées au tableau
des calculs, on s'occupera du tracé et du mesurage des mêmes lignes sur le
terrain, en ayant l'attention, pendant l'opération, de fixer en terre, sur ces
lignes elles-mêmes, des piquets numérotés par ordre, à chaque hectomètre,
le dernier piquet de chaque ligne ne se trouvant éloigné de l'extrémité de
celle-ci que du nombre de mètres et fractions de mètres excédant celui des
centaines contenues dans la longueur entière de la ligne ; on devra également,
pendant le chaînage, arrêter sur la ligne le croisement de chaque division apparente du terrain, telles que haies, fossés, ruisseaux, chemins, etc.; le rapport
de ces détails sur le papier facilite plus tard pour retrouver sur le terrain,
lorsqu'il s'agit de lever les détails, les piquets des lignes ou portions de lignes
sur lesquels on se propose de faire des stations; l'on rapporte ensuite sur le
papier le chaînage des différentes lignes, en indiquant par des numéros l'ordre des piquets. S'il restait quelques parties de terrain trop éloignées des lignes
trigonométriques pour être levées de celles-ci, on en tracerait de nouvelles se
dirigeant d'un point connu sur un autre également déterminé sur quelqu'une
des droites déjà arrêtées; le rapport de ces auxiliaires, ainsi que celui des
lignes trigonométriques, doit être fait sur le papier avant que la feuille ait
été exposée à l'influence de l'air qui agit d'une manière sensible, soit par re-
trait, soit par extension, selon qu'il est sec ou humide, les longueurs rapportées sur le plan, pour demeurer constamment proportionnelles, devant être fixées sur le papier, dans des circonstances atmosphériques analogues; il est également convenable de tracer en même temps, sur l'un des
blancs du papier, l'échelle du plan, à l'effet de connaître, dans une circonstance quelconque, la dilatation ou le raccourcissement du papier, suivant
l'état hygrométrique dans lequel il pourra se trouver. Ces précautions prises, le géomètre n'aura plus à s'occuper que du levé des détails, en opérant
des stations, si le levé se fait à la planchette, sur les différents points des lignes

qui se trouveront le plus convenablement placés, ou en levant sur ces mêmes lignes, et sur celles auxiliaires qu'il aurait paru convenable de leur ajouter, les détails à l'aide des instruments dont l'emploi a été décrit dans ce qui précède.

Le plan se trouvant ainsi levé sur le terrain et tracé seulement au crayon, on le mettra à l'encre de Chine en suivant strictement les points levés sur le terrain; nous ne détaillerons point les différents procédés employés communément par les dessinateurs, l'usage et la pratique, de bons modèles surtout, étant les meilleurs guides auxquels on doive avoir recours pour cette branche de l'art, qui n'est cependant pas à négliger.

24. — La réduction des plans à des échelles plus petites que celles sur lesquelles ils ont été levés, ou le développement des mêmes plans à des échelles plus grandes, ne peut offrir de difficulté sérieuse à celui qui connaît les opérations du terrain, opérations que rien n'empêche d'effectuer en petit sur son image fidèle.

Pour réduire un plan à une certaine échelle, on commence, comme pour le lever sur le terrain, par préparer la feuille sur laquelle l'image réduite doit être disposée, en divisant cette feuille en carrés proportionnels à ceux qui existent déjà sur le plan à réduire; les côtés des différents carrés pris sur le plan donné, serviront à déterminer, à l'aide de l'échelle de ce plan, la position de chacun de ses points, qu'il sera alors facile de rapporter sur l'autre, dans une position homologue, en décrivant, pour chaque point, deux arcs avec des ouvertures de compas, prises à la nouvelle échelle, proportionnelles aux distances évaluées sur le premier plan.

Après avoir tracé les carrés, on réduit encore les différents détails, d'une manière plus expéditive, et qui n'est pas moins rigoureuse, en se servant de la ligne des parties égales du compas de proportion, qui fait partie de tous les étuis de mathématiques, ou mieux encore, du compas de réduction; l'usage de ces deux instruments est si facile, qu'il suffit de les avoir à sa disposition pour en avoir la plus juste idée et pour en connaître l'emploi.

25. — Il existe encore un moyen graphique pour réduire les longueurs connues dans un rapport donné : il consiste à tracer à part, sur l'un des blancs de la feuille, ou sur une feuille séparée, un certain angle, connu sous la dénomination d'*angle de réduction*, avec lequel il est aisé de réduire ensuite graphiquement, et dans un rapport constant, toutes les longueurs prises sur un même plan.

Un plan ayant été levé sur le terrain à l'échelle de 1 à 2500ᵐ, c'est-à-dire de manière à ce qu'un mètre du terrain forme exactement 2500ᵐ de cette échelle, qu'il s'agisse, par exemple, de le réduire à l'échelle de 1 à 10000ᵐ, ou, pour parler plus simplement, de telle sorte que les longueurs du nouveau plan ne soient plus que les dix-millièmes parties de celles homologues du terrain qu'il représente.

Le rapport de l'échelle du plan donné, avec l'unité linéaire, permet d'établir

$$2500^m = 1^m,$$

d'où

$$\frac{2500}{25} = \frac{1^m}{25},$$

qui revient à

$$100^m = 0^m 04^c ;$$

ainsi, cent mètres de l'échelle, ne forment en réalité que quatre centimètres.

De même, le rapport de la nouvelle échelle, comparée à l'unité linéaire, fournit

$$10000^m = 1^m,$$

d'où

$$\frac{10,000}{100} = \frac{1^m}{100},$$

ou plus simplement,

$$100^m = 0^m 01^c.$$

Fig. 330, p. XXVII Après avoir tracé une ligne infinie AX, et fixé d'une manière invariable son origine A, de ce dernier point comme centre, et avec un rayon AB de de 0ᵐ04ᶜ, tracez l'arc illimité BU; portez ensuite de B vers C, sur cet arc, une seconde distance égale à 0,01ᶜ, et tracez enfin l'indéfinie ACY; l'angle XAY sera l'angle réducteur du plan proposé, dont il sera facile de tirer un parti avantageux; car les droites AB et BC étant entr'elles dans le rapport des deux plans, il suffira de prendre sur le plan donné une longueur quelconque AB', puis de décrire avec cette longueur, et du point A comme centre, un arc B'C', pour obtenir immédiatement la longueur réduite B'C' du côté homologue; car l'on aura, pour tous les cas possibles, AB : BC :: AB' : BC'; et cette simple construction pourra se faire à l'égard des différents côtés du plan donné, qui seront rapportés avec leurs longueurs réduites sur la feuille préparée comme il a été dit précédemment.

26. — On peut encore réduire les plans en se servant des *centres de simi-* Fig. 331, p. XXVII
litude : proposons-nous, par exemple, de réduire le polygone ABCDE à un autre semblable, dont les dimensions soient le tiers des siennes : nous prendrons à volonté, et dans le plan du polygone à réduire, un certain point O, qui sera joint par des droites aux sommets A, B, C, D et E ; puis on fixera les points *a, b, c, d* et *e* de manière à avoir

$$Oa = \frac{OA}{3}, \; Ob = \frac{OB}{3}, \; Oc = \frac{OC}{3}, \; \text{etc....;}$$

le polygone *abcde* sera évidemment la figure réduite au tiers ; l'analogie qui existe entre cette construction graphique et les opérations que nous avons décrites pour faire une station à la planchette, dispense de toute démonstration, qui serait superflue ; le point O est ce que l'on entend par centre de similitude.

27. — On se sert communément, surtout lorsqu'il s'agit de réduire des plans d'une certaine importance, ce qui nécessiterait un emploi de temps considérable en suivant les méthodes précédentes, d'un instrument fort ingénieux dont la construction est basée sur la théorie des triangles semblables ; le pantographe, c'est ainsi qu'il se nomme, réduit ou développe immédiatement, d'un mouvement continu, une figure quelconque, de manière à ce que les dimensions de la nouvelle image conservent avec celles correspondantes de celle tranformée, un rapport constant ; le pantographe est un instrument précieux en raison de la célérité avec laquelle il conduit aux résultats ; il est cependant à considérer que le tracé au crayon obtenu à l'aide de cet instrument, exige une vérification qui se pratique ordinairement au compas de réduction, en rattachant les différents points de détail aux côtés des carrés formés par les méridiennes et leurs perpendiculaires. Le pantographe est encore un de ces instruments qu'il suffit de voir pour comprendre sa construction qui est aussi simple que son usage ; un style est mu horizontalement sur les contours du dessin à imiter, tandis qu'un crayon suit sur l'image un parcours semblable qu'il trace légèrement ; la construction de cet instrument permet d'établir entre la figure donnée et celle qu'il s'agit de construire, un rapport quelconque, faculté qui le rend précieux pour les travaux de cabinet.

28. — Tout ce qui vient d'être dit à l'égard de la réduction des plans, s'applique aussi à leur développement, que nous nous abstiendrons de décrire, pour éviter des répétitions inutiles. Les feuilles seront préparées d'une manière analogue, et les détails également rapportés; mais, au lieu d'être décroissant, le rapport des lignes suivra une marche inverse.

Les plans n'étant autre chose que les images fidèles du terrain exprimées à des échelles plus ou moins étendues, il s'ensuit que les opérations d'arpentage décrites au paragraphe précédent, sont susceptibles d'y être effectuées, avec une approximation relative à l'extension de leurs échelles, qui, lorsqu'elles sont très petites, ne permettent guère l'appréciation exacte des distances, surtout lorsqu'elles sont très faibles; si, sous ce point de vue, les opérations d'arpentage ne peuvent s'exécuter sur le papier avec autant d'exactitude que lorsqu'on opère avec les mesures naturelles, les plans offrent cet avantage incontestable de se prêter aux constructions graphiques, et de permettre à l'œil d'embrasser, par une simple observation, des étendues considérables.

29. — Pour opérer le mesurage des parcelles figurées sur un plan, on les divise en triangles ou autres figures élémentaires, dont les dimensions prises sur ce plan et évaluées à son échelle, sont exprimées numériquement sur des cahiers de calcul, puis multipliées entr'elles pour déterminer les surfaces; lorsqu'il s'agit de faire le mesurage de plusieurs parcelles contiguës, on mesure d'abord leur ensemble, ce qui s'appelle le *calcul des masses;* puis on calcule séparément les parcelles qui appartiennent à la même masse qui doit être égale à leur somme, ou du moins en approcher de fort près. On considère ordinairement comme bons les calculs parcelaires, lorsqu'ils ne présentent, par leur comparaison avec les masses correspondantes, que des différences n'excédant pas un trois centième de la surface totale.

Le calcul des plans exige une grande sujétion, d'abord pour le mesurage sur ceux-ci, et puis pour l'évaluation à l'échelle; lorsqu'il s'agit de triangles, on se dispense de prendre numériquement la moitié des bases, en présentant l'ouverture du compas à une échelle double de celle du plan; enfin, les multiplications se font à l'aide des tables de Oyon, dans lesquelles les résultats tout calculés, pour deux facteurs connus, n'exigent du calculateur qu'une simple recherche des plus promptes et en même temps des plus faciles.

30. — Les mêmes principes et les mêmes méthodes que nous avons employés pour le mesurage sur le terrain, étant applicables aux plans, avec cette seule différence que les dimensions, au lieu d'être mesurées à la chaîne, ne peuvent, dans ce dernier cas, qu'être évaluées à l'aide du compas et de l'échelle, il est également possible d'opérer la division des figures en parties égales et même en parties inégales, ayant entr'elles un rapport donné, en suivant les mêmes procédés, auxquels nous allons ajouter quelques constructions graphiques qui ne sont spécialement applicables qu'aux plans.

31. — Proposons-nous en premier lieu de diviser un triangle en deux parties, qui soient entr'elles dans le rapport de 3 à 5, avec cette condition que la droite de division passe par l'un des angles C du triangle proposé. Fig. 332, p. XXVII

Il est aisé de voir qu'en divisant le côté AB en $3 + 5 = 8$ parties égales, puisqu'en joignant la cinquième division au point C, les triangles CAD et CDB, qui ont même hauteur, sont entr'eux comme leurs bases, ou comme 3 est à 5, puisque les bases sont entr'elles dans le même rapport que ces deux nombres.

32. — S'il s'agissait de diviser un triangle quelconque en deux parties qui fussent entr'elles dans le rapport de 5 à 6, par exemple, mais avec cette autre condition que la ligne séparative fût assujétie à passer par un certain point P, donné sur l'un des côtés du triangle, on commencerait, comme dans le cas qui précède, par diviser la base AB en deux parties AD et BD dans le rapport des deux nombres 5 et 6, puis, en joignant DC, on aurait : Fig. 333, p. XXVII

$$CAD : CDB :: 5 : 6;$$

et il ne resterait plus qu'à transformer le triangle CAD en un autre équivalent PAE, dont le point donné P fût le sommet; pour cela, il suffit de tracer PD, de lui mener par le sommet C une parallèle CE, puis enfin, de joindre PE, et PAE sera le triangle demandé; car les triangles CDE et EPC ayant une base commune CE et de plus la même hauteur, puisque leurs sommets sont situés sur une même droite, parallèle à celle-ci, sont équivalents, et l'on a

$$CDE = EPC;$$

mais ces deux triangles ayant une partie commune CIE, qui peut être retranchée des deux membres de l'égalité, il reste

$$CDE - CIE = EPC - CIE,$$

ou

$$IDE = IPC \, ;$$

et le triangle PAE est nécessairement équivalent à CAD, puisque, d'après l'inspection seule de la figure, on reconnaît qu'il n'est autre chose que ce dernier, auquel on a ajouté d'une part le triangle IDE, et de l'autre retranché son égal IPC.

Fig. 334, p. XXVII   **33.** — Soit encore à diviser le triangle ABC en trois parties égales, par des droites concourant à un même point D, pris sur l'un quelconque de ses côtés BC ; on commencera par diviser ce côté en trois parties égales, aux points E et F, lesquels, par leur jonction au point A, déterminent la division du triangle total en trois triangles égaux entr'eux et au tiers du triangle total ; la question se réduit donc maintenant à transformer ces triangles en figures équivalentes, ayant un sommet commun au point D ; pour y parvenir, on joindra AD, à laquelle on mènera par les points F et E, les parallèles FH et EG ; joignant enfin GD et HD, les triangles GDB, GDH, et le trapèze HDCA, seront les trois parties demandées, ainsi qu'il est aisé de s'en convaincre ; en effet, les droites GE et AD étant parallèles, les triangles GAE et EDG sont égaux, comme ayant une base commune EG, et la même hauteur ; leur ajoutant à chacun le triangle BGE, il en résulte :

$$GAE + BGE = EDG + BGE,$$

ou

$$BAE = GDB = \frac{ABC}{3}.$$

Pour la même raison, on a

$$AFD = AHD \, ;$$

ajoutant de part et d'autre le triangle DAC, on obtient :

$$AFD + DAC = AHD + DAC,$$

ou

$$AFC = AHDC = \frac{ABC}{3 \, ;}$$

et l'on peut en conclure également que

$$DGH = \frac{ABC}{3}.$$

Fig. 535 et 536.
pl. XXVII.

Le lecteur attentif n'aura sans doute pas manqué de s'apercevoir que le point D peut se trouver disposé dans l'intervalle FE, et même entre les points E et B; dans l'un et l'autre cas, la construction est toujours la même; seulement, les points G et H sont placés, dans le premier, sur les côtés AB et AC, et dans le second, tous les deux sur ce dernier. Nous nous dispenserons de donner les démonstrations de ces deux cas, lesquelles se déduisent de la considération de triangles équivalents, comme pour la démonstration précédente.

Je terminerai cet exposé sur la division des polygones, par la construction graphique de celle d'un triangle en un nombre quelconque de parties égales, de telle sorte que les droites de division soient parallèles à l'un de ses côtés.

Fig. 537, p. XXVII

34. — Pour diviser le triangle ABC en un nombre de parties égales, exprimé d'une manière générale par n, avec cette condition que les droites de division soient parallèles au côté BC, divisez l'un des côtés AB, par exemple, en n parties égales, aux points a, b, c, d, etc.; après avoir décrit sur la ligne entière prise pour diamètre une demi-circonférence de cercle, élevez à AB et aux points de division, les perpendiculaires aa', bb', cc', dd', ee', ff', etc., se terminant à la circonférence aux points a', b', c', d', e', f', etc.; joignez ces derniers points au sommet A; portez les longueurs des différentes cordes a'A, de A en a''; b'A de A en b''; c'A de A en c'', etc.; puis enfin, menez par les points a'', b'', c'', d'', e'', etc., les droites $a''a'''$, $b''b'''$, $c''c'''$, $d''d'''$, etc., parallèles à BC: les espaces superficiels compris entre ces droites seront les parties équivalentes demandées.

On peut aisément s'en convaincre en se rappelant ce fait, que la perpendiculaire abaissée de l'un des points de la circonférence sur un diamètre, est moyenne proportionnelle entre les deux segments de ce diamètre; qu'en conséquence, l'on a

$$Aa : aa' :: aa' : Ba,$$

ou

$$\frac{AB}{n} : aa' :: aa' : AB - \frac{AB}{n},$$

en mettant à la place de Aa et de Ba leurs valeurs prises en fonction du

11

nombre de divisions et de la droite AB ; la proportion devient, en réduisant le dernier terme au même dénominateur,

$$\frac{AB}{n} : aa' :: aa' : \frac{n\ AB - AB}{n},$$

et l'on en tire

$$aa' = \sqrt{\frac{n\ \overline{AB}^2 - \overline{AB}^2}{n^2}};$$

Mais le triangle rectangle Aaa' donne

$$Aa' = \sqrt{\overline{Aa}^2 + \overline{aa'}^2}$$

qui devient, en observant que

$$\overline{Aa}^2 = \frac{\overline{AB}^2}{n^2},$$

et en substituant à la place de aa' sa valeur,

$$Aa' = \sqrt{\frac{\overline{AB}^2}{n^2} + \frac{n\overline{AB}^2 - \overline{AB}^2}{n^2}} = \sqrt{\frac{n\overline{AB}^2}{n^2}};$$

et le côté Aa'' du triangle A$a''a'''$ est, par construction, égal à cette dernière expression. Si maintenant on désigne par S la surface du triangle total ABC, et par s celle du triangle partiel A$a''a'''$, qui lui est semblable, l'on pourra établir (1re part., chap. II, § II, n° 14, pag. 158 et 159) :

$$S : s :: \overline{AB}^2 : \overline{Aa''}^2;$$

ou bien, en mettant à la place de Aa'' sa valeur algébrique, qui est la même que celle de Aa' :

$$S : s :: \overline{AB}^2 : \frac{n\overline{AB}^2}{n^2};$$

ou bien encore, en supprimant le facteur n commun au numérateur et au dénominateur du dernier conséquent :

$$S : s :: \overline{AB}^{-2} : \frac{\overline{AB}^{-2}}{n};$$

et enfin, si l'on considère que le dernier terme du second rapport est égal à la n^{me} partie du premier, on acquerra la certitude qu'il en doit être de même relativement au premier rapport de la proportion, et qu'en conséquence,

$$s = \frac{S}{n}.$$

On démontrerait absolument de la même manière que le triangle

$$Ab''b''' = 2\frac{S}{n},$$

que

$$Ac''c''' = 3\frac{S}{n},$$

que

$$Ad''d''' = 4\frac{S}{n},$$

et ainsi de suite; les tranches superficielles comprises entre deux droites parallèles consécutives, sont donc chacune de

$$\frac{S}{n},$$

ou la n^{me} partie du triangle proposé.

Des constructions analogues, opérées sur les quadrilatères et même sur les polygones d'un plus grand nombre de côtés, conduiraient également à leur division en parties conservant entr'elles telles proportions qu'on jugerait convenables; l'introduction de parallèles dans les figures, et la considération de triangles équivalents ou semblables, amènera facilement à la résolution d'une multitude de questions intéressantes qui pourraient être faites à ce sujet, et construites graphiquement.

CHAPITRE II.

NIVELLEMENT.

INSTRUMENTS, NIVEAU APPARENT, NIVEAU VRAI, NIVELLEMENTS SIMPLES ET
COMPOSÉS, CORRECTIONS A FAIRE RELATIVEMENT A LA SPHÉRICITÉ DE LA
TERRE ET A LA RÉFRACTION, RÉDUCTION A LA MÊME LIGNE DE NIVEAU, RAP-
PORT GRAPHIQUE, CALCULS DES PENTES ET RAMPES, ANGLE D'INCLINAISON.

1. — On entend par nivellement l'ensemble des opérations au moyen
desquelles on détermine les différences de hauteur de deux ou d'un plus grand
nombre de points; si les points que l'on considère sont à des hauteurs égales,
ou ce qui est la même chose, s'ils sont situés dans un même plan horizontal,
on dit qu'ils sont *de niveau,* et lorsque deux points sont situés à des hauteurs
inégales au-dessus de l'horizon, la différence de ces hauteurs se désigne ordinairement par *différence de niveau;* d'après cela, pour déterminer les
différences de niveau de plusieurs points disposés arbitrairement sur le terrain, on voit qu'il suffit de comparer entr'elles leurs distances à un même
plan horizontal; pour arriver à ce but, on emploie quelques instruments dont
nous allons donner la description, en commençant par le *niveau d'eau,*
comme étant le plus simple, le plus commode et par conséquent le plus usité.

Fig. 338, p. XXVIII. **2.** — Cet instrument se compose d'un tube métallique dont le diamètre
intérieur est assez grand pour éviter les effets de la capillarité, recourbé à
angle droit vers ses extrémités terminées par deux fioles en verre blanc dont
l'intérieur communique avec celui du tube lui-même, lequel est solidement fixé
à une douille qui permet de le disposer sur un pied ordinaire d'instrument, de façon à pouvoir tourner horizontalement dans les deux sens; l'instrument se trouvant ainsi disposé, il est évident que les fioles étant débouchées,
si l'on introduit de l'eau dans l'une d'elles, elle communiquera dans le tube
en chassant l'air qu'il contient, et qu'enfin elle arrivera bientôt aux fioles,
qu'elle occupera en partie, et la droite AB passant par les surfaces liquides,

sera horizontale ainsi que ses prolongements dans l'un et l'autre sens; en faisant tourner l'instrument sur son pied, il sera facile d'obtenir successivement et dans quelles directions l'on voudra, toutes les droites passant par le point de station, situées dans un même plan horizontal.

3. — La *Mire* est une règle divisée en mètres et fractions de mètre, munie d'un *voyant* susceptible d'être élevé ou abaissé à volonté le long d'elle, de manière à ce que d'un simple coup d'œil il soit facile d'apprécier avec exactitude la distance plus ou moins grande qui sépare le point de mire, du sol sur lequel la règle serait posée verticalement.

Fig.339, p. XXVIII

Rien de plus facile que de déterminer la différence de niveau de deux points donnés A et B, à l'aide de ces deux instruments; pour cela, après avoir placé le niveau en un lieu au moins aussi élevé que celui des deux points qui l'est le plus, on fera porter la mire sur l'un quelconque de ceux à niveler, dans une position verticale; on dirigera les deux fioles dans l'alignement de la mire en faisant tourner le niveau, s'il est nécessaire; puis, tenant l'œil à la hauteur des deux surfaces, dans une direction tangente aux fioles, on fera monter ou baisser le voyant jusqu'à ce qu'il se trouve dans le plan des deux surfaces liquides; alors on comptera sur la mire, la hauteur de la ligne de visée au-dessus du point donné; la même opération faite à l'égard de l'autre point fera également connaître la hauteur du même plan au-dessus de ce dernier, et enfin, en retranchant la plus petite hauteur de la plus grande, on obtiendra la différence demandée; en désignant par h la hauteur du plan horizontal passant par la ligne de visée AB, au-dessus du point A, par h' la hauteur du même plan au-dessus du point B, et par d la différence de niveau de ces deux points, on aura :

Fig.340, p. XXVIII

$$d = h - h',$$

résultat susceptible de rectification, ainsi qu'il sera démontré plus tard.

4. — Le niveau à lunette se compose d'un niveau à bulle d'air ordinaire fixé sur une règle en cuivre, dont les extrémités sont terminées par des supports qui lui sont perpendiculaires et qui finissent à leur partie supérieure par des échancrures sur lesquelles repose une lunette dont l'axe se trouve ainsi dans une position parallèle à la face extérieure de la règle; chaque échancrure se ferme au moyen d'un arc qui peut s'abaisser sur la lunette à l'aide d'une charnière, ou s'élever en donnant à l'observateur

Fig.341, p. XXVIII

la facilité de transposer les extrémités de la lunette; l'instrument tourne dans son entier, et peut être arrêté dans une position quelconque, au moyen de vis de pression; enfin il se place sur un genou qui est lui-même terminé par une douille s'adaptant à un pied ordinaire d'instrument.

Fig. 341, p. XXVIII   On évite l'opération du *retournement* de la lunette, dans certains niveaux, en disposant deux lunettes en sens contraire, mais de telle sorte que leurs axes soient parallèles et situés dans un même plan sur lequel repose, dans le sens des lunettes, un niveau à bulle d'air propre à mettre leurs axes de niveau dans le sens longitudinal, tandis qu'un second niveau du même genre, posé transversalement à leur partie supérieure, permet de fixer les deux axes dans le même plan horizontal; on voit que cette disposition présente l'avantage de faire, sans déranger l'instrument, deux observations en sens opposés; on a beaucoup varié la construction des niveaux à lunette : ceux qui sont les plus simples et les moins susceptibles de dérangement sont préférables; ils doivent être vérifiés avec soin avant d'être employés; nous n'entrerons point dans les détails de leur rectification, ces instruments se trouvant ordinairement accompagnés d'un précis spécial à leur disposition.

Lorsqu'il est d'une bonne exécution, cet instrument donne des résultats d'une précision incontestable, et permet en outre d'opérer à de grandes distances, ce qui le rend indispensable toutes les fois qu'il s'agit d'opérations sérieuses, pour lesquelles une très grande approximation est nécessaire.

Fig. 342, p. XXVIII   L'emploi d'un niveau de ce genre exige beaucoup d'attention de la part de celui qui opère; nous allons entrer dans quelques détails à ce sujet, en nous proposant de déterminer la différence de niveau des deux points A et B; après avoir placé l'instrument en C, on le disposera de telle sorte que l'axe de la lunette soit dans un même plan horizontal, en faisant tourner l'instrument dans son entier, de manière à ce que, dans toutes les positions possibles, le niveau à bulle d'air présente un niveau parfait, ou ce qui est la même chose, à ce qu'il ait sa bulle constamment arrêtée au point milieu de sa longueur, si le niveau n'a qu'une seule lunette; dans le cas où il serait muni de deux, il suffirait de fixer l'instrument à l'aide de ses niveaux; après quoi, visant l'un après l'autre chacun des points A et B, sur lesquels on placerait la mire, on ferait monter ou descendre le voyant de manière à ce qu'il se trouvât sur le prolongement de l'axe qui est indiqué par la section des deux fils de soie qui se coupent à angle droit dans le tube de la lunette; ayant ainsi obtenu les hauteurs du plan de visée au-dessus des points dont il s'agit, il ne restera plus qu'à soustraire la plus petite hauteur de la plus grande, ainsi que cela a été dit pour le niveau d'eau.

5. — Si le globe terrestre était parfaitement sphérique, si sa surface ne présentait en tous lieux une infinité d'aspérités dont les limites sont d'une part les montagnes les plus élevées, et de l'autre ces simples mouvements de terres que nous rencontrons à chaque pas et qui sont ou le travail des hommes ou celui de la nature, tous les lieux seraient de niveau par cela seul qu'ils seraient également éloignés du centre de la terre; *la différence de niveau de deux points est donc en réalité la différence des distances de ces deux points au centre terrestre, et la ligne de niveau ne peut être qu'un arc de circonférence*, qui, par sa petitesse relativement au rayon avec lequel il est décrit, peut néanmoins être considéré comme une ligne droite, mais dont la direction *cb′* diffère essentiellement de celle de la ligne de visée *cb*, connue sous le nom de *niveau apparent*, tandis que la première prend la dénomination de *niveau vrai.*

Fig.342,p.XXVIII

6. — PROBLÈME. — *Déterminer, pour un certain point pris à la surface terrestre, la hauteur du niveau apparent au-dessus du niveau vrai.*

Fig.342,p.XXVIII

Supposons que du centre de la terre, et avec son rayon, on ait décrit l'arc de cercle C*b‴*, puis, que par le point C on imagine la tangente C*b″*, qui sera la ligne de niveau apparent, l'arc de cercle C*b‴* étant celle du niveau vrai et *b‴b″* la hauteur qu'il s'agit de déterminer; le point *b″* étant joint au centre, désignons par D le diamètre terrestre, par *a* la distance C*b″* et par *x* la hauteur *b″b‴*.

Toute tangente étant moyenne proportionnelle entre la sécante entière et sa partie extérieure, nous aurons

$$\mathrm{D} + x \,:\, a \,::\, a \,:\, x,$$

d'où l'on tire $\mathrm{D}x + x^2 = a^2$, qui revient à $x^2 + \mathrm{D}x = a^2$; cette équation du second degré donne, par sa résolution immédiate (Ire part., chap. I, § 5, n° 3, pag. 72 et 73),

$$x = -\frac{\mathrm{D}}{2} \pm \sqrt{a^2 + \frac{\mathrm{D}^2}{4}};$$

Telle est l'expression qui indique l'élévation du niveau apparent au-dessus du niveau vrai, et qui, en y mettant pour D sa valeur numérique que l'on sait être, d'après les mesures les plus récentes, de 12,732,814 mètres, à 45° de latitude, et en substituant à la place de *a* différentes longueurs, prises arbitrairement, donnerait en mètres et fractions de mètre, les élévations correspondantes du niveau apparent au-dessus du niveau vrai, ce qui permettrait de construire une table présentant ces élévations pour des distances données.

7. — Si le niveau apparent, ainsi que nous venons de le démontrer, élève le point de visée au-dessus du niveau vrai, il existe un phénomène physique, qui, agissant en même temps, mais en sens contraire, l'abaisse légèrement.

Quand la lumière pénètre à travers un *milieu* diaphane, en le traversant obliquement, elle change de direction au point *d'immersion;* cette rupture d'un rayon lumineux est ce qu'on appelle *réfraction ;* pour apprécier les effets de la réfraction, on compare la direction du rayon avant l'immersion, et celle qu'il affecte après, à celle que prend une ligne élevée au point d'immersion, perpendiculairement à la surface du milieu dont il s'agit, et qui se nomme *cathète;* il arrive toujours, ou que la lumière traverse un milieu rare pour entrer ensuite dans un autre plus dense, ou qu'elle quitte un milieu doué d'une grande densité pour pénétrer ensuite dans un second plus rare; dans le premier cas, le rayon, après sa rupture, s'approche de la perpendiculaire, tandis qu'il s'en éloigne dans le second.

Dans l'opération du nivellement, le rayon visuel traversant à chaque instant des couches d'air atmosphériques de densités différentes, change instantanément de direction à de faibles distances, et suit en conséquence une courbe inférieure à la ligne droite du niveau apparent; la valeur de x précédemment déterminée, se trouve donc trop grande de l'effet produit par la réfraction, en raison de la distance *a*. Sans suivre la marche des calculs propres à déterminer cet effet, nous nous bornerons à donner la table suivante, contenant les hauteurs du niveau apparent au-dessus du niveau vrai, les abaissements produits par la réfraction, et enfin les différences d'élévation du niveau apparent au-dessus du niveau vrai, ainsi que l'abaissement causé par la réfraction; le tout calculé pour des distances croissant de 20 en 20 mètres; cette table est donnée dans le but de corriger immédiatement l'erreur que l'on commet infailliblement dans toute observation, par les causes combinées de la sphéricité de la terre et de la réfraction, cette erreur se trouvant toute calculée dans la colonne n° 4.

TABLE *des Hauteurs du Niveau apparent au-dessus du Niveau vrai et des abaissements causés par la réfraction depuis la distance de 20 mètres jusqu'à celle de 1780.*

DISTANCE.	Elévation du niveau apparent au-dessus du niveau vrai.	Abaissement causé par la réfraction.	Différence des colonnes 2 et 3.	DISTANCE.	Elévation du niveau apparent au-dessus du niveau vrai.	Abaissement causé par la réfraction.	Différence des colonnes 2 et 3.
1	2	3	4	1	2	3	4
m.	m.	m.	m.	m.	m.	m.	m.
0	0.0000	0.0000	0.0000	900	0.0636	0.0102	0.0534
20	0.0000	0.0000	0.0000	920	0.0665	0.0106	0.0559
40	0.0001	0.0000	0.0001	940	0.0694	0.0111	0.0583
60	0.0003	0.0000	0.0003	960	0.0724	0.0116	0.0608
80	0.0005	0.0001	0.0004	980	0.0754	0.0121	0.0633
100	0.0008	0.0001	0.0007	1000	0.0785	0.0126	0.0659
120	0.0011	0.0002	0.0009	1020	0.0817	0.0131	0.0686
140	0.0015	0.0002	0.0013	1040	0.0849	0.0136	0.0713
160	0.0020	0.0003	0.0017	1060	0.0882	0.0141	0.0741
180	0.0025	0.0004	0.0021	1080	0.0916	0.0147	0.0769
200	0.0031	0.0005	0.0026	1100	0.0950	0.0152	0.0798
220	0.0038	0.0006	0.0032	1120	0.0985	0.0158	0.0827
240	0.0045	0.0007	0.0038	1140	0.1021	0.0163	0.0858
260	0.0053	0.0008	0.0045	1160	0.1057	0.0169	0.0888
280	0.0062	0.0010	0.0052	1180	0.1094	0.0175	0.0919
300	0.0071	0.0012	0.0059	1200	0.1131	0.0181	0.0950
320	0.0080	0.0013	0.0067	1220	0.1169	0.0187	0.0982
340	0.0091	0.0014	0.0077	1240	0.1208	0.0193	0.1015
360	0.0102	0.0016	0.0086	1260	0.1247	0.0199	0.1048
380	0.0113	0.0018	0.0095	1280	0.1287	0.0206	5.1081
400	0.0126	0.0020	0.0106	1300	0.1327	0.0212	0.1115
420	0.0138	0.0022	0.0116	1320	0.1368	0.0219	0.1149
440	0.0152	0.0024	0.0128	1340	0.1410	0.0226	0.1184
460	0.0166	0.0027	0.0139	1360	0.1453	0.0232	0.1221
480	0.0181	0.0029	0.0152	1380	0.1496	0.0239	0.1257
500	0.0196	0.0031	0.0165	1400	0.1539	0.0246	0.1293
520	0.0212	0.0034	0.0178	1420	0.1584	0.0253	0.1331
540	0.0229	0.0037	0.0192	1440	0.1629	0.0261	0.1368
560	0.0246	0.0039	0.0207	1460	0.1674	0.0268	0.1406
580	0.0264	0.0042	0.0222	1480	0.1720	0.0275	0.1445
600	0.0283	0.0045	0.0238	1500	0.1767	0.0283	0.1484
620	0.0302	0.0048	0.0254	1520	0.1815	0.0290	0.1525
640	0.0322	0.0051	0.0271	1540	0.1863	0.0298	0.1565
660	0.0342	0.0055	0.0287	1560	0.1911	0.0306	0.1605
680	0.0363	0.0058	0.0305	1580	0.1961	0.0314	0.1647
700	0.0385	0.0062	0.0323	1600	0.2011	0.0322	0.1689
720	0.0407	0.0065	0.0342	1620	0.2061	0.0330	0.1731
740	0.0430	0.0069	0.0361	1640	0.2112	0.0338	0.1774
760	0.0454	0.0073	0.0381	1660	0.2164	0.0346	0.1818
780	0.0478	0.0076	0.0402	1680	0.2217	0.0355	0.1862
800	0.0503	0.0080	0.0423	1700	0.2278	0.0363	0.1915
820	0.0528	0.0084	0.0444	1720	0.2323	0.0372	0.1951
840	0.0554	0.0089	0.0465	1740	0.2378	0.0380	0.1997
860	0.0581	0.0093	0.0488	1760	0.2433	0.0389	0.2044
880	0.0608	0.0097	0.0511	1780	0.2488	0.0398	0.2090

12

8. — Proposons-nous maintenant de déterminer la différence de niveau corrigée, pour deux points quelconques observés d'une même station qui aurait fait connaître les hauteurs du niveau apparent au-dessus de chacun d'eux.

Trois cas dont les conséquences diffèrent essentiellement, peuvent se présenter : ou l'observateur a disposé son instrument sur l'un même des points à niveler, ou entre ces deux points, à des distances égales de chacun d'eux, ou enfin toujours entre ces deux mêmes points, mais à des distances inégales; nous allons successivement nous occuper de ces trois circonstances :

Fig. 340, p. XXVIII

1° L'observateur est en A, CD est la ligne de niveau apparent, dont la longueur peut être mesurée, et généralement désignée par a; CA la hauteur de la même ligne au-dessus du point A qui, dans ce cas, est égale à la hauteur du rayon visuel, au-dessus du même point, hauteur que nous désignerons par h; DB la hauteur du niveau apparent au-dessus du point B et que nous représenterons par h'; enfin soient d la différence entre l'élévation du niveau apparent et l'abaissement causé par la réfraction, prise pour la distance a, dans la colonne n° 4 de la table qui précède, et x la différence de niveau vrai, entre les points A et B, différence qu'il s'agit de déterminer.

La hauteur h' devenant, d'après la correction $h'-d$ et celle h demeurant la même, puisqu'il n'existe de différence sensible qu'à 40 mètres de l'observateur, et que le point A en est à une distance nulle, il en résulte que l'on a :

$$x = h - h' - d;$$

ainsi, il suffit, dans ce cas, de retrancher la plus petite hauteur de la plus grande, puis de soustraire du résultat la correction fournie par la table;

Fig. 340, p. XXVIII

2° L'observateur est en E, et l'on a $FC = FD = a$, toutes choses égales d'ailleurs; la hauteur DB deviendra $h'-d$, et celle CA, $h-d$, la correction à faire étant la même de part et d'autre, l'on aura :

$$x = (h - d) - (h' - d) = h - d - h' + d = h - h';$$

dans ce cas, tout se réduit donc à retrancher la plus petite hauteur de la plus grande, sans aucune correction;

Fig. 340, p. XXVIII

3° Enfin l'instrument est en E, avec cette condition que l'on a CF < FD; admettant toujours DB = h', CA = h et de plus FD = a', FC = a et enfin d étant la différence qui correspond à la distance a, prise dans la colonne n° 4 de la table, et d' celle qui correspond au nombre a', la hauteur DB corrigée devient $(h' - d')$, celle CA, $(h - d)$, et l'on a :

$$x = (h - d) - (h' - d'),$$

ou

$$x = h - h' - d + d'.$$

Lorsque les deux points observés sont inégalement éloignés de l'instrument, il faut donc retrancher la plus petite hauteur de la plus grande, puis soustraire du résultat la différence des deux corrections prises dans la table.

Ainsi, dans le premier cas, l'opération du terrain ayant donné :

$$a = 680^m, h = 3^m 54^c, h' = 1^m 20^c;$$

l'on aura d'abord, en cherchant dans la table la différence portée à la colonne n° 4, en regard du nombre 680,

$$d = 0^m 0305^c;$$

puis enfin

$$x = 3^m 54 - 1^m 20 - 0.0305 = 2^m 3095.$$

Dans le second cas, si l'on a, l'instrument étant au milieu de CD, c'est-à-dire à 340 mètres de l'une et l'autre extrémité, $h = 3^m 50$ et $h' = 1^m 20$; l'on en déduira immédiatement et sans qu'il soit besoin d'avoir recours à la table,

$$x = 3^m 50 - 1^m 20 = 2^m 30^c.$$

Enfin, dans la supposition de

$$a = 1300^m, a' = 820^m, h = 4^m 324, h' = 2^m 736,$$

l'on obtiendra d'abord, au moyen de la table,

$$d = 0^m 1115,$$

et

$$d' = 0^m 0444;$$

puis enfin l'on en déduira :

$$x = (4^m 324 - 2^m 736) - 0^m 1115 + 0^m 0444 = 1^m 5880 - 0^m 0671 = 1^m 5209.$$

9. — Le niveau d'eau ne s'emploie guère qu'à 60 ou 80 mètres de distance; il ne peut donner au-delà que des résultats incertains, sans néanmoins entraîner à de graves erreurs; il est à remarquer qu'à cette distance, le niveau apparent déterminé successivement par plusieurs niveleurs, pour un même point, diffère presque toujours de quelques centimètres, et que la table précédente devient inutile dans les nivellements au niveau d'eau, les corrections à apporter au niveau apparent n'ayant d'influence que sur le quatrième chiffre décimal, pour une distance de 100 mètres qui est rarement atteinte dans les opérations que l'on pratique à l'aide de cet instrument; d'ailleurs, il est presque toujours possible d'anéantir les corrections en fixant les stations à égale distance des deux points à niveler.

La table des hauteurs du niveau apparent au-dessus du niveau vrai, n'est donc réellement utile que pour rectifier les grandes opérations faites au niveau à lunette, encore ferait-on disparaître toute erreur en disposant les stations à égale distance des deux points.

Pour obtenir le plan d'une ligne courbe, brisée, etc., nous avons vu qu'il suffisait de rattacher ses différents points à une ligne droite prise pour directrice, au moyen d'ordonnées ou perpendiculaires abaissées des différents points de la ligne à lever sur la droite directrice; et qu'alors toute la difficulté consistait à déterminer la longueur de chaque ordonnée, ainsi que les distances comprises entre leurs pieds, sur la directrice. Par une méthode absolument analogue, on obtient sur une feuille de dessin l'expression d'un nivellement en rapportant les différents points d'après un plan horizontal, auquel ils sont rattachés par des ordonnées verticales; alors le plan dont il s'agit et dont la trace n'est qu'une simple directrice, se trouve en l'air, au-dessus des points que l'on considère.

10. — Un nivellement est *simple* ou *composé*, selon que les hauteurs de ses différents points ont été obtenues sur le terrain à l'aide d'une seule ou de plusieurs stations dont les opérations sont rattachées entr'elles ainsi que nous le verrons plus tard.

Fig. 343 et 344, pl. XXIX.

Soient deux points A et B observés d'une même station S, de telle sorte que la mire ait indiqué 5ᵐ 48ᶜ au point A, et 3ᵐ 56ᶜ au point B; ces deux points étant éloignés de 175ᵐ 4ᵈ l'un de l'autre, proposons-nous d'exprimer graphiquement ce nivellement simple; on rapportera sur une droite indéfinie XY, une longueur $a'b'$ de 175ᵐ 4ᵈ, prise à l'échelle que l'on aura adoptée; puis, après avoir élevé aux points a' et b' deux perpendiculaires respectivement égales à 5^m 48^c et à 3^m 56^c, toujours d'après l'échelle, il ne restera plus qu'à tracer la droite *ab* qui indiquera l'inclinaison du terrain entre les deux points dont il s'agit; si cet intervalle comprenait une ou plusieurs aspérités ou inflexions, on déterminerait sur le terrain, à l'aide du niveau et de la mire, les hauteurs de chacune des ordonnées abaissées sur les différents points formant sommets, on mesurerait à la chaîne les distances comprises entre deux ordonnées consécutives, et il ne resterait plus qu'à faire le rapport sur le papier, ainsi qu'il vient d'être dit : on joint ordinairement au dessin graphique, les distances en nombres, comprises entre le terrain et la directrice; ces nombres se désignent sous le nom de *cotes*.

Le nivellement étant opéré dans le sens *a'b'*, l'observation qui détermine la cote 5^m 48^c, se nomme *coup-arrière*, et celle qui fixe la hauteur 3^m 56^c, *coup-avant*.

11. — Proposons-nous maintenant d'opérer le nivellement composé d'une ligne tracée sur un terrain accidenté, dont les différentes inflexions seraient situées en *a, b, c, d, e, f, g, h* et *i;* après avoir placé l'instrument quelque part en S, on donnera successivement tous les coups de niveau *a, b, c,* susceptibles d'être pris de ce point; on cotera au fur et à mesure leurs différentes hauteurs ainsi que les distances horizontales qui séparent ces points, sur un croquis visuel à peu près semblable à la figure du terrain; pour faire suite à cette première station, on transportera l'instrument en S', d'où l'on observera d'abord par un coup-arrière le dernier point *c* de la première station, puis les autres *d, e, f,* qui pourront être pris de ce lieu; une nouvelle station S" commencera également par un coup-arrière pris sur le dernier point *f* de la précédente, puis se continuera par ceux successifs *g, h, i,* etc., et cette opération pourrait être poussée aussi loin qu'on le jugerait convenable.

Fig. 345, p. XXIX.

Lorsqu'on fait un nivellement sur le terrain, la ligne à niveler doit d'abord être tracée au moyen de jalons; il faut être assisté de quatre aides, dont l'un au niveau, l'autre à la mire, et les deux derniers qui peuvent avoir moins d'intelligence, à la chaîne; il est bien aussi de se faire suivre d'un ou plusieurs ouvriers dont l'emploi consiste à fixer en terre un fort piquet sur chacun des points où le *porte-mire* se sera arrêté; il est également important que le même homme remplisse pendant toute l'opération relative au même nivellement, l'office de *niveleur*, l'observation faite par deux individus pouvant occasionner quelque différence. Les divisions de la mire doivent être indiquées en gros caractères, afin que les nombres énoncés par le *porte-mire* puissent être contrôlés à chaque instant par l'employé chargé de l'opération; tous les coups, tant *arrière* qu'*avant*, doivent être pris et cotés avec soin; enfin les distances comprises en chaque coup doivent être chaînées horizontalement et avec la plus grande précision; il est important de s'assurer que l'un des *chaîneurs* au moins, sache compter sur la chaîne, et même que ses données soient encore vérifiées le plus souvent possible.

Fig. 345, p. XXIX.

12. — L'opération du terrain se trouvant ainsi terminée, on doit s'occuper du rapport du nivellement, qui doit cependant être précédé d'une opération particulière connue sous le nom de *réduction à la même ligne de niveau*, ou à la même directrice : imaginons que l'ordonnée abaissée au point *a*, soit augmentée d'une certaine quantité, de telle sorte que le plan horizontal passant par son extrémité supérieure, laisse au-dessous de lui tous les autres points du nivellement; la trace verticale de ce plan horizontal est ce que l'on entend par ligne de niveau.

Soient donc ajoutés 10 mètres, par exemple, à la cote du point *a*, elle deviendra :

$$4 + 10 = 14^m,$$

et imaginons à cette hauteur l'horizontale XY, à laquelle les autres ordonnées du nivellement vont être réduites; les ordonnées des points *b* et *c* étant prolongées jusqu'à la directrice, deviendront évidemment :

$$2^m 25^c + 10 = 12^m 25^c,$$

et

$$3^m 10^c + 10 = 13^m 10^c,$$

et cette dernière cote est l'expression de la hauteur *cc''*, comprise entre le point *c* et la ligne de niveau; si de cette dernière cote, ou *cc''* = $13^m 10^c$, l'on retranche *cc'*, ou le résultat du coup-arrière qui est de $0^m 55^c$, il est clair qu'il restera la distance

$$c'c'' = 13.10^c - 0.55^c = 12^m 55^c,$$

qu'il suffira d'ajouter aux ordonnées des points *d*, *e*, *f* de la station suivante S', pour avoir leurs distances à la ligne de niveau; et l'on obtiendra en agissant ainsi :

$$dd'' = 14^m 51^c, ee'' = 14^m 59^c,$$

et enfin,

$$ff'' = 12^m 55^c;$$

si de cette dernière hauteur l'on retranche le coup-arrière,

$$ff = 4^m\ 22^c,$$

il restera :

$$ff' = 8^m\ 33^c,$$

quantité qu'il suffira d'ajouter aux cotes des points g, h, i, prises de la station S'', pour obtenir la distance de ces points à la directrice commune; voici le type des opérations que nous venons d'indiquer :

Report..... 145^m

	$10^m\ 00^c$			$12^m\ 55^c$		
	$+\ 4\ 00$			$-\ 4\ 22$		
Somme	$14\ 00$	pour la distance 0^m		$8\ 33$		
	$10\ 00$			$+\ 0\ 84$		
	$+\ 2\ 25$			$9\ 17$	»	40
	$12\ 25$	»	30	$8\ 33$		
	$10\ 00$			$+\ 0\ 30$		
	$+\ 3\ 10$			$8\ 63$	»	15
	$13\ 10$	»	40	$8\ 33$		
	$13\ 10$			$+\ 0\ 24$		
	$-\ 0\ 55$			$8\ 57$	»	20
Différence.	$12\ 55$			Longueur totale...		220
	$+\ 1\ 96$					
	$14\ 51$	»	25			
	$12\ 55$					
	$+\ 2\ 04$					
	$14\ 59$	»	20			
	$12\ 55$					
	$+\ 0\ 00$					
	$12\ 55$	»	30			
			145			

En général, un nivellement ayant été levé sur le terrain, on le réduira à la même ligne de niveau, en ajoutant au premier coup-arrière, une hauteur prise arbitrairement, mais telle qu'elle puisse élever la ligne de niveau au-dessus de tous les autres points du nivellement; on réduira à la même ligne tous les points dépendant de la première station, en ajoutant à la hauteur constante adoptée pour chacun d'eux, la cote du terrain; de la dernière cote réduite, ainsi obtenue, on retranchera le second coup-arrière, et le reste ajouté à chacune des cotes du terrain, obtenues de la seconde station, donnera les hauteurs réduites correspondantes; une semblable opération sera continuée jusqu'à l'entier épuisement des cotes levées sur le terrain.

13. — *Pour vérifier cette opération arithmétique, il suffit de faire la somme des coups-arrière et celle des coups-avant, puis de retrancher la plus petite de la plus grande; le reste doit nécessairement être le même que la différence des deux cotes extrêmes du nivellement réduit;* cette vérité se déduisant de l'inspection immédiate de la figure, toute explication deviendrait superflue; c'est pourquoi nous croyons devoir nous borner à la vérification pure et simple du cas qui nous occupe :

$$
\begin{array}{ll}
4^{m}\ 00^{c} & 3^{m}\ 10^{c} \\
0\ \ 55 & 0\ \ 00 \\
\underline{4\ \ 22} & \underline{0\ \ 24}
\end{array}
$$

Somme des coups-arrière. 8   77^c 3   34^c somme des coups-avant.

Différence de la somme des coups-arrière avec les coups-avant :

$$8^{m}\ 77^{c} - 3^{m}\ 34^{c} = 5^{m}\ 43^{c}.$$

Différence des cotes extrêmes du nivellement réduit :

$$14^{m}\ 00^{c} - 8^{m}\ 57^{c} = 5^{m}\ 43^{c}.$$

On s'assure qu'un nivellement est exact, en opérant deux fois sur le terrain, en sens contraires; et s'il n'existe entre les deux opérations, après la réduction à la même ligne de niveau, qu'une légère différence, le nivellement peut être considéré comme bon; dans le cas contraire, il est réputé faux et l'opération doit être recommencée avec plus d'attention; l'on remarquera sans doute que la moindre erreur ou omission dans l'enregistrement des cotes, entraîne avec elle la défectuosité de l'opération, et par conséquent son rejet.

14. — On vient d'opérer en cette circonstance sur des longueurs trop petites pour que la différence produite par la sphéricité et la réfraction combinées, fût sensible; dans le cas contraire, il eût fallu corriger sur le croquis, et avant la réduction à la même ligne de niveau, chaque cote, d'après la table des hauteurs du niveau apparent au-dessus du niveau vrai; puis après la réduction, faite comme il vient d'être dit, procéder au rapport graphique de l'opération ainsi qu'il suit.

15. — La grande disproportion qui existe ordinairement entre les longueurs horizontales prises sur la ligne de niveau, et celles verticales abaissées de celle-ci sur le sol, ne permettrait guère de pouvoir rapporter sur une feuille ordinaire de papier, que des nivellements de peu d'étendue, si les longueurs et les hauteurs étaient fixées sur le dessin, à l'aide de la même échelle; pour remédier à cet inconvénient, ou du moins afin de pouvoir représenter sur un rouleau de papier, ou feuille disposée en longueur, un nivellement qui embrasse souvent un long espace de terrain, on adopte ordinairement deux échelles : l'une de *un* à *mille* pour les longueurs, et l'autre de *un* à *deux cents* pour les hauteurs; cette disposition, qui atténue nécessairement dans le dessin, les différentes inflexions et inclinaisons du terrain, n'offre cependant à l'œil observateur rien de disgracieux; et comme l'on accompagne les longueurs et les hauteurs, des cotes qui leur sont relatives, un dessin de ce genre donne toujours la plus juste idée du terrain qu'il représente.

Fig. 346, p. XXIX.

La figure 346, pl. XXIX, représente une portion du nivellement dont nous venons de nous occuper, rapportée d'après ces deux échelles, savoir, de 0.01^c pour 10^m pour les longueurs prises sur la directrice ou ligne de niveau, et de ½ centimètre par mètre pour les hauteurs ou ordonnées.

16. — Une droite AB dont les extrémités sont rattachées à la directrice par des ordonnées égales, étant de niveau, toute droite inclinée à l'horizon est dite *pente* ou *rampe*, selon qu'elle descend ou qu'elle monte dans le sens suivant lequel le nivellement a été fait; dans le premier cas, si l'on imagine par le point A, une parallèle AB' à la directrice, la quantité B'B dont elle est élevée au-dessus du point B, se nomme *pente totale* de la droite AB; et si, à un mètre du point A, pris en *a'*, sur AB', on imagine l'ordonnée *a'a*, cette dernière est *la pente par mètre;* connaissant la longueur AB', et la pente totale B'B, il est aisé de déterminer la pente par mètre; en effet, les deux triangles semblables AB'B et A*a'a* donnent la proportion :

Fig. 347, p. XXIX.

Fig. 348, pl. XXIX.

$$AB' : B'B :: Aa' : a'a;$$

et comme B'B est la pente totale, que nous désignerons par P, que *a'a* est la

13

pente par mètre que nous appellerons p; que AB' est la longueur de la ligne nivelée qui sera généralement représentée par L; qu'enfin la distance Aa' est égale à un mètre ou à l'unité, on aura généralement :

$$L : P :: 1 : p,$$

qui fournit également les deux relations

$$p = \frac{P}{L} \text{ et } P = pL.$$

La pente par mètre est donc égale à la pente totale divisée par la longueur, et la pente totale est égale au produit de la longueur, par la pente par mètre.

Fig. 549, p. XXIX.

En imaginant par le point B, BA' parallèle à la directrice, en désignant par R la rampe totale, par r la rampe par mètre, L étant toujours la longueur prise horizontalement, de la ligne nivelée, on aurait de même :

$$L : R :: 1 : r,$$

et l'on en déduirait les deux relations

$$r = \frac{R}{L}, \text{ et } R = rL.$$

La rampe par mètre est donc égale à la rampe totale divisée par la longueur, et la rampe totale égale au produit de la longueur, par la rampe par mètre.

17. — La pente ou rampe par mètre d'une certaine ligne peut encore être considérée comme le *sinus* de l'angle qu'elle forme avec l'horizon, le rayon étant égal à l'unité; et la pente ou rampe totale de la même ligne n'est autre chose que le *sinus* de l'angle qu'elle forme avec l'horizon, le rayon, dans ce dernier cas, étant égal à la longueur totale de la ligne dont il s'agit.

On dit d'une pente ou rampe, qu'elle descend ou qu'elle monte à 0,01^c, 0,02^c,

0.03ᶜ, etc., lorsque sur une longueur de 100 mètres elle présente une pente ou rampe totale de 1, 2, 3ᵐ, etc...., ce qui donne, en conséquence, 0ᵐ 01ᶜ, 0.02ᶜ, 0.03ᶜ, etc., de pente ou rampe par mètre.

18. — L'on peut encore indiquer l'inclinaison des pentes et rampes au moyen de l'angle qu'elles forment avec l'horizon, lorsqu'on connait en fractions de mètre l'inclinaison par mètre, et réciproquement déterminer en fractions de mètre l'inclinaison, lorsque l'angle est connu en degrés et fractions de degré; on a calculé des tables qui présentent cette réduction; mais comme les tables ordinaires de logarithmes peuvent conduire au même but sans beaucoup de travail, nous allons résoudre les deux questions dont il s'agit d'après ces dernières.

19. — *Déterminer, à l'aide des tables de logarithmes, l'angle d'inclinaison d'une pente ou rampe de 0ᵐ 06ᶜ par mètre.*

Si les tables trigonométriques étaient calculées pour un rayon d'une unité, il suffirait évidemment de prendre dans la table des nombres, le logarithme de 0.06, puis de chercher dans celle des *sinus* l'angle auquel correspond ce logarithme; mais il n'en est pas ainsi, puisque les tables étant dressées d'après cette supposition que le rayon est de 10,000,000,000, le *sinus* de l'angle dont il s'agit est de 0.06 × 10,000,000,000, ou de 600,000,000, dont le logarithme pris dans la table des nombres est de 8.778151; cherchant donc dans les tables trigonométriques à quel angle correspond le logarithme de ce *sinus*, on le trouve être de 3° 26'. *En général, il suffit de multiplier la pente ou rampe par mètre, par 10,000,000,000, de prendre dans la table ordinaire des nombres, le logarithme du produit, puis de chercher dans les tables trigonométriques, colonne des* sinus, *l'angle auquel ce logarithme correspond.*

20. — *Déterminer, à l'aide des tables de logarithmes, la pente ou rampe par mètre, connaissant l'angle d'inclinaison.*

L'angle donné étant de 3° 10', par exemple, on cherche dans les tables trigonométriques le logarithme de son *sinus*, que l'on trouve être de 8.742259; comme en retranchant 10 unités de la caractéristique de ce dernier logarithme, le reste serait négatif, on se contente seulement d'en soustraire 5 unités, ce qui le réduit à 3.742259; puis cherchant dans la table des nombres celui auquel ce dernier logarithme correspond, on obtient le nombre 5524, duquel il est alors nécessaire de retrancher 5 décimales, parce que son logarithme avait une caractéristique trop forte de 5 unités ; ce nombre devient donc défi-, nitivement 0,05524, qui est la pente par mètre de l'angle de 3° 10', ou ce qui revient au même, le *sinus* naturel de cet angle calculé sur le rayon d'une unité.

Il suffit donc généralement de prendre dans les tables trigonométriques le logarithme du sinus *de l'angle donné, de retrancher dix unités de sa caractéristique, puis de chercher dans la table des nombres naturels celui auquel ce dernier logarithme correspond.*

21. — Lorsqu'on connaît la pente ou la rampe par mètre d'une certaine ligne, il est facile de déterminer l'inclinaison totale dans l'un ou l'autre sens, pour chacun de ses points, en attribuant différentes valeurs à la quantité L, dans les formules :

$$P = pL,$$

et

$$R = rL,$$

dont la simplicité dispense de toute explication, surtout si l'on opère sur les nombres naturels, car alors on ne rencontre que de simples multiplications accompagnées de décimales; dans le cas où l'on emploie le calcul par loga- rithmes, les deux formules deviennent :

$$P = \log. p + \log. L,$$

et

$$R = \log. r + \log. L;$$

alors les logarithmes de p et de r qui sont le plus souvent négatifs, car ils correspondent presque toujours à des fractions, se retranchent de celui de L. Il est à remarquer que s'il s'agit de plusieurs opérations relatives à la même ligne, le logarithme de p ou de r, selon que l'opération s'applique à une pente ou bien à une rampe, est une quantité constante qui, une fois fournie par les tables, doit servir, sans qu'il soit besoin de nouvelles recherches, à toutes les opérations qui ont trait à la même inclinaison.

Qu'il s'agisse, par exemple, de calculer successivement les pentes d'une certaine ligne, à 125^m à 142^m et à 1142^m de son origine, la pente par mètre étant de

$$0.0425,$$

on aura en premier lieu :

Log. P $=$ log. 0.0425 $+$ log. 125 $= -$ 1.371611 $+$ 2.096910 $=$ 0.725299,

et l'on trouve :

$$P = 5^m 31^c.$$

En second lieu, la formule devient :

$$\text{Log. P} = - 1.371611 + 2.152288 = 0.780677,$$

qui correspond dans la table des nombres, à

$$6^m 035^{mill}.$$

Enfin, l'on a dans le troisième cas :

$$\text{Log. P} = - 1.371611 + 3.057666 = 1.686055,$$

et l'on obtient en conséquence :

$$P = 48^m 535^{mill}.$$

22. — De tous les procédés en usage pour opérer ces calculs avec célérité et exactitude, il est préférable d'employer les tables de multiplication de *Oyon*, dont on se sert communément dans les bureaux du cadastre pour le calcul des surfaces ; la pente ou rampe par mètre étant prise pour multiplicateur en tête d'une certaine page, et les longueurs considérées comme multiplicande se trouvant successivement dans sa première colonne, on trouvera d'après la seule inspection et au premier coup d'œil les pentes ou rampes totales, qui ne seront autres que leurs produits, lesquels sont, avec les décimales nécessaires, en regard de chaque facteur ; ce procédé des plus simples donne les résultats sans erreur et avec autant de promptitude que l'on en met à les écrire sur les ordonnées auxquelles ils correspondent ; nous avons cru devoir autant insister sur cette simple opération, non qu'elle présente de difficulté par elle-même, mais parce qu'elle est fréquente dans les opérations de nivellement, qu'elle doit être vite faite, et sans erreur, ainsi qu'on s'en apercevra dans le second paragraphe du chapitre IV.

CHAPITRE III.

DU MOUVEMENT DES EAUX.

§ I⁏ʳ. — INTRODUCTION, COURS D'EAU NATURELS, LEUR JAUGEAGE.

N° 1ᵉʳ. — Le mouvement des eaux est d'une utilité si grande et si variée, que les hommes durent, à toutes les époques, progressivement et à mesure que leurs connaissances le leur permirent, en mettre à profit pour le bien-être commun, toutes les circonstances qui se présentèrent à leur imagination, ou qui leur furent révélées par les nombreuses recherches faites à ce sujet, et qui de nos jours encore sont un si digne objet d'émulation, puisqu'elles contribuent essentiellement au bonheur social ; nous n'entreprendrons point ici de suivre pas à pas les progrès de l'hydraulique : nous renfermant dans le cercle étroit que nous nous sommes tracé, nous nous bornerons à exposer le plus brièvement possible les faits dont la connaissance nous paraît être d'une indispensable nécessité à tout constructeur.

Le déplacement des eaux est ou naturel ou artificiel ; les pluies, les sources, les ruisseaux, les rivières, sont des exemples du premier genre ; et les nombreuses machines hydrauliques que nous devons au génie, nous présentent la catégorie de ceux qui se rattachent au second.

Les masses d'eau isolées sont rigoureusement assujéties aux mêmes lois mécaniques que les masses solides, pourvu néanmoins que leurs molécules se déplacent avec des vitesses égales et se dirigent dans le même sens ; ainsi, la goutte d'eau abandonnée dans l'espace, suit l'impulsion naturelle qu'elle doit à la pesanteur, tout aussi bien que le corps solide, quel qu'il soit, pourvu qu'ils aient des masses équivalentes ; l'une et l'autre parcourent également $4^m 905^{mill}$ dans la première seconde, et suit pendant le reste de sa chute la progression croissante dont il a été parlé (Iʳᵉ part., chap. V, § II, n° 3, pag. 350 et 351).

Les molécules liquides ont si peu d'adhérence entr'elles, et le plus souvent tant d'affinité pour les corps sur lesquels elles se meuvent ou dans lesquels elles sont contenues, elles possèdent d'ailleurs une si grande mobilité, que leur mouvement collectif ne peut avoir lieu que rarement avec une même vitesse rectiligne ; de là la difficulté de soumettre au calcul et même à l'expérience matérielle leurs lois d'équilibre.

Chacun sait que les eaux répandues à la surface du globe terrestre sont soumises à l'influence de la chaleur qui, les réduisant à l'état de vapeurs plus légères que les premières couches atmosphériques, les détermine à s'élever dans l'espace jusqu'à ce qu'elles y aient atteint une hauteur telle que la densité des vésicules de vapeur soit la même que celle de l'air environnant; quelquefois pourtant il arrive qu'avant d'être parvenues à ce but où tôt ou tard elles doivent se liquéfier, ces vapeurs traversent dans leur ascension des régions tellement froides, que l'abaissement de température détermine leur condensation immédiate et la réunion des molécules aqueuses en gouttes de pluie, qui ne pouvant plus être soutenues dans l'atmosphère, sont abandonnées à leur propre pesanteur, qui les précipite vers la terre.

On a remarqué que, dans les pays de montagnes, les pluies sont généralement plus fréquentes que dans les plaines, et qu'elles sont plus abondantes dans les contrées qui avoisinent les mers, que dans l'intérieur des continents. Le nombre moyen des jours pluvieux, pendant une année, est, en France,

De 100 à 110 entre le 43e et le 46e degré de latitude septentrionale;

De 130 à 140 entre le 46e et le 50e degré;

De 160 à 170 entre le 50e et le 60e.

On a mesuré avec toute l'exactitude possible, à l'aide du *pluviomètre,* la quantité de pluie qui tombe annuellement par mètre carré en certains lieux; voici le résultat de quelques expériences de ce genre, qu'on ne saurait trop multiplier dans l'intérêt de la science.

TABLEAU indiquant en centimètres cubes la quantité d'eau qui tombe année commune en certains lieux.

INDICATION DES LIEUX. — DÉPARTEMENTS.		QUANTITÉ.
Hérault..........................		0ᵐ 77ᶜ
Isère...........................		0 87
Rhône..........................		0 89
Vienne (Haute-).................		0 68
Isle et Vilaine.................		0 57
Orne...........................		0 55
Eure...........................		0 55
Seine..........................		0 53
Nord...........................		0 76
Mozelle........................		0 67
Rhin (Haut-)....	en plaine...........	0 76
	dans les montagnes.	0 81

2. — Après avoir ranimé la végétation assoupie en humectant la terre, les eaux en excès se réunissent à sa surface, et par un mouvement naturel s'épanchent dans les vallées les plus proches, en suivant la déclivité des terrains; puis ces vallées les dirigent successivement dans d'autres vallées plus profondes, jusqu'à ce qu'elles arrivent enfin à la mer; la position accidentelle des vallées les unes à l'égard des autres, affecte un arrangement général qu'il est bien de remarquer, et pour cela, prenons au hasard sur une carte géographique quelconque, les affluents A, B, C, D, E, F, G, H, etc., d'un certain nombre de cours d'eau se jetant dans un autre XY plus important, qui lui-même se réunit à un autre plus considérable encore, leur confluent étant en X; si l'on considère chacun des cours Ay, By', Cy'', etc., dont les affluents sont situés aux points A, B, C, D, E, etc., on verra bien vite qu'ils reçoivent eux-mêmes les eaux d'un certain nombre d'autres cours d'un ordre moins élevé, dont les affluents sont en a, b, c, d, e, f, g; et qu'enfin ces derniers peuvent encore eux-mêmes recevoir les eaux de courants d'une plus faible importance.

On peut encore remarquer, si la carte que l'on a sous les yeux est l'image fidèle du terrain, qu'une vallée est toujours formée par deux *versants* inclinés en sens contraire.

On appelle *thalweg* la ligne longitudinale qui suit constamment la partie la plus basse d'une vallée; et on entend par *faîte*, celle parallèle au thalweg, qui sépare deux versants n'appartenant pas à la même vallée; les lieux bas qui avoisinent le thalweg, sans inclinaisons sensibles, sont connus sous le nom de *bassins;* et ceux élevés qui avoisinent les faîtes, sans inclinaisons bien prononcées, s'appellent *plateaux*.

Le lit d'un fleuve, d'une rivière ou d'un ruisseau suit ordinairement le thalweg de la vallée qu'il arrose, et s'il en est autrement, on ne peut attribuer cet accident qu'à un changement extraordinaire apporté dans l'ordre naturel des choses.

Nous désignerons par *thalweg principal*, celui qui appartient à la vallée la plus importante d'un système; les autres seront *secondaires*, *tertiaires*, etc., selon leur degré d'importance, et il en sera ainsi des vallées auxquelles ils appartiennent.

Essayons, à l'aide de ce qui précède, d'exprimer sinon rigoureusement, au moins par approximation, quelle est, pendant une unité de temps, la plus grande quantité d'eau susceptible de s'écouler à un point donné R d'une vallée, à la suite de plusieurs jours de pluies abondantes; considérons un bassin

tel par exemple que celui dont le cours d'eau YR soit le thalweg ; nous supposerons que la figure représente le plan topographique des lieux, sur lequel
sont minutieusement indiquées les aspérités du terrain, ainsi que la ligne de
démarcation *hijklmnopq*R des faîtes qui circonscrivent les versants de la
vallée.

Le ruisseau RY ne peut évidemment recevoir son alimentation que des
eaux qui proviennent de la source à laquelle il doit son origine, augmentées
des pluies qui tombent dans l'intérieur du polygone *hijklmnopq*R ; et
encore cette dernière quantité devrait-elle rigoureusement être diminuée de
celles absorbées par le sol, si nous n'admettions qu'après avoir imbibé
les terres, les pluies continuent avec la même intensité, fait qui existe réellement à l'époque des grandes crues ; mais quelle que soit la grandeur du polygone
*hijklmnopq*R, la géométrie nous apprend à évaluer son étendue ou à
connaître le nombre de mètres carrés que contient sa surface, nombre
qu'il suffit de multiplier par la quantité d'eau fournie par mètre carré, prise
dans le tableau qui précède, pour obtenir celui des mètres cubes susceptibles
d'y tomber pendant l'année entière ; puis en divisant ce produit par le nombre
des jours pluvieux pris pour la latitude du lieu, le quotient, augmenté de la dépense ordinaire du ruisseau, donnera d'une manière très approchée la quantité
d'eau susceptible de passer en un jour au point R ; ce dernier nombre divisé par
24, celle correspondante à une heure, laquelle divisée par 60 présente le résultat analogue pour une minute ; et enfin ce dernier résultat divisé de nouveau
par 60, la quantité dépensée en une seconde.

Ainsi, en appelant Q la dépense ordinaire du cours d'eau, S la surface
polygonale comprise entre les faîtes, *q* la quantité de pluie qui tombe annuellement par mètre superficiel, *n* le nombre de jours pluvieux correspondant à
la latitude du lieu, la quantité d'eau dépensée en une seconde sera généralement exprimée par

$$Q + \frac{S \times q}{n \times 24 \times 60 \times 60} = Q + \frac{Sq}{n \times 86400} \cdot$$

Il entre cependant dans les choses possibles que la vallée dont il s'agit
n'étant arrosée par aucune source constante, la quantité Q soit nulle, et que
l'expression précédente se réduise alors à

$$\frac{Sq}{n \times 86400} \cdot$$

Dans le cas d'un thalweg principal, ses eaux se composent des pluies qui tombent entre ses deux faîtes, augmentées de celles réunies de toutes les vallées qui s'y confondent, ou plutôt, des eaux qu'est susceptible de recevoir le polygone circonscrit à l'ensemble de tous les versants qui s'épanchent dans la vallée principale que l'on considère; si cette appréciation ne comporte pas en elle une rigueur mathématique, elle a du moins l'avantage de présenter un aperçu qui approche de la vérité en satisfaisant l'imagination; elle est donc préférable aux évaluations empyriques consacrées par l'habitude et la routine pour arriver au même but.

Comme accidents qui peuvent influer sur les résultats qui précèdent, on remarquera sans doute l'inclinaison et la nature des terrains qui composent le sol des différents plateaux et versants qui, calcaires, siliceux ou argileux, etc., sont susceptibles de retenir par l'absorption une quantité plus ou moins grande de liquide; puis les cavités souterraines qui servent de réservoirs aux sources, lesquelles disposées à l'intérieur des berges à des profondeurs variables, se trouvent ordinairement dans le voisinage des cours d'eau naturels; il est néanmoins à remarquer que si ces abymes cachés n'ont aucune correspondance, par des conduits souterrains, avec des lieux éloignés, plus bas ou plus élevés que ceux où l'on se trouve, les pluies continuelles ne tardent pas à les mettre hors d'état d'exercer leur influence.

Ces réservoirs secrets, dont l'existence n'est cependant pas douteuse, sont remplis pendant les pluies abondantes et les hautes crues; ils entretiennent plus tard les cours d'eaux en affectant, à l'aide de l'infiltration à travers les terres, une hauteur de niveau variable et passagère, mais constamment en relation avec celle des courants qu'ils alimentent.

3. — Les mouvements qui ont lieu à l'intérieur d'une masse liquide pendant son écoulement, sont le plus souvent de nature à présenter de graves difficultés relativement à l'étude rigoureuse de l'équilibre; et si l'on y joint la résistance qu'éprouve la veine fluide par le contact de l'air qui doit nécessairement atténuer sa vitesse, on concevra facilement tout ce qu'il reste à faire pour parvenir à soumettre l'influence de ces causes si différentes aux lois mathématiques.

Supposons un vase à l'une des parois duquel est pratiqué un orifice de forme quelconque, circulaire par exemple; le vase étant plein d'eau saturée de matière colorante à peu près de même densité qu'elle, et l'orifice libre, on s'aperçoit bientôt que la partie supérieure de la masse liquide tombe uniformément si le vase est partout d'égale largeur; à sa hauteur moyenne, le mouvement du liquide n'est plus rectiligne, et sa chute cesse d'être uniforme; l'eau arrive de tous côtés pour se diriger vers l'ouverture d'échappement, et comme ses différents mouvements sont pour la plupart opposés les uns aux autres, ils produisent indubitablement un retard considérable dans la vitesse du liquide.

On a remarqué que deux vases de hauteurs différentes, tenus constamment pleins d'un même liquide au moyen d'une affluence continuelle, percés à leur partie inférieure de deux trous de diamètres égaux, présentent, pendant l'écoulement du liquide, les faits suivants : Fig. 351 et 352, pl. XXIX.

1° *Les vitesses à la sortie sont entr'elles comme les racines carrées des hauteurs de pression;*

2° *La vitesse absolue d'un liquide qui s'écoule par la seule force de la pesanteur, est la même que celle d'un corps qui, abandonné à la surface, tomberait à travers le liquide jusqu'à l'orifice d'écoulement.* Ainsi, *h* étant la hauteur du liquide au-dessus de l'orifice, et *v* sa vitesse au sortir du vase, on a :

$$v = 2\sqrt{eh}.$$

Dans le cas où l'orifice est plongé dans un autre liquide et supporte ainsi une charge dont la hauteur de pression est *h'*, la formule devient : Fig. 353, pl. XXIX.

$$v = 2\sqrt{e(h - h')};$$

et si l'on suppose *h = h'*, la quantité soumise au radical s'anéantit, et l'on a :

$$v = 2 \times 0 = 0.$$

En effet, les liquides se trouvant ainsi de niveau dans les deux vases, sont en équilibre, et la vitesse s'anéantit.

On entend par *dépense* d'un orifice, la quantité d'eau qui s'écoule par cet orifice en une seconde.

4. — Si les molécules aqueuses suivaient dans leur mouvement des lignes parallèles dont elles conservassent encore la direction au sortir du vase, il est évident que la dépense serait égale à la surface de l'orifice multipliée par la vitesse du liquide; cette dépense se nomme *dépense théorique;* *d* représentant la dépense théorique, O la surface de l'orifice, et *v* la vitesse du liquide, on a la relation

$$d = Ov.$$

A sa sortie de l'orifice, la veine fluide se contracte d'une manière très sensible lorsque la paroi du vase est mince; le diamètre du jet, qui prend la forme d'un tronc de cône, est extérieurement et à une distance marquée par le demi-diamètre de l'embouchure, pour un orifice de 0.02ᶜ et une hauteur de pression de 0.50ᶜ, précisément égal aux huit dixièmes du diamètre de celle-ci; cette forme ·qu'affecte le jet est stable et à peu près la même pour tous les cas; la section du jet, faite à un demi-diamètre de l'embouchure, est de figure semblable à celle de l'orifice, seulement les dimensions de ce dernier étant représentées par l'unité, celles correspondantes de la section sont exprimées par la fraction décimale 0.8, à très peu près.

Mais on sait que les aires des figures semblables sont entr'elles comme les carrés de leurs côtés homologues; ainsi, la surface d'échappement est à celle de la section du jet, comme l'unité est à 0.64; la dépense de l'eau qui s'échappe par une ouverture pratiquée en mince paroi dans les conditions ci-dessus établies, n'est donc en réalité que la soixante-quatrième partie de la dépense théorique.

La fraction par laquelle il est nécessaire de multiplier la dépense théorique pour obtenir la dépense réelle, que l'on appelle *dépense effective,* se nomme *coëfficient de la dépense.*

En désignant par D la dépense effective, on a , dans le cas qui vient d'être cité plus haut ,

$$D = Ov \times 0.64.$$

Comme ce coefficient est susceptible de variation selon la forme de la paroi à travers laquelle est pratiqué l'orifice, et aussi en raison de la grandeur de ce même orifice et des différentes hauteurs de pression auxquelles la veine fluide peut se trouver assujétie, la formule générale de la dépense effective devient :

$$D = \text{coeff.} \times Ov.$$

On a considéré comme indispensable de donner le tableau suivant, dans lequel se trouvent les valeurs numériques de quelques coefficients applicables à des orifices rectangulaires verticaux, pratiqués en paroi plane et mince, les charges ou hauteurs de pression étant déterminées par la différence de niveau qui existe entre la base supérieure de l'orifice et la surface des eaux du réservoir, prise en un point où ces eaux sont parfaitement tranquilles.

| Hauteur de pression | Dimensions de l'orifice | | Surface | Coeff. de la dépense | Dimensions de l'orifice | | Surface | Coeff. de la dépense | Dimensions de l'orifice | | Surface | Coeff. de la dépense | Dimensions de l'orifice | | Surface | Coeff. de la dépense | Dimensions de l'orifice | | Surface | Coeff. de la dépense | OBSERVATIONS. |
	hauteur	largeur			longueur	largeur			longueur	largeur			longueur	largeur			longueur	largeur			
0.000	0.20	0.01	0.002	»	0.20	0.02	0.004	»	0.20	0.05	0.01	»	0.20	0.10	0.02	»	0.20	0.20	0.04	»	La première colonne, indiquant la hauteur de pression, sert pour tout le tableau.
0.005				0.786				0.600				0.630				0.607				»	
0.010				0.701				0.590				0.632				0.612				0.583	
0.015				0.697				0.590				0.633				0.613				0.596	
0.020				0.691				0.689				0.634				0.613				0.578	
0.030				0.688				0.638				0.634				0.604				0.578	
0.040				0.643				0.638				0.640				0.603				0.582	
0.05				0.676				0.640				0.614				0.605				0.585	
0.060				0.675				0.657				0.641				0.607				0.587	
0.070				0.673				0.636				0.638				0.609				0.588	
0.080				0.670				0.636				0.638				0.610				0.589	
0.090				0.686				0.652				0.637				0.610				0.591	
0.100				0.666				0.654				0.637				0.611				0.592	
0.120				0.663				0.653				0.636				0.612				0.593	
0.140				0.660				0.655				0.636				0.613				0.595	
0.160				0.658				0.654				0.634				0.614				0.598	
0.180				0.627				0.649				0.634				0.612				0.597	
0.200				0.648				0.635				0.630				0.614				0.598	
0.250				0.623				0.616				0.630				0.616				0.600	
0.300				0.650				0.614				0.638				0.616				0.600	
0.400				0.647				0.612				0.631				0.617				0.602	
0.500				0.644				0.614				0.630				0.617				0.603	
0.60				0.612				0.635				0.630				0.617				0.604	
0.700				0.640				0.637				0.627				0.616				0.604	
0.800				0.637				0.636				0.627				0.616				0.605	
0.900				0.636				0.634				0.626				0.613				0.605	
1.000				0.633				0.633				0.626				0.613				0.605	
1.100				0.628				0.631				0.625				0.614				0.604	
1.200				0.625				0.628				0.624				0.614				0.604	
1.300				0.620				0.623				0.624				0.615				0.605	
1.400				0.618				0.622				0.623				0.613				0.603	
1.500				0.615				0.619				0.620				0.611				0.602	
1.600				0.613				0.617				0.618				0.611				0.602	
1.700				0.612				0.615				0.616				0.610				0.601	
1.800				0.612				0.614				0.615				06.08				0.601	
2.00				0.611				0.612				0.614				06.07				0.601	
3.000				0.609				0.610				0.608				06.03				0.601	

La valeur moyenne du coefficient de la dépense est de 0.62, et cette fraction peut être employée généralement dans la pratique, sans apporter de différence sensible dans les résultats.

Les coefficients qui correspondent au plus grand orifice qui figure sur ce tableau, semblent être applicables aux ouvertures plus importantes, d'après les expériences faites jusqu'à ce jour, pourvu néanmoins que la contraction soit *complète*, c'est-à-dire que le périmètre de l'orifice soit d'une faible épaisseur partout la même.

5. — Quelques expériences ont été faites dans les cas de *contractions incomplètes*, c'est-à-dire lorsqu'une partie du contour, au lieu d'être en mince paroi, présente une certaine épaisseur formant prolongement dans la masse liquide, et l'on a acquis la certitude que le coefficient donné, dans le cas qui précède, pour un exemple de contraction complète, où la hauteur de pression et les dimensions de l'orifice seraient données, devient :

Coeff. $\times$ 1.035 si la contraction a lieu sur trois côtés;
Coeff. $\times$ 1.072 si elle a lieu sur deux côtés;
Et enfin *Coeff.* $\times$ 1.125 si elle n'a lieu que sur un seul côté.

Bien que la contraction semble devoir s'anéantir complètement lorsqu'on adapte à l'orifice un tuyau cylindrique ou prismatique parfaitement calibré, et qu'alors la dépense théorique paraisse n'être susceptible d'aucune modification, il n'en résulte pas moins que les molécules liquides éprouvent une certaine résistance en glissant contre les parois intérieures des tubes de conduite, pour lesquelles elles peuvent du reste avoir quelque affinité; il résulte d'un grand nombre d'expériences faites à ce sujet, que le coefficient de la dépense est de 0.85, et qu'il devient même 0.95 lorsque l'ajutage prend la forme d'un tronc de cône ou d'une pyramide tronquée dont la plus petite base est adaptée à la paroi du réservoir et par conséquent égale à l'orifice d'échappement. Éclaircissons ce qui vient d'être dit par quelques exemples.

6. — Problème. — *Quelle est la dépense effective d'un orifice de 3ᵐ 50ᶜ de largeur sur 1ᵐ 00ᶜ de hauteur, sous une charge de 1ᵐ 40ᶜ, dans le cas de contraction complète?*

Prenons la formule

$$D = \text{coeff.} \times Ov,$$

et mettons-y pour v sa valeur :

$$v = 2\sqrt{ch},$$

elle deviendra :

$$D = coeff. \times O \times 2\sqrt{eh},$$

mais on a :

$$O = 3.50 \times 1.00 = 3.50, e = 4.905, h = 1.40;$$

et coeff. $= 0.603$ d'après le tableau (n° 4, pag. 109);
donc :

$$D = 0.603 \times 3.50 \times 2\sqrt{4.905 \times 1.40} = 11.061.$$

Pour abréger, on pouvait aussi prendre à la table (Ire part., chap. V, § II, n° 3, pag. 352) la valeur numérique de v, qui est de 5.25 pour la hauteur donnée 1.40; on eût alors obtenu :

$$D = 0.603 \times 3.50 \times 5.25 = 11.077 \text{ mètres cubes ou 11077 litres.}$$

7. — PROBLÈME. — *On demande quelle est la dépense effective d'un orifice noyé, ayant* 1^m 76^c *de largeur sur* 0.96^c *de hauteur, la charge du réservoir supérieur étant de* 1^m 90^c, *celle du réservoir inférieur de* 1^m 25^c, *et la contraction complète?*

Pour résoudre cette question, on se reportera encore à l'équation

$$D = coeff. \times Ov,$$

dans laquelle mettant pour v la valeur

$$v = 2\sqrt{e(h - h')},$$

(n° 3, pag. 107), on obtiendra

$$D = coeff. \times O \times 2\sqrt{e(h - h')};$$

mais on a

$$h - h' = 1.90 - 1.25 = 0.65;$$

et la surface de l'orifice

$$O = 1.76 \times 0.96 = 1.69, e = 4.905;$$

donc

$$D = coeff. \times 1.69 \times 2\sqrt{4.905 \times 0.65};$$

puis en mettant pour *coeff.* sa valeur donnée par la table,

$$D = 0.604 \times 1.69 \times 2\sqrt{4.905 \times 0.65} = 3.643 \text{ mètres cubes ou 3643 litr.}$$

La quantité affectée du radical sera immédiatement fournie par la table, si l'on veut y avoir recours au lieu de pratiquer une extraction de racine carrée dont le calcul est plus long et plus sujet à erreur.

8. — PROBLÈME. — *On demande quelle est la dépense effective d'un ori-*
fice de 2ᵐ 00 de largeur sur 0.90ᶜ de hauteur, sous une charge de 1ᵐ 20ᶜ, dont
le seuil est dans le prolongement du fond du réservoir.

On a la formule :

$$D = \text{coeff.} \times O \times 2\sqrt{4.905 \times 1.20};$$

mais dans ce cas, la contraction n'ayant lieu que selon trois côtés, il en résulte
que le coefficient 0.601, donné par la table, doit être multiplié par 1.035
(n° 5, pag. 110), ce qui le porte à 0.622; et l'expression devient :

$$D = 0.622 \times 2.00 \times 0.90 \times 2\sqrt{4.905 \times 1.20};$$

ou

$$D = 0.622 \times 2.00 \times 0.90 \times 4.85,$$

en prenant dans la table des vitesses la valeur numérique de la quantité soumise au radical; et l'on tire enfin D = 5 mètres 430 millièmes , ou ce qui est
la même chose, 5430 litres.

Considérons, en second lieu, le cas où, avec les données du problème qui
précède, il y a contraction suivant deux côtés de l'orifice, on aura alors :

$$D = \text{coeff.} \times O \times 2\sqrt{4.905 \times 1.20};$$

et le coefficient devenant (n° 5, pag. 110)

$$0.601 \times 1.072 = 0.644,$$

on aura :

$$D = 0.644 \times 2.00 \times 0.90 \times 4.85 = 5^m 622.$$

Enfin, si toutes choses étant égales, la contraction n'a lieu que sur un seul
côté, le coefficient est :

$$0.601 \times 1.125 = 0.676;$$

et l'expression de la dépense est dans ce dernier cas :

$$D = 0.676 \times 2.00 \times 0.90 \times 4.85 = 5^m 901.$$

En appliquant avec justesse et discernement, selon les diverses circonstances
qui peuvent se présenter, les solutions des questions qui viennent d'être données, on déterminera avec toute l'approximation désirable les dépenses effectives des coursiers, déversoirs, écluses, pertuis, etc., soit que les dépenses
s'effectuent au-dessus des vannes, soit au-dessous; et l'on pourra même, au

moyen de certaines combinaisons suscitées par le besoin, résoudre les autres
questions qui pourraient être faites sur le même sujet, telles, par exemple,
que déterminer la vitesse du courant, connaissant les autres quantités qui font
partie de l'équation; calculer les dimensions d'un orifice dont les circonstances de l'écoulement seraient connues; déterminer la hauteur de chute nécessaire pour obtenir, dans l'écoulement des eaux, une vitesse donnée, etc.

9. — Il arrive fréquemment que les cours d'eau sont coupés par des digues
ou barrages construits dans un but industriel; il existe alors deux biefs bien
distincts, l'un supérieur et en amont du barrage, l'autre inférieur et situé en
aval; une différence sensible dans le niveau des deux biefs, proportionnée à la
pente naturelle du cours d'eau et à l'élévation du barrage, caractérise ces
sortes d'innovations; il existe ordinairement, au couronnement de la digue,
une tranchée rectangulaire plus ou moins profonde et variant de longueur
selon les circonstances, destinée à dépenser la surabondance des eaux susceptibles de venir, pendant les crues, atténuer les effets de l'usine à laquelle le
cours d'eau sert de moteur; proposons-nous de déterminer la dépense d'un
tel débouché que l'on nomme *déversoir*.

La partie supérieure de l'orifice étant à ciel ouvert, il en résulte que la   Fig. 354, pl. XXIX.
hauteur de pression au-dessus de l'orifice est complètement nulle, et en prolongeant la ligne D*d* du niveau des eaux du réservoir jusqu'en B, vis-à-vis
l'échappement, on s'apercevra que la veine est loin de remplir l'espace AB
compris entre la ligne horizontale DB et le seuil du déversoir, le liquide
changeant de direction vers le point *d*, pour suivre la courbe *dbω;* si l'on
appelle *h* la différence de niveau du seuil A, à la surface des eaux prise dans
un endroit où elles sont tranquilles, et que l'on suppose pour un instant que
le liquide débouche dans toute la hauteur AB = *h,* il est aisé de voir que la
charge moyenne de pression sera :

$$\frac{h}{2},$$

et qu'en conséquence, L représentant la largeur du déversoir, on aura, D étant
la dépense :

$$D = L \times h \times 2 \sqrt{e \times \frac{h}{2}}.$$

Mais cette expression est évidemment trop grande, puisque la section de la
veine offre moins de surface que le rectangle qui a L pour base et *h* pour hauteur, ou moins grande que L*h* dont une certaine partie doit suffire.

15

Des expériences concluantes ont démontré que le coefficient, bien que variable en cette circonstance, peut, sans erreur préjudiciable, être considéré comme égal à 0.57 pour tous les cas; la formule générale devient donc :

$$D = 0.57 \times Lh \times 2 \sqrt{4.905 \times \frac{h}{2}}.$$

La différence de niveau h s'obtient dans la pratique à l'aide du niveau ; elle peut également s'obtenir dans le cas particulier où le déversoir et le réservoir sont d'égale largeur, en multipliant l'épaisseur Ab de la veine, par 1.25; de telle sorte que l'on a, mais dans ce cas seulement,

$$h = 1.25 \times Ab.$$

10. — On entend par jaugeage d'un cours d'eau, l'évaluation du volume des eaux qui sont susceptibles de passer, pendant un temps déterminé, par une section perpendiculaire à ce cours; si leurs lits étaient réguliers, et si les rives et les plats-fonds n'opposaient aucune résistance au mouvement du liquide, il est évident que la dépense des cours d'eau serait, pour chacun d'eux, égale à la surface de la section, multipliée par la vitesse du courant; mais l'irrégularité des rives presque toujours garnies de branchages et de racines d'arbres, la rugosité des lits le plus souvent encombrés par des sables et des cailloux roulés, sont autant d'obstacles qui ne peuvent être surmontés que d'une manière approximative.

Toutes les fois qu'il sera possible de réunir les eaux dans un ou plusieurs orifices réguliers disposés à cet effet, rien ne s'opposera à une évaluation rigoureuse en appliquant les principes connus ; néanmoins on devra tenir compte, le cas échéant, des conséquences qui peuvent résulter de deux orifices disposés dans le voisinage l'un de l'autre, et qui peuvent ainsi se nuire réciproquement; généralement, le coefficient de la dépense doit être réduit à 0.55 pour les orifices éloignés les uns des autres de deux mètres et au-dessous.

Lorsqu'il s'agira d'une rivière qui ne saurait permettre de resserrer ainsi ses eaux, on devra choisir un endroit où, dans toute la largeur, leur mouvement soit apparent, puis on en déterminera la vitesse au moyen d'un corps flottant à peu près de même densité que l'eau, lequel abandonné au courant pendant un certain temps compté avec toute l'exactitude possible sur une montre, parcourra un espace qu'il sera toujours aisé de mesurer exactement; puis enfin la distance parcourue, divisée par le temps qu'il a fallu pour la parcourir, donnera la vitesse des eaux à leur surface; mais comme cette vitesse diminue sensiblement en raison de la profondeur, on devra prendre la vitesse moyenne, qui s'obtiendra directement en multipliant la vitesse prise à la surface, par la fraction 0.808, en sorte que V représentant la vitesse à la surface, v la vitesse moyenne, on aura :

$$v = 0,808 \times V.$$

La vitesse moyenne ainsi obtenue, il ne restera plus qu'à la multiplier par la suface de la section moyenne des eaux de la rivière pour obtenir son jaugeage; on devra choisir de préférence à toute autre, une portion du cours aussi régulière que possible, et en même temps exempte des obstacles qui viennent d'être signalés plus haut.

11. — La hauteur de chute d'un cours d'eau étant connue, ainsi que sa dépense effective, il est aisé de déterminer l'effet dynamique dont il est susceptible, *en multipliant le poids de l'eau dépensée par la hauteur de chute;* D étant la dépense calculée en litres, et H la hauteur dont il s'agit, F exprimant d'ailleurs la force dynamique, on aura, en observant que chaque litre d'eau pèse un kilogramme, Fig. 354, pl. XXIX

$$F = D^k \times H,$$

ou

$$F = DH^k,$$

et l'on aurait de même, dans une circonstance analogue, mais qui présenterait des données différentes,

$$F' = D'H'^k,$$

puis en divisant membre à membre,

$$\frac{F}{F'} = \frac{DH}{D'H'},$$

qui revient à

$$F : F' :: DH : D'H',$$

Les deux forces sont donc entr'elles comme les produits respectifs des dépenses par les hauteurs de chute qui leur sont relatives.

Si l'on admet :

$$D = D',$$

il en résulte :

$$F : F' :: H : H';$$

Ainsi, lorsque les dépenses sont égales, les forces motrices sont entr'elles comme les hauteurs de chute.

Si l'on suppose

$$H = H',$$

la proportion devient :

$$F : F' :: D : D',$$

Lorsque les hauteurs de chute sont égales, les forces dynamiques sont donc entr'elles comme les dépenses effectives auxquelles elles doivent leur origine.

Il ne faut pas confondre les quantités H et H', qui font partie de ces dernières expressions, avec celle *h;* les premières, qui sont égales à BE, expriment la différence de niveau des deux biefs, tandis que la première, qui est égale à AB, n'est autre chose que la hauteur du bief supérieur au-dessus du seuil du déversoir, du coursier, etc.

§ II. — DES MACHINES PROPRES AUX ÉPUISEMENTS.

N° 1er. — On se trouve ordinairement dans l'obligation de dessécher l'endroit sur lequel il faut établir les maçonneries des constructions hydrauliques; pour y parvenir, on change, s'il est possible, le cours naturel des eaux pour les remettre dans leur lit primitif aussitôt que l'avancement des travaux peut le permettre; mais il arrive rarement que les dispositions locales se prêtent à cet arrangement, et de là naît la nécessité de circonscrire par un bâtardeau ou corroi d'argile battue et resserrée entre deux files de palplanches maintenues dans une position verticale, l'espace dans lequel on se propose de bâtir; c'est ainsi que se trouve séparée de la masse générale une certaine quantité d'eau qu'il s'agit de faire disparaître.

Si la masse liquide environnée par le bâtardeau n'est pas considérable, et qu'il n'en faille élever les eaux qu'à une faible hauteur, le moyen le plus simple, bien qu'il ne soit pas le moins dispendieux, est de se servir d'hommes munis de seaux, qui, prenant l'eau à l'intérieur, la jettent par-dessus le bâtardeau; et dans ce cas, l'on peut même, au besoin, disposer en pente des canaux de conduite, de telle sorte que les manœuvres n'aient qu'à y déposer l'eau pour qu'elle s'en aille d'elle-même hors de l'enceinte à épuiser. Quoique, en cette circonstance, l'effet utile de la force employée soit des plus grands, ce mode d'épuisement ne laisse pas d'être onéreux; un grand nombre d'expériences sur la véracité desquelles on est en droit de compter, ont démontré qu'un homme de force moyenne ne peut élever à un mètre de hauteur que 0ᵐ 075 d'eau en une minute, c'est-à-dire 4ᵐ 50 par heure, ou 45 mètres cubes dans une journée de dix heures.

On a senti la nécessité de recourir aux moyens plus puissants et moins pénibles que présente la mécanique, et choisi, faute de mieux, parmi les machines connues, celles susceptibles d'élever, au prix le plus bas, une certaine quantité d'eau à une hauteur donnée; voici la description des machines les plus en usage, en commençant par la vis d'Archimède, qui porte le nom de son auteur.

2. — Que l'on se figure un cylindre autour duquel est enroulé un canal tourné en spirale, incliné à l'horizon, tournant sur son axe, et l'on aura une juste idée de cette machine aussi simple qu'ingénieuse, qui n'a pu recevoir aucune amélioration depuis qu'elle est inventée; il est évident que si, pendant la révolution, le cylindre repose à sa partie inférieure dans un réservoir, l'eau qui s'introduit d'abord à l'embouchure inférieure du canal, coule de spire en spire et s'élève ainsi, comme par artifice, jusqu'à ce qu'elle soit parvenue à l'autre bout du cylindre, d'où elle s'échappe et peut être dirigée selon les besoins qui font agir.

Il serait difficile d'élever les eaux à une grande hauteur au moyen de la vis d'Archimède; l'inclinaison sans laquelle elle ne peut fonctionner, le poids de l'eau qu'elle contient joints à sa longueur, sont autant de causes qui tendent simultanément à altérer sa construction, en rendant son mouvement plus difficile et en diminuant ainsi l'effet utile dont la machine serait susceptible si elle possédait une solidité exempte de ces différents inconvénients.

La vis dont on se sert habituellement se compose d'un axe en fer AB, carré sur toute sa longueur, à l'exception de ses extrémités A et B qui sont arrondies en tourillons pour servir d'appuis à la machine; cet axe sert de noyau à un escalier cylindrique dont les doubles marches de peu d'épaisseur sont abattues en chanfrin, enfilées à leur milieu par l'axe, et invariablement fixées par leurs extrémités, à une enveloppe cylindrique de peu d'épaisseur, que l'on nomme *chemise*.

La vis se place au centre d'un système de charpenterie CDEFG; l'extrémité inférieure de son axe A repose sur une crapaudine, tandis que le tourillon supérieur B tourne entre deux coussinets au-dessus desquels l'axe prolongé reçoit la manivelle M qui doit communiquer le mouvement de rotation.

Une forte puissance est indispensable pour mettre en mouvement cette

Fig. 358, pl. XXX.

Fig. 356 et 357,
pl. XXX.

machine dont le poids excessif et la manivelle située obliquement, atténuent d'une manière évidente l'effort exercé par les manœuvres; il serait sans contredit fort avantageux qu'on appliquât à l'extrémité supérieure de l'axe, un pignon rachetant son obliquité, qui permit l'emploi d'un moteur quelconque, ou du moins qui, sans diminution d'effet, pût faciliter l'effort des hommes qui sont ordinairement employés à la manivelle; rien n'est plus capable de faire connaître les effets produits par la vis, que le tableau suivant, indiquant les différentes circonstances dans lesquelles elle est le plus souvent employée.

TABLEAU *indiquant les effets dont est susceptible la vis d'Archimède en diverses circonstances.*

Nombre d'hommes employés.	Nombre de tours opérés par minute.	Diamètre intérieur de la chemise.	Longueur de la vis.	Inclinaison avec l'horizon.	Hauteur à laquelle l'eau est élevée.	Quantité d'eau élevée par minute.
		m. c.	m. c.		m. c.	m. c.
2	30	0 50	2 60	30°	1 14	0 31
4	30	0 50	5 85	30°	2 60	0 37
10	40	0 50	5 85	30°	3 30	0 75

3. — Toutes les pompes connues se réduisent à deux genres : la pompe *foulante* et la pompe *aspirante;* les autres ne sont réellement que des combinaisons plus ou moins variées de celles-ci. Le jeu des pompes, de quelque nature qu'elles soient, est une conséquence immédiate de l'équilibre qui existe naturellement entre les liquides et la pression de l'air qui agit sur eux en différentes circonstances. La principale partie de ces sortes de machines est le *corps de pompe* ou tube parfaitement calibré, dans lequel joue avec précision un *piston* qui le ferme hermétiquement.

Le corps de pompe ainsi que le piston qui lui est adapté, peuvent être de forme quelconque, carrés, ronds, etc.; mais la forme cylindrique est sans contredit préférable à toute autre, car le frottement dans les machines dépendant essentiellement des surfaces mises en contact, et la circonférence du cercle étant plus petite que le périmètre de toute autre figure ayant une surface équivalente, il s'ensuit que le piston cilyndrique est celui qui présente le moindre frottement.

Dans la pompe foulante, le piston est plein et le corps de pompe qui plonge Fig. 358, pl. XXX. dans le réservoir, est muni, à sa partie inférieure, d'une soupape ouvrant de de bas en haut; une seconde soupape ouvrant dans le même sens que la première est située à l'origine du *tube d'ascension*.

Il est aisé de s'apercevoir que lorsqu'on élève le piston, la pression de l'eau contenue dans le réservoir, provoque l'ouverture de la soupape *s* et détermine l'introduction du liquide dans le corps de pompe; puis qu'en abaissant le piston, ce même liquide se trouvant comprimé, ferme la soupape *s*, ouvre la soupape *s'* et s'introduit dans le tube d'ascension *mn*.

Le piston de la *pompe aspirante* est muni d'une soupape s'ouvrant de bas Fig. 359, pl. XXX. en haut; la partie inférieure du corps de pompe porte également une soupape destinée à ouvrir et fermer alternativement le *tube d'aspiration*, selon que le piston monte ou descend; enfin une troisième soupape fixée à l'origine du tube d'ascension, complète le mécanisme intérieur de cette machine.

Quand on élève le piston, l'air contenu dans le corps de pompe se raréfie, la soupape *s* s'ouvre et l'eau monte dans le tube d'aspiration; puis, lorsqu'on baisse le piston, la soupape *s'* s'ouvre à son tour, et l'air contenu dans le corps de pompe est renvoyé dans l'atmosphère; il est évident qu'en continuant cette manœuvre un certain nombre de fois, on détermine l'introduction de l'eau dans le corps de pompe, et par suite dans le tube d'ascension *mn* qui se trouve au-dessus de la soupape *s'*.

La pompe aspirante et foulante est une combinaison des deux premières. Fig. 360, pl. XXX. Pour suppléer au défaut d'une description qui ne l'avancerait de rien, le lecteur voudra bien se porter à la figure dont l'inspection seule suffira pour lui faire comprendre le jeu de cette machine.

4. — Enfin il existe une machine assez importante, connue sous le nom de Fig. 361, pl. XXX. *pompe à chapelet;* elle se compose d'une *lanterne* ABCD tournant sur son axe mu par une ou deux manivelles selon le poids de l'eau à élever; cet appareil est disposé au-dessus d'un tuyau ou corps de pompe cylindrique EFGH qui plonge, à sa partie inférieure, dans le réservoir IK dont on se propose d'élever les eaux, tandis que l'autre extrémité correspond à la hauteur à laquelle elles doivent être élevées; enfin une chaîne garnie de rondelles en cuir formées de plusieurs doubles, régulièrement espacées entr'elles, forme un chapelet qui, après avoir parcouru le corps de pompe dont les rondelles remplissent exactement le vide, vient s'enrouler sur la lanterne.

Pendant l'action des manivelles, les rondelles du chapelet s'introduisent les unes à la suite des autres dans le corps de pompe, en entraînant avec elles une certaine quantité d'eau qui débouche à l'extrémité supérieure du corps de pompe.

Les pompes sont généralement susceptibles d'un grand effet, mais elles présentent le grave inconvénient de se déranger fort souvent, et de ne pouvoir être réparées que par des ouvriers spéciaux, qui ne se rencontrent que rarement en certains lieux éloignés des villes; telle est probablement la raison qui empêche de les employer plus communément aux travaux d'épuisement.

Le travail d'un homme servant de moteur à une pompe établie dans les meilleures conditions connues, est de 0,14 centimètres cubes d'eau élevée à un mètre de hauteur pendant une minute, soit $8^m 40^c$ en une heure, ou bien encore 84 mètres cubes en dix heures de travail.

Il existe également des chapelets obliques, c'est-à-dire dans lesquels le tube d'ascension est oblique au lieu d'être vertical comme à la figure 361; le mécanisme de ces machines étant du reste le même que pour le chapelet vertical, il est aisé de s'apercevoir que ce nouveau système réclame un moteur plus énergique, le frottement devenant plus considérable; on s'en sert néanmoins pour élever des fardeaux quelconques le long d'un plan incliné; alors la lanterne est mise en mouvement par un manége, auquel sont appliqués un ou plusieurs chevaux.

On cite encore comme propres à l'élévation des eaux, les différentes roues connues sous les dénominations de tympans, roues à godets et à augets; mais ces machines ne sont guère employées aux épuisements, parce que, l'eau étant prise à la partie inférieure de la roue pour être élevée à l'autre extrémité du diamètre, la machine se trouve dans des conditions telles qu'un moteur des plus énergiques est indispensable pour la faire fonctionner; ces sortes de machines, qui ne sont susceptibles d'élever les eaux qu'à une faible hauteur, ne peuvent généralement être mues que par le cours naturel des eaux, lorsqu'il est assez rapide, ou à l'aide d'un manége.

5. — Lorsque l'élévation des eaux ne doit avoir lieu qu'à une faible hauteur, on se sert encore d'un instrument connu sous le nom de *pelle hollandaise*, lequel se compose simplement d'une large pelle formée d'un assemblage de planches, fixée à l'extrémité d'un manche servant de levier, à l'autre bout duquel sont placés les deux hommes qui la font ordinairement fonctionner; la machine dans son entier est suspendue au-dessus du réservoir à épuiser, au moyen d'une corde ou câble qui lui permet seulement de suivre le mouvement

oscillatoire imprimé par la force motrice, mouvement qui détermine le remplissage de la pelle lorsqu'elle est au point le plus bas de sa course, ou ce qui revient au même, lorsque le cordon qui la soutient est vertical; tandis qu'elle se vide en lançant l'eau qu'elle contient, au moment où décrivant un arc de circonférence dont la longueur du cordon est le rayon, ce même cordon se trouve situé dans la position la plus oblique qu'il soit susceptible d'occuper.

On peut encore élever les eaux de 1ᵐ à 1ᵐ 30ᵉ de hauteur, à l'aide de différents genres de bascules, que nous nous dispenserons de décrire, leur usage étant connu, et leur construction, qui se rapporte au levier, étant toujours des plus simples.

6. — Frappé des nombreux inconvénients et surtout de la dépense qui résulte des travaux d'épuisement dans les constructions hydrauliques, par les moyens usités jusqu'à ce jour, je me suis demandé s'il ne serait pas possible d'établir une machine peu coûteuse, qui, à l'aide d'un moteur d'une faible puissance, pût néanmoins élever en un temps donné, des masses considérables de liquide, et par conséquent opérer les épuisements à bas prix.

Après plusieurs essais plus ou moins heureux, je me suis arrêté *au tour à godets,* dont je vais donner la description, et qui me paraît devoir remplir le but que je me suis proposé.

Ainsi que toute machine composée, ce tour tire son origine de la combinaison des machines simples dont les conditions d'équilibre ont été traitées dans le § III du chap. V de la première partie; sa simplicité, jointe à l'effet dont il est susceptible, en peuvent faire un instrument utile aux constructions hydrauliques et précieux à l'industrie agricole.

Le figure 362 représente cette machine en projections horizontale et verticale; deux forts poteaux invariablement fixés l'un à l'autre par leurs extrémités inférieures, formant le sommet d'un angle droit dont ces poteaux eux-mêmes font les côtés, sont disposés de manière à décrire dans un même plan vertical, un quart de révolution autour d'un axe horizontal auquel ils sont liés précisément au sommet de l'angle qu'ils forment entr'eux; de telle sorte que si l'un quelconque des poteaux est amené à la position verticale, l'autre occupe forcément la position horizontale; les autres extrémités des poteaux sont munies de chacune un godet ou boîte de pesanteurs égales, ayant la forme d'un parallélipipède rectangle, dont les faces latérales ont assez de force pour résister à la pression du liquide qu'ils sont appelés à contenir.

A la face inférieure de chaque godet se trouve une soupape rectangulaire

Fig. 362, pl. XXX.

16

ouvrant de dehors en dedans, et de bas en haut lorsque le godet est horizontal, destinée à l'introduction de l'eau lorsqu'il est plongé dans le réservoir; une légère ouverture ou soupirail est ménagée à la face qui se trouve opposée à la soupape, à l'effet de permettre l'échappement de l'air intérieur, à mesure qu'il est remplacé par le liquide.

Un tour ordinaire, disposé sur un système de charpenterie, au-dessus des poteaux et à l'endroit où ils s'arrêtent lorsqu'ils sont amenés alternativement à la position verticale, est destiné à les y attirer l'un après l'autre, au moyen d'un câble qui, s'enroulant sur lui, passe sur une poulie et s'arrête de part et d'autre à chaque godet, où il est invariablement fixé; les poulies n'ont d'autre but que d'atténuer l'obliquité des câbles, en augmentant leur angle d'inclinaison au profit du moteur : le tour peut être mu par une roue, des barres transversales, une manivelle, etc.; mais on doit préférer, surtout quand la quantité d'eau à élever est considérable, l'emploi d'une roue dentée, s'engrenant dans un pignon muni de sa manivelle, le tout proportionné à l'importance de l'effet que l'on se propose d'obtenir. Enfin un orifice rectangulaire que j'appellerai *orifice de décharge* est pratiqué sur le côté, à la partie inférieure de chaque godet; l'orifice de décharge se ferme au moyen d'une coulisse, lorsque le godet est arrivé au point le plus bas de sa course; et au contraire, il s'ouvre quand il est parvenu à la position verticale, dans laquelle seule il peut se vider; telles sont les différentes parties dont se compose la nouvelle machine dont il s'agit.

Pour se donner une idée plus juste de la chose, que l'on se reporte à la figure; dans le plan ainsi que dans l'élévation, le godet G est parvenu à la position verticale, tandis que celui G' est horizontalement plongé dans le réservoir dont les eaux doivent être élevées à la hauteur du point C; en cet état de choses, la masse liquide qui environne le godet G' exerce une pression énergique à sa surface extérieure, détermine l'ouverture de la soupape M en s'introduisant dans le godet, et en provoquant la sortie de l'air intérieur par le soupirail N, où les dernières bulles d'air ascendantes indiquent le remplissage complet; un certain nombre de tours de la manivelle exécutés de droite à gauche, déterminent l'ascension du godet G' qui, lorsqu'il est adossé au tour, provoque le glissement de la coulisse L, et l'ouverture de l'orifice de décharge, par lequel se vide aussitôt le godet, au moyen de la pression athmosphérique qui agit par le soupirail N; il est aisé de s'apercevoir que l'écoulement terminé, la manivelle mue en sens contraire, c'est-à-dire de gauche à droite, opérera d'une manière tout-à-fait analogue relativement au godet G.

On remarquera sans doute que le temps employé à la dépense du volume d'eau contenu dans un godet, dépend essentiellement des dimensions de l'orifice de décharge, et l'on serait peut-être entraîné à lui donner une trop grande extension, si la fermeture hermétique d'un large orifice ne se présentait tout d'abord comme nouvelle difficulté ; une juste appréciation, dictée par la théorie, peut seule déterminer la surface de débouché la plus convenable.

On devra d'abord s'attacher à rendre la contraction de la veine fluide la plus incomplète possible ; on y parviendra en disposant, autant que possible, l'orifice de dépense dans le prolongement des parois intérieures du godet ; ainsi, l'orifice situé vis-à-vis le milieu de l'un des côtés, est le moins avantageux possible, parce qu'il y a alors contraction sur trois côtés ; sa position dans un coin réduit la contraction à deux côtés seulement, tandis qu'un orifice occupant toute la largeur du godet, ou qui serait situé dans les prolongements de sa base et de ses deux côtés, offrirait la disposition la plus favorable, puisqu'alors la contraction n'existerait plus que suivant la base supérieure de l'orifice.

En désignant par v la vitesse du liquide à sa sortie, par h la hauteur moyenne de pression prise au-dessus de l'orifice, l'espace parcouru en une seconde par un corps qui tombe étant de 4^m 905 (1re part., chap. V, § II, n° 3, pag. 251), on aura :

$$v = 2\sqrt{4.905 \times h}.$$

Si l'on appelle S la surface de l'orifice, la dépense théorique dont il est susceptible en une seconde, sera exprimée d'une manière générale par

$$S \times v,$$

ou par

$$2S\sqrt{4.905 \times h};$$

mais comme il y a évidemment contraction, cette quantité est réductible et la dépense effective n'est réellement que de

$$c \times 2S\sqrt{4.905 \times h},$$

c' représentant le coefficient de la dépense.

Soit Q la capacité du godet ou la quantité d'eau qu'il contient, et T le nombre de secondes pendant lequel l'écoulement doit avoir lieu :

$$\frac{Q}{T}$$

exprimera la quantité d'eau écoulée en une seconde, et l'on aura :

$$\frac{Q}{T} = c \times 2S \sqrt{4.905 \times h,}$$

d'où l'on tirera enfin :

$$S = \frac{Q}{2Tc \sqrt{4.905 \times h.}}$$

Telle est l'expression superficielle de l'orifice de décharge déterminée en fonction des dimensions du godet auquel il doit être appliqué et du temps pendant lequel la dépense totale doit être effectuée.

Essayons maintenant d'établir d'une manière générale les conditions d'équilibre, et soient r le rayon de la manivelle, r' celui du pignon, f la force appliquée à la manivelle, et enfin x la résistance qu'oppose la roue dentée, on a la proportion (Ire part., ch. V, § III, n° 12, pag. 373) :

$$f : x :: r' : r,$$

de laquelle on tire :

$$x = \frac{r \times f}{r'}.$$

Considérons ensuite l'effort exercé par la roue dentée comme une nouvelle force appliquée au tour, et désignons par x' la tension du câble contre laquelle elle agit; par R le rayon de la roue dentée et par R' celui du tour, nous aurons la nouvelle proportion

$$x : x' :: R' : R,$$

d'où

$$x' = \frac{R \times x}{R'};$$

puis, en remplaçant x par sa valeur, on a définitivement pour expression de la tension du câble :

$$x' = \frac{R r f}{R' r'}.$$

Ce dernier résultat exprimerait évidemment le poids d'un godet plein, dont le volume a précédemment été désigné par Q, si la direction du câble était opposée au poids qu'il est destiné à soutenir, c'est-à-dire verticale; mais la disposition de la machine s'oppose à ce qu'il en soit ainsi, et la valeur de x' est susceptible de réduction.

En effet, soit portée du point d'application I en o, sur la direction du câble, une longueur

$$Io = \frac{Rrf}{R'r'},$$

puis du point o abaissé la perpendiculaire on à la direction du poteau; et enfin du point n, mené nm parallèle à Io; dans quelque position que soit le godet, la force ou tension Io pourra toujours être considérée comme la résultante de deux forces Im et In, dont la première agit verticalement, et la seconde dans le sens du poteau suivant lequel elle vient s'anéantir.

La première de ces trois forces étant représentée par

$$Io = \frac{Rrf}{R'r'},$$

nous allons déterminer l'expression des deux autres par la seule considération du triangle rectangle Ino dans lequel il est également nécessaire de connaître l'angle aigu oIn, qui peut être mesuré.

Le rayon des tables étant égal à l'unité, on a (Ire part., chap. III, § II, n° 3, pag. 265) :

$$1 : sin\ oIn :: \frac{Rrf}{Rr'} : on,$$

d'où l'on tire :

$$on = \frac{Rrf}{R'r'} \times sin\ oIn;$$

telle est l'expression du poids susceptible d'être maintenu en équilibre.

Quant à celle de la force qui agit suivant le poteau, et qui vient s'anéantir sur l'axe autour duquel il fait son quart de révolution, on l'obtient par la proportion :

$$1 : cos\ oIn :: \frac{Rrf}{Rr'} : In,$$

qui donne :

$$In = \frac{Rrf}{R'r'} \times cos\ oIn.$$

Il est aisé de s'apercevoir que l'angle d'inclinaison du câble change instantanément pendant l'ascension du godet, que lorsqu'il est très aigu, la tension
est à son maximum, et que lorsqu'au contraire cet angle diffère le moins
possible de l'angle droit, cette même tension devient presque nulle; on
doit donc s'attacher, dans la construction de la machine, à rendre cet angle,
le godet étant horizontal, le moins aigu possible, en changeant la direction des
forces à l'aide de poulies P et P'.

Pour rendre plus palpables ces principes déduits d'une rigoureuse théorie,
supposons que l'on ait :

       1° oIn, ou l'angle d'inclinaison du câble, de 56°;
       2° f, ou la force motrice appliquée à la manivelle de 20 kilog.;
       3° r, ou le rayon de la manivelle de 0.50 centimètres ;
       4° r', ou le rayon du pignon de 0.15 centimètres;
       5° R, ou le rayon de la roue dentée de 0.50 centimètres;
       6° R', ou le rayon du tour ordinaire de 0.10 centimètres;

on aura :

$$x' = \frac{0.50 \times 0.50 \times 20}{0.10 \times 0.15} = \frac{5.00}{0.015} = 333^k \, 333^g,$$

puis

Log. $on = $ log. $333.333 + $ log. $sin \, 56° = 2.522874 + 9.918574 = 2.444448,$

d'où

$$on = 276^k \, 360^g,$$

et l'on aura de même :

Log. $In = $ log. $333.333 + cos \, 56° = 2.522874 + 9.747562 = 2.270436,$

d'où

$$In = 186^k \, 400^g.$$

La supposition du rayon des tables égal à l'unité, a nécessité la soustraction
des dixaines dans l'addition des logarithmes.

Ainsi, dans ce cas particulier, une force de 20 kilogrammes appliquée
à la manivelle, peut produire une tension, au câble, de $333^k \, 333^g$ et par

suite le maintien en équilibre d'un poids de 276^k 360^g correspondant à 276$^{lit.}$ 36^c, un autre poids de 186^k 400^g venant s'anéantir sur le point d'appui des poteaux.

Il est à remarquer qu'au moment de l'ascension, et c'est sans contredit l'instant le plus défavorable à la puissance, le godet étant submergé, perd une quantité de son poids, égale à celui du volume de l'eau qu'il déplace, c'est-à-dire la presque totalité; qu'immédiatement après l'immersion, la résistance reprend son empire, mais qu'à chaque instant où le godet s'élève, l'effort de la puissance s'atténue, jusqu'à ce que le poteau ayant pris la position verticale, supporte en entier le poids à élever.

On doit s'attacher, dans la construction du tour à godets, à donner aux pièces qui le composent, les dimensions les plus convenables, eu égard à la force motrice et au but que l'on se propose; on ne doit pas surtout perdre de vue qu'un très grand avantage donné à la puissance, ne peut être obtenu qu'aux dépens du temps pendant lequel l'action a lieu.

Pour empêcher l'écartement des poteaux AB et AC et leur conserver une position invariable l'un à l'égard de l'autre, on les assujétit au moyen d'une traverse DEFG se terminant de part et d'autre à la partie inférieure de chaque godet, en leur servant ainsi de support.

Fig. 363, pl. XXX.

7. — On peut encore simplifier la machine en substituant aux godets des seaux S et S' ayant la forme de cônes tronqués, suspendus par deux anses A et B aux doubles poteaux CDEF; pendant l'ascension, le seau rempli tourne sur ses appuis, et son axe est toujours vertical quelle que soit du reste l'inclinaison du double poteau qui le soutient; arrivé au point le plus élevé du quart de révolution qu'il décrit, il appuie sur un support qui force l'apothême du cône tronqué à tenir une position horizontale, ce qui provoque l'échappement des eaux dans un canal fixé, à cet effet, à la hauteur et dans la position voulues; ce mode de construction fait disparaître l'emploi des soupapes ou clapets, et supprime en même temps l'orifice d'échappement ainsi que la coulisse qui doit le fermer et l'ouvrir en temps opportun, ce qui simplifie considérablement le jeu de la machine, qui se réduit alors à celui de deux seaux qui se remplissent et se vident alternativement, sans perte de temps notable.

Fig. 364, pl. XXX.

CHAPITRE IV.

CONSTRUCTION DES ROUTES ET CHEMINS.

§ Iᵉʳ. — DÉFINITIONS, ALIGNEMENTS DROITS, RACCORDEMENTS, LEURS TRACÉS.
NIVELLEMENTS EN LONG ET EN TRAVERS.

Nᵒ 1ᵉʳ. — Les chemins, en général, peuvent se présenter sous quatre aspects différents :

1ᵉ *En terrain naturel ou en plaine,* c'est le cas dans lequel l'assiette du chemin est de niveau ou à peu près de niveau avec les terrains qui l'avoisinent;

2ᵒ *En remblai ou en levée,* lorsqu'elle forme un relief au-dessus de ces mêmes terrains;

3ᵒ *En déblai ou en tranchée,* lorsqu'elle est encaissée et se trouve ainsi en contre-bas des terrains adjacents;

4ᵒ Enfin, un chemin est *en escarpement,* lorsque son assiette longeant la déclivité d'un versant, présente un déblai vers le coteau, et un remblai du côté de la vallée.

On appelle *axe* d'un chemin, la ligne quelconque, droite ou courbe, qui suit constamment son milieu.

Toute section verticale faite suivant l'axe, se nomme *profil en long,* et toute section verticale faite par un plan qui lui est perpendiculaire, s'appelle *profil en travers;* un même chemin ne peut donc avoir qu'un seul profil en longueur, tandis qu'il est susceptible de présenter une infinité de profils en travers, parce que les sections transversales peuvent évidemment changer de forme en même temps qu'elles varient de position.

Fig. 365, p. XXXI. La figure 365 représente un profil en travers pris en plaine, *abcd* et *a'b'c'd'* indiquent *les fossés efe'f' la chaussée d'empierrement* et les espaces *de* et *d'e'* compris entre l'empierrement et l'arête intérieure des fossés se nomment *accotements,* la partie *dee'd'* est *le couronnement* de la chaussée.

La figure 366 est un profil en remblai dans lequel on ne rencontre plus les Fig. 366, p. XXXI. fossés, qui s'y trouvent remplacés par les talus des terres *dc* et *d'c'*, formant glacis dont l'inclinaison varie en raison de la nature des terres amoncelées, qui s'éboulent en glissant le plus souvent suivant l'angle de 33° 41′ 24″; et l'on dit alors que le talus a *un et demi de base sur un de hauteur.*

La figure 367 représente un profil en déblai avec ses fossés, ses accote- Fig. 367, pl. XXXI. ments et sa chaussée d'empierrement; dans ce cas, les talus extérieurs des fossés sont le plus ordinairement inclinés à 45°, et l'on dit alors qu'ils ont *un de base sur un de hauteur.*

Enfin on voit dans la figure 368 un profil en escarpement qui réunit à lui Fig. 368, pl. XXXI. seul les deux cas qui précèdent.

2. — Lorsqu'un chemin doit être tracé en plaine, qu'aucune difficulté de terrain ne se présente entre le point de départ et celui d'arrivée, qui sont tou- jours donnés, on doit, à moins de cause majeure, aller de l'un à l'autre le plus brièvement possible, c'est-à-dire par la ligne la plus directe; cependant il arrive fort souvent que l'on a pour but le redressement d'une ancienne voie, dont il ne s'agit alors que de corriger les alignements en faisant disparaître le plus grand nombre possible de ses sinuosités, et en causant le moindre préjudice aux propriétés riveraines; on doit avant tout se procurer le plan exact des lieux, qui sert à diriger l'axe dans la position la plus conve- nable.

Il est rare, à moins toutefois que le chemin à tracer n'ait fort peu de longueur, qu'un seul alignement droit embrasse tout son parcours; il forme alors une ligne brisée dont les différents sommets ne peuvent faire partie de l'axe.

Le raccordement des alignements se renferme tout entier dans cette ques- tion générale : *étant données deux tangentes issues d'un même point, ainsi que les points de contact, sur ces deux droites, décrire la courbe à laquelle ces tangentes appartiennent;* la courbe étant tracée, sa portion comprise entre les points de contact, doit faire partie essentielle de l'axe; cette nouvelle ligne est à la fois et plus gracieuse à la vue, et plus avantageuse à la circulation des voitures qui peuvent être assimilées à une force dirigée suivant une courbe, laquelle tend sans cesse à s'en échapper par l'une de ses tangentes.

Les courbes de raccordement sont, la circonférence du cercle lorsque les tangentes sont d'égale longueur, ce qui exige en même temps l'égalité des deux branches de la courbe, et la parabole qui peut être employée dans le

17

même cas, et aussi dans celui où les tangentes étant inégales, les deux branches ne conservent plus entr'elles la même symétrie; les constructeurs emploient aussi quelques autres courbes dont les définitions et les propriétés sont inconnnes, et qu'ils tracent d'après des méthodes empyriques.

Fig. 369, p. XXXI.

3. — Soient AS et BS deux alignements droits, tracés sur le terrain au moyen de jalons, et dont le sommet est en S, qu'il s'agit de raccorder par un arc de circonférence; après avoir mesuré sur les deux alignements les longueurs égales Sa et Se des tangentes, on déterminera le centre C de la circonférence, passant tangentiellement aux points a et e; pour cela, il suffit de se rappeler que toute tangente à la circonférence est perpendiculaire à l'extrémité de l'un de ses rayons (Ire part., chap. II, § III, n° 7, pag. 166), et alors on sera conduit à élever au point a, et à l'aide de l'équerre ou du graphomètre, une perpendiculaire aD à la ligne BS; cette ligne, tracée sur le terrain à l'aide de jalons, contiendra nécessairement le centre de la circonférence; on élèvera ensuite au point e de la droite AS une perpendiculaire ex, qui, pour la même raison, devra contenir le centre demandé, lequel se trouvera ainsi déterminé par la rencontre de ces deux perpendiculaires au point C; et les droites Ce et Ca seront deux rayons de la circonférence qu'il s'agit de tracer sur le terrain.

Si le point C ainsi déterminé n'était qu'à une faible distance des points de contact a et e, rien ne s'opposerait à ce que l'on obtînt aussitôt et sans qu'il fût besoin de recourir à de nouvelles opérations, autant de points de de l'arc $abcde$ qu'on le désirerait, en fixant au point C l'une des extrémités d'un cordeau, égal en longueur au rayon, puis en portant l'autre extrémité en $abcde$, le cordeau étant également tendu; mais il arrive rarement qu'il en soit ainsi, et l'on se trouve presque toujours dans la nécessité de recourir à de nouvelles constructions de géométrie pratique sur lesquelles il ne sera pas inutile de donner quelques détails.

Prolongeons l'un quelconque des rayons aC, par exemple, d'une quantité CD égale à lui-même, et fixons en D un signal apparent qui puisse facilement être aperçu de l'endroit où doit être décrite la courbe; aD sera un diamètre de la circonférence à tracer; et si l'on se transporte sur le point e que l'on sait déjà faire partie de la circonférence, muni d'une équerre ou autre instrument propre à la mesure des angles, l'angle Dea sera droit, puisque ayant son sommet à la circonférence, ses côtés se terminent aux extrémités d'un même diamètre (Ire part., chap. II, § III, n° 9, pag. 169); il en résulte évidemment que le sommet de tout angle droit dont les côtés passent par les points D et a, dépend également de la même courbe; qu'en conséquence, il suffit de transporter l'instrument quelque part en b, dans une position telle que l'angle Dba soit droit, et le point b de station dépend de l'arc demandé; une opération semblable, répétée à l'égard des autres points c, d, etc., déterminera également leur position, et la partie courbe $abcde$ sera substituée aux parties rectilignes aS et eS; l'axe sera donc définitivement arrêté suivant la ligne mixte B$abcde$A, qui sera invariablement fixée par de forts piquets.

On peut encore déterminer, d'après les méthodes trigonométriques, la position des différents points de la courbe, connaissant la longueur de ses tangentes et l'angle qu'elles forment entr'elles, lequel doit toujours être observé sur le terrain et coté sur le plan.   Fig. 370, p. XXXI.

Soient AS et BS deux alignements droits formant au point S un angle de 120° 02', qu'il s'agit de raccorder au moyen d'un arc de circonférence, suivant des tangentes de 100 mètres de longueur.

On imaginera, aux points de contact a et b, les rayons aC et bC, puis la droite CS, dont il s'agit d'abord de déterminer la longueur ainsi que celle du rayon aC; les deux triangles rectangles CaS et CbS étant égaux, la droite CS divise l'angle BSA en deux parties égales, et l'on a :

$$CSa = 60° \ 01',$$

et par conséquent :

$$SCa = 90° - 60° \ 01, = \text{°} \ 29° \ 59'.$$

On a dans le triangle rectangle CaS (Ire part., chap. III, § II, n° 4, pag. 267),

$$R : sin \ 29° \ 59' :: CS : 100,$$

d'où l'on tire :

$$CS = 200^m \ 10^c;$$

puis l'on a encore :

$$R : tang \ 29° \ 59' :: Ca : 100,$$

proportion qui donne :

$$Ca = 173^m \ 32^c,$$

et l'on détermine le point c de la courbe par une simple soustraction, car l'on a évidemment :

$$cS = CS - Ca = 200.10 - 173.32 = 26^m \ 78^c.$$

Après avoir calculé le rayon Ca, ainsi qu'il vient d'être dit, on aurait également pu obtenir cS en faisant l'application de ce principe, que toute tangente est moyenne, proportionnelle entre la sécante entière et sa partie extérieure, et l'on aurait eu la proportion :

$$346.64 + cS : 100 :: 100 : cS,$$

qui eût donné :

$$346.64 \times cS + \overrightarrow{cS}^2 = 10000,$$

ou ce qui revient au même,

$$\overrightarrow{cS}^2 + 346.64 \times cS = 10000,$$

équation du second degré qui donne (Ire part., chap. Ier, § V, n° 3, pag. 73) :

$$cS = -173.32 \pm \sqrt{10000 + 173.\overrightarrow{32}^2} = -173.32 + 200.10 = 26^m 78^c;$$

et l'on pourra obtenir autant de points de la courbe qu'on le voudra, en faisant varier, dans l'équation qui précède, la longueur de la tangente ; ainsi, cette dernière étant par exemple réduite à 60^m, l'équation devient, le point m étant ainsi à 60^m de a, et le point n dépendant de la courbe, situé sur la direction mC :

$$mn = -173.32 \pm \sqrt{3600 + 173.\overrightarrow{32}^2} = -173.32 + 183.41 = 10^m 09^c;$$

tout autre point serait déterminé d'une manière analogue.

L'application de ces résultats sur le terrain, ne peut offrir de difficultés sérieuses ; car après avoir trouvé, à l'aide de la chaîne, les points a et b, sur les alignements donnés, on élèvera au point a la perpendiculaire indéfinie $a x$, sur laquelle il sera mesuré 173^m 32^c à partir du point a, pour déterminer le centre C de la courbe ; on divisera ensuite la tangente aS conformément à ce qui a été adopté pour les calculs ; puis on fera l'application des parties extérieures

$$cS = 26^m 78^c, \, mn = 10^m 09^c, \text{ etc.,}$$

sur les directions

$$SC, \, mC, \text{ etc.,}$$

à partir des points correspondants de la tangente, aS, en se dirigeant sur le centre. Il est inutile de faire observer que la courbe étant régulière, la même opération se répète sur la tangente bS.

Après avoir calculé, ainsi qu'il vient d'être dit, la partie extérieure cS, il est encore aisé de décrire la courbe; car après avoir jalonné la corde ab et déterminé le point c, l'on pourra observer l'angle acb, puis chercher par tâtonnement sur le terrain les différents points o, d'où l'on puisse, au moyen du graphomètre, observer les mêmes points a et b sous un angle aob toujours égal à l'angle primitif acb; ce fait est basé sur ce que tous les angles dont les sommets sont situés sur la circonférence d'un cercle, et dont les côtés passent par les extrémités d'une même corde, sont constamment égaux entr'eux.

Fig. 371, pl. XXXI.

On pourrait, au lieu de considérer les tangentes comme déterminées, se donner le rayon et l'angle qu'elles forment entr'elles, puis les obtenir par le calcul; l'application sur le terrain serait absolument la même.

Enfin il est un autre procédé très rigoureux et fort commode, surtout lorsqu'il s'agit de tracer des raccordements à grands rayons; il consiste à déterminer les distances de différents points de la courbe à ses tangentes.

Soient S'M et S'N deux tangentes à la circonférence, dont le centre est C, concourant au point S'; si de différents points de la courbe p, q, r, l'on abaisse d'une part les perpendiculaires po, qn, rm, etc., à la tangente S'M, et de l'autre celles pu, qt, rs au rayon MC, l'on aura :

Fig. 371, pl. XXXI.

$$pu = \sin pqr\text{M}, \quad qt = \sin qr\text{M},$$

et

$$rs = \sin r\text{M};$$

puis :

$$po = \text{MC} - u\text{C} = \text{R} - \cos pqr\text{M}, \quad qn = \text{R} - \cos qr\text{M},$$

et enfin

$$rm = \text{R} - \cos r\text{M},$$

en désignant le rayon par R.

Ces simples relations permettent d'obtenir, à l'aide des tables trigonométriques, les longueurs des perpendiculaires op, qn, rm, etc., ainsi que les distances respectives dont elles se trouvent éloignées du point de contact.

Pour rendre la chose plus palpable, supposons que l'angle formé par les deux tangentes S'M et S'N soit, d'après l'observation, de 97° 30', et qu'il s'agisse de raccorder ces deux alignements par un arc de circonférence, suivant des tangentes égales de 125ᵐ 02ᶜ chacune.

Dans le triangle rectangle S'CM, l'angle aigu en S' est évidemment de

$$\frac{97°\ 30'}{2} = 48°\ 45',$$

tandis que celui en C est de

$$90° - 48°\ 45' = 41°\ 15';$$

en cet état de choses, l'on aura la longueur du rayon,

$$MC = 94^m,$$

en établissant la proportion :

$$sin\ 41°\ 15' : sin\ 48°\ 45' :: 125.02 : x,$$

et il ne restera plus qu'à déterminer la position des différents points de la courbe par rapport à la tangente S'M; pour cela, soit divisé l'angle au centre ou l'arc qui le mesure, en autant de parties égales que l'on veut obtenir de points de la courbe, en trois par exemple, aux points M, r, q, p, en sorte que l'on ait :

$$Mr = 13°\ 45',\ Mrq = 27°\ 30',$$

et enfin

$$Mrqp = 41°\ 15';$$

on peut supposer décrit, du centre C et avec un rayon d'un mètre, un second arc de circonférence, se terminant d'une part à CM et de l'autre à Cp, proportionnel au premier, dans le rapport de leurs lignes trigonométriques et aussi dans celui de leurs rayons, rapport qui est le même, ou celui de 94 à 1; il suffit donc de multiplier les *sinus* et *cosinus* des différents arcs ayant pour rayon l'unité, par 94, pour obtenir les sinus et cosinus des arcs correspondants pris sur l'arc extérieur; ou pour éviter la considération de logarithmes négatifs, de substituer au rayon 1, celui 100, mais en retranchant deux décimales au produit ; c'est en suivant cette marche plus expéditive, que l'on obtiendra :

Log. *sin* 13° 45′ pour 100ᵐ de rayon...................... 1.376003
Log. du rayon 94......... 1.973128
Log. de *rs* ou M*m*........ 3.349131
qui correspond à 22ᵐ 34ᶜ.

Log. *cos* 13° 45′ pour 100ᵐ de rayon...................... 1.987372
Log. du rayon 94.......... 1.973128
Log. de C*s*................... 3.960500
qui correspond à 91ᵐ 31ᶜ.

Log. *sin* 27° 30′........... 1.664406
Log. 94..................... 1.973128
Log. de *qt* ou *n*M.......... 3.637534
correspondant à 43ᵐ 40ᶜ.

Log. *cos* 27° 30′........... 1.947929
Log. 94..................... 1.973128
Log. de C*t*................... 3.921057
correspondant à 83ᵐ 38ᶜ.

Log. *sin* 41° 15′........... 1.819113
Log. 94..................... 1.973128
Log. de *pu* ou *o*M......... 3.792241
correspondant à 61ᵐ 98ᶜ.

Log. *cos* 41° 15′............. 1.876125
Log. 94..................... 1.973128
Log. de C*u*................... 3.849253
correspondant à 70ᵐ 67ᶜ.

L'on aura donc définitivement :

M*m* = 22ᵐ 34ᶜ
M*n* = 43   40
M*o* = 61   98

mr = 94ᵐ — 91ᵐ 31ᶜ = 2ᵐ 69ᶜ
nq = 94 — 83 38 = 10 62
op = 94 — 70 67 = 23 33

Si le rayon de la courbe était donné, on déterminerait d'abord la longueur des tangentes, et le reste de l'opération serait absolument identique ; et dans le cas où le rayon serait choisi parmi les facteurs décuples, l'opération se réduirait à de simples recherches.

Qu'il s'agisse d'obtenir les mêmes points de la courbe, le rayon étant de 1000ᵐ ; on cherchera dans les tables trigonométriques le log. du sinus de 13° 45, duquel il faudra retrancher sept unités à la caractéristique, ce qui le ramènera à 2.376003, qui correspond, dans la table ordinaire des nombres, à 23ᵐ 77ᶜ = M*m ;* on aura de même pour log. cosinus 13° 45′ diminué de sept unités, 2.987372, qui correspond dans la table des nombres à 971ᵐ 34ᵉ; et l'on aura :

$$mr = 1000^m - 971.34 = 28^m 66^c.$$

On trouverait de même :

$$Mn = 461^m 75^c, \; nq = 112^m 99^c, \; Mo = 659^m 34^c,$$

et enfin :

$$op = 248^m 16^c.$$

On pourrait encore, en se donnant, sur la tangente, les différentes longueurs

$$Mm = rs, \; Mn = qt, \; Mo = pu,$$

obtenir celles Cu, Ct, Cs, par la seule considération des triangles rectangles pCu, Cqt et Crs, qui donnent :

$$Cu = \sqrt{\overline{pC}^{2} + \overline{pu}^{2}}, \; Ct = \sqrt{\overline{Cq}^{2} + \overline{qt}^{2}}, \text{ etc.}$$

Fig. 372, p. XXXI. **4.** — La parabole peut être substituée à la circonférence du cercle ; la facilité avec laquelle l'arc parabolique se trace sur le terrain, le fait même souvent préférer à l'arc circulaire.

Soient AS et BS deux alignements droits dont le sommet est en S, qu'il s'agit de raccorder par un arc parabolique, suivant les tangentes égales AS et BS ; si nous joignons, par la droite AB, les deux points de contact, il est évident que la courbe étant symétrique, cette droite est perpendiculaire à l'axe qui la divise en deux parties égales ; divisant donc AB en deux parties égales, après l'avoir tracée et mesurée exactement, établissons aussi, au moyen de jalons, l'axe So.

On a vu (Iʳᵉ part., chap. II, § III, n° 28, pag. 196) que, dans la parabole, la sous-tangente est toujours double de l'abscisse qui correspond au point de contact ; le point a, milieu de oS, est donc le sommet de la courbe demandée ; les tangentes AS et BS étant aussi divisées chacune en deux parties égales aux points g, les trois points g, a, g devront être en ligne droite.

On élèvera ensuite aux extrémités A et B de la corde AoB, les perpendiculaires AH et BD qui seront, dans ce cas, parallèles à l'axe SFo sur lequel doit être situé le foyer ; faisant ensuite les angles

$$SAF = GAH,$$

et

$$SBF = EBD,$$

les rayons vecteurs AF et BF se couperont quelque part en F, sur la direction

S*o*, au foyer qu'il s'agissait de déterminer : on obtiendra la directrice XY, en portant la distance *a*F sur la droite S*o*, de *a* vers S, au point *o*, et en élevant à cette droite la perpendiculaire XY, prolongée dans les deux sens; la perpendiculaire K*a*I, au même axe, sera la tangente au sommet, sur laquelle sont situés les pieds des perpendiculaires abaissées du foyer sur les différentes tangentes à la courbe (Ire part., chap. II, § III, n° 25, pag. 194).

Ceci posé, on prolongera HA et DB jusqu'à leurs rencontres avec la directrice en X et Y; la directrice sera divisée, à droite et à gauche de l'axe, en un certain nombre de parties égales aux points 1, 2, 3, 4, 5, par lesquels on mènera les parallèles à l'axe 11, 22, 33, etc., qui seront en conséquence perpendiculaires à XY; joignant ensuite chacun des points de division de la directrice au foyer F, on obtiendra les droites 1*b*F, 2*c*F, 3*d*F, etc., qui se trouveront divisées en deux parties égales par la tangente au sommet KI, précisément aux pieds des différentes tangentes à la courbe, dont les points de contact 1, 2, 3, etc., seront alors déterminés par la rencontre de *b*1, perpendiculaire à la droite 1*b*F, avec 11 perpendiculaire à XY, de *c*2, avec 22, de *d*3 avec 33, de *e*4 avec 44, de *f*5 avec 55, et enfin de *g*B avec YB; la même opération répétée de l'autre côté de l'axe, déterminera une série de points symétriques constituant l'arc parabolique de raccordement des deux alignements, lequel doit être substitué aux parties rectilignes AS et BS; et si l'on a eu l'attention d'établir le même système de division à droite et à gauche de l'axe, il suffira d'attribuer aux perpendiculaires du second côté, à partir de la directrice, les mêmes longueurs qu'elles ont sur le côté où l'opération a déjà été exécutée; pour se convaincre que la courbe ainsi décrite est réellement une parabole, il suffit de remarquer que chacun de ses points est le sommet d'un triangle isoscèle dont un côté mesure la plus courte distance du point que l'on considère à la directrice, tandis que l'autre indique la distance du même point au foyer.

5. — Si les tangentes sont inégales, on doit d'abord s'attacher à déterminer l'axe; pour cela, ainsi que dans le cas qui précède, on trace et l'on divise en deux parties égales la corde ou sous-tendante qui réunit les deux points de contact A et B; soit *o* ce point milieu, et soit de même tracée la droite *o*S; cette droite n'est plus l'axe lui-même comme dans le cas précédent, mais bien une parallèle à cet axe; on abaissera des points donnés A et B les perpendiculaires AP et BQ à cette droite, puis des mêmes points, AH et BD respectivement perpendiculaires à AP et BQ; on fera ensuite les angles

$$\text{SAF} = \text{GAH et SBF} = \text{EBD},$$

Fig. 373, p. XXXI.

18

la rencontre des rayons vecteurs AF et BF déterminera le foyer F par lequel doit passer l'axe de la courbe, qui doit du reste être perpendiculaire aux droites AP et BQ; abaissant donc du point F, ainsi déterminé, une perpendiculaire à ces deux directions, l'on aura définitivement l'axe SQ. Le reste de l'opération étant absolument le même que pour le cas qui précède, il serait inutile de répéter ce qui vient d'être dit; le lecteur voudra donc se reporter à la figure en remarquant qu'elle perd sa symétrie, et qu'il suffit alors de faire la construction du côté de la plus longue tangente, puis de construire l'autre partie de la courbe à l'aide des perpendiculaires déjà obtenues pour la première; ce tracé est simple et produit la parabole avec toute la rigueur mathématique; il exige peu d'appareil pour être effectué : l'équerre ou tout autre instrument propre à la mesure des angles, une chaîne et des jalons sont cependant indispensables pour cette opération.

Fig. 374, p. XXXI.   6. — On peut encore, quelles que soient ses tangentes, tracer l'arc parabolique d'une manière fort simple; soient AS et BS deux alignements droits concourant au point S sous un angle quelconque; leurs longueurs étant égales ou inégales, la construction est la même pour les deux cas.

Après avoir divisé l'une et l'autre tangente en deux parties égales, aux points a et b, on divisera également la ligne de jonction ab de la même manière, et son milieu c est un point de la courbe; divisant ensuite bc en deux parties égales, et faisant la même opération à l'égard de bB, on réunira par une ligne droite de, leurs milieux et celui f de cette dernière sera un nouveau point de la courbe; une semblable opération répétée à droite et à gauche du point c aussi souvent qu'on le jugera convenable, déterminera autant de points appartenant au raccordement dont il s'agit.

Fig. 375, p. XXXI.   7. — Enfin, nous terminerons ce que nous avions à dire sur les raccordements paraboliques par une autre méthode qui convient à leur tracé quelles que soient du reste les relations qui existent entre les longueurs des tangentes : soient AS et BS les deux tangentes qu'il s'agit de raccorder; on les divisera d'abord l'une et l'autre en un même nombre de parties égales, aux points 1, 2, 3, 4, 5, 6, 7; puis on joindra par des lignes droites les points A à 1 pris sur BS; 1 pris sur AS à 2 pris sur BS; 2 pris sur AS à 3 de BS, et ainsi de suite; ces différentes lignes viendront se rencontrer deux à deux, suivant un polygone $abcdefg$, intérieur à l'angle des deux tangentes, dont les côtés seront d'autant plus petits, que les tangentes auront été divisées en un plus grand nombre de parties; le contour de ce polygone étant légèrement arrondi, donnera à très peu près la parabole de raccordement qu'il s'agissait de construire.

8. — On se trouve quelquefois dans la nécessité de raccorder deux aligne-ments parallèles, ou qui, bien que non parallèles, ne peuvent être prolongés jusqu'à leur rencontre, un obstacle quelconque s'y opposant : AS et Bs sont deux alignements de ce genre; on devra dans ce cas tracer Ss formant un troisième alignement qu'il ne s'agira plus que de raccorder avec chacun des deux autres, d'après l'une des méthodes qui viennent d'être enseignées; il sera alors facultatif, selon la circonstance, ou de conserver une partie mn de l'alignement Ss entre les deux courbes de raccordement, ou de faire dispa-raître en entier Ss en poussant jusqu'à un même point I de cette droite, les deux courbes de raccordement qui n'en forment alors qu'une seule con-nue sous le nom de *courbe à inflexion*.

Fig. 376 et 377, pl. XXXI.

Cette dernière disposition du tracé d'un chemin ne se rencontre guère, et ne saurait être tolérée en plaine, où les courbes en général, et surtout quand elles ne sont pas très développées, sont toujours d'un mauvais aspect.

Les courbes à inflexion sont donc spécialement réservées pour les terrains accidentés, où le constructeur, en suivant l'inclinaison la plus favorable à la viabilité, doit éviter les mouvements de terres toujours dispendieux.

9. — Le tracé d'un chemin en plaine ne peut, d'après ce qui précède, offrir d'autres difficultés que celles que l'on rencontre pour le tracé de la ligne droite (chap. Ier, § I, n° 2, pag. 5) et pour celui des courbes dites de raccorde-ment; quant aux tracés en terrains accidentés, ils se rattachent à d'autres principes qu'il est bien de faire connaître.

Nous avons vu que la pente ou rampe par mètre d'une certaine ligne in-clinée à l'horizon, est égale à la pente ou rampe totale, ou ce qui est la même chose, à la différence de niveau de ses points extrêmes, divisée par sa longueur; et cette vérité a été exprimée d'une manière générale (chap. II, n° 16, pag. 98) par les deux égalités :

$$p = \frac{P}{L}$$

et

$$r = \frac{R}{L}.$$

Or, il est à remarquer que, dans un tracé quelconque, le constructeur doit avoir constamment en vue de rendre aussi faibles que possible les quantités p et r, la circulation devenant d'autant plus aisée, que le plan incliné sur lequel elle s'opère, diffère moins du plan horizontal qui lui sert de base; mais la quantité p, ou celle r, n'importe laquelle, ne peut évidemment être réduite que par la diminution du dividende, qui est la différence de niveau des deux points, ou par l'augmentation du diviseur, qui n'est autre chose que la distance qui les sépare; de là, deux moyens différents d'adoucir les pentes et rampes.

Le premier, qui consiste à vaincre l'obstacle à force de travail, en baissant l'un des points extrêmes au moyen d'un déblai, et en élevant l'autre à l'aide d'un remblai, offre généralement de grandes difficultés, au nombre desquelles figure en première ligne la dépense, qui peut devenir considérable lorsqu'il s'agit surtout d'ouvrir des tranchées dans des roches difficiles à exploiter, et dont les débris ne peuvent être le plus souvent que transportés à de grandes distances.

Le second, qui veut l'alongement du parcours sans variation dans l'inclinaison totale, n'est point aussi sans inconvénients : il réclame d'abord un sacrifice de la part des terrains environnants, aux dépens desquels le développement doit se faire; puis il impose la construction d'une chaussée plus longue, dont les charges d'entretien n'ont pas de terme; quoi qu'il en soit, ce dernier mode, à peu près méconnu des constructeurs anciens et modernes, est aujourd'hui considéré comme le meilleur et le plus avantageux; aussi est-il mis en pratique par tous ceux qui s'occupent sérieusement de construire des routes et des chemins, à moins toutefois qu'ils n'en soient empêchés par des causes majeures.

Ne jamais passer subitement d'une vallée aux faîtes qui la dominent, et réciproquement ne jamais arriver trop précipitamment des faîtes à la vallée qui les sépare, est toujours ce que l'on doit observer dans un tracé bien médité; on doit considérer comme imparfait tout alignement qui coupe à angle droit, ou à peu près à angle droit un versant dont l'inclinaison présente quelque roideur; la ligne qui suivrait constamment le même plateau ou plusieurs plateaux contigus, aurait une bonne disposition, de même que celle qui, destinée à suivre une vallée, serait à peu près parallèle au thalweg, mais pourtant assez rapprochée de l'un des versants pour être assise sur un sol ferme, solide et exempt de toute submersion. Lorsqu'il s'agit d'opérer sur un parcours de quelque importance, les conditions qui viennent d'être imposées ne peuvent être suivies que partiellement, et il arrive alors, ou que l'on éprouve le besoin d'abandonner un vallon pour atteindre l'un de ses faîtes, ou qu'étant parvenu sur un plateau, il s'agisse de franchir une vallée à laquelle il se termine; dans le premier cas, le projet devient une rampe, et au contraire une pente dans le second; dans l'une et l'autre circonstance, ce qu'il y a de mieux à faire, est de profiter de la déclivité des versants, en modifiant autant que possible l'inclinaison par mètre aux dépens de la longueur du projet, à l'aide de l'opération particulière sur laquelle nous allons donner quelques détails circonstanciés.

Il arrive aussi, soit que l'on ait pour but de monter d'une vallée à un faîte, soit qu'il s'agisse de descendre d'un faîte à une vallée, que deux versants se prêtent d'une manière également avantageuse, sous le rapport des aspérités du sol, de sa nature et du parcours à suivre; on ne doit point alors perdre de vue que l'agent le plus contraire au bon état des chemins, est l'eau, car elle agit non seulement par entraînement lorsqu'elle se réunit en assez grande quantité pour former sur les chaussées, des courants destructeurs, mais encore lorsqu'étant en trop faible quantité pour prendre son cours, elle est absorbée par la chaussée elle-même, qui, ramollie par l'humidité, n'est plus susceptible d'offrir la même résistance : disposer une chaussée sur la déclivité d'un versant exposé au sud, est un sûr moyen d'accélérer l'évaporation et de remédier sinon en totalité, du moins en partie à cet inconvénient; de deux versants, du reste dans les mêmes dispositions, celui qui est le plus exposé aux rayons directs du soleil est donc préférable.

10. — Un tracé étant arrivé jusqu'au point A, sans difficultés de terrain, supposons qu'il s'agisse de déterminer son prolongement vers le point E, en profitant de la déclivité d'un versant, avec cette condition que la rampe soit de 0.06^c par mètre, ce qui correspond à 6^m pour 100^m, ou bien encore à 3^m pour 50^m de longueur. Fig. 378, p. XXXI.

Ayant placé la mire sur le point de départ A, on fera monter le point de mire à 3^m de hauteur, puis on placera sur quelque point S du terrain, le niveau d'eau, de telle sorte qu'il corresponde juste sur le point de mire en a; comme le terrain naturel monte, il en résultera que le plan horizontal passant par la ligne de visée, ira rencontrer la surface du terrain naturel suivant une courbe mBn dont il sera facile de déterminer le contour en visant en sens contraire et en faisant en même temps tourner le niveau d'une manière convenable; il est clair, que la courbe mBn se trouvant ainsi déterminée, il ne s'agira plus que d'obtenir, à l'aide d'un cordeau ou de la chaîne, un point B de cette courbe qui soit précisément à 50^m du point A, et la ligne de jonction AB aura 0.06^c d'inclinaison par mètre; la mire, toujours fixée à 3^m de hauteur, étant transportée en B, et le niveau disposé quelque part en S', de manière à ce que la ligne de visée passe par le point de mire b, on déterminera de la même manière un nouveau point C, tel que BC $= .30^m$; et en continuant ainsi l'opération, l'on obtiendra sur le versant une suite de points situés dans un même plan incliné de 0.06° par mètre avec l'horizon; et la ligne ABCD, etc., sera l'intersection de ce plan avec le versant qu'il s'agissait de gravir.

Si les points A, B, C, D, etc., se trouvent presque en ligne, on leur substitue une droite occupant un terme moyen entre tous, sans s'écarter sensiblement de chacun d'eux; et si au contraire ceci n'existe pas, on les réduit toujours au plus petit nombre possible d'alignements droits, qui sont ensuite raccordés entr'eux à la manière ordinaire.

Lorsqu'après la détermination d'un certain nombre de points A, B, C, etc., on atteint au sommet du versant avant d'être parvenu au but où l'on se proposait d'arriver, c'est une preuve incontestable que la rampe de 0.06° dont on vient de faire l'essai, doit être réduite, et alors on recommence l'opération en adoptant 0.055 ou 0.05 de rampe par mètre, ou même une rampe encore moindre, et l'opération est toujours la même; la hauteur attribuée au point de mire, divisée par la distance séparative des différents points A, B, etc., doit être constamment égale à la rampe par mètre que l'on aura adoptée.

Au contraire, si, après un certain nombre d'opérations successives, l'on ne peut atteindre la hauteur du plateau, on doit être convaincu que la rampe par mètre que l'on vient d'éprouver, est insuffisante, et qu'il faut alors recommencer l'opération d'après une nouvelle supposition qui augmente pour chaque station la hauteur de la ligne de visée.

Fig. 578, p. XXXI.

Tel est le moyen qui s'emploie le plus communément pour tracer les rampes avec une inclinaison donnée; s'il s'agissait d'une pente, l'opération que nous venons de décrire, se dirigeant en sens opposé, on placerait le niveau de manière à ce que la ligne de visée correspondît au point de départ E; puis on déterminerait de la même manière que précédemment la longueur ED, à l'extrémité de laquelle on se propose de fixer la position du point D, qui doit également se trouver à 3^m au-dessous du niveau de d; la mire étant donc transportée vers ce point, et fixée à 3^m de hauteur, le niveleur visant en sens contraire, la fera déplacer sur le flanc du coteau, jusqu'à ce que le point de mire se trouve à la hauteur de la ligne de visée, et la même opération sera continuée jusqu'à ce que l'on ait descendu la côte, ce qui pourra arriver ou trop précipitamment, et il y aura lieu de recommencer l'opération avec une pente par mètre, moins forte, ou trop tardivement, c'est-à-dire que, malgré un certain nombre de points obtenus, l'on se trouvera encore à une zône élevée du versant, sans espoir d'arriver au point le plus bas, et alors il faudra recommencer l'opération, qui, par un motif contraire, exigera l'essai d'une pente par mètre plus forte.

Quelles que soient les difficultés que présente le sol, on voit que l'art met toujours à même de les vaincre, et qu'en réalité l'embarras ne peut être plus grand dans les pays accidentés que dans ceux qui ne le sont pas; seulement les alignements droits qui s'appliquent avec tant d'avantage aux terrains en plaines qu'ils traversent, les courbes à grands rayons qui raccordent si gracieusement ces longues avenues qui flattent nos regards, doivent complètement disparaître pour être remplacés par des alignements droits souvent répétés, se rachetant par des raccordements à courts rayons, et quelquefois même par des courbes à inflexions; généralement, dans les terrains accidentés, le tracé doit être capricieux comme le sol sur lequel il repose : chaque mamelon commande une courbe convexe vers la vallée, tandis que chaque dépression quelque peu considérable du versant exige une courbe en sens contraire, et ces courbures répétées ne sont point sans agrément; autant la ligne droite est belle et majestueuse en plaine, autant elle serait disgracieuse et incommode en pays montueux, où du reste ne pouvant être établie, elle doit être remplacée par de courts alignements raccordés avec art et suscités par un besoin apparent; que chaque courbe soit donc commandée par un obstacle qu'il s'agit de vaincre avec le moins de travail possible, en conservant les règles du bon goût, sans compromettre les intérêts de la viabilité.

Le tracé d'un chemin doit commencer par les alignements droits, avec l'observation des angles qu'ils forment entr'eux; on calcule ensuite la position et le développement des courbes de raccordements; puis enfin, dans une seconde visite des lieux, on en fait l'application au terrain.

Après avoir jalonné et piqueté l'axe d'un chemin, on en dresse le plan, qui doit non seulement contenir la ligne de projet avec ses alignements courbes et droits, mais encore les angles observés sur le terrain à chaque changement de direction, ainsi que les longueurs des tangentes et celles des rayons des courbes, lorsque celles-ci sont circulaires; enfin, ce plan doit comprendre les parcelles de terrains traversées ou contiguës au tracé, prises à des distances raisonnables, à droite et à gauche de l'axe, avec l'indication des natures de culture et les noms des propriétaires auxquels les différentes parcelles appartiennent.

11.—Cette opération achevée, il reste encore à faire celle du nivellement, non moins sérieuse que la première, car si celle-ci fixe l'assiette du chemin de la manière la plus convenable, avec l'indication des terrains qu'elle doit occuper, celle-là déterminera plus tard les pentes et rampes les plus avantageuses, fournira le moyen de les raccorder entr'elles, et enfin amènera à l'évaluation des volumes de déblai et de remblai, ainsi qu'à l'appréciation des distances auxquelles chaque masse doit être transportée.

Le nivellement se commence et se continue ordinairement dans le sens du classement du chemin pour lequel il est fait; on suit pour cette opération strictement l'axe qui a été arrêté par le tracé, à l'effet de pouvoir plus tard dresser le profil en long; et comme il est également nécessaire d'avoir les profils en travers, on doit, à chaque coup de niveau pris sur l'axe, en prendre vis-à-vis celui-ci à angle droit, à droite et à gauche, un ou plusieurs, suivant la largeur du chemin y compris ses talus; il serait inutile de décrire l'opération matérielle, dont il a déjà été parlé (chap. II, n° 11, pag. 93); nous nous bornerons à renvoyer le lecteur à la fig. 379, qui indique le croquis visuel pris sur le terrain, du nivellement sur lequel seront basés les éclaircissements suivants.

Fig. 379, p. XXXII

Fig. 379, p. XXXII

Le croquis visuel doit indiquer d'une manière non équivoque le profil en longueur, avec tous les changements d'inclinaison du sol naturel; les cotes de chaque coup de niveau, tant arrière qu'avant, y seront écrites d'une manière intelligible; chaque profil en travers y sera indiqué en regard du point du profil en longueur auquel il correspond, et ses cotes indiquées de la même manière que sur celui-ci; on pourra également, au besoin, indiquer par des notes la nature des terrains, afin de pouvoir plus tard évaluer leur exploitation, selon les difficultés qu'ils peuvent présenter.

Fig. 3 0, p. XXXII

On réduit ensuite le nivellement en longueur à la même ligne de niveau chap. II, n° 12, pag. 94 et 95); puis on en fait le rapport sur le papier, d'après les échelles adoptées; on réduit de même chaque profil en travers, que l'on rapporte vis-à-vis les points correspondants du profil en longueur; ceci posé, il est clair que le terrain naturel, quelle que soit sa régularité, ne saurait jamais offrir une surface assez uniforme pour recevoir, sans aucune préparation préalable, une chaussée d'empierrement, et constituer un chemin sûr, commode et débarrassé des eaux toujours nuisibles; le terrain naturel doit donc être modifié, et ses pentes et rampes tant longitudinales que transversales régularisées, en enlevant les parties saillantes du terrain pour les déposer dans les flaches formées par les bas-fonds; cette opération, qui ne manquerait pas d'être imparfaite si le coup-d'œil et le goût seuls présidaient à son exécution, doit être dirigée par le nivellement.

§ II. — FIXATION DE LA LIGNE DE PROJET SUR UN NIVELLEMENT, CUBA-
TURE DES TERRASSES, DISTANCES DE TRANSPORT, LEUR RÉDUCTION A UNE
DISTANCE MOYENNE.

1. — On doit s'attacher en premier lieu à tracer sur le profil en long,
et dans une position convenable, la ligne de projet qui se trouve tantôt au-
dessus, tantôt au-dessous de celle du terrain naturel qu'elle coupe nécessairement au contact du déblai avec le remblai; l'intersection de ces deux lignes
se nomme *point de passage;* et la partie de chaque ordonnée abaissée de la
directrice, qui est comprise entre ces deux mêmes lignes, s'appelle *cote
rouge,* probablement parce qu'on l'indique, sur le nivellement, en chiffres de
cette couleur, afin que les épaisseurs de déblai et de remblai soient plus
apparentes.

La fixation de la ligne de projet, sur le nivellement en longueur d'un chemin, est une opération importante et délicate, c'est elle qui arrête à la fois
l'inclinaison des pentes et rampes, les quantités de terrassements à opérer et
la distance de leurs transports; c'est donc cette ligne qui préside exclusive-
ment au mérite du projet dont le tracé sur le terrain offrirait du reste les conditions voulues.

La première idée que l'on puisse concevoir est d'établir la ligne de projet
de telle sorte que les masses de déblai soient précisément égales à celles de
remblai, afin que, durant l'exécution des travaux, l'on ne puisse se trouver
dans la nécessité de retrousser les terres en excès sur les côtés du chemin, si
la masse de déblai surpassait celle de remblai, ou d'emprunter des terres aux
propriétés riveraines, si au contraire il y avait excès du remblai sur le déblai.

Il est à remarquer que les déblais en général présentent un volume plus
considérable lorsqu'ils ont été fouillés, que lorsqu'ils faisaient partie inté-
grante du sol; ce fait est principalement remarquable en ce qui concerne certaines roches, qui, après leur séparation en fragments plus ou moins divisés,
croissent du dixième au sixième de leur volume primitif et même quelquefois
au-delà; bien que, selon toute probabilité, après un tassement plus ou moins
complet, les masses de remblai doivent par la suite revenir à peu près à l'état
primitif, il est presque toujours utile d'avoir égard à cette variation, surtout
lorsqu'il s'agit d'exploitation de rochers; car alors l'espace mis à nu par le déblai étant moindre que celui qu'occupaient les mêmes terres au remblai, d'une

certaine quantité que l'on nomme *foisonnement*, il est indispensable de prendre ce fait en considération pour évaluer les prix de transport.

Il arrive aussi parfois que le déblai devant être fait dans un sol propre à fournir des matériaux qui peuvent être utilisés à la construction des chaussées d'empierrement ou aux travaux d'art, il faut, malgré la présomption du foisonnement, laisser la masse de déblai plus considérable qu'elle ne devrait réellement l'être dans le cas ordinaire; une expérience faite sur le foisonnement des terres, et la connaissance des matériaux dont on aura besoin, fixeront bien vite sur la différence qui doit exister entre deux masses contiguës de déblai et de remblai qui doivent se combiner ensemble.

Si les différentes masses de déblai et de remblai affectaient des formes régulières à faces planes, leurs volumes s'obtiendraient directement par l'application des principes démontrés dans le chap. II, § IV de la première partie, et la cubature des terrassements ne présenterait en réalité aucune difficulté; mais il n'en est pas ainsi, car la même masse exige le plus souvent, pour être évaluée, une décomposition en un certain nombre de solides élémentaires, dont les volumes calculés séparément, doivent être ensuite réunis pour former le volume total.

2. — La disposition de deux profils en travers de même nature, consécutifs, permet de regarder le solide auquel ils servent de bases, comme étant de toutes parts terminé par des faces planes; et ce solide est alors susceptible de décomposition en prismes, pyramides et pyramides tronquées, dont la somme représente le volume total du solide compris en les deux profils que l'on considère; cette méthode laborieuse, mais d'une rigueur incontestable, peut être modifiée avantageusement sous le rapport du travail, lorsque les surfaces des deux profils sont équivalentes ou ne présentent entr'elles qu'une légère différence; dans ce cas, le volume du solide peut être évalué, sans erreur sensible, par le produit qui résulte de la multiplication de la distance qui sépare les deux profils, par la demi-somme de leurs surfaces, ce solide étant considéré comme un prisme dont les deux profils sont les bases; mais si la différence des deux profils ou des deux bases est considérable, il devient nécessaire et même indispensable d'opérer par voie de décomposition; enfin, il arrive aussi que, de deux profils consécutifs, l'un est en déblai et l'autre en remblai, et alors il existe entre ces profils deux solides de natures différentes, qui doivent être évalués séparément.

3.—Soient ABCD, un profil en déblai et KLMP un second profil en remblai; Fig. 381, p. XXXII
QR, la ligne sur le sol naturel, qui sépare le déblai du remblai et qui se désigne
ordinairement par *ligne de passage*, chacun de ses points, Q, R, étant également connu sous le nom de *point de passage;* on aura le volume du solide
en déblai, compris entre la ligne de passage et le profil ABCD, en évaluant
séparément :

1° La pyramide dont AFGD est la base, et Q le sommet;

2° La pyramide qui a pour base BIJC, et pour sommet le point R ;

3° Enfin le prisme triangulaire FGQIJR.

Quant au volume du solide en remblai, compris entre la même ligne de passage QR et le profil KLMP, il se compose également :

1° De la pyramide triangulaire RLMN ;

2° De la pyramide aussi triangulaire QKOP;

3° Et enfin du prisme triangulaire QKONLR.

Il serait complètement inutile de rappeler ici les différentes formules qui
ont trait à l'évaluation des solides terminés par des faces planes; ceux des
lecteurs qui ne les auraient plus présentes à la mémoire, pouvant avoir recours
au § IV, chap. II de la première partie.

Nous allons admettre que les sections ABCD et KLMP aient une hauteur Fig. 381, p. XXXII
égale :

$$IJ = FG = KO = LN,$$

FI ou GJ étant d'ailleurs égale à KL, et les espaces DG ou JC représentant la
largeur du fossé qui est ordinairement d'un mètre, vis-à-vis l'arête extérieure
des accotements; nous admettrons de plus que les talus en déblai AD et BC
aient un de base sur un de hauteur, ou ce qui est la même chose, soient inclinés à 45°, c'est-à-dire que l'on ait :

$$AE = ED \text{ et } BH = HC.$$

Quant aux talus en remblai KP et LM, ils seront supposés avoir 33° 41' 24"
d'inclinaison, c'est-à-dire un et demi de base sur un de hauteur, et l'on aura
dans ce cas :

$$MN = OP = LN + \frac{LN}{2} = \frac{3LN}{2}.$$

Représentons enfin par l, la demi-distance comprise entre les deux profils, par x la hauteur IJ ou LN qui leur est commune, et cherchons quelle est, dans ce cas, l'expression de la différence qui existe entre les volumes de déblai et de remblai.

D'abord, de ce que l'on a

$$AE = ED = FG = x,$$

et

$$EF = DG = 1^m,$$

il en résulte que la base AFGD de la première pyramide peut être exprimée par

$$\frac{x^2}{2} + x = \frac{x^2 + 2x}{2};$$

et si l'on remarque que la seconde pyramide en déblai a une base égale, on en conclura que le volume des deux pyramides réunies, dont la hauteur commune est l, est généralement exprimé par :

$$\frac{l}{3} \frac{x^2 + 2lx}{}\,;$$

et si l'on ajoute à ce dernier résultat le cube du prisme FGQIJR, qui est de

$$FGJI \times \frac{l}{2},$$

on obtiendra pour le volume total de la masse de déblai :

$$\frac{lx^2 + 2lx}{3} + FGIJ \times \frac{l}{2}.$$

Les triangles KPO et LMN, ayant des surfaces égales,

$$\frac{3x}{2} \times \frac{x}{2},$$

leur somme

$$\frac{3x^2}{2},$$

multipliée par un tiers de la hauteur commune, exprimera le cube des deux pyramides en remblai

$$\frac{3x^2}{2} \times \frac{l}{3} = \frac{3lx^2}{6};$$

et si l'on augmente ce dernier résultat du prisme

$$QKONLR = KONL \times \frac{l}{2},$$

on obtiendra le volume du remblai :

$$\frac{3lx^2}{6} + KONL \times \frac{l}{2}.$$

En comparant les expressions des volumes de déblai et de remblai, on s'aperçoit aussitôt que l'égalité des deux prismes permet de les retrancher de part et d'autre sans altérer la différence, et qu'il suffit alors de comparer entr'eux les deux premiers termes de chaque resultat; si l'on appelle E l'excès du déblai sur le remblai, l'on aura :

$$\frac{lx^2 + 2lx}{3} - \frac{3lx^2}{6} = E,$$

puis, en réduisant au même dénominateur et en le supprimant :

$$2lx^2 + 4lx - 3lx^2 = 6E,$$

qui devient, après la réduction et par le changement de tous les signes :

$$lx^2 - 4lx = -6E,$$

qui devient enfin, en divisant tous les termes par l :

$$x^2 - 4x = -\frac{6E}{l}.$$

Cette équation complète du second degré, permet, connaissant la distance comprise entre deux profils consécutifs de natures différentes, de déterminer la cote rouge commune qui leur convient pour que le volume de déblai excède d'une quantité connue celui du remblai; sa résolution donne (Iʳᵉ part., chap. II, § V, n° 3, pag. 72 et 73) :

$$x = 2 \pm \sqrt{-\frac{6E}{l} + 4};$$

et l'on voit ainsi que la question se trouve susceptible de deux solutions, selon que l'on prend le radical positif ou négatif; cette dernière formule

sert à fixer définitivement la ligne de projet la plus convenable sur un nivellement, ainsi que nous allons le faire voir.

Fig. 380, p. XXXII
4. On commencera d'abord par tracer légèrement, au crayon, sur le profil
en longueur une ligne de projet provisoire ABCD, établissant, autant que les
prévisions le peuvent permettre, une masse de remblai à peu près égale à
celle correspondante de déblai; on appliquera, à l'aide de l'échelle et du compas, cette même ligne sur les différents profils en travers dont les superficies,
tant en déblai qu'en remblai, seront provisoirement déterminées d'après leurs
dimensions graphiques; puis enfin ces surfaces combinées entr'elles et avec
les différentes longueurs interceptées entre les profils, feront connaître d'une
manière déjà fort approximative les cubes des masses que comporte cette
ligne; il pourra arriver, et c'est la circonstance la plus heureuse, que les
deux cubes soient égaux, et dans ce cas, la ligne de projet sera définitivement
adoptée; s'il en est autrement, cette ligne doit subir une variation telle que
les cubes de déblai et de remblai se compensent, à moins toutefois que
des circonstances particulières ne s'y opposent.

Nous allons supposer, par exemple, que les calculs de terrasses provisoires
ayant été faits d'après les distances graphiques, suivant une ligne de projet
arbitraire ABCD, aient donné 786.52^m cubes en déblai, et 774.23^m cubes en
remblai, et qu'il s'agisse, en cette circonstance, de fixer une ligne de projet
définitive, qui établisse un excès de 26.29^m cubes du déblai sur le remblai;
on observera d'abord que la masse de déblai 786.52, excédant déjà celle de
déblai 774.23, de 12.29, tout se réduit à augmenter la première de 14^m cubes
seulement; c'est-à-dire que l'on a E = 14..

Il s'agit de faire tourner la droite ABD sur son point milieu B, de telle
sorte que le solide dont la section verticale est AA'B, excède de 14^m cubes celui
qui a pour section DD'B; ou en d'autres termes, tout se réduit à connaître la
quantité linéaire AA' = DD' = x, dont le point A doit être abaissé et par
conséquent le point D élevé, pour satisfaire à cette condition; mais on a,
d'après la supposition précédente, la longueur totale du projet étant 76^m,

$$l = \frac{76}{2} = 38 \text{ et } E = 14.$$

La formule précédente devient donc, par la substitution des valeurs de
E et de l,

$$x = 2 \pm \sqrt{-\frac{6 \times 14}{38} + 4} = 2 \pm \sqrt{1.79} = 2 \pm 1.3379;$$

l'on obtient $x = 3^m 34^c$ en adoptant le signe $+$ et $x = 0^m 66^c$ en prenant le signe $-$.

Dans aucune circonstance, on ne saurait éprouver d'embarras relativement au choix à faire entre ces deux valeurs de x, qui satisfont également à la question.

Ainsi, dans le cas qui nous occupe, on devra abaisser le point A de 0.66^c, et élever d'autant le point D, pour adopter définitivement la ligne de projet A'BD'; d'après cette nouvelle disposition, le volume du solide AA'B à ajouter à la masse en déblai, pourra être facilement évalué, puisqu'il est de :

$$\frac{2.66 \times 0.66 \times 38}{3} + \frac{8 \times 0.66 \times 38}{2} = 122^m 56^c,$$

la largeur de la chaussée à son couronnement étant supposée de 8^m; quant à celui du solide DD'D, qui doit également être porté en augmentation à la masse en remblai, il est de :

$$\frac{0.99 \times 0.66 \times 38}{3} + \frac{8 \times 0.66 \times 38}{2} = 108^m 59.$$

Les deux masses primitives deviendront donc; la première :

$$786.52 + 122.56 = 909.08^c,$$

et la seconde :

$$774.23 + 108.59 = 882.82^c,$$

à très peu près, lorsque les calculs définitifs seront opérés.

On a dû préférer la seconde valeur de x à la première, parce que l'adoption de celle-ci, en élevant le cube des masses, eût augmenté le travail et nécessité un surcroît de dépense.

On a évité, dans cet exemple, d'établir l'égalité entre les masses de déblai et de remblai, parce qu'il arrive fréquemment qu'ayant égard soit au foisonnement, soit à une certaine quantité de matériaux qui peuvent être utilement employés ailleurs qu'au remblai, l'on éprouve le besoin d'établir une différence déterminée entre les deux cubes; il est aisé de voir que la formule précédente renferme explicitement tous les cas, car il est loisible d'affecter à la quantité E, qui peut même devenir négative dans le cas où l'on veut établir un excès de remblai, telles valeurs qu'exigent les différentes circonstances.

5. — Maintenant que la ligne de projet est définitivement adoptée, il reste encore à déterminer avec toute la rigueur mathématique, le cube des terrassements qui jusque là n'a pu être exprimé que d'une manière approximative, les dimensions des différents solides n'ayant été appréciées qu'à l'aide de l'échelle et du compas, tandis qu'il est indispensable de les déterminer numériquement.

La ligne de projet A'BD' se trouvant donc définitivement arrêtée, on devra d'abord calculer sa rampe totale, qui est évidemment de

$$3^m \ 71^c - 2^m \ 29^c = 1^m \ 42^c,$$

puis sa rampe par mètre,

$$\frac{1^m \ 42^c}{76^m} = 0^m \ 01868,$$

et enfin les différentes épaisseurs comprises entre la ligne du sol naturel et celle de projet, pour chacun des points où la première change d'inclinaison; ces différentes épaisseurs, nous l'avons déjà dit, prennent la dénomination de cotes rouges; imaginons, par le point D', la droite D'U, horizontale; par conséquent parallèle à la directrice, et éloignée de cette dernière de la quantité constante $2^m \ 29^c$, il est évident qu'en faisant pour chacun des points du nivellement l'application de la formule :

$$R = rL;$$

puis, qu'en ajoutant à la valeur de R la quantité constante $2^m \ 29^c$, on obtiendra, pour chacun des points du nivellement, la hauteur de la directrice audessus du point correspondant de la ligne de projet; et que, comme l'on connaît déjà, pour le même point celle comprise entre la directrice et le terrain naturel, la différence de ces deux hauteurs exprimera la cote rouge pour ce point; et cette cote sera en déblai ou en remblai, selon que la première de ces hauteurs sera plus grande ou plus petite que la seconde.

Qu'il s'agisse, par exemple, de déterminer la cote rouge pour l'avant-dernier profil, on aura :

$$R = 0^m \ 01868^c \times 8,$$

et elle deviendra :

$$4.88 - 0.01868 \times 8 + 2.29 = 2.44,$$

de même que la cote rouge du second profil sera :

$$4.98 - 0.01868 \times (8 + 11) + 2.29 = 2.34,$$

et ainsi des autres.

On obtiendra généralement la cote rouge pour un certain point, en mul-
tipliant sa distance à l'origine de la ligne de projet, par la pente ou rampe
par mètre de cette ligne, en ajoutant au produit ainsi obtenu la cote du
terrain prise au point de départ, puis enfin en prenant la différence de ce
résultat avec l'ordonnée du terrain naturel, qui correspond au point que
l'on considère.

Les cotes rouges étant calculées pour le profil en longueur, on rapportera
la ligne de projet sur les différents profils en travers, et l'on calculera de même,
pour chacun d'eux, les ordonnées par rapport à la même directrice, et par
suite les cotes rouges correspondantes.

6. — Les différentes dimensions qui viennent d'être calculées, combinées
avec celles déjà fournies par le nivellement, permettent d'obtenir la surface de
chaque profil, à l'exception pourtant de celles des triangles sur les côtés, pour
lesquels une seule dimension, la cote rouge, est connue; il reste donc, cette
épaisseur étant prise pour base de chaque triangle, à déterminer leur hauteur.

Soit le profil en déblai AA'D'D, pour lequel on se propose de déterminer,   Fig. 382, p, XXXII
en ce qui concerne chacun des triangles BAD et B'A'D', les perpendiculaires
AC et A'C'; et d'abord, considérons le triangle BAD, dans lequel l'inclinaison
du terrain naturel AB est en pente à partir de l'axe.

Prenons $Ac = 1^m$ et menons au point c la verticale bcd; il est évident que
cd, que nous désignerons par r, est la rampe par mètre de la ligne de projet,
tandis que $cb = p$ est la pente par mètre du terrain naturel, et que l'on a,
en cette circonstance,

$$bd = p + r;$$

les triangles ABD et Abd étant semblables, donnent :

$$AC : BD :: Ac : bd,$$

ou

$$AC : BD :: 1 : p + r,$$

d'où l'on tire :

$$AC = \frac{BD}{p+r}. \quad (1)$$

Ainsi, lorsque le projet est en déblai et que le terrain naturel est en pente,
la perpendiculaire est égale à la cote rouge divisée par la pente par mètre
du terrain naturel, augmentée de la rampe par mètre de la ligne de projet;

et si l'on remarque que, dans les circonstances ordinaires, les talus en déblai ont un mètre de rampe par mètre, l'expression précédente deviendra :

$$AC = \frac{BD}{p+1};$$

et si l'on suppose enfin $p = 0$, ou que le terrain naturel soit de niveau, il en résulte :

$$AC = \frac{BD}{1} = BD.$$

Fig. 382, p. XXXI

7. — Qu'il s'agisse ensuite d'obtenir l'expression de la perpendiculaire A'C', dans le cas où la ligne de projet A'D' étant toujours une rampe, le terrain naturel A'B' en est une également ; dans ce cas, A'c' étant égale à l'unité linéaire, $c'd'$ est la rampe par mètre de la ligne de projet, que nous désignerons toujours par r, et $c'b'$ celle du terrain naturel, que nous appellerons r' ; les triangles A'B'D' et A'b'd' étant semblables, donnent :

$$A'C' : B'D' :: A'c' : b'd',$$

ou

$$A'C' : B'D' :: 1 : r - r',$$

puisque

$$b'd' = c'd' - c'b' = r - r';$$

et en tirant la valeur de A'C', l'on a :

$$A'C' = \frac{B'D'}{r - r'} : (2)$$

c'est-à-dire que lorsque le projet est en déblai et que le sol naturel est en rampe, la perpendiculaire est égale à la cote rouge divisée par la rampe par mètre de la ligne de projet diminuée de celle du terrain naturel ; et si, comme précédemment, l'on admet $r = 1$, cette dernière expression devient :

$$A'C' = \frac{B'D'}{1 - r'};$$

et enfin lorsque $r' = 0$, ou que le sol naturel est de niveau, on a :

$$A'C' = \frac{B'D'}{1} = B'D'.$$

8. — Supposons maintenant un profil en remblai, et proposons-nous d'obtenir l'expression générale de la perpendiculaire du triangle en talus, dans les deux mêmes cas qui viennent d'être traités pour le déblai; la verticale *bcd* étant toujours à un mètre du point A, $dc = p$ sera la pente par mètre de la ligne de projet, tandis que $bc = r$ sera la rampe par mètre du terrain naturel; on aura évidemment :

$$bd = p + r,$$

et la similitude des triangles ADB et A*db* permettra d'établir la proportion :

$$AC : BD :: Ac : bd,$$

ou

$$AC : BD :: 1 : p + r,$$

qui donne :

$$AC = \frac{BD}{p + r} : (3)$$

ce qui fait voir que, lorsque le projet est en remblai et que le terrain naturel est en rampe, la perpendiculaire est égale à la cote rouge divisée par la pente par mètre de la ligne de projet augmentée de la rampe par mètre du terrain naturel.

Et comme l'on a le plus ordinairement :

$$Ac = dc + \frac{dc}{2} = \frac{3dc}{2},$$

il en résulte :

$$\frac{3dc}{2} = 1 \text{ ou } 3dc = 2,$$

ou enfin :

$$dc = \frac{2}{3} = 0,6666\ldots\ldots = p \,;$$

et l'on a enfin, en mettant à la place de p sa valeur, dans la formule précédente,

$$AC = \frac{BD}{0.6666 + r}.$$

Enfin, en supposant le terrain naturel de niveau, ou $r = 0$, la même expression devient :

$$AC = \frac{BD}{0.6666.} = \frac{BD}{\frac{2}{3}} = \frac{3BD}{2}.$$

Fig. 383, p. XXXII

9. — La ligne de projet étant toujours en pente, si le terrain naturel l'est également, les deux triangles $A'D'B'$ et $A'd'b'$ n'en sont pas moins semblables, et l'on a dans cette nouvelle circonstance :

$$A'C' : B'D' :: A'c' : b'd',$$

et comme

$$b'd' = d'c' - b'c' = p - p',$$

en appelant p la pente par mètre de la ligne de projet, et p', celle du terrain naturel, la proportion devient :

$$A'C' : B'D' :: 1 : p - p';$$

l'on a :

$$A'C' = \frac{B'D'}{p - p'} ; \quad (4)$$

et l'on en conclut que, dans ce cas, la perpendiculaire est égale à la cote rouge divisée par la différence des pentes par mètre de la ligne de projet et du terrain naturel.

Dans le cas ordinaire où la rampe du talus est de un et demi de base pour un de hauteur, l'expression générale devient :

$$A'C' = \frac{B'D'}{0.6666. - p'};$$

et en supposant enfin $p' = 0$, ou le terrain naturel de niveau, elle se transforme en

$$A'C' = \frac{B'D'}{0.6666...} = \frac{B'D'}{\frac{2}{3}} = \frac{3B'D'}{2}.$$

En appliquant à propos les quatre formules qui précèdent, l'on obtiendra immédiatement, soit dans le cas de déblai, soit dans celui de remblai, et quelle que soit du reste l'inclinaison de la ligne de projet par rapport à celle du sol naturel, les perpendiculaires abaissées des sommets A et A' sur les cotes rouges BD et $B'D'$, prolongées dans l'un ou l'autre sens s'il est nécessaire; puis il sera facile de calculer les surfaces des triangles ABD et $A'B'D'$, qui, ajoutées à celles des trapèzes BDEF et $B'D'EF$, fourniront la surface de chaque profil dans son entier.

Les dimensions des profils étant ainsi calculées avec autant d'approxima-

tion qu'on le jugera convenable, on recommencera les calculs des terrassements, qui seront alors définitifs.

10. — Il nous reste encore à parler du cas où deux profils consécutifs sont
de nature différente, c'est-à-dire l'un en déblai et l'autre en remblai, comme
il arrive aux profils n°ˢ 6 et 7, fig. 380; il existe alors une ligne de démarcation
transversale, droite ou brisée, séparative des deux solides, formant un angle
plus ou moins prononcé avec l'axe du chemin, et que l'on désigne par *ligne de
passage,* ses différents points étant également connus sous la même dénomination.

Soit $EF = a$, la distance qui sépare deux profils consécutifs; AC et BD   Fig. 381, p. XXXII
leurs cotes rouges; G le point de passage; $GF = x$ la distance de ce point
au profil F, distance dont il s'agit de déterminer l'expression générale; d'après
les annotations admises, l'on aura :

$$EG = a - x.$$

La similitude des triangles GAC et GDB permet d'établir :

$$CA : EG :: BD : GF,$$

ou

$$CA : a - x :: BD : x,$$

de laquelle on tire :

$$x = \frac{a \times BD}{CA + BD}.$$

*La distance d'un certain profil au point de passage est donc égale au
produit de la cote rouge de ce profil par la distance comprise entre les
deux profils consécutifs, divisé par la somme des cotes rouges de ces deux
mêmes profils.*

Cette formule ayant fait connaître les longueurs des solides pour chacun
des points où cela paraîtra convenable, il sera également aisé d'évaluer les
différents solides à une seule base.

11. — Tout ce qui vient d'être dit à l'égard de la cubature des terrasses,
s'applique généralement à tous les cas; mais, il faut en convenir, cette méthode est d'une application lente et pénible; on a cherché, dans ces derniers
temps, des moyens plus expéditifs pour arriver au même but; de toutes les
méthodes employées jusqu'à ce jour, les tables dressées par ordre de M. le
Directeur-général des ponts et chaussées, semblent avoir le mieux rempli le

but que l'on s'est proposé; ces tables présentent immédiatement, pour un profil en travers donné, les surfaces de déblai et de remblai à droite et à gauche de l'axe, lorsqu'on connaît la pente ou la rampe par mètre du terrain naturel; mais alors il est nécessaire qu'il ne soit composé que de deux inclinaisons formant nœud sur l'axe même du chemin; cette régularité, qui se rencontre parfois lorsque l'assiette est établie sur un sol nouveau, devient extrêmement rare dans les cas de redressement, et disparaît totalement lorsqu'il s'agit de simples élargissements; on est donc presque toujours entraîné par les circonstances, à suivre la méthode des cubatures exactes ou celle des sections moyennes, établies sur les dimensions rigoureuses des profils en travers, dont les surfaces peuvent être calculées d'après les méthodes géométriques et avec les tables de multiplication ordinaires.

Nous renvoyons ceux de nos lecteurs qui voudraient se familiariser avec les méthodes abrégées, *aux tables lithographiées de M. Fourier*, ou mieux encore, *aux tables nouvelles pour abréger divers calculs relatifs aux projets de routes, particulièrement des calculs de terrases et des plans parcellaires, par M. Léon Lalanne, ingénieur des ponts et chaussées;* ces deux ouvrages sont précédés d'instructions relatives à leur disposition et à leur emploi.

12. — Les surfaces des profils en travers, lorsque le terrain naturel n'a qu'une seule inclinaison ou même deux dont le sommet se trouve situé sur l'axe du chemin, peuvent être obtenues directement de différentes manières, et exprimées par des formules générales.

Fig. 385, p. XXXII

Nous supposerons que la droite ED passe par les arêtes extérieures des accotements, le point E, pris sur l'axe, se trouvant un peu au-dessus du fond de l'encaissement dont le déblai est destiné à compléter les terres qui manquent alors aux accottements; nous désignerons, pour abréger, la cote AE prise sur l'axe, par h; h' désignera la cote BD prise à la fois sur l'arête extérieure du fossé et sur le prolongement de ED, que nous désignerons par L; enfin r sera la rampe par mètre du terrain AC, dans cette circonstance : imaginons au point B l'horizontale BF; au point F, la verticale FG; au point G, l'horizontale GH; au point H, la verticale HI, etc...; il est évident que, d'après cette construction, le triangle BCD se trouve décomposé en deux suites de triangles dont les premiers qui ont leurs angles droits en B, G, etc., sur la droite AC, et leurs hypoténuses DF, FH, etc., situées sur DC, sont respectivement semblables entr'eux; tandis qu'il en est de même de ceux qui ont leurs angles droits en F, H, etc., sur DC, et leurs hypoténuses BG, GI, etc., situées sur la droite AC; considérons en premier lieu ceux dont les angles droits B, G, etc., sont sur la droite AC.

L'inclinaison CD du talus étant de un sur un, ou de 45°, il en résulte que le triangle DBF est isoscèle, et que l'on a en conséquence :

$$BD = BF = h';$$

la rampe par mètre du terrain naturel étant r, celle totale pour une longueur $BF = h'$, sera $rh' = GF$; et parce que le triangle GHF est isoscèle, l'on a :

$$FG = GH = rh';$$

on trouvera de la même manière que les triangles suivants ont pour côtés :

$$r^2h', \; r^3h', \; r^4h', \; \text{etc.....,}$$

et la surface de chaque triangle pourra facilement être déterminée en fonction des quantités r et h; ainsi l'on aura :

$$DBF = h' \times \frac{h'}{2} = \frac{h'^2}{2} \; ; FGH = rh' \times \frac{rh'}{2} = \frac{r^2h'^2}{2} \; ;$$

$$HIC = r^2h' \times \frac{r^2h'}{2} = \frac{r^4h'^2}{2},$$

et ainsi de suite; mais ces différentes surfaces ont entr'elles une relation facile à saisir; en effet, la seconde se compose de la première multipliée par r^2; la troisième, du produit de la seconde par la même quantité r^2, et ainsi de suite; on a donc, r^2 étant toujours une fraction, la progression géométrique décroissante :

$$\div \frac{h'^2}{2} : \frac{r^2h'^2}{2} : \frac{r^4h'^2}{2} : \frac{r^6h'^2}{2} : \frac{r^8h'^2}{2} : \text{etc.....,}$$

dont il sera facile de déterminer la somme de tous les termes en se rappelant (Ire part., chap. I, § VII, n° 15, pag. 107) que cette somme est égale au premier terme :

$$\frac{h'^2}{2},$$

divisé par 1 moins la raison, ou par $1 - r^2$, dans ce cas; désignant donc par

s la somme de toutes les surfaces des triangles de la première série, l'on aura :

$$s = \frac{\dfrac{h'^2}{2}}{1 - r^2} = \frac{h'^2}{2 - 2r^2}.$$

Puis il sera facile de reconnaître que la surface du triangle BFG est de :

$$\mathrm{BF} \times \frac{\mathrm{GF}}{2} = h' \times \frac{rh'}{2} = \frac{rh'^2}{2}$$

que celle du triangle

$$\mathrm{GHI} = \mathrm{GH} \times \frac{\mathrm{IH}}{2} = rh' \times \frac{r^2 h'}{2} = \frac{r^3 h'^2}{2},$$

et ainsi des autres, ce qui constitue la nouvelle progression décroissante :

$$\div \frac{rh'^2}{2} : \frac{r^3 h'^2}{2} : \frac{r^5 h'^2}{2} : \frac{r^7 h'^2}{2} : \frac{r^9 h'^2}{2} : \text{etc...},$$

dans laquelle r^2 est également la raison, et qui donnera, par l'application du même principe qui vient d'être mis en usage pour la précédente, s' désignant la somme de tous ses termes :

$$s' = \frac{\dfrac{rh'^2}{2}}{1 - r^2} = \frac{rh'^2}{2 - 2r^2};$$

et si l'on remarque que la surface S de la figure ACDE se compose de celles du trapèze ABDE, de celle f du fossé situé au-dessous de ED, et enfin des deux sommes s et s' des triangles dont il vient d'être parlé, on aura :

$$\mathrm{S} = f + \mathrm{L}\left(\frac{h + h'}{2}\right) + \frac{h'^2 + rh'^2}{2 - 2r^2} = f + \mathrm{L}\left(\frac{h + h'}{2}\right) + \frac{h'^2(1 + r)}{2(1 - r^2)}. \quad (1)$$

Il est à remarquer que, lorsque la verticale $\mathrm{AE} = 0$, le trapèze ABDE se réduit à un triangle; et que le résultat ainsi obtenu n'en est pas moins exact.

Soient $h = 1^m 2$, $h' = 2^m 4$, ces deux cotes étant éloignées l'une de l'autre de 5^m, on aura :

$$r = \frac{2.4 - 1.2}{5} = 0.24,$$

et la formule deviendra, la section du fossé ayant 0.22 de surface :

$$\mathrm{S} = 0.22 + 5 \times \frac{1.2 + 2.4}{2} + \frac{5.76 \times 1.24}{2(1 - 0.06)} = 9.22 + \frac{7.14}{1.88}$$

$$= 9.22 + 3.80 = 13^m 02^c.$$

Fig. 385, p. XXXII

13. — Le terrain naturel AC est en pente; les mêmes annotations que dans le cas précédent étant admises, il s'agit de déterminer l'expression de la surface de déblai ABCDE, en fonction des cotes BD $= h'$, AE $= h$ et de la pente par mètre du terrain naturel, que nous désignerons par p; la rampe DC du talus étant inclinée à 45° comme dans le cas qui précède, on peut par le point B mener l'horizontale BF jusqu'à sa rencontre avec la ligne du talus prolongée, puis du point F abaisser la verticale FG, tracer l'horizontale GH, la verticale HI, etc., et l'on obtiendra les deux mêmes suites de triangles que dans la construction précédente; seulement ils excéderont les limites du triangle BCD.

La surface du trapèze ABDE pouvant être directement obtenue à l'aide des cotes h et h' et de la longueur L qui les sépare, et la surface de la section du fossé étant d'ailleurs connue, on ne doit plus s'attacher qu'à déterminer l'aire du triangle BCD; mais l'inspection seule de la figure fait parfaitement comprendre qu'en cette circonstance l'on a :

$$BCD = BFD - BFG + FGH - GHI + HIK - \text{etc.} ;$$

c'est-à-dire que la surface du triangle BCD est alors égale à la différence des deux sommes s et s' dont nous connaissons déjà les expressions; on aura donc :

$$S = f + L \left(\frac{h+h'}{2} \right) + \frac{h'^2 - ph'^2}{2 - 2\,p^2} = f + L \left(\frac{h+h'}{2} \right) + \frac{h'^2(1-p)}{2(1-p^2)}; \; (2).$$

Cette formule et la précédente ne diffèrent que par la quantité r, qui se change en p et devient négative au numérateur du dernier terme.

Fig. 386, p. XXXII

14. — Le profil étant en remblai, proposons-nous maintenant de déterminer sa surface, en commençant par le cas où le terrain naturel AC est en pente; alors la pente du talus étant de un de hauteur sur un et demi de base, et la décomposition du triangle BDC, opérée comme dans les deux cas déjà analysés, il sera facile d'obtenir l'expression algébrique des deux séries de triangles, formant également deux progressions décroissantes dont les termes et la raison diffèrent pourtant des quantités correspondantes prises dans celles déjà connues, en raison de l'inclinaison du talus, qui n'est plus la même.

Dans le triangle BDF, on a :

$$BD = h' \text{ et } BF = h' + \frac{h'}{2} = \frac{3h'}{2};$$

la pente par mètre du terrain étant p, la pente totale pour une longueur

$$\frac{3h'}{2}$$

sera de

$$\frac{3ph'}{2} = GF;$$

et comme la ligne GH est égale en longueur à une fois et demi GF, l'on aura :

$$GH = \frac{3ph'}{2} + \frac{3ph'}{4} = \frac{6ph'}{4} + \frac{3ph'}{4} = \frac{9ph'}{4},$$

et l'on aura :

$$IH = \frac{9ph'}{4} \times p = \frac{9p^2h'}{4},$$

puis :

$$IK = \frac{9p^2h'}{4} + \frac{9p^2h'}{8} = \frac{18p^2h'}{8} + \frac{9p^2h'}{8} = \frac{27p^2h'}{8};$$

et en continuant ainsi, l'on obtiendra l'expression de chacune des dimensions des triangles élémentaires qui constituent le triangle BCD, dont il s'agit de déterminer la surface.

Ceci posé, le triangle DBF de la première suite, a pour expression :

$$h' \times \frac{3h'}{4} = \frac{3h'^2}{4};$$

le second triangle :

$$FGH = \frac{3ph'}{2} \times \frac{9ph'}{8} = \frac{27p^2h'^2}{16};$$

le troisième aurait pour surface :

$$\frac{243p^4h'^2}{64}$$

et ainsi des autres ; on a donc la progression décroissante :

$$\div \frac{3h'^2}{4} : \frac{27p^2h'^2}{16} : \frac{243p^4h'^2}{64} : \text{etc.,}$$

dans laquelle la raison est

$$\frac{9p^2}{4},$$

et la somme de tous les termes que nous appelons s, peut être aussitôt déterminée et devient :

$$s = \frac{\dfrac{3h'^2}{4}}{1 - \dfrac{9p^2}{4}} = \frac{3h'^2}{4} \times \frac{4}{4 - 9p^2} = \frac{3h'^2}{4 - 9p^2}.$$

Considérons maintenant la seconde suite de triangle; le premier, BFG a pour expression

$$\frac{3h'}{2} \times \frac{3ph'}{4} = \frac{9ph'^2}{8};$$

le second,

$$GHI = \frac{9ph'}{4} \times \frac{9p^2h'}{8} = \frac{81p^3h'^2}{32};$$

le troisième serait exprimé par

$$\frac{729p^5h'^2}{128},$$

et ainsi des autres, et il en résultera la progression :

$$\therefore \frac{9ph'^2}{8} : \frac{81p^3h'^2}{32} : \frac{729p^5h'^2}{128} : \text{etc.....,}$$

de laquelle il ne restera plus qu'à déterminer la somme de tous les termes, la raison étant également

$$\frac{9p^2}{4},$$

et l'on aura, en opérant comme pour la progression qui précède :

$$s' = \frac{\dfrac{9ph'^2}{8}}{1 - \dfrac{9p^2}{4}} = \frac{9ph'^2}{8} \times \frac{4}{4 - 9p^2} = \frac{36ph'^2}{32 - 72p^2} = \frac{9ph'^2}{8 - 18p^2};$$

puis enfin la surface totale ABCDE sera :

$$S = L\left(\frac{h + h'}{2}\right) + \frac{3h'^2}{4 - 9p^2} + \frac{9ph'^2}{8 - 18p^2} = L\left(\frac{h + h'}{2}\right)$$

$$+ \frac{6h'^2 + 9ph'^2}{8 - 18p^2} = L\left(\frac{h + h'}{2}\right) + \frac{h'^2(6 + 9p)}{8 - 18p^2}, (3)$$

soient :

d'où

$$h = 1^m 22, \; h' = 2^m 33, \; L = 4^m,$$

$$p = \frac{2.33 - 1.22}{4} = 0.2777.$$

On obtiendra dans ce cas particulier :

$$S = 4 \left(\frac{1.22 + 2.33}{2} \right) + \frac{5.43 (6 + 2.50)}{6.59} = 7.10 + \frac{46.155}{6.59}$$

$$= 7.10 + 7.00 = 14^m 10.$$

Fig. 386, p. XXXII **15.** — Il nous reste encore à analyser la solution du cas où le projet étant toujours en remblai, le terrain naturel AC est en rampe de r par mètre; après avoir opéré une construction analogue à celle qui précède, l'inspection seule de la figure fait voir clairement que l'on a la relation suivante entre les différents triangles :

$$BCD = BFD - BFG + FGH - GHI + HIK - \text{etc.},$$

c'est-à-dire que la surface BCD, qu'il s'agit de déterminer, est précisément égale à la différence qui existe entre les sommes de tous les termes des deux suites, et l'on peut conclure dans ce cas, que

$$S = L \left(\frac{h + h'}{2} \right) + \frac{3h'^2}{4 - 9r^2} - \frac{9rh'^2}{8 - 18r^2} = L \left(\frac{h + h'}{2} \right)$$

$$+ \frac{6h'^2 - 9rh'^2}{8 - 18r^2} = L \left(\frac{h + h'}{2} \right) + \frac{h'^2 (6 - 9r)}{8 - 18r^2} . \; (4)$$

Si l'on a, par exemple :

$$h = 2^m 24^c, \; h' = 0^m 98^c,$$

on en conclura d'abord

$$r = \frac{2.24 - 0.98}{4} = 0.315 ;$$

puis la formule (4) deviendra par la substitution de ces valeurs :

$$S = 4 \left(\frac{2.24 + 0.98}{2} \right) + 0.96 \left(\frac{6 - 2.835}{8 - 1.786} \right),$$

ou en achevant les calculs,

$$S = 6.44 + \frac{3.038}{6.214} = 6.44 + 0.49 = 6.93.$$

Telles sont les quatre formules générales au moyen desquelles on peut calculer immédiatement les surfaces de déblai et de remblai d'un même côté de l'axe; mais il faut essentiellement, pour qu'elles soient applicables, nous le répétons encore, que le terrain naturel ne forme qu'une seule pente ou qu'une seule rampe d'un même côté de l'axe; s'il en était autrement, les suites décroissantes sur lesquelles les démonstrations qui précèdent sont fondées, n'existeraient plus, et chaque cas particulier exigerait un type d'opération qui lui serait spécial, à défaut de formules générales qui n'existent pas.

Enfin l'on peut, quelle que soit l'irrégularité d'un profil, calculer directement sa surface au moyen de la formule (chap. I, § II, n° 5, pag. 21); mais alors il est bien de supposer, pour chaque profil, la directrice située le plus bas possible, afin d'opérer sur des nombres moins considérables.

16. — Les calculs de terrasses peuvent être présentés de différentes manières; les douze premières colonnes du tableau suivant, qui en résument toutes les opérations, en permettant de les faire avec ordre et méthode, offrent de plus l'avantage d'une vérification simple et facile aux personnes même les moins habituées à ces sortes de calculs.

Les colonnes n°ˢ 13, 14, 15, 16 et 17 sont disposées pour recevoir les différents cubes d'après leur nature, suivant les classifications faites au croquis visuel et qui n'y ont été indiquées que d'après des fouilles pratiquées dans le terrain même; du n° 17 au n° 28, on indique l'emploi des différents cubes, avec ou sans foisonnement.

(Voir le Tableau d'autre part.)

Numéros des profils.	DÉSIGNATION des FIGURES.	DIMENSIONS.		SURFACES				LONGUEURS entre les profils		CUBES		CLASSIFICATION suivant les diverses	
		Longueur.	Largeur.	Partielles.	Par profils.	Totales.	Moyennes.	Réelles.	Auxiliaires.	en déblais pour chaque profil.	en remblais pour chaque profil.	Terre ordinaire.	Pioche montaise.
1	2	3	4	5	6	7	8	9	10	11	12	13	14
1	Triangle à droite.....	1.36	0.68	0.92	17.22								
	Rectangle id......	5.00	1.36	6.80									
	Trapèze à gauche...	5.00	1.50	7.80									
	Triangle id........	1.77	0.96	1.70									
						30.22	15.11	9.00	»	135.99	» »	135.99	» »
2	Triangle à droite.....	1.02	0.46	0.47	13.00								
	Trapèze id.........	5.00	1.29	6.45									
	Trapèze à gauche...	5.00	1.17	5.85									
	Triangle id........	0.79	0.29	0.23									
2	....	» »	» »	» »	13.00								
3	Triangle à droite.....	1.88	0.94	1.77	22.96	35.96	17.98	7.00	»	125.86	» »	125.86	» »
	Trapèze id...,...,.	5.00	1.88	9.40									
	Trapèze à gauche...	5.00	1.94	9.70									
	Triangle id........	2.01	1.04	2.09									
3	....	» »	» »	« »	22.96								
4	Profil dans son ensemble...............	12.44	2.44	» »	30.35	53.31	26.65	4.00	»	106.60	» »	106.60	» »
4	....	» »	» »	» »	30.35								
5	Triangle à droite.....	1.57	0.74	1.16	31.39	61.74	30.87	7.00	»	216.09	» »	89.80	100.00
	Trapèze id.........	5.00	1.69	8.45									
	Trapèze à gauche....	5.00	2.62	13.10									
	Triangle id........	3.43	2.53	8.68									
5	....	» »	» »	» »	31.39								
6	Triangle à droite.....	0.57	0.21	0.12	20.14	51.53	25.76	6.00	»	154.56	» »	77.28	38.64
	Trapèze id........	2.00	0.91	1.82									
	Rectangle au milieu.	4.00	1.25	5.00									
	Trapèze à gauche...	3.00	2.33	6.99									
	Triangle id........	3.41	1.82	6.21									
6	....	» »	» »	» »	20.14								
7	Triangle à gauche...	3.12	1.00	3.12	17.35	37.49	18.74	7.00	»	131.18	» »	100.00	» »
	Rectangle id........	3.00	3.12	9.36									
	Triangle id........	3.12	1.56	4.87									
7	Triangle à droite.....	1.73	0.45	0.78	2.16	» »	1.08	».00	2.68	» »	2.89	» »	» »
7	Trapèze id..........	2.60	0.69	1.38									
7	Rectangle id........	2.00	0.48	0.96	» »	» »	0.48	».00	1.93	» »	0.93	» »	» »
	A reporter......	....	....	....	....	....	....	40.00		870.28	3.82	635.53	138.64

dans la longueur répondant à chaque profil	EXCÈS DES CUBES des déblais sur les remblais,		EXCÈS DES CUBES des remblais sur les déblais,		DÉBLAIS en excès		Emprunts pour remblais.	INDICATION des lieux d'emploi ou de dépôt des déblais en excès. — OBSERVATION sur les remblais.	NOMBRE des mètres cubes transportés		Distances moyennes des transports.
	Par profil.	Par suite non interrompue de profils.	Par profil.	Par suite non interrompue de profils.	à porter en remblais sur le chemin.	à porter en dépôt ou réserves p.un autre usage.			au jet de pelle.	à	
20	21	22	23	24	25	26	27	28	29	30	31
» »	135.99	» »	» »	» »	135.99	» »					
» »	125.86	» »	» »	» »	125.86	» «					
» »	106.60	» »	» »	» »	106.60	» »					
		840.17									
» »	189.80	» »	» »	» »	189.80	*26.29	»	*A déposer aux abords du chemin, pour servir plus tard à la confection de l'empierrement.			
» »	154.56	» »	» »	» »	154.56	» »					
3.82	127.36	» »	» »	» »	127.36	» »					
» »	» »	» »	» »	» »	» »	» »					
» »	» »	» »	» »	» »	» »	» »					
3.82	840.17	840.17	» »	» »	840.17	26.29					

Numéros des profils.	DÉSIGNATION des FIGURES.	DIMENSIONS.		SURFACES				LONGUEURS entre les profils		CUBES		CLASSIFICATION suivant les diverses na	
		Longueur.	Largeur.	Partielles.	Par profils.	Totales.	Moyennes.	Réelles.	Auxiliaires.	en déblais pour chaque profil.	en remblais pour chaque profil.	Terre ordinaire.	Pioche montaise.
1	2	3	4	5	6	7	8	9	10	11	12	13	14
	Report......	....	....	....		....		40.00		870.28	3.82	635.53	138.64	90
7	A gauche de l'axe...	» »	» »	» »	17.35		8.67	» »	4.36	37.80	» »	37.80	» »
7	A droite de l'axe.....	» »	» »	» »	3.12								
8	Triangle à droite.....	5.81	4.35	25.27		61.85	30.92	7.00	» »	» »	216.44	» »	» »
	Rectangle id........	4.00	5.81	23.24	58.73								
	Rectangle à gauche..	4.00	1.89	7.56									
	Triangle id........	1.89	1.41	2.66									
8	....	» »	» »	» »	58.73								
9	Triangle à droite....	2.40	1.80	4.32		79.20	39.60	5.00	» »	» »	198.00	» »	» »
	Trapèze id..........	2.00	2.14	4.28									
	Rectangle id........	2.00	2.12	4.24	20.47								
	Trapèze à gauche....	2.00	2.94	3.88									
	Autre trapèze id......	2.00	1.47	2.94								v	
	Triangle à gauche...	1.37	0.59	0.81									
9	....	» »	» »	» »	20.47								
10	Triangle à droite....	3.51	1.17	4.11		45.31	22.65	5.00	» »	» »	113.25	» »	» »
	Rectangle id........	4.00	2.34	9.36									
	Trapèze à gauche....	2.00	2.17	4.34	24.84								
	Rectangle id........	2.00	2.01	4.02									
	Triangle id........	3.01	1.00	3.01									
10	....	» »	» »	» »	24.84								
11	Triangle à droite....	2.91	0.97	2.82		45.09	22.54	11.00	» »	» »	247.94	» »	» »
	Rectangle id........	2.00	1.94	3.88									
	Trapèze id.........	2.00	2.41	4.82	20.25								
	Trapèze à gauche....	2.00	2.41	4.82									
	Autre trapèze id......	2.00	1.71	3.42									
	Triangle id......	1.04	0.47	0.49									
11	....	» »	» »	» »	20.25								
12	Triangle à gauche...	1.65	0.84	1.39		25.84	12.92	8.00	» »	» »	103.36	» »	» »
	Rectangle id........	2.00	1.68	3.36	5.59								
	Triangle id........	1.68	0.50	0.84									
12	Triangle à droite.....	0.35	0.17	0.05			0.92	» »	1.11	1.02	» »	1.02	» »
	Rectangle id........	5.00	0.35	1.75	1.85								
	Triangle à gauche...	0.35	0.17	0.05									
	TOTAUX......	....	....	....		....		76.00	» »	909.10	882.81	674.35	138.64	90

dans la longueur répondant à chaque profil	EXCÈS DES CUBES des déblais sur les remblais,		EXCÈS DES CUBES des remblais sur les déblais,		DÉBLAIS en excès		Emprunts pour remblais.	INDICATION des lieux d'emploi ou de dépôt des déblais en excès. — OBSERVATION sur les remblais.	NOMBRE des mètres cubes transportés		Distances moyennes des transports.
	Par profil.	Par suite non interrompue de profils.	Par profil.	Par suite non interrompue de profils.	à porter en remblais sur le chemin.	à porter en dépôt ou réservés p' un autre usage.			au jet de pelle.	à 34.18	
0	21	22	23	24	25	26	27	28	29	30	31
.82	840.17	840.17	» »	» »	840.17	26.29					
.80	» »	» »	» »	» »	» »	» »					
» »	» »	» »	» »	178.64	» »	» »					
» »	» »	» »	» »	198.00	» »	» »					
» »	» »	» »	» »	113.25	737.88	» »					
» »	» »	» »	» »	247.94	» »	» »					
» »	» »	» »	» »	102.34	102.34	» »					
1.02	» »	» »	» »	» »	» »	» »					
2.64		840.17	840.17	840.17	840.17	26.29			42.64	840.17	34

La colonne n° 19 contient les cubes de celle n° 11, augmentés du foisonnement s'il y a lieu, celui-ci étant porté dans celle n° 18.

Toutes les fois qu'il existe en même temps déblai et remblai entre deux profils consécutifs, il peut arriver trois cas : ou la masse de déblai et celle de remblai sont équivalentes, et l'une est détruite en entier par l'autre au moyen d'un transport qui se réduit au simple jet de pelle ; ou le déblai, plus considérable que le remblai, ne peut être employé qu'en partie sans transport ; ou enfin la masse de déblai, de beaucoup inférieure à celle de remblai, ne peut la détruire qu'en partie au jet de pelle, le surplus devant être extrait hors de l'assiette du chemin.

Les colonnes 20, 21, 22, 23 et 24 sont disposées pour y consigner ces différentes circonstances ; celle n° 21 indique les différentes masses de déblai qui, n'ayant pu être employées au jet de pelle, sont destinées, à l'aide de transports qu'il s'agit de déterminer, à opérer les remblais indiqués à la colonne n° 23, et qui n'ont pu être faits au jet de pelle.

La comparaison des quantités contenues dans ces deux colonnes, fait connaitre celles qu'il convient d'attribuer aux n°ˢ 25, 26 et 27.

Fig. 380 et 387, pl. XXXII. **17.** — Il reste encore à déterminer les distances auxquelles les quantités portées à la colonne n° 21, diminuées toutefois de celles contenues dans le n° 26, doivent être transportées sur le chemin, à l'effet d'y combler les vides consignés dans la colonne n° 23 ; les colonnes n°ˢ 29 à 31 sont préparées pour recevoir ces différentes distances, qui s'obtiendront ainsi qu'il suit.

D'abord, la colonne n° 29 sera évidemment remplie par le résultat de celle n° 20 ; quant aux autres, elles nécessitent de nouvelles recherches auxquelles nous allons nous livrer. Il est clair que si l'on connaissait le centre de gravité de la masse en déblai, dont le transport doit être effectué, et que l'on connût de même le centre de gravité de l'espace que doit occuper cette même masse après son transport, la distance comprise entre ces deux points serait rigoureusement celle applicable à la masse entière, car les masses de déblai et de remblai peuvent être, l'une et l'autre, considérées comme étant respectivement réunies à chacun de ces points, dont il s'agit de déterminer la position.

Considérons, en premier lieu, le solide en déblai compris entre les profils n°ˢ 1 et 2, porté à 135ᵐ 99ᶜ dans la colonne n° 21 du tableau, et réduisons-le à un solide régulier équivalent, dont il sera plus facile de trouver le centre de gravité ; le profil n° 1, dont la surface est 17.22, peut être transformé en un rectangle ayant 10ᵐ de base sur 1.722 de hauteur, de même que le profil

n° 2, dont la surface est 13.00, est équivalent au rectangle qui a pour base 10ᵐ
et pour hauteur 1ᵐ 30ᶜ; et le solide qui aurait pour bases ces deux rectangles,
est équivalent à celui dont les deux bases sont les profils tels qu'ils sont donnés
par le nivellement; ces deux solides ayant la hauteur connue 9ᵐ et des bases
équivalentes, prenons, sur une droite indéfinie, une longueur de 9ᵐ égale à   Fig. 387, p. XXXII
celle qui sépare les deux profils dont il s'agit; puis élevons, aux points nᵒˢ 1 et 2,
des perpendiculaires respectivement égales à 1ᵐ 722 et 1.300; il est évident
que le solide compris entre les deux premiers profils, sera équivalent à celui
qui aurait pour base le trapèze (1, 2, 2, 1) et pour hauteur 10ᵐ; mais ce dernier solide est lui-même décomposable en deux autres, savoir : en un parallélipipède dont les bases rectangulaires ont 9ᵐ de longueur sur 1.300 de hauteur, et en un prisme triangulaire qu'il est facile de reconnaître à l'inspection
seule de la figure 387, ces deux nouveaux solides ayant du reste pour hauteur
commune 10ᵐ; or, le centre de gravité du parallélipipède rectangle est situé à
la rencontre de ses diagonales, ou, mieux encore, au milieu de sa hauteur,
c'est-à-dire à 4ᵐ 50ᶜ de l'un ou l'autre des profils entre lesquels il est placé,
tandis que celui du prisme triangulaire ne peut être situé qu'au tiers de la
distance qui sépare les deux profils, à partir du plus grand, c'est-à-dire
à 3ᵐ de celui-ci; on pourra donc supposer la masse entière 135ᵐ 99ᶜ comme
décomposée en deux autres, l'une de 117ᵐ 00ᶜ, appliquée à 4ᵐ 50ᶜ du
profil n° 2; et l'autre de 18ᵐ 99ᶜ, dont le point d'application est à 3ᵐ 00ᶜ du
profil n° 1; c'est-à-dire que ces deux masses peuvent être assimilées à deux
forces parallèles appliquées à deux points différents d'une droite rigide, éloignés l'un de l'autre de

$$9^m\ 00 - 4.50 - 3.00 = 1^m\ 50^c.$$

Mais nous avons vu (Iʳᵉ part., chap. V, n° 8, pag. 331, 332, 333, 334 et
335) que la résultante de deux forces parallèles qui agissent dans le même
sens et qui sont appliquées aux extrémités d'une droite inflexible, est à l'une
de ses composantes, comme la ligne entière est au segment de cette droite,
opposé à la composante que l'on considère; sachant d'ailleurs que la résultante
est égale, dans ce cas, à la somme de ses composantes, il sera facile de déterminer le point d'application par l'une ou l'autre des proportions :

$$135.99 : 18.99 :: 1.50 : x$$

et

$$135.99 : 117.00 :: 1.50 : x';$$

x et x' désignant les segments de la droite d'application, la première donne :

$$x = 0^m 24^c,$$

et la seconde :

$$x' = 1^m 26^c;$$

et il en résulte que la masse totale $135^m 99^c$ doit être considérée comme ayant son point d'application à

$$3.00 + 1.26 = 4^m 26^c$$

du profil n° 1; ou, ce qui revient au même, à

$$4.50 + 0.24 = 4^m 74^c$$

du profil n° 2; il sera facile, en opérant d'une manière absolument analogue, de déterminer les points d'application A, A', A'', A''', A^{IV}, et A^V des différentes masses en déblai; puis, en réduisant de la même manière les deux masses consécutives A et A' en une seule B, celles A'' et A''' en une nouvelle B', et enfin celles A^{IV} et A^V en une autre C', il ne restera plus qu'à chercher le point d'application de la résultante C des forces B et B', et enfin à réduire les deux forces C et C' en une seule D, qui est évidemment le centre de gravité de la masse de déblai à transporter.

Une opération semblable, faite à l'égard du remblai, en détermine le centre de gravité R; et la longueur DR, qui, dans le cas qui nous occupe, est de $34^m 18^c$, exprime la distance du transport, laquelle doit être inscrite dans la colonne qui lui est réservée au tableau des calculs de terrasses.

Pour rendre la chose plus compréhensible, on a réuni dans la figure 387, qui indique graphiquement toutes les opérations, les résultats numériques calculés d'après la méthode qui vient d'être enseignée; il suffira donc d'y avoir recours, en vérifiant soi-même les calculs, pour comprendre parfaitement le mécanisme de cette opération des plus importantes pour arriver à la rédaction d'un projet complet.

18. — C'est ainsi qu'en se basant sur la composition de deux forces parallèles appliquées à une droite inflexible, on établira les distances de transport par suite non interrompue de profils, entre deux masses de natures différentes, qui doivent être combinées ensemble; et cette opération sera faite et arrêtée séparément pour chaque masse de déblai qui trouve son emploi dans une masse correspondante de remblai; mais le même projet peut, et cela arrive presque toujours, comprendre plusieurs masses assujéties à des distances de transport qui ne sont pas les mêmes; de là la nécessité de les réduire à une distance moyenne.

Supposons que l'on ait 96^m 52^c à transporter à 24^m

78	15	id.	36
104	92	id.	42
18	04	id.	48
203	00	id.	70

et que l'on désire connaître la distance moyenne du transport susceptible d'être appliquée à la masse prise dans son ensemble, sans altération dans le travail à faire; on remarquera d'abord que chaque mètre cube de la première masse exigeant un parcours de 24^m, les 96.52 nécessiteront ensemble un déplacement de.................................. 96^{m}52 $\times$ 24 = 2316.48

et le même raisonnement établira pour les masses

suivantes.. 78 15 $\times$ 36 =   2813.40

104 92 $\times$ 42 =   4406.64

18 04 $\times$ 48 =   865.92

203 00 $\times$ 70 = 14210.00

Somme............ 500 63   24612.44

Pour être transportée à sa destination, la masse totale, 500^m 63^c, exigeant un trajet de 24612^m 44^c, il s'ensuit que le déplacement de chaque mètre cube est, en réalité, de

$$\frac{24612.44}{500.63} = 49^m\ 16^c.$$

Ainsi, un certain nombre de masses en déblai devant être séparément transportées à des distances différentes, on les réduira à une distance moyenne de transport, en multipliant à part chaque masse par la distance de transport qui lui est afférente, et en divisant la somme des différents produits ainsi obtenus, par la somme de toutes les masses à réduire, ou par le cube total.

§ III. — FIXATION DES PENTES ET RAMPES SUR LE TERRAIN, LEURS RACCOR-
DEMENTS, CHAUSSÉES D'EMPIERREMENT, CHAUSSÉES PAVÉES.

N° Ier. — Les pentes et rampes se fixent, sur le terrain, à l'aide des cotes fournies par le nivellement en long, au moyen de trois voyants d'égale longueur, dont deux étant placés sur chacun un point déterminé par le nivellement, présentent, par l'alignement que forment leurs parties supérieures, l'épaisseur en déblai ou en remblai qui doit exister vis-à-vis le troisième voyant, qui peut être transporté sur chacun des points de la pente ou de la rampe qu'il s'agit d'arrêter; des piquets de hauteur placés sur les points où le troisième voyant ne peut atteindre l'alignement des deux premiers, indiquent l'épaisseur du remblai à faire, tandis que des trous pratiqués dans le sol, à des profondeurs convenables aux endroits où il se trouve trop élevé, indiquent l'épaisseur du déblai.

F. 388, p. XXXIII. Les deux premiers voyants étant placés sur deux points A et B déterminés d'après le nivellement, le troisième voyant transporté successivement aux points C et D, fait voir ce qu'il y a de déblai à opérer sur le premier, et ce qu'il y a à remblayer sur le second. Plusieurs repères se trouvant ainsi déterminés sur l'axe, il sera facile, au moyen du niveau d'eau, d'obtenir les épaisseurs de déblai et de remblai à droite et à gauche, vis-à-vis chacun de ces points.

2. — Nous avons dit, en parlant du tracé, que les chemins ne peuvent que rarement se continuer en droite ligne suivant de grandes distances, et qu'alors les alignements droits sont raccordés au moyen de courbes auxquelles ils sont tangents; un inconvénient analogue se présente, mais sous un aspect différent, lorsqu'il s'agit de fixer la position de la ligne de projet sur un nivellement de quelque étendue; les inégalités plus ou moins prononcées du terrain naturel s'opposent à ce que l'assiette du projet soit établie sur un même plan, de niveau, en pente ou en rampe, et alors il devient indispensable, pour ne pas dépasser les bornes d'une juste économie, de changer, en certains lieux, l'inclinaison de la ligne de projet; mais alors, pour rendre moins sensible et plus gracieux le passage d'une inclinaison à celle qui lui succède, on les raccorde par un arc parabolique, ou par un arc de circonférence dont le centre est en l'air si la courbe est concave, et au contraire enfoui dans le sol si cette même courbe est convexe; le tracé de ces raccordements offre généralement peu de difficultés d'après ce qui a été dit au sujet des raccordements ordinaires.

F. 389, p. XXXIII. Dans le premier cas, qu'il s'agisse de raccorder une pente et une rampe suivant les tangentes égales BA et AC, le point A étant leur sommet déterminé à l'aide des voyants, on commencera d'abord par fixer au point A, un piquet, dont l'extrémité supérieure D sera précisément sur la droite de jonction des points B et C; l'usage des voyants, qui est maintenant connu, dispense de détailler cette opération des plus simples et des plus faciles. La hauteur AD sera divisée en deux parties égales au point D' qui appartient à la courbe ; on divisera l'espace AD', ainsi que la tangente AC, en autant de parties égales que l'on veut obtenir de nouveaux points de celle-ci ; enfin, toujours à l'aide des voyants, on établira les droites 1C, 21, 32. D'3 dont les rencontres a, b, c, et D', avec les verticales 1a, 2b, 3c, et AD, seront les différents points qu'il s'agissait de connaître ; tel est le procédé qui s'emploie le plus communément ; que la courbe soit concave ou convexe, l'opération est absolument la même.

Il est inutile de faire observer que la construction qui vient d'être décrite pour la tangente AC, doit être répétée sur celle AB, afin d'obtenir la seconde branche de la courbe qui complète le raccordement.

Proposons-nous, en second lieu, de raccorder une rampe et une pente en employant l'arc circulaire ; AB et AC étant les tangentes dont la rencontre est en A, XY, la ligne de niveau et enfin les pente et rampe par mètre étant connues, il sera facile de déterminer les angles d'inclinaison BAX et CAY (chap. II, n° 19, pag. 99), et l'on aura : F.389, p. XXXIII.

$$BAC = 2\ droits - BAX + CAY ;$$

et par suite :

$$BAO = \frac{BAC}{2}$$

et

$$BOA = 90° - BAO.$$

Il sera donc facile, d'après ces données, d'obtenir trigonométriquement le rayon BO, ou la tangente AB $=$ AC, si celui-ci étant donné, elle était inconnue ; et il ne restera plus qu'à calculer d'après la méthode (§ Ier, n° 3, pag. 130 et 136) la position des différents points de la courbe par rapport à ses tangentes ; et enfin l'application des calculs au terrain ne pourra susciter aucune difficulté.

Lorsque les raccordements sont susceptibles de faire varier, en plus ou en moins, les quantités de terrassements, cette dernière méthode doit être employée de préférence, et les raccordements arrêtés avant les calculs définitifs des terrasses ; cette précaution, qui n'augmente nullement le travail, donne le moyen d'obtenir la quantité de terrassement avec toute l'approximation possible.

3. — Les chaussées d'empierrement ne doivent être établies qu'après le tassement complet des terres nouvellement remuées, afin qu'elles conservent la forme et l'arrangement qui président à leur construction ; elles sont établies avec ou sans bordure ; néanmoins, le premier mode est préférable, non en ce qu'il assure un degré de solidité bien supérieur à l'autre, mais parce qu'il offre des limites rigoureuses, propres à servir en tout temps de témoins palpables contre l'envahissement vers lequel tendent sans cesse les propriétés riveraines ; parce qu'il offre à chaque instant deux lignes de démarcations auxquelles doivent être assujéties les différentes plantations et constructions qui s'établissent ordinairement le long des voies publiques ; enfin parce que le cantonnier qui, presque toujours, ne possède pas toute l'intelligence nécessaire, trouve dans l'alignement des bordures un guide certain pour conserver la largeur des accotements, maintenir les arêtes des fossés et réparer le bombement des chaussées dans les endroits en souffrance.

F. 390, p. XXXIII.

La figure 390 présente le profil d'un encaissement prêt à recevoir son empierrement ; on commence d'abord par poser deux lignes de bordures placées sur le champ, à l'aide du niveau et des voyants, un peu inclinées de dedans en dehors, et entrecoupées, de cinq en cinq mètres, par des pierres plus fortes formant repères ; les repères ne doivent excéder que de fort peu, soit à l'intérieur, soit à l'extérieur, l'épaisseur ordinaire des bordures, car alors ils seraient exposés à un déplacement accidentel, occasionné par les voitures qui s'écarteraient de l'axe du chemin ; l'espace compris entre les deux lignes de bordures, est rempli de fragments de pierres concassées sur les accotements, et répandues ensuite dans la place qu'elles doivent occuper définitivement.

Pour être d'une bonne exécution, un empierrement doit avoir au moins 0.30ᶜ d'épaisseur sur une largeur commandée par l'importance ou plutôt par le classement du chemin ; il doit être formé de trois couches distinctes ; la première, ou de fondation, qui repose immédiatement sur la forme de l'encaissement, doit être composée de pierres plus grosses que celles qui constituent les deux autres ; la seconde, qui occupe la hauteur moyenne des bordures, est formée de fragments susceptibles de passer en tous sens dans un anneau en fer de 3ᶜ ½ de diamètre ; enfin, la troisième, qui forme le bombement ou couronnement de la chaussée, est ordinairement formée de pierres concassées, de pierrailles ramassées dans les champs, ou mieux encore de graviers passés à la claie et purgés de toute matière terreuse.

F. 391, p. XXXIII.

La figure 391 représente le profil d'une chaussée d'empierrement avec ses trois couches dont les épaisseurs peuvent varier selon les différentes circonstances.

On construit encore dans certaines localités des chaussées en sable grave-leux; elles offrent l'avantage de fournir immédiatement après leur construction une viabilité facile et commode, ce qui ne peut avoir lieu sur les empierre-ments ordinaires, que lorsqu'ils sont pris en masse compacte ou *agrafés*.

Il arrive quelquefois que, pour rendre le passage moins pénible aux animaux et accélérer la cohésion des matériaux, on répand mal à propos des parties ter-reuses sur les chaussées d'empierrement nouvellement confectionnées; ces terres d'abord disséminées se réunissent bientôt en certains endroits où il se forme des fondrières, les chaussées cessant alors d'offrir à leur surface une ré-sistance uniforme; on doit éviter cette opération qui, tout en ne procurant qu'un avantage passager et peu durable, finit bientôt par compromettre sérieusement la solidité du chemin et sa viabilité.

4. — *L'évaluation des matériaux qui entrent dans la confection d'une chaussée d'empierrement se réduit à multiplier la surface du profil de l'encaissement par la longueur totale de la chaussée*, car la section de l'empierrement faite perpendiculairement à l'axe, est la même en quelque point qu'elle ait lieu, et la chaussée dans son ensemble peut être considé-rée comme étant un prisme dont cette section est la base, et la longueur de l'empierrement, la hauteur.

La distance du transport est aussi également facile à déterminer parce que la régularité de l'empierrement permet d'en établir le centre de gravité au milieu de la longueur; *il en résulte que la distance comprise entre le lieu d'extraction et la chaussée à empierrer, augmentée de la moitié de la lon-gueur de cette même chaussée, exprime généralement la distance moyenne du transport des matériaux.*

5. — Les chaussées pavées ne s'exécutent guère que dans les traverses des villes, bourgs et villages; s'il en est autrement, il faut que cette mesure soit impérieusement commandée par les circonstances locales; elles sont bombées, creuses et même quelquefois inclinées sur un seul côté, selon la disposition des lieux.

Le pavage des rues étroites, par exemple, exige que les eaux qui géneraient les habitations voisines, si la voie était bombée, se réunissent vers son axe où elles forment un courant longitudinal jusqu'à ce qu'il soit possible de les diriger ailleurs; lorsque la voie est assez vaste, il est préférable d'établir des trottoirs pour la circulation des piétons, tandis que la chaussée bombée, plus particulièrement destinée au passage des voitures, divise les eaux à droite et à gauche, et les détermine à suivre des *caniveaux* ou parties basses adjacentes aux bordures des trottoirs formées de forts libages posés ordinairement par carreaux et boutisses.

On emploie ordinairement des pavés en grès lorsqu'il est possible de s'en procurer, ou à défaut de grès, les pierres de différentes natures qui offrent le plus de dureté; quelle que soit la nature des pavés, ils doivent être échantillonnés, c'est-à-dire taillés sous forme de cubes d'environ 20ᶜ de côté, de manière à pouvoir être approchés convenablement les uns des autres, en présentant extérieurement, dans leur ensemble, une surface régulière; les chaussées pavées s'établissent ordinairement sur une forme de sable sec répandu également partout; chaque pavé est posé avec soin, et l'aire dans son ensemble battue et régularisée à la *hie*, après quoi, il ne reste plus qu'à passer une légère couche de sable, de même nature que celle de la forme, sur l'ensemble du pavé, afin d'en fermer les joints et les vides.

Il existe d'autres chaussées pavées plus communes, pour lesquelles on emploie de forts cailloux également posés sur une forme de sable, ou d'autres fois même des pierres mureuses ordinaires; les voies préparées de cette sorte sont généralement incommodes.

La figure 392 est le profil d'une chaussée pavée avec caniveaux et trottoirs sur les deux côtés; celle 393 est le profil d'une chaussée creuse, établie dans une rue étroite qui ne permet pas la construction de trottoirs; la figure 394 est le profil d'une chaussée ayant trottoir d'un côté et caniveau de l'autre; en général, ce sont les circonstances locales qui déterminent la forme la plus convenable à ces sortes de chaussées, établies, ainsi qu'il vient d'être dit, presque toujours dans les traverses.

6. — Lorsque les eaux de l'un des caniveaux ou de l'un des fossés d'une chaussée doivent être dirigées de l'autre côté, on peut les passer sur la chaussée en disposant une dépression transversale que l'on nomme *cassis*, de manière que la dépense de ces eaux se puisse faire en gênant le moins possible la circulation.

L'établissement des cassis n'est pas sans inconvénient, tant pour les secousses qu'ils occasionnent en tout temps aux voitures, que pour les dangers qu'ils opposent à la circulation pendant la saison des glaces; il est donc essentiel de leur substituer, aussitôt que la disposition des lieux le pourra per-

Fig. 392, 393 et 394, p. XXXIII.

mettre, des aquéducs qui fourniront un libre passage aux eaux, en dessous de la chaussée, sans gêner la circulation.

Pour qu'il soit possible de construire convenablement un aquéduc, il faut que le profil du chemin soit en remblai, ou tout au moins en escarpement; dans le premier cas, l'aqueduc édifié sur la partie la plus basse du terrain naturel, reçoit les eaux sans qu'il soit besoin de travail accessoire; dans le second, il est établi un *puisard* ou *gargouille* dans le fossé du chemin, pour faciliter l'introduction des eaux sous l'aquéduc.

La construction d'un aquéduc vis-à-vis un profil en plaine, oblige à l'encaisser dans les terres de manière à ce qu'il mette en communication les cuvettes des deux fossés dont l'un doit alors être plus profond que l'autre, à l'effet de permettre l'écoulement.

7. — Il peut aussi arriver quelquefois que l'on supprime les talus des terres, F. 395, p. XXXIII soit en remblai, soit en déblai, au moyen de murs de soutènement à pierre sèche, ou avec mortier de chaux et sable; dans le dernier cas, si surtout les terres soutenues, ordinairement humides, laissent échapper quelques suintements, on conserve à travers le mur, des fentes étroites et verticales connues sous le nom de *barbacannes,* afin que les eaux s'écoulent sans obstacle, en endommageant le moins possible les maçonneries; la construction des murs de soutènement est commandée, tantôt pour assurer la sécurité des voyageurs, lorsque le chemin borde un précipice ou est dominé par des terres susceptibles d'éboulements; tantôt pour préserver une chaussée de l'influence des eaux, lorsqu'elle longe le cours d'un ruisseau ou d'une rivière; enfin l'on construit encore des murs de soutènement pour des motifs moins sérieux, tels que pour éviter le talus d'un fort remblai dont la distance de transport serait prodigieuse, ou bien encore pour conserver à l'agriculture des terrains précieux, qui seraient occupés par les talus, soit en déblai, soit en remblai.

L'épaisseur à donner aux murs de soutènement varie selon la nature des terres qu'ils sont appelés à maintenir, et aussi en raison des matériaux qui entrent dans leur construction; la forme à leur donner, ainsi que leur hauteur, sont aussi pour quelque chose dans les conditions qu'exige leur stabilité.

Toutes les fois qu'un chemin traverse un bas-fond, un ruisseau, une rivière, on élève son assiette non seulement au-dessus des eaux ordinaires, mais encore de telle sorte que les plus hautes crues ne puissent atteindre le couronnement de la chaussée; de là la nécessité de conserver, au moyen d'aqueducs, ponceaux et ponts, le débouché suffisant pour que la dépense des eaux s'effectue librement; les chapitres suivants sont destinés à diriger les constructions de ce genre d'une manière convenable.

CHAPITRE V.

CONSTRUCTIONS EN MAÇONNERIE.

§ Ier. — POUSSÉE DES TERRES ; STABILITÉ DES MURS DE SOUTÈNEMENT ;
MURS A PAREMENTS INTÉRIEURS ET EXTÉRIEURS VERTICAUX , A PAREMENTS
EXTÉRIEURS EN TALUS ; MURS AVEC RETRAITES DU CÔTÉ DES TERRES.

1. On a déjà fait observer que les terres amoncelées qui forment un remblai,
ne peuvent, quelle que soit leur nature, se maintenir d'aplomb sur les
côtés; de là la nécessité de prendre en considération les talus qu'elles forment,
pour arriver à la cubature des terrasses; nous avons également dit, à la fin du chapitre qui précède, comment ces talus pouvaient être supprimés en leur substituant des revêtements en maçonnerie; il nous reste encore à évaluer l'effort
que sont susceptibles d'exercer les différents terrassements contre les murs
qui leur seraient opposés, à l'effet de donner à ces derniers l'épaisseur nécessaire, eu égard aux matériaux qui les composent, et aussi en ce qui a trait à
la manière dont ces matériaux peuvent être combinés et disposés entr'eux,
pour constituer une résistance convenable.

Nous supposerons un remblai BCYX, illimité dans le sens BX, et inter- F. 396, p. XXXIII.
rompu au point B par un mur vertical dont le profil est BCDE , quelle que
soit la nature du remblai, car il s'agit ici d'exprimer d'une manière générale
l'effet qu'il exerce contre le parement intérieur BC : il ne peut se maintenir
dans la position qu'il occupe, aussitôt que l'on admet la disparution du mur;
soit, en cette nouvelle circonstance, ABC le profil du prisme d'éboulement,
celui du remblai intact se réduisant alors à XACY;

Nous considèrerons le poids P de ce prisme pris sur un mètre de longueur,
comme une force PH appliquée à son centre de gravité et agissant verticalement; nous admettrons de plus, pour simplifier les calculs, que l'angle d'éboulement ACB = C;

Le côté BC $= h$, où la hauteur du mur étant considérée comme rayon, on aura

$$AB = tang\ C \ \text{et}\ AC = séc\ C.$$

Si, de plus, l'on désigne par d la densité des terres, ou plutôt le poids du mètre cube de celles-ci, le volume du prisme d'éboulement, sur un mètre d'épaisseur, étant

$$\frac{h.tang\ C}{2} \times 1 = \frac{h.tang\ C}{2},$$

son poids est exprimé par

$$\frac{dh.tang\ C}{2},$$

et l'on a

$$PH = \frac{dh.tang\ C}{2}.$$

La force verticale PH se décompose en deux autres IP et IH, la première normale au plan incliné AC, sur lequel elle vient s'anéantir; et la seconde, qui agit par glissement sur ce même plan, et dont l'effet doit, en conséquence, être diminué du frottement produit par la pression IP sur le plan AC :

Ceci posé, les triangles rectangles ABC et HIP donnent les deux proportions

$$AC : AB :: PH : IP,$$

ou

$$séc\ C : tang\ C :: \frac{dh.tang\ C}{2} : IP,$$

et

$$AC : BC :: PH : IH,$$

ou

$$séc\ C : h :: \frac{dh.tang\ C}{2} : IH,$$

desquelles on tire

$$IP = \frac{dh.tang^2C}{2\ séc\ C},$$

et

$$IH = \frac{dh^2.tang\ C}{2\ séc\ C}.$$

Maintenant, si l'on remarque que le frottement d'un corps qui glisse sur un plan est proportionnel à la pression qu'il exerce sur ce plan, et que de plus on indique par

$$\frac{1}{f}$$

le rapport de la pression au frottement, le frottement produit par la force IP sera exprimé par

$$\frac{dh.\,tang^2C}{2\,séc\,C} \times \frac{1}{f} = \frac{dh.\,tang^2C}{2f.\,séc\,C},$$

et l'on aura

$$IH - IP \times \frac{1}{f} = \frac{dh^2.\,tang\,C}{2\,séc\,C} - \frac{dh.\,tang^2C}{2f.\,séc\,C} =$$
$$= \frac{fdh^2.\,tang\,C - dh.\,tang^2C}{2f.\,séc\,C}.$$

La force dont l'intensité est ainsi exprimée, a son point d'application au centre de gravité P du prisme d'éboulement, et elle agit dans le sens PM, parallèlement à la droite AC; ou mieux encore, on peut la concevoir comme étant appliquée au point M de l'obstacle qu'elle tend à renverser en le faisant tourner autour du point D, au moyen d'un bras de levier MC, qui, d'après la position qu'occupe le centre de gravité du triangle ABC, est situé au tiers de la droite BC; ou ce qui est la même chose, à une distance du point C, qui s'exprime par

$$\frac{h}{3}.$$

Si l'on porte sur la droite PM, de M en K, une longueur MK proportionnelle à

$$\frac{fdh^2.\,tang\,C - dh.\,tang^2C}{2f.\,sec\,C},$$

que l'on imagine l'horizontale ML, puis la verticale KL, on s'apercevra bien vite que ces deux lignes peuvent être prises, en grandeurs et en directions, pour les composantes de la force KM; on remarquera de même que la force KL, ou, ce qui est la même chose, NM, vient augmenter la résistance du mur, suivant un bras de levier CD égal à son épaisseur; il ne reste donc à considérer que la force unique LM agissant horizontalement, dont il est facile de trouver l'expression; en effet, les triangles semblables ABC et MLK donnent la proportion

$$AC : AB :: KM : LM,$$

qui revient à

$$séc\, C : tang\, C :: \frac{fdh^2.\; tang\, C - dh.\; tang^2\, C}{2\, f.\; séc\, C} : LM,$$

de laquelle on tire

$$LM = \frac{fdh^2.\; tang^2\, C - dh.\; tang^3\, C}{2\, f.\; séc^2\, C} = \frac{dh.\; tang^2\, C\, (hf - tang\, C)}{2\, f.\; séc^2\, C} = Q.$$

2. — De toutes les quantités qui constituent cette dernière expression, que nous désignerons à l'avenir par Q, la hauteur h étant seule connue directement, il a fallu recourir à l'expérience matérielle pour déterminer l'angle d'éboulement C, dont $tang\, C$ et $séc\, C$ se déduisent immédiatement; puis obtenir, pour chaque cas particulier, le poids exact des terres, et enfin le rapport de la pression au frottement.

Lorsque le remblai est composé de terres végétales ordinaires pesant 1100 k. le mètre cube, amoncelées derrière un obstacle vertical enlevé spontanément, l'angle d'éboulement $C = 31° 43'$, et il en résulte immédiatement quelle que soit la valeur de h, $tang\, C = h \times 0.618$, et $séc\, C = h \times 1.176$; quant au rapport de la pression au frottement, l'on a également constaté qu'en cette circonstance il est égal à ½; c'est-à-dire que l'on a $f = 2$:

La substitution de ces différentes valeurs dans la formule précédente, conduit à la nouvelle expression

$$Q = \frac{(1100\, h \times h^2 \times 0.382)\,(2\, h - h \times 0.618)}{4 \times h^2 \times 1.383},$$

laquelle devient, en effectuant les calculs et en supprimant, aux deux termes de la fraction, le facteur commun h^2,

$$Q = \frac{580.716 \times h^2}{5.532} = 104^k\, 973^g \times h^2;$$

et si l'on remarque que cette force agit suivant un bras de levier que l'on a déjà reconnu être égal à

$$\frac{h}{3},$$

son moment sera

$$104.973 \times h^2 \times \frac{h}{3} = 34.991 \times h^3.$$

Tel est l'effet de l'action que produit un remblai de terres végétales non damées, lorsqu'il agit contre un obstacle qui s'oppose à son éboulement.

Proposons-nous maintenant de déterminer l'épaisseur qu'il convient d'attribuer au mur BCDE, afin qu'il puisse faire équilibre à la quantité de mouvement dont est susceptible la force Q, quantité qui est exprimée par

F. 396, p. XXXIII.

$$34,991 \times h^3.$$

Pour cela, désignons par x l'épaisseur inconnue, BE ou CD, du mur que nous supposerons avoir ses deux parements verticaux; si d' est le poids d'un mètre cube de maçonnerie, on aura d'abord hx pour le volume du mur pris sur un mètre de longueur, h étant toujours sa hauteur supposée; son poids total $d'hx$ concentré au centre de gravité P', y sera considéré comme une force verticale agissant suivant un bras de levier

$$UD = \frac{x}{2};$$

le moment de cette force est

$$d'hx \times \frac{x}{2} = \frac{d'hx^2}{2},$$

et cet effet doit être augmenté de celui dont est susceptible la force MN que nous désignerons par R.

Les triangles semblables ABC et KNM donnent

$$AB : BC :: KN : MN;$$

ou

$$tang\ C : h :: Q : R;$$

ou bien encore, en mettant pour $tang$ C et pour Q, leurs valeurs respectives,

$$0,618 \times h : h :. 104,973 \times h^3 : R,$$

d'où

$$R = \frac{104,973 \times h^3}{0,618 \times h} = 169,859 \times h^2;$$

le bras de levier de cette dernière force étant $CD = x$, son moment pris par rapport au point d'appui D, est

$$169,859 \times h^2 \times x,$$

et l'on peut alors établir l'équation d'équilibre

$$\frac{d'hx^2}{2} + 169,859 \times h^2 x = 34,991 \times h^3,$$

ou en divisant tous les termes par h

$$-\frac{d'x^2}{2} + 169,859\, hx = 34,991\, h^2,$$

qui revient à l'équation complète du second degré,

$$x^2 + \frac{339,718\, h}{d'} \times x = \frac{69,982 h^2}{d'},$$

de laquelle on tire (Ire part., chap. Ier, § V, n° 3, pag. 72 et 73),

$$x = -\frac{169,859\, h}{d'} \pm \sqrt{\frac{69,982\, h^2}{d'} + \left(\frac{169,859\, h}{d'}\right)^2}\ (1).$$

Ainsi, lorsqu'il s'agit, par exemple, d'obtenir l'épaisseur d'un mur en maçonnerie de moellon avec mortier de chaux et sable, dont le mètre cube pèse 2200 kilogrammes, destiné à soutenir un remblai de terres végétales, ayant 3^m de hauteur, on a

$$x = -\frac{169,859 \times 3}{2200} \pm \sqrt{\frac{69,982 \times 9}{2200} + \left(\frac{169,859 \times 3}{2200}\right)^2},$$

ou en effectuant les opérations indiquées,

$$x = -0^m 218 \pm 0^m 583,$$

c'est-à-dire

$$x = 0^m 365$$

en prenant le radical positif; telle est l'épaisseur rigoureusement nécessaire pour le cas d'équilibre, mais qui doit être sensiblement augmentée dans la pratique.

Les épaisseurs à donner aux murs de revêtements verticaux destinés à soutenir des remblais de terres végétales, se déduiront, pour tous les cas possibles, de la formule générale (1), lorsqu'on connaitra la hauteur du mur à construire qui sera toujours donnée par un nivellement rigoureux, et le poids du mètre cube de maçonnerie, variable selon leur nature, mais qui, dans toute circonstance, pourra être déterminé par une expérience particulière.

3. — Lorsque le remblai est composé de terres végétales mêlées de petits graviers du poids ordinaire de 1460 kilogrammes le mètre cube, les divers éléments deviennent, toujours d'après l'expérience,

$$C = 32° 52',$$

et par suite

$$tang\, C = h \times 0,646,\ séc\, C = h \times 1,191\,;$$

et enfin le rapport de la pression au frottement est de

$$\frac{1}{45},$$

d'où

$$f = 45\,;$$

il en résulte

$$Q = \frac{(1460\, h \times h^2 \times 0,417)\, (45\, h - h \times 0,646)}{90\, h^2 \times 1,148}\,;$$

puis en opérant les calculs et en divisant les deux termes par h^2,

$$Q = \frac{2703,602 \times h^2}{127,620} = 211^k\, 593 \times h^2,$$

dont le moment pris pour le bras de levier

$$\frac{h}{3},$$

est

$$211,593 \times h^2 \times \frac{h}{3} = 70,531 \times h^3\,;$$

puis, comme dans le cas précédent, l'on détermine la force R par la proportion

$$tang\, C : h :: Q : R,$$

qui devient en cette circonstance :

$$0,646 \times h : h :: 211,593 \times h^2 : R,$$

d'où

$$R = \frac{211,593 \times h^3}{0,646 \times h} = 327,543 \times h^2\,;$$

puis, le moment de cette force étant

$$327,543 \times h^2 \times x,$$

l'on peut établir la nouvelle équation d'équilibre,

$$\frac{d'hx^2}{2} + 327,543 \times h^2 x = 70,531 \times h^3,$$

ou en divisant tous les termes par h,

$$\frac{d'x^2}{2} + 327,543 \, hx = 70,531 \, h^3;$$

puis, en divisant tous les termes par

$$\frac{d'}{2},$$

$$x^2 + \frac{655,086 \, h}{d'} \times x = \frac{141,062 \, h^2}{d'};$$

et l'on a enfin

$$x = -\frac{327,543 \, h}{d'} \pm \sqrt{\frac{141,062 \, h^2}{d'} + \left(\frac{327,543 \, h}{d'}\right)^2} \, (2).$$

Telle est la formule générale donnant l'épaisseur qu'il convient de fixer aux murs à parements verticaux, destinés à soutenir les remblais composés de terres végétales mêlées de petits graviers; l'on trouvera pour un mur en maçonnerie de pierre de taille, du poids de 2700 kilogrammes le mètre cube, ayant 10^m de hauteur,

$$x = -\frac{327,543 \times 10}{2700} \pm \sqrt{\frac{141,062 \times 100}{2700} + \left(\frac{327,543 \times 10}{2700}\right)^2} = 1^m 374.$$

4. Le remblai étant composé de terres végétales mélangées de gros graviers, la section du prisme d'éboulement est absolument la même que lorsque le remblai est composé de terres végétales pures, c'est-à-dire que l'on a

$$C = 31° \, 43', \, tang \, C = h \times 0,618, \, sec \, C = h \times 1,176 \, et \, f = 2;$$

le poids du mètre cube éprouve seulement une variation et peut-être évalué, en cette nouvelle circonstance, à 1600 kilogrammes; il en résulte alors que le moment de la puissance qui agit contre le mur est

$$50,886 \times h^3,$$

que la force R étant

$$247,019 \times h_{\perp}^2;$$

son moment est

$$247,019 \times h^2 x,$$

et qu'enfin l'on a pour équation d'équilibre

$$\frac{d'hx^2}{2} + 247,019 \ h^2 x = 50,886 \times h^3;$$

laquelle, après avoir subi les transformations en usage, devient

$$x^2 + \frac{494,038 \ h}{d'} \times x = \frac{101,772 \ h^2}{d'};$$

l'on en tire

$$x = -\frac{247,019 \ h}{d'} \pm \sqrt{\frac{101,772 \ h^2}{d'} + \left(\frac{247,019 \ h}{d'}\right)^2}. \ (3)$$

5. — Si le remblai à soutenir se compose de sable, on a

$$C = 34° \ 06', \ tang \ C = h \times 0,677, \ sec \ C = h \times 1,208, \ f = 40,$$

et le poids du mètre cube peut être porté à 1340 kilogrammes; il en résulte

$$Q = \frac{(1340 \times h + h^2 \times 0,458) \ (40 \ h - h \times 0,677)}{80 \times h^2 \times 1,459} = 206,762 \times h^2,$$

dont le moment est

$$206,762 \times h^2 \times \frac{h}{3} = 68,921 \times h^3,$$

puis

$$R = \frac{206,762 \times h^3}{0,677 \times h} = 305,409 \times h^2,$$

dont le moment est

$$305,409 \times h^2 \times x;$$

et l'équation d'équilibre devient

$$x^2 + \frac{610,818 \ h}{d'} \times x = \frac{137,842 \ h^2}{d'},$$

et l'on en tire

$$x = -\frac{305,409 \ h}{d'} \pm \sqrt{\frac{137,842 \ h^2}{d'} + \left(\frac{305,409 \ h}{d'}\right)^2}. \ (4)$$

6. — Enfin le remblai étant formé de décombres, débris de vieux matériaux, ou fragments de roches, l'expérience donne

$$C = 22° 30', \; tang \, C = h \times 0,414, \; séc \, C = h \, 1,082,$$

et le frottement peut être considéré comme étant égal à la pression, c'est-à-
dire que l'on a $f = 1$; le poids du mètre cube de semblables matériaux étant
de 1750 kilogrammes, il en résulte

$$Q = 74,875 \, h^2, \; R = 180,857 \, h^2,$$

et par suite l'équation d'équilibre est

$$x^2 + \frac{381,714 \, h}{d'} \times x = \frac{49,918 \, h^2}{d'},$$

qui donne

$$x = - \frac{180,857 \, h}{d'} \pm \sqrt{\frac{49,918 \, h^2}{d'} + \left(\frac{180,857 \, h}{d'} \right)^2}. \quad (5)$$

Dans le cas particulier d'un mur construit en maçonnerie de briques et
moellons, avec mortier de chaux et sable, du poids de 2,000 kilogrammes le
mètre cube, ayant 9^m de hauteur, dans lequel cas l'on a $d' = 2000^k$ et $h = 9$,
la formule (5) devient

$$x = - \frac{180,857 \times 9}{2000} \pm \sqrt{\frac{49,918 \times 81}{2000} + \left(\frac{180,857 \times 9}{2000} \right)^2};$$

puis en effectuant les calculs indiqués, l'on obtient

$$x = - 0,814 \pm 1,638,$$

ou

$$x = 0^m \, 824,$$

en adoptant, ainsi que cela doit être, le signe $+$ pour la quantité soumise
au radical.

7. — Les formules (1) (2) (3) (4) (5) qui donnent immédiatement les
épaisseurs des différentes espèces de murs, lorsque l'on connaît leurs hauteurs et le poids de leurs maçonneries, sont encore susceptibles de simplifica-
tions, en y substituant, à la place de d', les différentes valeurs qui peuvent lui
convenir; en agissant ainsi, les valeurs correspondantes de x se trouvent

déterminées en fonction de h seulement. En effet, soit par exemple $d' = 2200$ kilogrammes, la formule (5) devient

$$x = -\frac{180,857\,h}{2200} \pm \sqrt{\frac{49,918\,h^2}{2200} + \left(\frac{180,857\,h}{2200}\right)^2},$$

ou en effectuant les calculs

$$x = -0,822\,h \pm \sqrt{0,902711\,h^2},$$

ou enfin

$$x = (0,950 - 0,822)\,h = 0,128\,h.$$

C'est en opérant une suite de substitutions analogues dans chacune des formules générales, qu'on est parvenu à dresser la table suivante, propre à abréger considérablement les calculs numériques, puisqu'il suffit, pour chaque cas particulier, de multiplier la hauteur du mur à construire, par la fraction décimale donnée par la table; néanmoins, les résultats qui précèdent ne constatant que les conditions rigoureuses d'équilibre, on a augmenté les coefficients de h, afin d'obtenir pour x des valeurs convenables aux différentes applications pratiques.

(Voir le Tableau ci-contre.)

TABLE des Epaisseurs qu'il convient d'attribuer, en différentes circonstances, aux Murs de soutènement à parements verticaux, afin qu'ils soient capables de résister à la poussée des remblais.

INDICATION ET POIDS des DIFFÉRENTES ESPÈCES DE MAÇONNERIES qui composent les revêtements.	ÉPAISSEURS A DONNER AUX MURS, LES REMBLAIS ÉTANT FORMÉS DE					OBSERVATIONS.
	Terres végétales ordinaires, du poids de 1100ᵏ le mètre cube. *Formule (1).*	Terres végétales mêlées de petit gravier, du poids de 1460ᵏ le mètre cube. *Formule (2).*	Terres végétales mêlées de gros gravier, du poids de 1600ᵏ le mètre cube. *Formule (3).*	Sables ordinaires du poids de 1340ᵏ le mètre cube. *Formule (4).*	Fragments de roches, du poids de 1750ᵏ le mètre cube. *Formule (5).*	
Maçonneries de briques, du poids de 1750 k. le mèt. cube.	$x = h \times 0.16$	$x = h \times 0.19$	$x = h \times 0.19$	$x = h \times 0.33$	$x = h \times 0.24$	x indique l'épaisseur uniforme du mur dont la hauteur est représentée par h. Les différents coefficients de h ont été augmentés de manière à assurer la stabilité des murs.
Maçonneries de moellons du poids de 2200 k. le mèt. cube.	$x = h \times 0.15$	$x = h \times 0.17$	$x = h \times 0.17$	$x = h \times 0.30$	$x = h \times 0.22$	
Maçonneries de pierres de taille, du poids de 2700 k. le mèt. c.	$x = h \times 0.13$	$x = h \times 0.15$	$x = h \times 0.16$	$x = h \times 0.26$	$x = h \times 0.17$	
Maçonneries en cailloux, du poids de 2360 k. le mèt. cube.	$x = h \times 0.14$	$x = h \times 0.16$	$x = h \times 0.17$	$x = h \times 0.30$	$x = h \times 0.21$	
Maçonneries de briques et moellons, du poids de 1970 le m. c.	$x = h \times 0.16$	$x = h \times 0.18$	$x = h \times 0.18$	$x = h \times 0.32$	$x = h \times 0.23$	
Maçonneries de pierres de taille et moellons, du poids de 2450 k. le mètre cube.	$x = h \times 0.15$	$x = h \times 0.17$	$x = h \times 0.17$	$x = h \times 0.30$	$x = h \times 0.23$	
Maçonneries de pierres de taille, sans mortier, du poids de 2000 k. le mètre cube.	$x = h \times 0.19$	$x = h \times 0.23$	$x = h \times 0.23$	$x = h \times 0.33$	$x = h \times 0.23$	
Maçonneries de moellons, sans mortier, pesant 1500 k. le mètre cube.	$x = h \times 0.22$	$x = h \times 0.26$	$x = h \times 0.26$	$x = h \times 0.37$	$x = h \times 0.24$	

L'état variable dans lequel peuvent se présenter les différentes terres argileuses, ne permet guère de les faire figurer dans cette table; en effet, sèches et mouvantes, elles présentent une grande analogie avec les terres végétales ordinaires, sous le rapport du poids, de l'angle d'éboulement, de la cohésion et du frottement, ce qui permet alors de leur appliquer les résultats fournis par la colonne (1); tandis que lorsqu'elles sont imbibées, elles deviennent susceptibles de passer par différents degrés de mollesse, et présentent des phénomènes particuliers à chaque circonstance, ce qui exige alors une expérience particulière pour chaque cas.

La table précédente excède généralement les conditions rigoureuses d'équilibre, en raison des imperfections inévitables qui existent dans les maçonneries de ce genre; encore sera-t-on sans doute étonné du peu d'épaisseur attribuée aux murs de revêtement, surtout si l'on remarque le grand nombre de constructions que l'on voit chaque jour se renverser, quelquefois même peu de temps après leur achèvement, bien qu'elles soient établies sur de plus larges bases que celles qui viennent d'être assignées; mais il est à remarquer que la théorie n'admet que des maçonneries sans défauts, posées sur des lits bien dressés, offrant le plus de points de contact possible, et dont les différentes parties sont liées entr'elles par de bons mortiers, sans vides à l'intérieur des massifs, en un mot ne formant qu'un seul corps; tandis que, dans la pratique, il est impossible, quelque précaution que l'on prenne, d'arriver à ce degré de perfection; on est donc entraîné à conclure que le plus grand nombre des accidents tire son origine plutôt des vices qui existent dans la construction des ouvrages, que de leur défaut d'épaisseur.

8. — On augmente la solidité des murs de soutènement en établissant leurs parements extérieurs en talus, et l'avantage que l'on obtient ainsi, paraît, au premier abord, d'autant plus grand, que l'inclinaison des talus, que l'on désigne ordinairement par *fruit*, est plus prononcée ; mais on doit observer que l'inclinaison du parement extérieur facilitant le séjour des eaux, favorise la décomposition des mortiers en se prêtant à la croissance de plantes parasites dont les racines provoquent bientôt, par leur développement, la disjonction des pierres et la destruction des ouvrages de maçonnerie; pour éviter cet inconvénient, sans négliger l'avantage qu'offrent les murs en talus, on ne donne de fruit à ces derniers, que le dixième, et même quelquefois que le vingtième de leur hauteur; nous allons déterminer d'une manière générale les conditions d'équilibre des murs en talus, destinés à soutenir des terres de

25

même nature que celles dont il vient d'être question pour les murs à parements verticaux.

BCFE est le profil ou la coupe transversale d'un mur à talus extérieur, dont CF est l'épaisseur à la base et BE celle au sommet; il est destiné à résister à la poussée du prisme d'éboulement dont la section est ABC et dont l'effet a déjà été déterminé pour les différentes espèces de remblais.

Soient

$$\frac{1}{n}$$

l'inclinaison par mètre, du parement extérieur EF; ED $= h$ la hauteur commune au mur et au remblai; d' le poids du mètre cube des maçonneries qui composent le mur; et enfin BE $= x$ l'épaisseur du mur au sommet, épaisseur qu'il s'agit de déterminer.

L'inclinaison du mur, pour un mètre de hauteur, étant de

$$\frac{1}{n},$$

il est évident que son fruit total est

$$DF = \frac{1}{n} \times h = \frac{h}{n};$$

la droite ED étant verticale, et par conséquent perpendiculaire à l'horizontale CF qu'elle rencontre en D, on a

$$CF = CD + DF = x + \frac{h}{n}.$$

Le massif du mur peut être décomposé en deux solides bien distincts, savoir : un parallélipipède rectangle qui a pour section verticale BCDE, et dont le poids concentré à son centre de gravité P, agit verticalement à l'extrémité d'un bras de levier

$$UF = UD + DF = \frac{x}{2} + \frac{h}{n};$$

et en un prisme triangulaire qui a pour section EDF, dont le poids agit suivant la verticale pu passant par son centre de gravité p.

La droite EI joignant le sommet E au point I, milieu de DF, l'on a (Iʳᵉ part., chap. V, § II, n° 7, pag. 355 et 356)

$$Ip = \frac{IE}{3};$$

et comme les triangles semblables DIE et uIp donnent

$$IE : Ip :: ID : Iu,$$

il s'ensuit que

$$Iu = \frac{ID}{3} = \frac{h}{6n},$$

et qu'en conséquence le bras de levier de la force p, peut s'exprimer par

$$uF = Iu + IF = \frac{h}{6n} + \frac{h}{2n} = \frac{2hn}{12n^2} + \frac{6hn}{12n^2} = \frac{8hn}{12n^2} = \frac{2h}{3n}.$$

Le volume du premier de ces solides, sur un mètre d'épaisseur, étant hx, son poids est $d'hx$, et le moment de la force P est généralement exprimé par

$$d'hx \times \left(\frac{x}{2} + \frac{h}{n} \right) = d'hx \left(\frac{xn + 2h}{2n} \right).$$

Quant au volume du second, il s'exprime par

$$\frac{h}{n} \times \frac{h}{2} = \frac{h^2}{2n};$$

son poids est

$$\frac{d'h^2}{2n},$$

et le moment de la force p, pris par rapport au même point F, devient

$$\frac{d'h^2}{2n} \times \frac{2h}{3n} = \frac{2d'h^3}{6n^2};$$

l'inertie du mur dans son ensemble est donc définitivement exprimée par

$$d'hx \left(\frac{xn + 2h}{2n} \right) + \frac{2d'h^3}{6n^2}.$$

Tel est le résultat qu'il suffirait d'égaler successivement à chacun des effets dont se trouvent susceptibles séparément les différents prismes d'éboulement, pour avoir l'équation d'équilibre relative à chaque nature de remblai, si toutefois la poussée des terres ne se décomposait naturellement en deux forces, dont l'une verticale vient ajouter à la stabilité du mur, tandis que l'autre horizontale, seule, tend à le renverser (n° 1, pag. 183); il est donc essentiel, pour chaque cas particulier, d'ajouter à cette quantité le moment d'une force verticale ayant pour bras de levier

$$CF = \left(x + \frac{h}{n} \right)$$

dont l'intensité doit être spécialement déterminée dans chaque circonstance.

Ainsi, nous avons vu (n° 2, pag. 184) que lorsqu'un remblai est formé de terres végétales, le moment de la force horizontale qui tend à renverser le mur qui lui est opposé, a pour expression

$$34,991 \times h^3,$$

et que, dans la même circonstance, la composante qui vient s'unir à l'obstacle, est exprimée par

$$169,859 \times h^2;$$

lorsque le mur est en talus, le bras de levier devenant

$$x + \frac{h}{n},$$

le moment de cette dernière force est

$$169,859 \ h^2 \times \left(x + \frac{h}{n} \right),$$

ou en effectuant les calculs

$$169,859 + h^2 x \ \frac{169,859 \ h^3}{n};$$

et l'on a définitivement pour équation d'équilibre d'un mur en talus soutenant un remblai de terres végétales,

$$d'hx \left(\frac{xn + 2h}{2n} \right) + \frac{2d'h^3}{6n^2} + 169,859 \ h^2 x + \frac{169,859 \ h^3}{n} = 34,991 \ h^3,$$

et en y substituant pour d' et pour n leurs valeurs numériques, on obtiendrait, par sa résolution, la valeur de x, ou l'épaisseur du mur au sommet, en fonction de h seulement.

En suivant une marche analogue, on déterminerait facilement l'équation qui correspond à chaque nature de remblai; mais comme il serait inutile de suivre pas à pas la marche de ces différents calculs généraux, la table suivante, qui n'en est que le résumé, peut offrir aux hommes pratiques la solution particulière applicable à chaque cas, lorsque l'on voudra donner à la face extérieure des murs une inclinaison égale au vingtième et au dixième de leur hauteur, ainsi que cela a lieu le plus ordinairement.

INDICATION ET POIDS des DIFFÉRENTES ESPÈCES DE MAÇONNERIES qui composent les revêtements.	ÉPAISSEUR A DONNER AUX MURS, A LEUR SOMMET, POUR LE CAS D'ÉQUILIBRE, LES REMBLAIS ÉTANT COMPOSÉS DE					OBSERVATIONS.
	Terres végétales ordinaires, du poids de 1100ᵏ le mètre cube.	Terres végétales mêlées de petit gravier, du poids de 1460ᵏ le mètre cube.	Terres végétales mêlées de gros gravier, du poids de 1600ᵏ le mètre cube.	Sables ordinaires du poids de 1340ᵏ le mètre cube.	Fragments de roches, du poids de 1750ᵏ le mètre cube.	
Maçonneries de briques, du poids de 1750 k. le mèt. cube.	$x = h \times 0.12$	$x = h \times 0.15$	$x = h \times 0.15$	$x = h \times 0.29$	$x - h \times 0.19$	Les remblais sont opérés par couches de 0ᵐ 25ᵉ à 0ᵐ 30ᵉ d'épaisseur. x indique l'épaisseur du mur au sommet, sa hauteur étant h : le fruit extérieur est de $\frac{1}{20}$ de la hauteur, c'est-à-dire que l'on a $n = 20$.
Maçonneries de moellons du poids de 2200 k. le mèt. cube.	$x = h \times 0.10$	$x = h \times 0.13$	$x = h \times 0.14$	$x = h \times 0.26$	$x = h \times 0.17$	
Maçonneries de pierres de taille, du poids de 2700 k. le mèt. c.	$x = h \times 0.08$	$x = h \times 0.11$	$x = h \times 0.11$	$x = h \times 0.23$	$x = h \times 0.14$	
Maçonneries en silex, du poids de 2360 k. le mèt. cube........	$x = h \times 0.09$	$x = h \times 0.12$	$x = h \times 0.12$	$x = h \times 0.23$	$x = h \times 0.15$	
Maçonneries de briques et moellons, du poids de 1970 le m. c.	$x = h \times 0.11$	$x = h \times 0.14$	$x = h \times 0.14$	$x = h \times 0.28$	$x = h \times 0.18$	
Maçonneries de pierres de taille et moellons, du poids de 2450 k. le mètre cube.........	$x = h \times 0.09$	$x = h \times 0.11$	$x = h \times 0.11$	$x = h \times 0.25$	$x = h \times 0.14$	
Maçonneries de pierres de taille, sans mortier, du poids de 2000 k. le mètre cube.	$x = h \times 0.13$	$x = h \times 0.17$	$x = h \times 0.17$	$x = h \times 0.28$	$x = h \times 0.17$	
Maçonneries de moellons, sans mortier, du poids de 1500 k. le mètre cube.................	$x = h \times 0.16$	$x = h \times 0.20$	$x = h \times 0.20$	$x = h \times 0.32$	$x = h \times 0.21$	
Maçonneries de briques, du poids de 1750 k. le mèt. cube.	$x = h \times 0.10$	$x = h \times 0.13$	$x = h \times 0.13$	$x = h \times 0.27$	$x = h \times 0.17$	Les remblais sont opérés par couches de 0ᵐ 25ᵉ à 0ᵐ 30ᵉ d'épaisseur. x indique l'épaisseur du mur au sommet, sa hauteur étant h : le fruit extérieur est de $\frac{1}{10}$ de la hauteur; c'est-à-dire que l'on a $n = 10$.
Maçonneries de moellons, du poids de 2200 k. le mèt. cube.	$x = h \times 0.07$	$x = h \times 0.11$	$x = h \times 0.12$	$x = h \times 0.24$	$x = h \times 0.15$	
Maçonneries de pierres de taille, du poids de 2700 k. le mèt. c.	$x = h \times 0.06$	$x = h \times 0.09$	$x = h \times 0.09$	$x = h \times 0.20$	$x = h \times 0.11$	
Maçonneries en silex, du poids de 2360 k. le mètre cube.....	$x = h \times 0.07$	$x = h \times 0.09$	$x = h \times 0.10$	$x = h \times 0.23$	$x = h \times 0.12$	
Maçonneries de briques et moellons, du p. de 1970. le m. c.	$x = h \times 0.09$	$x = h \times 0.12$	$x = h \times 0.12$	$x = h \times 0.25$	$x = h \times 0.15$	
Maçonneries de pierres de taille et moellons, du poids de 2450 k. le mètre cube..........	$x = h \times 0.07$	$x = h \times 0.09$	$x = h \times 0.09$	$x = h \times 0.23$	$x = h \times 0.11$	
Maçonneries de pierres de taille sans mortier, du pᵈˢ de 2000 k.	$x = h \times 0.10$	$x = h \times 0.12$	$x = h \times 0.14$	$x = h \times 0.25$	$x = h \times 0.14$	
Maçonneries de moellons sans mortier, du poids de 1500 k.	$x = h \times 0.14$	$x = h \times 0.17$	$x = h \times 0.17$	$x = h \times 0.29$	$x = h \times 0.17$	

9. — Il résulte de cette théorie, abstraction faite de la tenacité des mortiers et de l'adhérence des maçonneries avec les terres sur lesquelles elles sont établies, que le poids seul des murs forme obstacle à la poussée des terres, et que cet obstacle est d'autant plus grand que le poids des maçonneries est plus considérable; les murs à parements verticaux du côté des terres sont donc préférables à ceux qui seraient établis en retraites, car dans ce dernier cas une partie des maçonneries se trouve remplacée par des terres dont le poids est loin de pouvoir égaler celui du volume de maçonneries dont elles occupent la place; cette vérité incontestable n'est pourtant pas généralement comprise, puisqu'il se rencontre bon nombre de constructeurs qui adoptent volontiers cette disposition, probablement par économie, car il n'existe aucune raison plausible qui puisse l'autoriser, surtout lorsque les matériaux de construction ne sont pas rares.

F. 398, p. XXXIII.
La figure 398 est un profil de mur à parement extérieur vertical, formant deux retraites du côté des terres où un massif de maçonnerie dont la section est HGFEDI, se trouve remplacé par un volume égal de remblai qui ne saurait y produire le même effet, à moins que les maçonneries étant de briques, le remblai ne fût composé de fragments de roches ayant à peu près le même poids; encore, dans cette circonstance, serait-il plus avantageux de construire le mur entier avec ces mêmes fragments qui se trouveraient en abondance, et par conséquent à meilleur compte que la brique.

F. 399, p. XXXIII.
Cette figure représente un profil de mur à parement extérieur en talus, disposé de la même manière que le précédent, du côté des terres, et qui donne tout naturellement lieu aux mêmes objections.

10. — De quelque nature que soient les terres qui composent les remblais, et quelle que soit du reste la disposition des maçonneries, au moyen desquelles on se propose de les soutenir, il peut arriver que l'on surmonte le mur d'un parapet formant son couronnement; alors le poids de ce dernier est considéré comme une nouvelle force dont l'effet vient se combiner avec le premier membre de l'équation; de même que s'il existe une surcharge au remblai, son effet s'évalue séparément et s'ajoute au second membre.

Dans les circonstances autres que celles prévues dans les deux tables qui précèdent, on aurait recours aux formules générales dans lesquelles il deviendrait alors nécessaire d'introduire les véritables données du cas à résoudre.

Enfin s'il se rencontrait quelque cas susceptible de produire une variation sensible à l'angle d'éboulement et par suite à ses lignes trigonométriques, il serait bien de recourir à de nouvelles expériences pour le déterminer, ainsi que le poids des terres et celui des maçonneries; puis on obtiendrait la formule convenable, opération qui ne saurait opposer de difficulté sérieuse d'après ce qui a été dit et démontré dans ce paragraphe.

§ II. — MURS, AQUÉDUCS, PONCEAUX COUVERTS EN DALLES ET PLATES-BANDES, LEUR APPAREIL, LEUR ÉQUILIBRE.

1.—Nous avons distingué deux espèces de murs, ceux verticaux, dont les deux faces ou *parements* sont des surfaces verticales, et ceux en talus, dont une des faces et quelquefois même les deux en même temps, sont inclinées à l'horizon.

Les murs peuvent être établis sur des bases rectilignes ou curvilignes; ils sont droits, en talus, cylindriques et coniques.

L'appareil d'un mur consiste dans l'arrangement des différentes pièces qui le composent, et l'on entend en général par ce mot, l'art de déterminer les formes et les dispositions les plus convenables aux différentes pièces de pierres qui entrent dans la construction des édifices, afin d'obtenir autant que possible, solidité, élégance et économie.

Les maçonneries doivent être réglées par assises horizontales pour toutes les espèces de murs; les faces des pierres planes, formant entr'elles, autant que possible, des angles droits, doivent être dressées de manière à avoir le plus grand nombre de points en contact; pour établir des liaisons entre les différentes pierres, on les dispose de telle sorte que leurs joints verticaux soient alternés, c'est-à-dire qu'elles soient posées par carreaux et boutisses.

On entend par *carreau*, toute pierre placée suivant la longueur du mur, et qui n'occupe qu'une partie de son épaisseur; une *boutisse* est une pierre posée transversalement et qui occupe toute l'épaisseur du mur; *lancis*, une pierre placée transversalement, et dont une extrémité se perd dans l'épaisseur; *parpaing*, une pièce qui seule forme l'épaisseur du mur et dont chaque assise forme alors l'épaisseur totale.

On entend par *libage* toute pierre sans forme régulière, employée soit à combler les vides au milieu des maçonneries, soit à établir les fondations qui se trouvent enfouies dans les terres.

On nomme *dalles* des tablettes de pierre de différentes épaisseurs, et plus communément *pièces de chaudrons*, celles qui, provenant des premiers bancs de carrières, ne sont pas susceptibles de recevoir le poli; elles s'emploient ordinairement, dans les maçonneries de fondations, à former la partie supérieure de certains murs, au pavé des trottoirs, au recouvrement de certaines ouvertures rectangulaires, etc.

F. 400 pl. XXXIV.

2. — Soient ABCD le plan ou projection horizontale d'un mur droit; les traits fermes indiquent l'appareil de la première assise, et les traits ponctués ceux de la seconde; A'B'B"A" la projection verticale du même mur, sur laquelle il s'agit de déterminer celle de l'appareil déjà adopté en projection horizontale; pour cela, on divisera la hauteur A'A" en autant de parties égales que l'on veut avoir d'assises, puis, par chaque point de division, menant une parallèle à la ligne de terre, il ne restera plus qu'à projeter les traces horizontales de l'appareil adopté, sur les parallèles correspondantes, prises dans le plan vertical.

Si l'on veut avoir une coupe transversale, il suffit de projeter perpendiculairement à BC, et l'on obtient la projection B'''C'C"B^IV qui, divisée en autant de tranches horizontales qu'il y a d'assises, fournira également l'appareil transversal, en projetant sur les parallèles correspondantes, l'appareil déjà adopté dans le plan horizontal; on aurait pu également se donner, en premier lieu, l'appareil en projection verticale, puis en déduire la projection horizontale et par suite la coupe; dans tous les cas, un dessin de ce genre fait connaître toutes les dimensions des pierres qui sont des parallélipipèdes rectangles.

F. 401, pl. XXXIV.

3. — ABCD est la projection horizontale de la base d'un mur à talus extérieur; CDEF, la projection sur le même plan, de la base supérieure du mur, formant son couronnement; la trace horizontale DC, commune à ces deux projections, indique assez que le mur dont il s'agit est vertical de ce côté; A'B'F'E' est la projection verticale du parement incliné dont celle horizontale est ABFE.

L'arête AE, ou celle BF, est divisée en autant de parties égales que l'on vent avoir d'assises; puis on mène par les points de division des parallèles à AB; une opération semblable est également faite en projection verticale, et il ne reste plus qu'à fixer sur l'un des plans, la distribution de l'appareil, qui sera immédiatement projetée sur l'autre.

La coupe transversale B"C'C'F", qui seule présente l'inclinaison naturelle de chaque pièce, s'obtient en projetant suivant la ligne de terre B"C'; il serait inutile d'entrer dans tous les détails de cette opération des plus simples, et d'ailleurs suffisamment indiquée par l'épure, qu'il suffit de consulter, si surtout l'on est bien pénétré des principes établis dans le chap. IV de la Ire partie.

4. — La figure 402 représente les projections d'un mur droit, dont les arêtiers sont en pierre de taille, et le reste des maçonneries en petits matériaux; il est disposé de manière à former retraite du côté des terres. La figure 403 réunit les projections d'un mur avec talus extérieur formant également retraite du côté des terres à soutenir, ayant ses arêtiers et une chaîne intermédiaire en grand appareil. Pour bien comprendre ces constructions, il suffit de se rappeler les principes relatifs à la projection des solides à faces planes, démontrés (Ire part., chap. IV, § 1er), avec lesquels il est essentiel de se familiariser.

Fig. 402 et 403, pl. XXXIV.

5. — Les dessins des murs cylindriques et coniques ne peuvent opposer de graves difficultés aux personnes qui se sont familiarisées avec la méthode des projections; les deux exemples que représentent les figures 404 et 405, ne manqueront pas d'en donner la plus juste idée.

Fig. 404 et 405, pl. XXXIV.

La figure 404 comprend le plan ou projection horizontale d'un mur cylindrique en petits matériaux, avec chaîne en pierre de taille; on y trouve également, dans la même disposition que pour les figures précédentes, deux projections verticales propres à donner la plus juste idée de l'objet.

La figure 405 comprend les détails analogues, relatifs à un mur cylindrique extérieurement et conique à l'intérieur; les maçonneries sont également en petit appareil, à l'exception pourtant d'une chaîne en pierre de taille, propre, ainsi que dans les exemples qui précèdent, à augmenter la solidité des maçonneries en moellons, qui ne sont employées que dans un but économique et lorsqu'on ne peut mieux faire.

6. — L'établissement d'un aqueduc consiste dans la construction de deux murs droits latéraux, soutenant transversalement les terres de la chaussée et comprenant entr'eux l'espace nécessaire à l'écoulement des eaux; les faces latérales sont séparées par un pavé ou *radier*, dont le but principal est d'empêcher les affouillements toujours enclins à dégrader les fondations; l'édifice entier est couvert en dalles réunies entr'elles par de bons joints et portant à leurs extrémités sur les faces latérales ou *pieds-droits*, de 25 à 30 centimètres au moins : les parties visibles en amont et en aval, ou plus simplement les faces apparentes, parallèles à l'axe du chemin, se nomment *têtes*.

26

L'appareil des murs de têtes varie selon les circonstances; le plus souvent on se borne à les prolonger parallèlement à l'axe du chemin, afin qu'ils soutiennent les terres du remblai de manière à ce qu'elles ne puissent obstruer le lit du cours d'eau sur lequel est établi l'aquéduc; alors ces terres forment, par leur éboulement, des quarts de cône à droite et à gauche des pieds-droits; cette sorte de mur se désigne simplement par *murs en retour*. Quelquefois, au lieu de prolonger les têtes parallèlement à l'axe du chemin, on prolonge en ligne droite les pieds-droits de l'aquéduc; alors le couronnement de ces murs accessoires se trouve dans le même plan que l'inclinaison naturelle du talus des remblais; cette seconde espèce de murs prend la dénomination de *murs d'épaulement*.

Enfin l'on adopte avec discernement une troisième disposition, à la fois plus agréable à la vue, et plus avantageuse à l'écoulement des eaux; elle consiste dans l'établissement de *murs en ailes;* on désigne ainsi certains murs qui, comme ceux d'épaulement, se terminent, à leur partie supérieure, par un couronnement tout entier dans le plan des talus du remblai, mais dont les bases, au lieu d'être situées sur le prolongement des pieds-droits, forment avec ces mêmes prolongements, et de dedans en dehors, des angles plus ou moins ouverts, selon la direction du cours d'eau par rapport aux plans des têtes; néanmoins, lorsque la direction du courant est perpendiculaire à celles-ci, on obtient, sans contredit, la disposition la plus avantageuse, en adoptant l'angle de 11° 19′ entre le prolongement des pieds-droits et l'établissement des murs en ailes; les motifs qui déterminent cette disposition toute particulière, se déduisent immédiatement du principe relatif à la contraction de la veine fluide pendant l'écoulement d'un liquide (chap. III, § Ier, n° 4, pag. 108); les murs en ailes se construisent avec ou sans fruit; la première de ces dispositions est préférable. Trois projections suffisent généralement pour donner la plus juste idée d'un aquéduc, et pour diriger sa construction quant à l'appareil :

1° Le plan des fondations ou projection horizontale de l'édifice, qui indique à la fois les longueurs et épaisseurs des différents murs;

2° L'élévation ou projection verticale de la face principale, qui met en évidence l'appareil des têtes et celui des murs accessoires;

3° Une coupe verticale faite suivant l'axe de l'aquéduc, qui n'est autre chose que la projection verticale d'une section faite dans l'édifice entier, suivant un plan vertical passant par son axe; cette partie du projet indique, s'il y a lieu, l'inclinaison des têtes; elle présente l'appareil des faces latérales et la disposition des dalles de recouvrement.

7. — Ce premier exemple est le projet d'un aquéduc droit, c'est-à-dire F. 406, pl. XXXV. perpendiculaire à l'axe du chemin sous lequel il doit être établi; la projection verticale présente l'appareil des têtes, formé de trois couples d'assises posées alternativement par boutisses et par carreaux, afin d'établir liaison avec les maçonneries des murs en retour, qui sont supposés en moellons; la première assise à partir du radier, forme, comparativement aux deux autres, une saillie de 0ᵐ 05ᶜ, que l'on nomme *socle;* les dalles de recouvrement, ainsi que les murs en retour, sont couronnés par une *plinthe* affleurant les accotements, dont l'arête supérieure est abattue en chanfrein.

La coupe fait voir également l'appareil en pierre de taille, la saillie et le chanfrein de la plinthe, ainsi que son épaisseur en queue, formant liaison dans celle du mur, la maçonnerie des pieds-droits qui est en moellon, la disposition des dalles de recouvrement, et enfin celle de l'empierrement, qui repose, dans ce cas, immédiatement sur elles; nous ferons remarquer ici qu'il est bien d'établir, autant que possible, une couche de terre végétale ou de sable entre les dalles et la chaussée d'empierrement, afin d'atténuer la commotion produite par le roulage, qui détermine quelquefois la rupture des dalles, lorsqu'elles ont quelques fissures demeurées inaperçues avant leur emploi, ou même quelquefois lorsqu'étant sans défauts, elles ont trop de portée entre leurs points d'appui, eu égard à leur épaisseur et à la résistance dont elles sont susceptibles; il serait difficile de déterminer d'une manière générale l'épaisseur des dalles de recouvrement, ainsi que leur longueur, ces dimensions dépendant essentiellement de la qualité des pierres, qui varie pour chaque localité; l'habitude, l'usage local, et au besoin, l'expérience sont les meilleurs guides à suivre en cette circonstance.

8. — Le second exemple est tiré d'un aquéduc biais, ou plutôt dont l'axe F. 407, pl. XXXV. forme avec celui du chemin un angle autre que l'angle droit, construit dans les mêmes conditions que le précédent, c'est-à-dire avec têtes en pierre de taille, le reste des maçonneries étant en moellons, ainsi que les murs en retour; comme dans le premier cas, les têtes sont couronnées par une plinthe établie au niveau de l'arête extérieure des accotements, et dont l'angle supérieur est abattu en chanfrein.

9. — Cette figure contient les trois projections nécessaires pour l'édification F. 408, pl. XXXV. d'un aquéduc droit, avec murs d'épaulement, construit en grand appareil; on aurait pu, comme dans les deux cas qui précèdent, ne construire que les maçonneries principales de cette manière; mais alors il eût été convenable de couvrir le couronnement des murs accessoires, formant glacis suivant l'inclinaison des talus, en tablettes de pierre de taille, afin de préserver cette partie, des dégradations auxquelles elle se trouve évidemment plus exposée que le reste de l'édifice.

F. 409, pl. XXXV. **10.** — On trouve dans cette figure les projections d'un aquéduc droit, avec grand appareil, et murs en ailes sans fruit; on peut remarquer qu'afin d'éviter les angles aigus formés par les différentes assises avec le rampant des murs en ailes et préserver les pierres du couronnement de toute épaufrure, on a terminé les joints de ces assises par des crossettes arrivant à angle droit sur le rampant; cette disposition, qui augmente légèrement le travail manuel, et qui occasionne un accroissement dans le déchet de la pierre, ne doit pourtant pas être négligée dans toute construction de ce genre.

F. 410, pl. XXXV. **11.** — Lorsque le cours d'eau sur lequel on se propose d'établir un aquéduc est trop important pour qu'une seule ouverture puisse suffire au débouché, la longueur à attribuer aux dalles de recouvrement se trouvant le plus souvent très limitée, et d'ailleurs une trop grande portée devant faire craindre leur rupture, on peut établir des aiguilles ou piles intermédiaires entre les faces latérales, en divisant ainsi la surface du débouché en plusieurs parties susceptibles de pouvoir être séparément couvertes d'une manière convenable et propre à assurer toute sécurité; alors il est urgent de disposer les dalles de telle sorte, qu'elles occupent, en s'appuyant mutuellement par bout, toute l'épaisseur des aiguilles, de même que l'on doit aussi s'attacher à les faire suffisamment porter sur les murs latéraux ou pieds-droits.

Il est inutile de faire remarquer que le socle, ou tout autre ornement qui serait admis vis-à-vis les pieds-droits, devrait également, par règle de bon goût, régner sur les contours des aiguilles, qui se terminent en amont et en aval, sous forme d'avant et d'arrière bec, soit par des surfaces planes, soit par des surfaces courbes cylindriques ou coniques, mais toujours de manière à être le moins endommagées, ou par la malveillance, ou par l'action des gelées, le choc des glaces, etc..... La figure 410 représente un aquéduc ou pontceau de ce genre, dont les têtes, la plinthe et le couronnement des murs en ailes, dans ce cas en talus, sont en pierre de taille, et le reste des maçonneries en moellon.

Il est évident que les constructions de cette espèce, n'ayant à supporter qu'une charge verticale, n'exigent pas de grands préparatifs pour réunir toutes les conditions de stabilité; en effet, l'édifice reposant sur des fondations convenables, il suffit que les pieds-droits, considérés comme murs de soutènement, aient assez d'épaisseur pour résister à la poussée des terres, d'une part, et de l'autre à l'écrasement auquel tend le poids des dalles qu'ils supportent; quant aux aiguilles, elles n'ont à résister qu'à cette dernière force; il est donc nécessaire, avant tout, de se rendre compte de la résistance que peut opposer à l'écrasement la pierre qu'il s'agit d'employer.

12. — On peut encore, mais ce système n'est guère en usage dans les constructions hydrauliques, couvrir les ouvertures d'une grande largeur, qui ne pourraient l'être d'une seule pièce, par la combinaison de plusieurs, réunies entr'elles au moyen de joints convenables, remplissant dans leur ensemble l'office des dalles de recouvrement, à cela près pourtant que la charge verticale, qui n'agit que par écrasement dans le premier cas, tend à renverser les pieds-droits de dedans en dehors, par suite d'une décomposition de forces qui agissent dans cette nouvelle circonstance. F. 411, pl. XXXV.

Avant de rechercher les conditions d'équilibre dans ce nouveau cas, il ne sera pas inutile d'entrer dans quelques détails sur le tracé d'un appareil de ce genre connu sous le nom de *plate-bande*.

Qu'il s'agisse, par exemple, d'établir une plate-bande sur l'ouverture AB : on construira d'abord le triangle équilatéral ABC, puis, après avoir divisé sa base AB en autant de parties égales qu'il doit y avoir de pièces d'appareil, aux points A, D, E, F, G et B, on déterminera les directions

$$AA', DD', EE', FF', GG' \text{ et } BB'$$

par les prolongements correspondants des droites

$$CA, CD, CE, CF, CG \text{ et } CB,$$

concourant toutes au sommet commun C.

Chacune des pièces d'appareil, dont le nombre doit toujours être impair, afin qu'il en existe une au milieu de l'ouverture, prend le nom générique de *claveau ;* et l'on désigne plus particulièrement par celui de *clef,* le claveau impair disposé sur le milieu de la plate-bande.

Les parties supérieures des pieds droits contre lesquelles s'appliquent, à droite et à gauche, les premiers claveaux, s'appellent *sommiers*.

Nous considérerons la plate-bande comme un coin ABC dont la tête AB reçevant directement une charge verticale, en transmet une partie horizontalement à droite et à gauche, et tend ainsi à renverser de dedans en dehors les pieds-droits, en les faisant tourner autour des points J et L; la disposition symétrique de la construction permet de ne rechercher la loi d'équilibre que pour un seul côté, le résultat étant également applicable à l'autre.

La figure 412 étant tracée d'après les conditions ci-dessus établies, nous admettrons pour plus de simplicité dans les calculs,

$$AB = AC = a,$$

d'où

$$AD = \frac{a}{2};$$

$DC = b;$ et enfin s représentera la surface A'B'BA, qui peut être considérée comme l'une des bases du solide dont le poids exerce son empire suivant la direction EC; si l'on appelle d le poids du mètre cube des maçonneries qui le composent, le poids de ce solide compris sur un mètre d'épaisseur, sera de

$$s \times 1 \times d = sd;$$

nous désignerons encore par h, la hauteur AK des pieds-droits, par d' le poids du mètre cube des maçonneries qui les composent, et enfin par x l'épaisseur de ces mêmes pieds-droits, dont il s'agit de déterminer l'expression pour le cas d'équilibre; alors le poids d'un pied-droit sur un mètre d'épaisseur, sera exprimé par $d'hx$.

Nous avons vu (Ire part., chap. V, § III, n° 18, pag. 380 et 381), non seulement que les pressions latérales agissant sur le coin, sont perpendiculaires à ses côtés, mais encore que, dans le cas d'équilibre, la puissance est à l'une quelconque de ces pressions, comme l'épaisseur du coin à sa tête, est à la longueur de son côté; c'est-à-dire que l'on a, dans le cas qui nous occupe, Q désignant l'une des pressions

$$sd : Q :: AB : AC;$$

et comme

$$AB = AC$$

d'après la construction, il s'ensuit que l'on a

$$Q = sd,$$

cette dernière force étant appliquée au point A et agissant dans la direction AH, perpendiculaire à A'C.

Si la force $Q = sd$, était horizontale, elle représenterait exactement l'effort auquel doit résister le pied-droit GAKJ; mais il n'en est pas ainsi : elle se décompose naturellement en deux autres, dont l'une, AH' qui agit verticalement, augmente la résistance du pied-droit, tandis que l'autre P, agissant horizontalement suivant AG, tend au contraire à le renverser. Pour obtenir l'intensité de cette dernière, il suffit d'observer que les triangles semblables ADC et HGA donnent :

$$AC : CD :. AH : AG,$$

ou

$$a : b :: sd : P,$$

d'où l'on tire :

$$P = \frac{sdb}{a};$$

et si l'on remarque que cette force agit suivant le bras de levier $AK = h$, son moment pris par rapport au point d'appui J, sera

$$\frac{sdbh}{a};$$

telle est l'expression de l'effort horizontal qu'il s'agit de vaincre.

Quant à la force AH', que nous désignerons par R, l'on déterminera son effet en observant que les triangles ADC et AH'H étant semblables, donnent

$$AC : AD :: AH : AH',$$

ou

$$a : \frac{a}{2} :: sd : R,$$

d'où l'on tire :

$$R = \frac{sd}{2};$$

puis, le moment de cette dernière, qui agit suivant le bras de levier $JK = x$, est

$$\frac{sdx}{2}.$$

Le poids de l'un des pieds-droits étant exprimé par $d'hx$, doit être considéré comme une force verticale appliquée au centre de gravité I, et agissant suivant le bras de levier

$$JM = \frac{x}{2};$$

le moment de cette dernière force est donc

$$\frac{d'hx^2}{2},$$

et l'équation d'équilibre est évidemment

$$\frac{d'hx^2}{2} + \frac{sdx}{2} = \frac{sdbh}{a},$$

qui revient à

$$x^2 + \frac{sd}{d'h} \times x = \frac{2sdb}{ad'};$$

l'on en tire (Ire part., chap. 1, § V, n° 3, pag. 79) :

$$x = -\frac{sd}{2d'h} \pm \sqrt{\frac{2sdb}{ad'} + \frac{s^2d^2}{4d'^2h^2}}.$$

Si l'on avait $d = d'$, c'est-à-dire si l'on supposait que les maçonneries qui forment la charge de la plate-bande, fussent de même densité que celles qui constituent les pieds-droits, la valeur de x, par la suppression de ces quantités aux deux termes de chaque fraction, prendrait la forme plus simple :

$$x = -\frac{s}{2h} \pm \sqrt{\frac{2sb}{a} + \frac{s^2}{4h^2}};$$

afin de faciliter l'application de ces deux formules, procédons à la solution d'un cas particulier, et soient, par exemple, AB, ou $a = 8^m$, d'où AD $= 4^m$, AK ou $h = 5^m$, l'épaisseur à la clef ou ED $= 1^m$.

On déterminera d'abord la quantité DC ou b (Ire part., chap. II, § II, n° 5, pag. 149), par la formule

$$\sqrt{\overline{AC}^2 - \overline{AD}^2} = \sqrt{64 - 16} = \sqrt{48} = 6^m 93^c;$$

puis on obtiendra $A'B'$, par la proportion

$$CD : AB :: CE : A'B',$$

ou

$$6,93 : 8 :: 7,93 : A'B',$$

d'où

$$A'B' = \frac{7,93 \times 8}{6,93} = 9^m 15^c;$$

puis enfin, l'on en déduira

$$s = \frac{9,15 + 8}{2} \times 1 = 8^m 57^c.$$

Si l'on joint à ces données le poids du mètre cube de chaque espèce de maçonnerie, $d = 2700$ kilogrammes et $d' = 2200$ kilogrammes, par exemple, la première valeur de x devient :

$$x = -\frac{8,57 \times 2700}{2 \times 2200 \times 5} \pm \sqrt{\frac{2 \times 8,57 \times 2700 \times 6,93}{8 \times 2200} + \frac{8,57^2 \times 2700^2}{4 \times 2200^2 \times 5^2}};$$

puis, en effectuant les calculs, on en tire définitivement

$$x = -1,052 \pm 4,436 = 3^m 344,$$

en adoptant pour le second terme le signe $+$.

Si l'on admet, en second lieu, que les maçonneries soient d'égales densités, la seconde formule donne, par la substitution des différentes valeurs,

$$x = -\frac{8.57}{2 \times 5} \pm \sqrt{\frac{2 \times 8,57 \times 6,93}{8} + \frac{8,57^2}{4 \times 5^2}},$$

et l'on en tire, en effectuant les calculs,

$$x = -0,86 \pm 3,94 = 3^m 08^c,$$

en admettant toujours le radical positif.

Il est bien de faire remarquer ici que les formules générales, ne renfermant que les conditions rigoureuses d'équilibre, exigent, dans la pratique, une légère augmentation aux différentes valeurs numériques de x, afin que la résistance des pieds-droits puisse, non-seulement détruire l'effet produit par les poussées de la plate-bande, mais encore résister à un excès de charge

27

accidentel ou passager ; l'on pourrait même, dès le commencement de l'opération, augmenter la quantité *sd* d'une valeur égale au poids de la surcharge, puis en déduire une formule particulière ; en cette circonstance, la
valeur numérique obtenue pour x ne devrait subir aucune augmentation.

F. 413, p. XXXVI.

13. — On diminue sensiblement les poussées horizontales qu'exerce une
plate-bande à l'égard de ses pieds-droits, en donnant aux claveaux contigus
aux sommiers, la forme particulière que l'on voit dans la figure 413, où les
premiers claveaux forment retour sur les pieds-droits ; on les désigne ordinairement sous le nom de *claveaux en état de charge*, la partie retournée
horizontalement étant ce que l'on entend par *état de charge* ; il est évident
que plus l'état de charge avance vers les pieds-droits, plus il pèse sur ceux-ci
verticalement, et plus il les débarrasse, en conséquence, de la poussée horizontale.

D'après cela, on serait peut-être entraîné à donner une trop grande extension aux états de charge, dans le but d'atténuer autant que possible la poussée, si l'on n'était retenu par cette raison, que l'état de charge se trouvant
pressé entre le pied-droit et la partie supérieure du mur, d'une part, se trouve,
de l'autre, chargé à sa partie supérieure seulement, ce qui détermine quelquefois la rupture du claveau vis-à-vis l'angle qui forme retour ; il est donc préférable de prendre un terme moyen, en ne donnant à l'état de charge, pour les
pierres moyennement dures, qu'une longueur égale à la moitié de l'épaisseur
de l'assise à laquelle il appartient ; pour les pierres tendres, cette longueur
doit être réduite ; de même qu'elle peut être augmentée lorsque les pierres
sont susceptibles d'offrir une plus grande résistance à la pression.

F. 414, p. XXXVI.

Au lieu de se borner à n'établir qu'une couple de claveaux en état de
charge, on en dispose quelquefois deux, et même davantage, mais toujours
en observant scrupuleusement ce qui vient d'être dit à ce sujet.

On diminue encore l'effort qui tend à écarter les pieds-droits, en disposant
des appareils en fer dans l'intérieur des murs, ou bien encore en construisant
au-dessus de la plate-bande elle-même, un arc de décharge, supportant la
partie supérieure du mur, en n'abandonnant à l'appareil de la plate-bande
que son propre poids ; ces dispositions, souvent employées dans les constructions ordinaires d'édifices, sont complètement bannies dans l'exécution des
travaux d'art sur les routes et chemins ; les dépenses considérables que nécessitent d'ordinaire de pareilles dispositions n'étant que le moindre des
inconvénients dus à ce système, qui ne doit être admis que dans les construc-

tions ordinaires, où il serait encore peut-être préférable de le remplacer par des poutres armées.

14. — L'évaluation des matériaux qui entrent dans la construction des ouvrages rectilignes, ne peut offrir de difficulté; les faces tant intérieures qu'extérieures étant planes, tout se réduit à la cubature de parallélipipèdes rectangles si les constructions sont droites, c'est-à-dire perpendiculaires aux axes des chemins, et à la mesure de parallélipipèdes obliques, si ces mêmes constructions sont biaises ou obliques par rapport à ce même axe.

On entend par *parements-vus* les surfaces apparentes des constructions; il arrive presque toujours, soit pour évaluer la taille de la pierre, soit pour apprécier la main-d'œuvre du jointoiement et du ragréement, qu'il faille déterminer les mètres carrés de parements-vus; cette opération se réduit tout simplement au mesurage de surfaces rectangulaires, que les aqueducs ou ponceaux soient droits ou obliques; l'indication sommaire de ces opérations suffira, sans doute, pour faire comprendre au lecteur que telle ou telle surface doit être calculée d'après telles ou telles dimensions prises sur la projection convenable, où ces mêmes dimensions doivent être rigoureusement cotées, afin d'éviter toute évaluation graphique qui pourrait ne pas offrir assez de précision.

§III. — VOUTES EN BERCEAUX, LEUR APPAREIL, LEUR ÉQUILIBRE, FIXATION
DU DÉBOUCHÉ DES PONTS ET PONCEAUX.

I. — Parmi les nombreux inconvénients que présente la construction des plates-bandes d'une grande largeur, sous les voies de communication, se place naturellement en première ligne leur poussée, qui tend sans cesse à renverser les pieds-droits; puis l'épaisseur qu'il convient de donner à la clef, laquelle, en surhaussant l'édifice, détruit en partie l'avantage qu'il présenterait au premier abord, de pouvoir être construit avec une grande largeur sous un remblai de faible épaisseur. On supplée à ce défaut au moyen des *voûtes*.

On entend en général par voûte, un corps de maçonnerie cintré, dont les pierres se soutiennent mutuellement en vertu de leur arrangement. Parmi les différentes espèces de voûtes, nous ne parlerons que de celles en berceaux, qui, par leur importance dans le genre de construction qui nous occupe, ne peuvent manquer de trouver place dans cet ouvrage.

Les voûtes en berceaux sont celles qui ont pour développement intérieur une portion de surface cylindrique dont les génératrices sont horizontales, la directrice étant une partie de courbe régulière quelconque, dont le plan est perpendiculaire à la direction des génératrices. (*Voir* la Génération des surfaces cylindriques, I⁰ part., chap. VI, § II, n° 1, pag. 401.)

Le *cintre principal* d'une voûte en berceau est l'intersection de sa surface intérieure avec un plan perpendiculaire à ses génératrices, ou plutôt c'est la directrice même de cette surface ; les cintres de têtes sont les intersections de la voûte avec les plans des têtes.

L'*intrados* est la surface intérieure ; et, par opposition, celle extérieure, prise à l'autre extrémité des différentes pièces dont la voûte est composée, se nomme *extrados*.

Un berceau est *uniformément extradossé*, lorsque l'intrados et l'extrados sont parallèles ; il est *plein cintre*, lorsque sa directrice est une demi-circonférence de cercle ; il est *surbaissé*, lorsque cette même directrice est un arc de cercle moindre que la demi-circonférence, un arc elliptique, ou une anse de panier dont le grand axe est horizontal.

La directrice étant une demi-ellipse ou une anse de panier dont le petit axe est horizontal, le berceau est *surhaussé*.

La ligne qui détermine la largeur d'un berceau en est la *base ;* celle comprise entre la base et l'intrados, pris dans sa partie la plus élevée, et qui fixe ainsi la hauteur du berceau à l'intrados, se nomme *flèche* ou *montée*.

F. 418, p. XXXVI. On nomme *voussoirs*, les différentes pièces de pierres qui constituent une voûte ; *coupes*, les faces contiguës des voussoirs, qui leur servent de lits ; *joints*, les faces séparatives de deux voussoirs qui se touchent par bouts, et, en général, celle qui sépare deux pierres quelconques dans les maçonneries ordinaires.

Nous avons dit que le nombre des claveaux d'une plate-bande est toujours impair ; il en doit être ainsi du nombre des voussoirs ; et celui qui est placé au sommet de la courbe directrice se nomme *clef*.

Les voussoirs sont réglés par assises dont les faces dépendant de l'intrados s'appellent *douelles ;* il en résulte que les coupes de chaque douelle sont, dans quelque position qu'elles occupent, situées dans un plan qui passe par l'une des génératrices de la surface.

Il résulte de ces dispositions combinées, que les directions des coupes et des joints sont, pour tous les points d'une voûte, des normales à l'intrados.

C'est ainsi que les angles aigus se trouvant évités dans la disposition de chaque voussoir ; il en résulte que ceux-ci doivent nécessairement opposer, dans tous les sens, une égale résistance, susceptible de vaincre sans altération les pressions les plus énergiques.

2. — Les voussoirs devant opposer une égale résistance, et d'ailleurs offrir autant de régularité et de symétrie que possible, doivent avoir une même largeur de douelle pour tout l'intrados d'un même berceau ; il devient donc nécessaire, pour régler la division des voussoirs d'une manière rigoureuse, de développer numériquement la courbe directrice, puis de diviser son contour par le nombre de voussoirs que l'on aura adopté.

On connaît déjà la rectification de la circonférence du cercle (Ire part., ch. II, § III, n° 12, p. 179), et cette connaissance permet d'arriver au but que l'on se propose, si le cintre principal est un arc de cercle. En effet, on a trouvé, en cet endroit, que la circonférence dont le diamètre est 5^m 22^c, est égale à 16^m398630, à très peu près : si l'on divise ce résultat par 2, on trouve que la demi-circonférence est de 8^m119315, et qu'en conséquence, une voûte qui aurait ces dimensions, et que l'on voudrait composer de 11 voussoirs, aurait 0^m745 de développée de douelle pour chacun d'eux, car

F. 415,416 et 417, p. XXXVI.

$$\frac{8^m119315}{11} = 0^m745.$$

La figure 415 est le cintre principal d'une voûte en plein cintre uniformément extradossée. Nous avons dit qu'en bonne construction, la direction des coupes doit toujours être normale à l'intrados ; il s'ensuit que, dans ce cas particulier, cette direction est rigoureusement déterminée par le prolongement extérieur des rayons ; car, pour la circonférence du cercle, toute tangente étant perpendiculaire à l'extrémité du rayon, le prolongement de celui-ci est une normale à la courbe, au point de contact (Ire part., chap. II, § III, n° 7, pag. 166); il suffit donc, après avoir divisé la courbe en voussoirs, de joindre les points de division au centre, et de prolonger les rayons, pour avoir la direction des joints.

Le berceau, dans ce premier cas, est en grand appareil, ce qui détermine sur le plan des têtes un bandeau extérieur régulier, qui forme quelquefois saillie de un ou deux centimètres, comparativement aux murs en retour, qui peuvent être construits en moëllons, comme dans cet exemple ; d'autres fois, la surface extérieure de ce même bandeau se confond dans le plan des têtes.

La figure 416 est construite sur les mêmes dimensions, et le cintre principal, également divisé en 11 voussoirs égaux ; l'appareil seul diffère du précédent : la voûte n'est plus, dans ce cas, uniformément extradossée ; trois couples de voussoirs s'y trouvent en état de charge, et cette disposition, qui détruit presque entièrement la poussée, donne à l'appareil des têtes plus de grâce et d'élégance; mais, il faut en convenir, ce système emploie une bien plus grande quantité de matériaux, en raison du déchet auquel donnent lieu les coupes brisées des états de charge.

On peut encore, comme dans la figure 417, modifier l'appareil en évitant les états de charge, et cette construction est même préférable pour les berceaux de grandes dimensions, où la charge supportée par les voussoirs devenant considérable, pourrait justifier des craintes fondées, sur la rupture des états de charge, vis-à-vis leurs nœuds, ainsi qu'il a été constaté à l'égard des plates-bandes. L'appareil des voûtes peut être modifié d'une infinité de manières, selon le goût du constructeur, qui doit cependant ne jamais s'écarter des principes ci-dessus établis. Quoi qu'il en soit, les trois exemples qui précèdent contiennent, à peu d'exceptions près, ce qui peut être dit à ce sujet.

F. 418, p. XXXVI.   3. — Le berceau étant surbaissé au moyen d'un arc moindre que la demi-circonférence, la division en voussoirs, et, par suite, la construction de l'appareil, ne sont pas moins faciles que pour le plein cintre :

Qu'il s'agisse, par exemple, de construire un berceau de ce genre, ayant 5^{m}22^c de base et 0^{m}96^c de flèche; il faut d'abord déterminer le rayon de la courbe directrice : désignons par x le diamètre de la circonférence; la droite

$$AD = \frac{5,22}{2} = 2^m 61^c,$$

étant abaissée d'un certain point de la circonférence, perpendiculairement sur un diamètre, il en résulte (Ire part., chap. II, § III, n° 9, p. 169)

$$(x - 0,96) : 2,61 :: 2,61 : 0,96,$$

d'où

$$\frac{96\,x}{100} - \frac{92}{100} = \frac{681}{100},$$

ou bien encore, en supprimant le dénominateur commun, et en passant le second terme du premier membre dans le second,

$$96\,x = 681 + 92 = 773 ;$$

d'où enfin,

$$x = \frac{773}{96} = 8^m 052.$$

Le rayon de l'arc circulaire que l'on doit employer est donc de

$$\frac{8^m052}{2} = 4^m026;$$

et il reste encore à déterminer l'angle au centre ACB, formé par les rayons AC et BC. Pour cela, il suffira de calculer l'angle au sommet du triangle isocèle ABC, d'après la solution du quatrième cas de la résolution des triangles quelconques (Ire part., chap. III, § III, n° 6, p. 277 ou 280); l'on trouvera qu'il est, dans ce cas, de 80° 50',

Pour rectifier cet arc, on commencera par rectifier la circonférence entière à laquelle il appartient, et dont le diamètre est 8^{m}052 (Ire part., chap. II, § III, n° 12, pag. 179).

On trouvera que :

Cette circonférence développée étant 8^{m}052 $\times$ 3.1415 $= 25^m2955580$

la longueur d'un degré est $\dfrac{25^m295.....}{360}$ .... $= 0^m07025376$

celle d'une minute , $\dfrac{0^m070254...}{60}$ .... $= 0^m001170896$

Qu'en conséquence, l'arc à rectifier se compose,

1° de 80°, dont le développement est 0,07025376 $\times$ 80 $= 5^m620$
2° de 50', » » » » » » » 0,001170896 $\times$ 50 $= 0^m058$

Longueur totale de l'arc....... 5^{m}678

Si l'on admet la division en sept voussoirs, le développement de chaque douelle sera

$$\frac{5^m678}{7} = 0^m811 ;$$

l'intrados étant circulaire, le reste de la construction s'effectuera d'une manière tout à fait analogue à celle que l'on emploie pour le plein cintre. Ce genre de voûte, qui peut approcher autant qu'on le veut de la plate-bande, a l'avantage de procurer, sous une faible montée, le débouché le plus avantageux; mais aussi il exerce, lorsqu'il est très surbaissé, une poussée presque égale à celle de la plate-bande elle-même.

4. — L'on peut encore rectifier les arcs circulaires d'une manière plus abrégée et plus expéditive, en prenant pour termes de comparaison les dimensions de la circonférence dont le diamètre est égal à l'unité.

En effet, le diamètre étant 1 mètre,

La circonférence est.................	$3^m141592653589$
La demi-circonférence...............	$1^m570796326794$
L'arc d'un degré....................: ...	$0^m0087266462599$
L'arc d'une minute..................	$0^m00014544410466$
L'arc d'une seconde............... ..	$0^m000002424068411$

et ces quantités constantes serviront pour tous les cas possibles. Proposons-nous, par exemple, le cas précédent, c'est-à-dire de rectifier l'arc de 80° 50', dépendant de la circonférence de cercle dont le diamètre est 8^m052; nous chercherons d'abord quel est le développement du même arc, son diamètre étant 1 mètre, et nous aurons,

1° Pour l'arc de 80°, $0,0087266462599 \times 80 = 0^m698131700792$
2° Pour celui de 50', $0,00014544410466 \times 50 = 0^m008726646279$

Longueur totale de l'arc...... $0^m706858347671$

Mais les arcs semblables étant entr'eux comme leurs rayons, ou comme leurs diamètres (I part., chap. II, § III, n° 12, p. 177), l'on peut établir, x' étant la longueur de l'arc qu'il s'agit de déterminer,

$$0^m706858...... : 1 :: x' : 8^m052;$$

d'où

$$x' = 0,706858347071 \times 8,052 = 5^m692.$$

Ce dernier résultat, comparé à celui qui vient d'être obtenu par la méthode précédente, ne présente que la minime différence de 0^m014, qui provient évidemment de ce que le rapport de la circonférence au diamètre est incommensurable; rien n'empêche que cette approximation, déjà suffisante, ne soit poussée plus loin.

En général, on obtient la longueur d'un arc circulaire quelconque, dont le diamètre seul est connu, en cherchant d'abord celle de l'arc semblable dépendant de la circonférence dont le diamètre est l'unité, puis en multipliant la longueur de cet arc par le diamètre donné.

Fig. 410,p. XXXVI

5. — Une anse de panier à trois centres devant être décrite sur une base et une flèche données, on calculera d'abord ses rayons (I part., chap. IV, § III, n° 1, p. 300 à 304), puis les angles que les rayons forment entr'eux (I part., chap. IV, § III, n° 3, pag. 305, 306 et 307), et il ne restera plus qu'à rectifier les trois arcs dont la somme, formant la longueur développée de la courbe, sera divisée par le nombre des voussoirs.

Ainsi, la base étant de 5^{m}00, et la montée, de 1^{m}64, le petit rayon est de 1^{m}274; le grand rayon, de 3^{m}509; l'arc du milieu, ou le grand arc, de 66° 37′ 30″; les arcs extrêmes, de chacun 56° 41′ 15″.

On trouvera, d'après la méthode précédente, que la longueur de l'arc de 66° 37′ 30″ de la circonférence dont le diamètre est un mètre, est de 0^{m}582065....; que la longueur de celui de 56° 41′ 15″ est de 0^{m}494691, et qu'en conséquence, la longueur de la courbe dont il s'agit se compose ainsi qu'il suit :

1° Longueur du grand arc..., ... 0^{m}582065 × 7.018 = 4^{m}085

2° Longueur d'un des arcs extrêmes... 0.494691 × 2.548 = 1.260

3° Longueur de l'autre... 1.260

Longueur totale.......... 6^{m}605

La division en 9 voussoirs donne 0^{m}767 pour la largeur développée de chaque douelle.

6. — On peut suivre les calculs relatifs à la détermination des rayons et des arcs qu'ils interceptent entr'eux, pour le tracé d'une anse de panier à cinq centres, dont la base est de 3^{m}26^c, et la flèche, de 0^{m}70^c (Ire part., chap. IV, § III, n° 4, pag. 308, 309, 310 et 311); se livrer à la rectification de la courbe, en calculant séparément la longueur de chacun de ses arcs; et enfin procéder à la division de cette dernière en voussoirs.

F. 420, p. XXXVI.

C'est en opérant ainsi, que l'on trouvera 3^{m}780 pour la longueur totale du cintre principal, et 0^{m}290 de développée de douelle, dans la supposition de 13 voussoirs.

7. — Le cintre principal étant une courbe elliptique, se rectifie d'une manière fort simple (Ire part., chap IV, § IV, n° 4, pag. 321 et 322) : en effet, s'il s'agit de construire un berceau elliptique sur une base de 5^{m}22^c et 1^{m}78^c de montée, l'on aura, d'après ce principe, en désignant par x la longueur de l'arc qu'il s'agit de calculer, et en observant en outre que cet arc est la moitié de l'ellipse, qui a 5^{m}22^c et 3^{m}56 pour longueurs de ses axes,

F. 421, p. XXXVI.

$$2\,x = 2\,\pi\,\sqrt{\dfrac{2{,}61^2 + 1{,}78^2}{2}}$$

28

ou

$$2x = 6,2830 \times 2,233 = 14,030 \; ;$$

d'où enfin,

$$x = \frac{14,030}{2} = 7^m 015 \; ;$$

et si l'on admet 9 voussoirs, on aura

$$\frac{7,015}{9} = 0^m 779$$

de développée de douelle. Pour connaître la direction des joints, il est convenable, après avoir divisé la courbe en voussoirs, de lui mener, par chacun des points de division, une tangente et sa normale (Ire part., ch. II, § III, n° 17, pag. 183 et 184); puis enfin l'on fixera l'appareil de la même manière que dans les circonstances déjà connues.

F. 422, p. XXXVI.   **8.** — L'arc parabolique ne se rencontre plus maintenant que dans les anciennes constructions; encore ne le voit-on que très rarement dans les voûtes de ponts. Néanmoins, comme il pourrait arriver que l'on eût à réparer des berceaux de ce genre, on devra, après avoir divisé la courbe en voussoirs, construire, pour chaque point de division, pris sur elle, la tangente, et par suite la normale qui, pour tous les cas et quelle que soit la nature de la courbe, est la direction rigoureuse de chaque joint.

F. 423, p. XXXVI.   **9.** — Les constructions anciennes nous offrent encore un grand nombre de voûtes *ogivales* ou en ogives; ces berceaux sont formés de deux arcs de circonférence, moindres chacun que 90°, formant arête au sommet A du berceau; les centres C et C′ de ces arcs sont quelquefois situés à la naissance, c'est-à-dire immédiatement au-dessus des pieds-droits; alors les rayons des arcs sont précisément égaux à la base du berceau, qui est en *tiers-point*; d'autres fois, les centres sont situés à l'intérieur même du berceau, sur la ligne CC′, à des distances égales de son milieu O. Dans l'un et l'autre cas, la courbe étant circulaire, les directions des joints sont constamment sur le prolongement des rayons de l'arc auquel ils appartiennent; ces sortes de berceaux, presque toujours uniformément extradossés, n'exercent qu'une faible poussée contre les pieds-droits, et cette poussée est d'autant moindre que la flèche OA a plus de longueur.

10. — Du nombre des voussoirs, qui doit toujours être impair, dépend évidemment la largeur développée de chaque douelle; il faut donc que ce nombre soit tel que la largeur de chacune, soit relative à l'épaisseur des pierres dont on peut disposer. Ainsi, une voûte en moellons contiendra un très grand nombre de voussoirs, et ce nombre pourra se réduire extraordinairement si la voûte est construite en pierres de taille de grandes dimensions; néanmoins, on doit encore, dans ce cas, se renfermer dans de justes limites, les pièces de fortes dimensions ne pouvant se transporter, s'élever surtout à la hauteur des échafaudages et être posées à destination, qu'avec des difficultés relatives à leurs poids et à leurs volumes.

L'épaisseur, à la clef, joue un certain rôle dans les conditions de stabilité des voûtes; aussi a-t-on dû rechercher celle qui est la plus convenable. Les constructeurs ont adopté une formule empyrique, consacrée par l'usage et l'expérience, mais qui répond cependant au but que l'on se propose; elle consiste à donner à la clef une épaisseur égale à la vingt-quatrième partie de l'ouverture, augmentée de la fraction décimale $0^m 33$; le tout étant diminué de la cent quarante-quatrième partie de l'ouverture; E désignant l'épaisseur à la clef, B la base du berceau ou son ouverture, on exprime généralement ce fait par l'équation

$$E = \frac{B}{24} + 0^m 33^c - \frac{B}{144},$$

qui peut se ramener à la formule plus simple :

$$E = \frac{5}{144} B + 0^m 33^c.$$

Généralement, lorsque l'ouverture est de trois mètres et au-dessous, l'épaisseur à la clef doit être de $0^m 33^c$, et, dans le cas où cette même ouverture est au-dessus de trois mètres, on ajoute à la quantité constante, $0^m 33^c$, les $\frac{5}{144}$ de l'ouverture. *Quelques constructeurs se bornent à ajouter à $0^m 33^c$ la vingt-quatrième partie de l'ouverture*, ce qui donne un résultat un peu plus fort que la formule précédente, due à *Gauthey*.

11. — Avant de nous livrer au tracé des épures relatives aux projets des ponceaux et des ponts, nous nous occuperons, connaissant les dimensions d'une voûte en berceau, ainsi que la hauteur des pieds-droits sur lesquels elle repose, à déterminer l'expression de l'épaisseur qui convient à ces mêmes pieds-droits, afin qu'ils puissent résister à la poussée qui tend à les renverser de

F. 424, P. XXXVI.

dedans en dehors. Néanmoins, avant d'entrer en matière, nous ferons observer que la verticale EO, passant par le milieu de la clef, divise le berceau en
deux parties égales, et qu'il suffit, en conséquence, de calculer les effets produits sur l'un des côtés, pour parfaitement connaître l'action exercée par
la poussée de la voûte dans son ensemble. Une voûte étant à peine posée, ses
mortiers encore frais ne peuvent établir qu'une liaison imparfaite entre les
maçonneries qui la composent ; les voussoirs doivent donc être considérés, en
cet état, comme des corps particuliers soumis à leur propre pesanteur, exerçant des actions réciproques les uns à l'égard des autres. L'expérience a suffisamment démontré que lorsque les pieds-droits d'une voûte sont trop faibles
pour la soutenir, elle se divise en trois parties bien distinctes, vers les points
I et I' des arcs AIC et BI'C. D'après cette observation, l'on peut judicieuse-
ment admettre que les voussoirs qui composent la partie supérieure ICI',
ont tellement d'adhérence entr'eux, qu'ils peuvent être envisagés comme
formant une seule et même pierre, de même que chacune des parties inférieures AI et BI' se trouve intimement liée avec le pied-droit correspondant,
sur lequel elle s'appuie. Nous considérerons donc cette partie supérieure
comme un coin exerçant, à droite et à gauche, des pressions égales qu'il s'agit
d'apprécier.

Soient HI et H'I' les joints de rupture, disposés d'une manière symétrique
de chaque côté du berceau, et formant, en conséquence, avec l'horizon, des
angles égaux ; sur leurs milieux respectifs K et K', soient élevées les perpendiculaires KQ et K'Q, dont la rencontre doit avoir nécessairement lieu sur
quelque point de la verticale OQ, qui divise le berceau en deux parties égales.

Si nous admettons maintenant qu'au point Q, soit appliquée une force QS,
égale au poids du massif ICI'H'EH, agissant verticalement de haut en bas,
ou dans le sens QS, cette force se décomposera nécessairement en deux
autres égales, QT et QR, exerçant leur empire à droite et à gauche ; il est
encore permis d'imaginer la force QR comme étant appliquée au point K de
sa direction, où elle peut être représentée par KN, laquelle sera de nouveau
décomposée en deux autres : la première, KL, agissant horizontalement contre le pied-droit, qu'elle tend à faire tourner autour du point D' ; et la seconde,
KM, qui vient ajouter son intensité à ce même pied-droit déjà retenu par le
poids du massif AIHG concentré à son centre de gravité U et à celui du pied-
droit A'ADD', qui agit suivant la verticale VV', passant par le centre de
gravité V de ce solide.

Nous admettons, pour simplifier les opérations,

1° Le rayon des tables trigonométriques égal à l'unité, ce qui ne peut altérer la généralité des résultats;

2° L'angle KQO $= m$;

3° La surface HICI'H'E $= s$; d sera le poids du mètre cube de maçonnerie de la voûte, et, par conséquent, sd le poids effectif de ces maçonneries sur un mètre d'épaisseur;

4° La surface GAIH $= s'$, et $s'd$ sera le poids des maçonneries sur un mètre d'épaisseur;

5° La hauteur des pieds-droits AA' $= h$;

6° L'épaisseur du pied-droit, qu'il s'agit de déterminer, AD $=$ A'D' $= z$; d'où

$$D'V' = \frac{z}{2}.$$

Et le poids du mètre cube de maçonnerie des pieds-droits étant d', celui du massif, compris suivant un mètre d'épaisseur, est de $d'hz$;

7° A'U' $= p$; d'où D'U' $= (z \pm p)$, suivant que la verticale UU' tombe extérieurement ou intérieurement au pied-droit;

8° DP $= q$; d'où D'P $= (h + q)$;

9° A'M' $= r$; d'où D'M' $= (z + r)$.

Ces diverses quantités étant directement données par la forme de la voûte, ou pouvant s'en déduire facilement, nous allons déterminer la valeur de z en fonctions d'elles, pour le cas où le cintre principal serait une courbe quelconque.

Nous avons vu (Ire part., chap. V, § Ier, n° 6, pag. 329) que, dans le cas d'équilibre de trois forces, chacune d'entr'elles est proportionnelle au sinus de l'angle formé par les directions des deux autres; il en résulte la proportion

RQ : QS :: sin OQT : sin KQT, ou KN : ds :: $sin\ m$: $sin\ 2m$,

qui donne

$$KN = \frac{ds \times sin\ m}{sin\ 2m};$$

puis,

KL : KN :: sin NKM : sin LKM, ou KL : $\dfrac{ds \times sin\ m}{sin\ 2m}$ :: $sin\ m$: 1,

le sinus de l'angle droit LKM, étant égal au rayon, ou à l'unité, ainsi que cela a été admis;

l'on en tire

$$KL = \frac{ds \times sin^2\ m}{sin\ 2m};$$

puis encore

KL : KM :: *sin* NKM : *sin* LKN, ou KL : KM :: *sin* NKM : *cos* NKM,

parce que l'angle LKM étant droit, LKN est complément de NKM.

Cette nouvelle proportion revient évidemment à

$$\frac{ds \times sin^2 m}{sin\ 2m} : \text{KM} :: sin\ m : cos\ m,$$

et l'on en tire

$$\text{KM} = \frac{ds \times sin^2 m \times cos\ m}{sin\ 2m \times sin\ m},$$

qui revient à

$$\text{KM} = \frac{ds \times sin\ m \times cos\ m}{sin\ 2m},$$

en divisant les deux termes par le facteur commun *sin m*.

Maintenant, si l'on remarque que la force KL, à laquelle il s'agit de faire équilibre, agit suivant un bras de levier PD' $= (h + q)$, en cherchant à faire tourner le pied-droit sur le point d'appui D', on en conclura que le moment de cette force, pris par rapport à ce dernier point, est exprimé par

$$\frac{ds \times sin^2 m}{sin\ 2m} (h + q).$$

Quant à la résistance que peut lui opposer le pied-droit, elle se compose de trois parties distinctes :

1° Du poids $d'hz$, agissant dans la direction VV', suivant un bras de levier

$$\text{VD}' = \frac{z}{2};$$

le moment de cette force est donc

$$\frac{d'hz^2}{2};$$

2° Du poids de la partie supérieure GAIH, exprimé par $s'd$, appliqué au centre de gravité U, et agissant en conséquence suivant un bras de levier

$$\text{D'U}' = z \pm p;$$

le moment de cette force est donc

$$s'dz \pm s'dp;$$

Et 3° enfin , de la force

$$KM = \frac{ds \times sin\, m.\, cos\, m}{sin\, 2m}$$

agissant suivant un bras de levier $D'M' = z + r$, et dont le moment, pris par rapport au point D', est, en conséquence,

$$\frac{ds \times sin\, m.\, cos\, m}{sin\, 2m}\, (z + r).$$

L'équation d'équilibre est donc

$$\frac{ds \times sin\,^2 m}{sin\, 2\, m}\, (h + q) = \frac{d'hz^2}{2} + s'dz \pm s'dp + \frac{ds \times sin\, m.\, cos\, m}{sin\, 2m}\, (z + r).$$

Telle est l'équation du second degré qui fera connaître l'épaisseur convenable aux pieds-droits d'une voûte quelconque, lorsqu'on aura ses dimensions et la hauteur des pieds-droits sur lesquels on se propose de l'établir.

Cette équation suppose que les maçonneries employées à la voûte et aux pieds-droits sont de natures différentes; si elles étaient de même densité, on aurait $d = d'$, et la suppression de ce facteur à tous les termes de l'équation la ramènerait à la forme plus simple,

$$\frac{s \times sin\,^2 m}{sin\, 2m}\, (h + q) = \frac{hz^2}{2} + s'z \pm s'p + \frac{s \times sin\, m.\, cos\, m}{sin\, 2m}\, (z + r).$$

Pour rendre plus sensible cette généralité, nous supposerons une voûte en plein cintre de 6^m de diamètre, ayant 0^m54^c d'épaisseur à la clef, uniformément extradossée, et reposant sur des pieds-droits de 4^m de hauteur, dont il s'agit de déterminer l'épaisseur, le point de rupture étant supposé au milieu de l'arc AIC;

On aura $m = 45°$, et l'on en déduira (Chap. II, n° 20, pag. 99 et 100), le rayon étant égal à un ,

$$sin\, m = 0,70711 , cos\, m = 0,70711 \text{ et } sin\, 2m = 1 ;$$

Il en résultera de plus, ainsi qu'il est facile de s'en assurer par des calculs dont la simplicité dispense de toute explication ,

$$s = 9,77, \quad s' = 1^m 38, \quad h = 4^m, \quad p = 0^m 02, \quad q = 2^m 31, \quad r = 0^m 69,$$

et par suite,

$$h + q = 6^m 31, \quad z - p = z - 0^m 02, \quad z + r = z + 0^m 69;$$

La substitution de ces différentes valeurs dans l'équation générale donnera l'expression numérique

$$\frac{2,77 \times 0,70711^2}{1} \times 6,31 = \frac{4z^2}{2} + 1,38 \times z - 1,38 \times 0,02$$

$$+ \frac{2,77 \times 0,70711 \times 0,70711}{1} \times (z + 0,69),$$

qui devient, en effectuant les calculs,

$$8,719 = 2z^2 + 1,38 \times z - 0,028 + 0,50 \times z + 0,345,$$

ou, plus simplement,

$$2z^2 + 1,88 \times z = 8,422,$$

ou bien encore

$$z^2 + 0,94z = 4,211;$$

d'où l'on tire

$$z = -0,47 \pm \sqrt{4,2110 + 0,2209},$$

et enfin $z = -0,47 + 2,10 = 1^m 63$, en adoptant, ainsi que cela doit être, pour le radical, le signe $+$.

Telle est la méthode enseignée par M. l'abbé *Bossut*, dans les Mémoires de l'Académie des Sciences, de l'année 1774, méthode qui, bien qu'ingénieuse, laisse pourtant à désirer relativement à la décomposition des forces. Le même problème est aujourd'hui résolu plus complètement de la manière suivante :

12. Les conditions d'équilibre d'une voûte, quelles que soient sa forme et ses dimensions, se rattachent essentiellement à la position qu'occupe le joint de rupture; or, il est suffisamment démontré par l'expérience, que ce joint, situé vers les reins du berceau, varie de position suivant les diverses circonstances relatives à l'ouverture de l'arche, à la hauteur de ses pieds-droits, à la forme de sa voûte proprement dite, et à son épaisseur. Chaque cas particulier présente donc, dans la pratique, des conditions qui lui sont spéciales. Nous nous proposons maintenant de déterminer, pour une voûte donnée, la position des joints de rupture, à droite et à gauche du plan vertical passant par l'axe, toujours dans le cas où les pieds-droits ne pouvant résister à la poussée de la voûte, seraient renversés à droite et à gauche.

F. 42S, p. XXXVI.   On a remarqué qu'à l'instant où les pieds-droits cèdent à la poussée de la voûte qu'ils soutiennent, elle se divise, comme il a été dit précédemment, en trois parties ; celles latérales s'inclinent à droite et à gauche, tandis que la partie supérieure KI'kk'CK' s'affaisse, en agissant de son propre poids sur les joints de rupture KK' et kk'; K et k servent alors de points de rotation aux différentes portions de la voûte, dont les parties latérales tournent autour des points fixes D et D'; en joignant deux à deux les arêtes qui servent d'axes à ces différents mouvements de rotation, par les droites DK, KC, Ck et kD', ces lignes pourront être considérées comme des leviers mobiles à leurs extrémités, formant charnières, de telle sorte que le polygone DKCkD' conservant son périmètre, ne puisse éprouver de changement sensible que dans ses angles, à mesure que le point C occupe des positions de plus en plus rapprochées de la base.

La voûte se composant de deux parties symétriques, il suffira de constater, comme précédemment, les faits qui se réalisent sur l'une de ses moitiés, pour saisir les relations que l'on cherche.

Des centres de gravité des surface DPLK'KJA que nous désignons par s, et KK'CI, qui sera représentée par s', soient abaissées des verticales dont les rencontres avec les droites DK et KC, sont aux points M et N, et servent ainsi de points d'appui aux leviers DK et KC; de plus, désignons

Par m la distance horizontale GM' du centre de gravité M' au point D;

Par m', celle horizontale du centre de gravité N, au point K;

Par x et y les distances horizontale et verticale DF et FK, du point K au point fixe D;

Et enfin par x' et y' les distances horizontale et verticale KH et HC, du point C au point K.

Cela posé, le poids total s', supporté par le point d'appui N, se répartit sur les extrémités K et C, en parties réciproquement proportionnelles aux longueurs des bras de levier KN et NC, c'est-à-dire que l'on obtient la charge du point K en établissant la proportion

$$p : s' :: CN : CK;$$

mais comme l'on a en même temps, à cause des triangles semblables KHC et NIC,

$$CN : CK :: NI : KH,$$

il en résulte :

$$p : s' :: NI : KH,$$

qui revient à

$$p : s' :: x' - m' : x';$$

29

donc,

$$p = s' \frac{x' - m'}{x'};$$

u' représentant la charge supportée par le point C, on aura, pour la même raison,

$$u' : s' :: KN : CK;$$

puis, parce que les triangles KHC et KSN sont semblables,

$$KN : CK' :: KS : KH,$$

et enfin

$$u' : s' :: KS : KH,$$

qui revient à

$$u' : s' :: m' : x';$$

d'où l'on tire

$$u' = s' \frac{m'}{x'}.$$

La charge supportée par le point C est réellement double de cette dernière expression; mais comme l'autre moitié produit son effet sur la seconde partie de la voûte, il n'en sera point ici question.

L'effet transmis par cette dernière force suivant la direction CK, étant proportionnel au côté CK du triangle CHK, s'obtiendra directement par la proportion

$$CH : s' \frac{m'}{x'} :: CK : u'',$$

qui devient, en observant que $CK = \sqrt{x'^2 + y'^2}$, et que $CH = y'$,

$$y' : s' \frac{m'}{x'} :: \sqrt{x'^2 + y'^2} : u'',$$

de laquelle on tire

$$u'' = s' \frac{m' \sqrt{x'^2 + y'^2}}{x' y'}.$$

Cette dernière force étant appliquée au point K de sa direction, y sera décomposée en deux autres, dont l'une horizontale et l'autre verticale, proportionnelles aux côtés KH ou x' et CH ou y' du triangle rectangle CHK; la première q se déduira de la proportion

$$\sqrt{x'^2 + y'^2} : x' :: s' m' \frac{\sqrt{x'^2 + y'^2}}{x' y'} : q,$$

qui donne

$$q = \frac{s'm'}{y'};$$

et la seconde, de

$$\sqrt{x'^2 + y'^2} : y' :: s'm'\sqrt{\frac{x'^2 + y'^2}{x'y'}} : p';$$

d'où l'on tire

$$p' = \frac{s'm'}{x'}.$$

Considérant maintenant le levier DK, en procédant d'une manière analogue, on décomposera s en deux parties réciproquement proportionnelles aux droites KM et MD, et l'on obtiendra ainsi les charges supportées par les extrémités K et D.

Désignant donc par p'' la charge que supporte le point K, l'on aura

$$p'' : s :: DM : DK;$$

puis la similitude des triangles rectangles DMR et DKF permettra d'établir

$$DM : DK :: m : x;$$

l'on en déduira

$$p'' : s :: m : x;$$

donc

$$p'' = s\,\frac{m}{x}.$$

Ainsi l'extrémité K du levier DK est soumise à l'action d'une force verticale égale à la somme des composantes p, p' et p'', qui tend à l'affermir dans sa position.

L'on a

$$p + p' + p'' = \frac{s'(x' - m')}{x'} + \frac{s'm'}{x'} + \frac{sm}{x} = \frac{sm}{x} + s'.$$

Le moment de cette force, pris par rapport au point D, est

$$\left(\frac{sm}{x} + s'\right)x = sm + s'x. \quad (1)$$

Le moment de la force horizontale,

$$q = \frac{s'm'}{y'},$$

qui tend à renverser, pris par rapport au même point, est

$$\frac{s'm'}{y'} \times y = s' \frac{y}{y'} m' \quad (2)$$

La position du joint de rupture K'K dépend essentiellement du rapport qui existe entre ces deux moments, et il se trouve précisément situé au point de la voûte, où le dernier est le plus grand possible, comparativement au premier.

Il suffira donc, par différents essais, de faire varier la position du point K sur l'arc intrados; de calculer, pour chaque position, la valeur numérique des moments correspondants, et de comparer entr'elles les valeurs de chaque couple; le point de la voûte où leur rapport deviendra le plus grand, sera la position du joint de rupture.

Dans le cas où ces deux moments seraient égaux (et alors leur rapport serait égal à l'unité), la voûte serait dans les conditions strictes d'équilibre. Ces relations une fois établies, il sera facile de déterminer l'épaisseur à donner aux pieds-droits d'une voûte, afin qu'ils puissent résister à la poussée qui tend à les renverser, soit en employant la formule déjà connue, soit en procédant de la manière suivante : en effet, le cas d'équilibre exigeant l'égalité des moments (1) et (2), il suffira d'établir l'équation

$$sm + s'x = s' \frac{y}{y'} m',$$

qui revient à

$$sm + \left(x - \frac{y}{y'} m' \right) s' = 0.$$

Il est manifeste que, pour satisfaire aux conditions de cette équation, il doit être attribué à l'épaisseur inconnue AD, que nous désignerons de nouveau par z, une valeur convenable. On arrivera à ce but en changeant successivement, sur l'arc intrados, la position du point K; les quantités x', y', m' et y, qui dépendent de la position de ce point, se trouveront connues ainsi que s'; on exprimera les quantités x, m et s en fonction de z, et l'on substituera, pour chaque hypothèse, ces différentes valeurs, dans cette dernière équation générale, qui donnera alors l'expression numérique de z; la plus grande des valeurs ainsi déterminées sera l'épaisseur convenable au pied-droit, et le point K correspondant sur la voûte, sera le lieu de rupture.

Pl. XXXVI,
fig. 428.

Pour rendre plus palpables les faits qui ne sont ici groupés que d'une manière générale, supposons, comme dans le cas qui précède, une arche en plein
cintre de 6ᵐ d'ouverture, supportée par des pieds-droits de 4ᵐ, ayant 0ᵐ 54ᶜ
d'épaisseur à la clef, uniformément extradossée, et proposons-nous de déterminer l'épaisseur AD = z qu'il convient de donner à ses pieds-droits
pour qu'ils soient en équilibre avec les poussées.

Nous supposerons, en premier lieu, le joint de rupture K situé sur le milieu de l'arc intrados JKI, ce qui déterminera l'angle KOC = 45° :

La résolution du triangle rectangle KOH, dans lequel on connaît les angles
aigus et l'hypoténuse OK = 3ᵐ, fera connaître les côtés de l'angle droit,

$$KH = x' = 2^m\ 12^c \text{ et } OH = KT = 2^m\ 12^c,$$

et l'on aura

$$KT + TF = KF = y = 4^m + 2^m\ 12^c = 6^m\ 12^c,$$

et de plus,

$$HC = y' = OC - OH - 3^m\ 54^c - 2^m\ 12^c = 1^m\ 42^c.$$

L'arc supérieur KI étant de 45°, l'angle NOC = 22° 30', et la résolution du
triangle rectangle NIO, dans lequel on connaît l'hypoténuse NO = 3ᵐ 27ᶜ et
les angles aigus, fera connaître le côté de l'angle droit NI = 1ᵐ 25ᶜ; et l'on
conclura

$$K'N = m' = KH - NI = 2^m\ 12^c - 1^m\ 25^c = 0^m\ 87^c.$$

L'arc inférieur KJ étant de 45°, l'angle gOJ = 22° 30', et la résolution du
triangle rectangle gOJ, dans lequel on connaît également les angles et l'hypoténuse gO = 3ᵐ 27ᶜ, détermine le côté OJ = 3ᵐ 02ᶜ, et l'on en conclut :

$$g'A' = 3^m\ 02^c - 3 = 0^m\ 02^c.$$

Quant aux surfaces KICK' = s' = 1ᵐ 38ᶜ et LJKK' = 1ᵐ 38ᶜ, on les déterminera facilement, ainsi que leurs centres de gravité N et g.

Si maintenant on désigne par z l'épaisseur inconnue du pied-droit, on
aura :

$$AF = AE - EF = 3 - 2^m\ 12^c = 0^m\ 88^c,$$

puis

$$DF = DA + AF = z + 0^m\ 88^c = x.$$

Ceci posé, le centre de gravité de la surface rectangulaire ADPJ $= 4z$, indiqué par la lettre M', est situé à une distance

$$GM' = \frac{z}{2},$$

de la droite PD, et la surface LJKK' $= 1^m 38^s$ peut être considérée comme une force verticale appliquée au point g' de la même droite GM', prolongée; on aura donc une droite rigide

$$M'g' = \frac{z}{2} - 0,02,$$

aux extrémités de laquelle sont appliquées deux forces parallèles d'intensités différentes et agissant dans le même sens, dont il s'agit de déterminer la résultante, qui est égale à

$$(4z + 1,38) = s,$$

et plus particulièrement le point d'application M, qui sera déterminé par la proportion (Ire part., chap. V, § I, n° 8, pag. 334) :

$$(4z + 1,38) : 1,38 :: \frac{z}{2} - 0,02 : MM',$$

qui donne

$$MM' = \frac{0,69z - 0,028}{4z + 1,38},$$

et l'on aura

$$GM + MM' = m = \frac{z}{2} + \frac{0.69z - 0.028}{4z + 1,38} = \frac{2z^2 + 1,38z - 0,028}{4z + 1,38}$$

La substitution de ces différentes valeurs dans l'équation générale

$$sm + (x - \frac{y}{y'} m') s' = 0$$

fournit, pour la circonstance actuelle, l'équation numérique

$$(4z + 1,38) \left(\frac{2z^2 + 1,38z - 0,028}{4z + 1,38} \right) + (z + 0,88 - \frac{6,12}{1,42} \times 0,87) 1,38 = 0,$$

qui devient, en effectuant les calculs,

$$z^2 + 1,38z = 1,9962;$$

et l'on en tire

$$z = -0,69 \pm \sqrt{1,9962 + 0,4761},$$

ou, en adoptant le radical positif,

$$z = 1,57 - 0,69 = 0^m 88^c.$$

Toutes les autres suppositions du point K au-dessus et au-dessous de l'angle de 45° donneraient pour z des valeurs moindres que $0^m 88^c$; il en résulte que les pieds-droits doivent avoir cette épaisseur dans le cas d'équilibre.

13. Lorsque deux arches d'égale grandeur appuient sur une pile commune, F. 426, pl. XXXVI. les forces égales

$$HK = \frac{s'm'}{y'} \quad \text{et} \quad H'K' = \frac{s'm'}{y'},$$

qui agissent en sens contraire, suivant la même droite horizontale HH', s'anéantissent mutuellement au point U de la verticale passant par le centre de gravité de la pile ; quant aux forces verticales

$$KT = \frac{sm}{x} + s' \quad \text{et} \quad K'T' = \frac{sm}{x} + s',$$

appliquées aux extrémités de la droite rigide KK', elles auront une résultante unique,

$$UV = 2\left(\frac{sm}{x} + s'\right).$$

Pour qu'il y ait stabilité, il suffit donc que la pile ait assez d'épaisseur pour pouvoir résister à l'écrasement, la poussée horizontale étant absolument nulle ; néanmoins, on donne quelquefois aux piles une épaisseur égale à celle des culées. Cette précaution, qui n'est pas indispensable, peut prévenir la destruction complète d'un pont dont une ou plusieurs arches seraient renversées par un accident imprévu ; de même que pour réparer une ou plusieurs arches endommagées, elle dispense d'étayer les autres, dont l'équilibre ne saurait être troublé.

La poussée des voûtes varie pour chaque cas particulier, et réclame, en conséquence, un calcul spécial basé sur la forme de la voûte et la charge qu'elle supporte. Il est à remarquer que les résultats fournis par la théorie doivent être sensiblement augmentés dans la pratique. Pour nous conformer à un usage adopté, nous donnerons la table suivante, dans laquelle on trouvera, pour certains cas les plus usuels, les épaisseurs toutes calculées; et cependant nous ne saurions trop engager les constructeurs à ne les mettre en pratique qu'avec discernement, les résultats donnés par les tables se trouvant sensiblement trop forts.

Epaisseur des voûtes et des culées des ponts et ponceaux.

DIAMÈTRE DE L'ARCHE.	ÉPAISSEUR A LA CLEF.	ÉPAISSEUR DES CULÉES, LA HAUTEUR DES PIEDS-DROITS ÉTANT						
		0ᵐ	1ᵐ	2ᵐ	3ᵐ	4ᵐ	6ᵐ	8ᵐ
Voûtes en plein Cintre.								
m	m c	m c	m c	m c	m c	m c	m c	m c
1	0,36	0,40	0,50	0,60	0,65	0,70	0,75	0,80
2	0,40	0,45	0,70	0,80	0,85	0,95	1,00	1,10
3	0,43	0,50	0,80	0,95	1,05	1;15	1,25	1,35
4	0.46	0,60	0,90	1,10	1,20	1,30	1,40	1,50
5	0,50	0,65	1,00	1,20	1,30	1,45	1,55	1,70
6	0,53	0,75	1,10	1,30	1,45	1,60	1,75	1,90
7	0,56	0,85	1,20	1,40	1,60	1,75	1,90	2,10
8	0,60	0,95	1,30	1,50	1,70	1,85	2,10	2,25
9	0,63	1,05	1,40	1,60	1,85	2,00	2,25	2,40
10	0,67	1,20	1,50	1,75	2,00	2,15	2,40	2,60
12	0,74	1,40	1,75	2,00	2,20	2,40	2,65	2,90
15	0,84	1,75	2,10	2,30	2,60	2,80	3,15	3,40
20	1,04	2,30	2,65	2,80	3,10	3,35	3,65	4,00
30	1,35	3,25	3,55	3,80	4,10	4,40	4,80	5,20
40	1,69	4,20	4,50	4,80	5,10	5,40	5,80	6,20
50	2,06	5,15	5,40	5,80	6,10	6,40	6,80	7,20
Voûtes surbaissées au tiers.								
m	m c	m c	m c	m c	m c	m c	m c	m c
1	0,38	0,65	0,75	0,80	0,85	0,90	0,95	1,00
2	0,43	0,90	1,05	1,10	1,15	1,20	1,25	1,35
3	0,50	1,10	1,35	1,45	1,50	1,60	1,65	1,70
4	0,56	1,35	1,65	1,80	1.90	1,95	2,09	2,10
5	0,61	1,55	1,85	2,00	2,10	2,20	2,30	2,40
6	0,66	1,65	1,95	2,15	2,30	2,45	2,55	2,70
7	0,70	1,75	2,05	2,35	2,50	2,65	2,75	3,00
8	0,74	1,85	2,25	2,50	2,70	2,85	3,00	3,30
9	0,79	1,95	2,40	2,70	2,90	3,13	3,25	3,50
10	0,84	2,10	2,50	2,80	3,05	3,20	3,40	3,70
12	0.95	2,40	2,80	3,15	3,40	3,65	3,80	4,00
15	1,10	2,60	3,15	3,50	3,90	4,10	4,30	4,60
20	1,35	3,20	3,80	4,20	4,50	4,80	5,00	5,80
30	1,85	4,40	5,00	5,40	5,70	6,10	6,40	6,70
40	2,35	5,50	6,20	6,60	6,90	7,50	7,80	8,10
50	2,85	6,70	7,40	7,80	8,20	8,80	9,20	9,60

14. — Les culées des ponts et ponceaux sont toujours accompagnées de travaux accessoires, tels que murs en retour, d'épaulement, ou en ailes (§ II, n° 6, pag. 202); ce sont, en général, les dispositions locales qui déterminent le choix convenable; ils doivent, autant que possible, être agréables à la vue, leur but est de préserver. le lit du cours d'eau de l'éboulement des terres, qui ne tarderaient pas à l'encombrer. Ces travaux, qui renforcent l'édifice en lui servant de contreforts, ne nuisent pas non plus à sa grâce et à son élégance, lorsque leur choix est judicieux.

Dans les constructions de quelque importance, les murs en ailes sont préférables, comme plus gracieux et plus propres à favoriser l'écoulement des eaux, lorsqu'ils déterminent, avec le prolongement des culées, des angles convenables.

Le phénomène de la contraction a suffisamment été expliqué (Chap. III, § I , n° 4, pag. 108), où il a été dit que, pour un orifice en mince paroi, dont le diamètre serait égal à l'unité, celui de la section de la veine fluide, à l'endroit où elle est le plus resserrée, c'est-à-dire à une distance de l'orifice égale au demi-diamètre de son embouchure, est précisément égal aux 8 dixièmes de ce même diamètre. Ce principe, démontré par l'expérience, permet de déterminer l'angle constant que doivent former les directions des murs en ailes, avec le prolongement des culées, afin que l'écoulement des eaux s'opère dans la condition la plus avantageuse.

En effet, soit une largeur de débouché AB, de 2 mètres; à une distance   F. 409, pl. XXXV

$$DF = \frac{AB}{2} = 1^m,$$

l'effet de la contraction réduira cette dimension à EF $= 1^m 60^c$, et il en résultera les triangles rectangles égaux ACE et BDF, dans lesquels on aura

$$AC = DB = 0^m 20^c, \; CE = DF = 1^m,$$

et par suite,

$$angle \; E = angle \; F = 11° 19'$$

15. — La première condition à laquelle il importe de satisfaire lorsqu'on établit un pont sous une levée, est, sans contredit, de lui donner une surface de débouché suffisante pour que la dépense des eaux s'effectue à mesure qu'elles arrivent, de manière que la hauteur du bief inférieur et celle du bief supérieur conservent entr'elles une différence de niveau constante. Un débouché trop exigu occasionnerait inévitablement l'accroissement des eaux en amont, la submersion des propriétés voisines, et enfin celle de la chaussée elle-même, qui ne saurait résister longtemps au courant transversal, qui formerait bientôt cascade du côté d'aval; en remédiant à ces inconvénients, un trop vaste débouché augmenterait évidemment, sans utilité, les frais de construction, en favorisant des dépôts ou alluvions nuisibles à la fois aux propriétés d'aval, et au lit du cours d'eau, qui en serait tôt ou tard obstrué : il importe donc essentiellement que le débouché soit fixé d'une manière convenable, en se renfermant dans de justes limites.

Si le cours sur lequel on se propose d'édifier des travaux d'art possède déjà un pont qui offre les garanties voulues, la question ne présente nulle difficulté; car si le nouveau pont doit être construit près de celui qui existe déjà, qu'il ne soit destiné à recevoir aucun accroissement d'eau, ce qu'il y a de mieux à faire est évidemment de le prendre pour type, ou de ne lui faire subir que de légers changements.

Dans le cas où la construction projetée serait en aval ou en amont, il s'agirait alors ou d'augmenter le débouché connu, ou de le restreindre, en raison de la quantité d'eau à dépenser, qui ne sera plus la même; dans l'un et l'autre cas, on déterminera, en premier lieu, la surface du polygone dont les eaux sont susceptibles de se réunir au lieu où le nouveau pont doit être édifié (Chap. III, § 1 n° 2, pag. 105); nous désignerons par S cette surface : ceci posé, si le pont à construire est en aval, il sera destiné à recevoir en augmentation les eaux épanchées par une surface complémentaire que nous indiquerons par s; et dans le cas où il devrait être établi en amont, il aurait évidemment à dépenser en moins les eaux qu'est susceptible de fournir cette même superficie; en sorte que l'étendue qui fournit à la dépense du pont existant, étant S, celles correspondantes du pont à construire sont exprimées par

$$S + s \text{ ou } S - s,$$

suivant qu'il est supposé en aval ou en amont du premier.

Si nous admettons que les radiers des ponts construits et à construire soient également inclinés d'amont en aval, ou plutôt que le lit du cours d'eau ait une même pente, il est évident que les surfaces de débouché seront entr'elles dans le même rapport que les surfaces qui servent d'alimentation au cours d'eau; en sorte que D indiquant le débouché connu et d celui qu'il s'agit de déterminer, on aura

$$D : d :: S : (S + s),$$

ou

$$D : d :: S : (S - s),$$

selon que le pont devra être construit en aval ou en amont de celui au débouché duquel on le compare : la hauteur h du débouché étant fixée d'après celle dés plus hautes eaux, qu'elle devra toujours excéder, il sera facile de déterminer sa largeur en divisant d par h.

La pente du cours d'eau n'étant pas la même, il devient nécessaire, et même indispensable d'apprécier, par un jaugeage aussi rigoureux que possible, la dépense des eaux (chap. III, § 1, nᵒˢ 9 et 10, pages 113, 114); puis, connaissant leur plus grande hauteur ainsi que leur vitesse, rien ne s'opposera à ce que l'on obtienne immédiatement la largeur convenable au débouché que l'on cherche.

En effet, soient D la dépense des eaux, calculée d'après les indications précédentes; h la hauteur comprise entre le radier du pont à construire et la surface des plus hautes eaux; v leur vitesse moyenne, et enfin x la largeur inconnue du débouché, dont la surface sera exprimée par hx, et la dépense par vhx, on aura l'équation

$$vhx = D,$$

d'où

$$x = \frac{D}{vh},$$

Ainsi, pour obtenir la largeur du débouché convenable à un pont ou ponceau, divisez le nombre qui exprime la dépense des eaux au lieu où il doit être construit, par le produit qui résulte de la multiplication de la hauteur du débouché par la vitesse du courant.

La détermination des quantités v et h, considérées comme données de la question, ne peut offrir aucune difficulté sérieuse, d'après ce qui a été dit et démontré au chapitre III précité.

N° 1er — Deux projections sont toujours indispensables pour déterminer rigoureusement les formes et les dimensions d'un ouvrage projeté ; et presque toujours il arrive qu'il faille encore joindre aux plan et élévation certaines coupes, dans le but de mettre en évidence les parties de l'édifice qui demeureraient inaperçues sans cette précaution. Les différentes parties du dessin doivent toujours être complétées par des cotes indiquant, en chiffres intelligibles, les différentes dimensions qui échapperaient inévitablement à l'appréciation graphique, lorsque les projets présentés sur de petites échelles contiennent des détails minutieux, qui ne sont pas sans importance.

Pl. XXXVII.
fig. 427.

2.—Cette figure représente les plan, élévation et coupes d'un ponceau de cinq mètres d'ouverture ; le plan met en évidence l'épaisseur des culées dans leurs fondations, ainsi que celle des murs de têtes, qui, dans cette circonstance, sont prolongés de façon à pouvoir préserver le lit du ruisseau de l'éboulement des terres ; il fait également connaître la position des bornes, qui remplissent, dans ce cas, l'office de parapets, les diamètres inférieurs et supérieurs des bases de ces bornes, qui sont coniques. L'élévation ou projection verticale indique que l'arche est plein cintre, que l'assise formant socle est, ainsi que le bandeau extérieur de la voûte, en pierre de taille, et les murs de têtes en petit appareil, à l'exception de la plinthe formant leur couronnement, qui est également en pierre de taille.

La coupe longitudinale du ponceau met à nu une moitié de l'intrados, les têtes, une chaîne au milieu, et la douelle formant clef, qui sont en pierres de taille, et le reste de l'édifice en petits matériaux.

La coupe transversale indique la nature des maçonneries à l'intérieur des massifs des culées ; elle fait également voir que celles-ci ne sont élevées d'aplomb, du côté des terres, qu'à la hauteur des tympans, où elles forment retraites symétriques des deux côtés.

Il serait complètement inutile de répéter ici la méthode des projections dont la féconde théorie se trouve si heureusement appliquée à la rédaction des projets de construction dans tous les genres ; nous nous bornerons seulement à recommander au lecteur de suivre d'abord, sur la figure même, les opérations ponctuées, qui, probablement, suffiront pour le satisfaire, et, au besoin, de recourir au chapitre VI de la première partie, où la théorie des projections se trouve développée.

3. — Cette figure contient les mêmes détails que la précédente, pour un ponceau de sept mètres d'ouverture sur deux mètres trente centimètres de flèche, avec murs en ailes et parapets ; le cintre principal est une anse de panier à trois centres, dont les éléments ont été rigoureusement calculés et cotés sur la coupe transversale, ainsi que l'épaisseur des culées et les autres détails.

Pl. XXXVII. fig. 428.

Les murs en ailes forment, avec le prolongement intérieur des culées, des angles de 22°, ce qui ne peut être indiqué que sur le plan, ainsi que leur longueur véritable, qui n'est vue qu'en raccourci sur les autres projections ; les lignes ponctuées qui accompagnent le dessin sont propres à faire comprendre les relations qui existent entre les différentes parties du plan, et celles correspondantes, considérées sur les autres projections ; l'exactitude du dessin ne saurait dispenser de coter sur celui-ci les dimensions de chaque partie ; il y a plus, il est indispensable, pour qu'il soit lui-même rigoureux, que ses dimensions soient déterminées numériquement avant l'exécution même du dessin, la construction graphique n'étant que la conséquence immédiate des calculs.

Ainsi, dans le cas qui nous occupe, le nivellement en longueur du chemin ayant donné une côte en remblai de 4^{m}50^c, le régime des eaux une dépense de 15^{m}36^c par seconde, la largeur du lit de la rivière étant du reste de 11^{m}54^c, bien que celle du courant ne soit réellement que de 7^m, il est évident que si le pont à construire ne doit avoir qu'une seule arche, elle doit être surbaissée.

En second lieu, la longueur des murs en ailes, prise à leur base, est facile à obtenir, en supposant que celle du talus des remblais soit de un et demi de base sur un de hauteur. Par exemple, celle du talus des terres étant de 4^m 50 °, la longueur de la base des murs, prise dans le prolongement des culées, est évidemment de 4^{m}50^c + 2^{m}25^c = 6^{m}75^c ; et si l'on admet que ces murs soient rognés de 1^{m}12^c, afin qu'ils se terminent par des *dés* ou *patins*, au lieu d'avoir leur rampant prolongé jusqu'à terre, il en résultera que leur base n'aura réellement que 5^{m}63^c de longueur, prise suivant le prolongement des pieds-droits.

La distance comprise entre les extrémités inférieures de deux murs en ailes pris d'un même côté, ou se liant à la même tête, est de 11^{m}54^c. Elle se compose évidemment de 7^m, comprenant l'ouverture de l'arche, et de

11^m 54^c — 7 = 4^m 54^c, dont la moitié, 2^m 27^c, rachette, pour chaque côté, l'évasement du mur en ailes, en résolvant le triangle rectangle, dont 5^m 63^c, et 2^m 27^c sont les côtés de l'angle droit; on trouve que la longueur de l'hypoténuse ou celle des murs à leur base devra être de 6^m 08^c, et que l'angle qu'ils formeront, avec le prolongement des culées, sera de 22°.

Maintenant, si l'on remarque que le diamètre ou la base de l'arche est de 7^m, on en conclura que l'épaisseur à la clef ne doit être que de 0^m 33^c + $\frac{7}{24}$ = 0^m 62^c; mais elle est portée à 0^m 70^c pour plus de sécurité; l'extrados devant être couvert d'une chappe en ciment et d'une couche de terre formant ensemble une épaisseur de 0^m 30^c, qui correspond à l'épaisseur de la plinthe, le tout pour préserver l'extrados de la voûte; de 4^m 50^c, on retranchera 0^m 70^c + 0^m 30^c, et il restera pour la hauteur du vide de l'arche, 4^m 50^c — 1^m 00^c = 3^m 50^c.

La hauteur des pieds-droits se divise en deux parties : le socle, qui, dans ce cas, n'est formé que d'une seule assise, et la partie comprise entre le socle et la naissance de la voûte, qui, dans la même circonstance particulière, est formée de deux; les pieds-droits ayant 1^m 20^c de hauteur, et le vide de l'arche, 3^m 50^c; on aura pour flèche ou montée du berceau, 3^m 50^c — 1^m 20^c = 2^m 30^c; ainsi, il ne s'agira plus que de déterminer le cintre d'un berceau ayant 7^m de base et 2^m 30^c de montée; ce choix ne pouvait être fait que parmi les ellipses et les anses de paniers : on a choisi parmi ces dernières, celle à trois centres dont les divers éléments déterminés d'après la méthode (Ire Part., chap. IV, § III, n° 1er, pages 300 à 307), sont :

Longueur de la base.	7^m 00^c
Idem de la montée.	2 30
Longueur du petit rayon.	1 79
Idem du grand.	4 91
Mesure des arcs extrêmes.	56° 41' × 2 = 113° 22'
Idem du grand arc.	66° 38'
Développement de l'un des arcs extrêmes.	1^m 768^{mm}
Idem de l'autre	1 768
Idem du grand arc	5 677
Développement total de la courbe. . . .	9 213
Développée d'une douelle, dans la supposition de 29 doussoirs..	$\frac{9\ 213}{29}$ = 0^m 318^{mm}
Epaisseur des culées.	2^m 05^c

C'est d'après ces résultats rigoureux, qu'il a été procédé au tracé du dessin, sur lequel ils ont été minutieusement indiqués.

Pour évaluer la quantité de matériaux qui constitue une voûte en berceau, de même que pour mesurer les surfaces apparentes de l'édifice, on se reporte aux principes démontrés (Ire part., chap. IV et V). Ces opérations, qu'il serait superflu de démontrer de nouveau, peuvent être ordonnées de la manière suivante :

Déblais pour fondations.

				m c		m c		m c
Sous les culées.	Jusqu'au-dessous du socle.	{	Longueur pour deux . . 10.00	29.00	}	29.00		
			Largeur. 2.90					
			Hauteur 1.00					
	Jusqu'au niveau de la berge.		Longueur pour deux . . 10.00	13.00	}	15.60		
			Largeur moyenne à cause du talus des berges. 1.30					
			Hauteur 1.20					
Sous les murs en ailes.	Jusqu'au-dessous du socle.		Longueur pour quatre.. 23.52	29.64	}	29.64		
			Largeur moyenne. . . . 1.26					
			Hauteur 1.00					
	Jusqu'au niveau de la berge.		Longueur pour quatre.. 23.52	14.82	}	17.78		
			Largeur moyenne. . . . 63					
			Hauteur. 1.20					

Cube total des Déblais. 92.02   92.02

Massif des fondations.

Sous les culées. . . . {	Longueur pour deux . . 10.00	26.50	}	26.50
	Largeur. 2.65			
	Epaisseur. 1.00			
Sous les murs en ailes. {	Longueur pour quatre . 23.12	24.51	}	24.51
	Largeur moyenne. . . . 1.06			
	Hauteur. 1.00			

Cube de la Maçonnerie de fondation. . . . 51.01   51.01

Socles.

Sous les culées . . . . {	Longueur pour deux . . 10.00	25.50	}	10.20
	Largeur. 2.55			
	Epaisseur. 0.40			
Sous les murs en ailes. {	Longueur pour quatre.. 22.72	21.58	}	8.63
	Largeur moyenne. . . . 0.95			
	Epaisseur. 0.40			

Cube de la Maçonnerie pour les socles. . . . 18.83   18.83

Report d'autre part. . . . 18.83

Pieds-droits jusqu'à la hauteur du patin et à la naissance de la voûte.

Sous les culées . . . . $\begin{cases}\text{Longueur pour deux . . } 10.00 \\ \text{Largeur. . . . . } 2.50 \\ \text{Hauteur. . . . . } 0.80\end{cases}$ $\left.25.00\right\}$ $\left.20.00\right.$

Sous les murs en ailes. $\begin{cases}\text{Longueur moy}^\text{e}\text{ p. 4. . . } 22.36 \\ \text{Largeur moyenne. . . . } 0.86 \\ \text{Epaisseur. . . . . } 0.80\end{cases}$ $\left.20.09\right\}$ 16.07

Cube de la Maçonnerie pour les pieds-droits. . 36.07   36 07

Voûte.

Partie comprise entre les têtes, ayant chacune 0ᵐ375 d'épaiss. moyenne $\begin{cases}\text{Longueur. . . . . } 4.25 \\ \text{Largeur moyenne. . . . } 10.50 \\ \text{Hauteur moyenne. . . . . . . } 2.95\end{cases}$ $\left.44.62\right\}$ $\left.131.63\right.$

Murs de têtes. . . . . $\begin{cases}\text{Longueur ensemble. . . } 21.00 \\ \text{Hauteur. . . . . } 3.00 \\ \text{Epaisseur moyenne. . . . . . } 0.375\end{cases}$ $\left.63.00\right\}$ 23.62

Murs en ailes, jusqu'à hauteur de la plinthe. $\begin{cases}\text{Longueur pour quatre . } 19.80 \\ \text{Hauteur moyenne. . . . } 1.65 \\ \text{Epaisseur moyenne. . . . . . } 0.72\end{cases}$ $\left.32.67\right\}$ 23.52

Cube total, compris le vide de la voûte. 178.77

A déduire le vide de la voûte :

Secteur des petits arcs. $\begin{cases}\text{Arc de cercle développé} \\ \text{pour deux. . . . . . } 3.54 \\ \text{½ rayon des petits arcs. } 0.895\end{cases}$ $\left.3.18\right.$

Secteur des grands arcs. $\begin{cases}\text{Arc de cercle développé } 5.677 \\ \text{½ rayon . . . . } 2.455\end{cases}$ $\left.13.94\right.$

17.12

A déduire le triangle compris entre les grands arcs et la naissance de la voûte. $\begin{cases}\text{½ base. . . . . } 1.71 \\ \text{Hauteur. . . . . } 2.61\end{cases}$ $\left.4.46\right.$

Reste pour surface du vide. . . . . 12.66 $\left.63.30\right.$
Longueur d'une tête à l'autre . . . 5.00

Reste pour cube total de la maçonnerie de la voûte et des murs
en ailes au-dessus des pieds-droits 115.47   115.47

Cube total de la Maçonnerie au-dessus des fondations, non-compris la plinthe, la chappe, les parapets et les bornes.. . . . . 170.37

Voûte.

Longueur développée du socle, des pieds-droits et de la voûte.	12.75	54.19	37.93
Longueur entre les têtes.	4.25		
Épaisseur moyenne.	0.70		

Murs de Tête.

Longueur moyenne.	8.75	36.75
Hauteur, y compris les socles et les pieds-droits.	4.20	
A déduire le vide de la voûte entre les pieds-droits et le socle.	23.82	

Reste pour la surface.	12.93	9.70
Épaisseurs ensemble	0.75	

Socles sous les Murs en ailes.

Longueur pour quatre.	22.72	14.31	5.72
Largeur.	0.63		
Épaisseur.	0.40		

Pieds-Droits sous les Murs en ailes.

Longueur moyenne pour quatre. . . . . . : . . .	22.36	14.09	11.27
Largeur moyenne.	0.63		
Hauteur	0.80		

Murs en ailes.

Surface comme ci-dessus.	37.67	20.58
Épaisseur.	0.63	

Cube de la maçonnerie en pierres de taille et en moellons smillés, à déduire du total de la maçonnerie au-dessus des fondations, pour avoir celui de la maçonnerie en moellons bruts.	85.20	85.20

Reste pour cube de la maçonnerie en moellons bruts pour remplissage. . | 85.17

MAÇONNERIE EN PIERRES DE TAILLE.

Socles et pieds-droits sous les murs en ailes. 24 pièces, le patin
recouvert d'une seule. *Cube total* 3 23

Voussoirs de Têtes.

Longueur développée de la courbe moyenne en-
tre l'intrados et l'extrados de la voûte. . . . . 10.35)   7.24)
Epaisseur de la voûte. . . . . 0.70}   5.43
Largeur. Les deux têtes réunies. . . . . 0.75)

Murs en Ailes , Couverture ou Couronnement rampant.

Longueur pour les quatre. . . . . 19.80) 12.07)
Largeur. . . . . 0.63}   4.22
Epaisseur moyenne. . . . . 0.35)

Chaîne en Pierres de taille au milieu de la Voûte, pour Carreaux et Boutisses.

Longueur développée de la voûte , [des pieds-
droits et des socles. . . . . 12.75)   6.38)
Largeur moyenne. . . . . 0.50}   4.47
Epaisseur de la voûte. . . . . 0.70)

A déduire du cube de la maçonnerie en pierres de taille et en
moellons smillés. 17.35   17.35

Reste pour cube total de la maçonnerie en moellons smillés. 67.85

Plinthes.

Longueur, les deux réunies. . . . . 18.28)   9.14)
Largeur. . . . . 0.50}   2 74
Epaisseur. 0.30)

Parapets.

Longueur, les deux ensemble. . . . . 18.28) 15.54)
Hauteur moyenne. . . . . 0 85}   6.20
Epaisseur. . . . . 0.40)
Six bornes. Cube total 0.51

Cube total de la Maçonnerie en pierres de taille. . . . 26.80   26 80

Chappe.

Longueur. . . . . 4.20) 42.00)
Largeur. . . . . 10.00}   2.10
Epaisseur. 0.05)

Cube du mortier pour la Chappe. 2.10   2.10

PAREMENTS VUS DE LA PIERRE DE TAILLE AU MÈTRE CARRÉ.

Socles et pieds-droits sous les culées et sous les murs en ailes,
   y compris la retraite du socle et le dessus du patin. **12.25**

Voussoirs de tête, les deux ensemble.

Parements vus en douelle et tête. **21.39**

Couronnement des Murs en ailes.

Longueur pour quatre. . . . . 19.80 } **19.40**
Pourtour développé, longueur moyenne 0.98

Plinthes.

Longueur ensemble. . . . . 15.76 } **7.88**
Pourtour développé. 0.50

Chaine en Pierres de taille au milieu de la Voûte.

Longueur développée des socles, pieds-droits et voûte. 11.71 } **5.85**
Largeur moyenne. 0.50

Parapets ou garde-corps. 39.66
Six bornes. 2.76

Surface totale de la taille. **109.19** **109.19**

MÈTRES CARRÉS DE PAREMENTS VUS DU MOELLON SMILLÉ

Pour rejointoiements au mortier de chaux et ciment.

Socles et Pieds-Droits sous les Culées et les Murs en ailes.

Longueur des deux ensemble. . . . . 27.16 } **32.59**
Hauteur. 1.20

Voûte.

Longueur développée. . . . . 9.21 } **33.16**
Largeur. 3.60

Murs en ailes.

Longueur pour les quatre. . . . . 19.76 } **29.64**
Hauteur moyenne. 1.50

Têtes pour les coins. **6.72**

Surface totale des parements vus. **102.11** **102.11**

4.—Il peut arriver que la direction du cours d'eau sur lequel on se propose d'édifier, ne permettant pas de construire le pont perpendiculairement à l'axe du chemin, on se trouve contraint de faire un berceau biais, c'est-à-dire dont l'axe forme, avec celui du chemin, un angle plus ou moins aigu; l'intrados n'en est pas moins une partie de la surface convexe d'un cylindre à bases parallèles; mais alors les plans de ces bases sont obliques aux génératrices. La figure 429 contient le plan et l'élévation d'un pont de ce genre, dont l'axe forme, avec celui du chemin, un angle de 65 degrés; l'élévation est faite suivant la ligne brisée ABCD, afin que le mur d'épaulement qui se trouve ainsi supprimé en projection verticale, laisse apercevoir l'intérieur de l'arche, qui eût été presqu'entièrement caché sans cette précaution; bien que la figure indique rigoureusement les opérations auxquelles on a dû procéder, il ne sera pas inutile d'indiquer comment il est possible d'obtenir le cintre de face, et en même temps la projection de l'appareil des têtes.

A un point quelconque E de la projection horizontale de l'axe AB du cylindre, on élèvera une perpendiculaire EF, sur laquelle sera décrit le cintre principal FGHI; on y adaptera d'une manière rigoureuse l'appareil de la voûte, ce qui déterminera en même temps la forme et les dispositions de l'extrados; soit donc, par exemple, FF'GG'HH', etc., la coupe des différents voussoirs, faite suivant le cintre principal; si par les points F,G,H,I on mène à AB, les parallèles Ff, Gg, Hh, etc. Ces différentes lignes seront les projections horizontales des joints des douelles à l'intrados; de même que si, par les points F',G'H', etc., on imagine les parallèles F'f', G'g', etc., ces dernières seront les projections horizontales des mêmes joints à l'extrados, La projection horizontale du cintre de face sera donc la droite Bf'; pour avoir sa projection verticale, il suffira de projeter les différents points f, g, h, i, B, et f', g', h', i', en les plaçant en projection verticale au-dessus de la droite E''F'', à des hauteurs respectivement égales aux distances qui séparent les points F,G,H,I et F',G',H',I' de la droite EF. On a supposé, dans cet exemple, un berceau uniformément extradossé; l'opération serait absolument la même, quelles que fussent les dispositions de l'extrados.

L'obliquité des différentes assises de voussoirs avec le plan des têtes, n'est pas sans inconvénient; en effet, la direction perpendiculaire à ce plan ne peut déterminer la rupture d'un voussoir, plutôt d'un côté que de l'autre; c'est évidemment la meilleure condition; tandis que, dans le cas contraire, l'angle obtus acquiert un excès de résistance aux dépens de l'angle aigu d'un même voussoir, qui souvent ne peut résister à l'écrasement.

Fig. 431.
pl. XXXVIII.

On obvie à cet inconvénient en dirigeant les douelles, non plus parallèlement à la naissance des voûtes, mais bien plutôt perpendiculairement aux plans des têtes ; les joints des douelles forment alors des spirales autour de la surface intrados ; la direction des joints est toujours normale à cette surface ; mais les lits des voussoirs héliçoïdaux y deviennent alors des surfaces gauches. La figure 431 dispense de toute explication.

Enfin, l'on peut encore disposer les voussoirs des têtes perpendiculaires aux plans de celles-ci, en conservant, malgré cette disposition, la direction des douelles, parallèle aux naissances des voûtes ; mais alors chaque douelle se composera de trois alignements droits, qui seront raccordés au moyen de courbe quelconque.

Le véritable but étant de faire disparaître les coupes obliques des voussoirs de têtes, le choix des dispositions, pour arriver à ce but, est soumis au goût du constructeur, qui peut adopter une infinité de dispositions plus ou moins élégantes, plus ou moins gracieuses et recherchées ; mais qui, pour être bien comprises, ne viendront pas moins se confondre dans la simple méthode des projections.

5. — Tout ce qui vient d'être dit à l'égard des aquéducs et ponceaux, est également applicable aux constructions d'une plus grande importance.

La planche XXXIX réunit le plan, coupes et élévation d'un projet de pont de trois arches surbaissées ; celles de droite et de gauche présentent des chemins de halage adossés aux culées ; ces chemins, qui ne laissent pas d'atténuer le débouché, sont néanmoins établis à une hauteur telle qu'ils deviennent submersibles pendant les hautes crues ; l'arche du milieu est disposée pour le passage de la navigation ; les avant et arrière-becs sont terminés en arcs de circonférence formant tiers-point, et le chaperon qui forme leur couronnement, n'est composé que d'une seule pierre. Le cintre principal, divisé en 49 voussoirs, est décrit suivant une anse de panier à cinq centres ; il serait complètement inutile de décrire l'appareil, que le dessin met suffisamment en évidence pour toutes les parties de l'édifice.

6. — Malgré les précautions qui président à l'établissement d'un pont et à l'appréciation de son débouché, il arrive presque toujours, mais plus particulièrement pendant les hautes crues, que les culées, les piles et même les naissances des voûtes formant obstacle à la dépense des eaux, donnent lieu aux inégalités que l'on remarque dans les courants qui se précipitent avec vitesse en certains lieux, tandis qu'ils ne se dirigent qu'avec lenteur en d'autres, où

souvent on les voit tourbillonner pour revenir ensuite sur eux-mêmes; on a
dû rechercher avec soin la forme la plus avantageuse qu'il convient de
donner aux avant et arrière-becs, afin que la vitesse des eaux subisse la
moindre altération possible; on conçoit facilement que les recherches auxquelles on a pu se livrer à ce sujet, n'ayant pu être soumises à des apprécia-
tions mathématiques, on a dû s'arrêter aux dispositions que l'expérience a
démontré être les meilleures : de toutes les formes mises en usage jusqu'ici,
et comprises entre les avant-becs triangulaires et cylindriques, on a donné la
préférence à cette dernière forme sous le double avantage qu'elle présente, et
d'opposer le moindre frottement aux eaux, et en même temps la plus forte résistance au choc des glaces et autres corps flottants, dont les piles en amont
se trouvent si souvent menacées.

§ V. — TRACÉ DES ÉPURES , NATURE DES MATÉRIAUX.

Pierres, Briques, Chaux, Plâtres-Ciments, Sables, Pouzzolanes naturelles et artificielles,

COMPOSITION DES MORTIERS ET BÉTONS,

Établissement des Fondations, Pose, Cintrement et Décintrement, Ragréage et Jointoiement.

Nᵒ Iᵉʳ—Avant l'ouverture des travaux, l'appareilleur, commis à leur direction,
doit s'occuper du tracé des épures ou dessins en grandeur naturelle; ce tracé
s'effectue ordinairement sous un hangar disposé à proximité du chantier, sur
un aire dressée uniment, de manière à recevoir, avec toute la pureté convenable,
les différentes lignes qui constituent l'épure; lorsque les dimensions de l'ouvrage le permettent, le tracé des épures se pratique, ou sur le plancher d'un
appartement, ou sur ses murs latéraux; dans tous les cas, il est essentiel
qu'elle soit disposée, à l'égard de l'atelier, de telle sorte que l'appareilleur
puisse communiquer de l'une à l'autre sans perte de temps; ces dispositions
prises, le directeur des travaux matériels se trouve en mesure de pourvoir le
chantier des matériaux exigés par le devis; c'est ainsi que, d'une part, au
moyen d'un contrôle régulièrement établi, l'administration pourra compter
sur la réalisation du marché qu'elle aura contracté, et que, de l'autre, l'entrepreneur se trouvera lui-même à couvert des circonstances éventuelles qui
pourraient compromettre ses intérêts. Les matériaux dont la quantité, la nature et les dimensions ont été préalablement désignés au devis, seront donc
extraits des lieux indiqués et déposés sur le chantier, de manière à pouvoir être
soumis à l'examen de l'administration, avant leur mise en œuvre. C'est sur

les épures que l'appareilleur lève les *panneaux* des joints et des faces apparentes des différentes parties de l'édifice, pour débiter les blocs de pierre, de
manière à n'avoir que le moins de déchet possible, en conservant à chaque
pièce de détail ses lits de carrière, lorsqu'elles sont de nature calcaire, et à
l'ouvrage, dans son ensemble, les dispositions d'appareil qui lui sont consacrées par le projet : il ne sera pas sans importance de faire remarquer que les
roches calcaires produites par le dépôt des eaux, se composent de couches
horizontales superposées et liées entre elles de telle sorte, que leur plus forte
résistance agit constamment dans le sens vertical, ce qui impose comme règle
de les employer dans la position qui leur est assignée par la nature, c'est-à-
dire suivant leurs joints de stratification, ce qui s'appelle, en termes de construction, *suivant leur lit de carrière ;* tandis que les roches de nature ignée
qui opposent en tous sens une résistance égale, peuvent être indifféremment
placées sans dispositions particulières ; néanmoins, mais seulement dans un
but d'économie, il n'est pas inutile de les assujétir à des dimensions favora-
bles au débit le plus avantageux de la pièce dans laquelle elles doivent être
prises, afin d'y causer la moindre perte de matière.

Les pierres propres aux constructions se divisent en cinq classes, dont nous
allons successsivement nous occuper.

2. — La première comprend les pierres argileuses, qui se composent d'alu-
mine presque toujours combinée avec la silice et les oxydes et sulfures de
fer ; douces au toucher, elles se composent de la réunion de lames superposées, dont la séparation est toujours facile, comme on le voit, plus particulièrement dans les différents schistes ardoisiers et micacés. L'un des caractères distinctifs de ces sortes de roches, est de ne pas faire effervescence lorsqu'elles sont mises en contact avec les acides : elles offrent des variétés physiques difficiles à saisir, qui ne permettent de les mettre en œuvre qu'avec la
plus grande circonspection, surtout lorsqu'elles doivent être exposées aux intempéries ; généralement altérables par l'air, et plus encore par l'eau pour laquelle elles possèdent une grande affinité, il est le plus souvent indispensable
de les couvrir d'un crépissage, qui agit alors comme préservatif, en s'opposant à l'absorption de l'eau qui, plus tard dilatée par sa congélation, détermine presque toujours l'exfoliation des parties exposées à la rigueur du froid.

3. — Les pierres calcaires constituent la seconde classe ; elles produisent
effervescence avec les acides et se composent, en majeure partie, de chaux et
d'acide carbonique mélangés aux oxydes de silicium, de magnésium, de fer et

de manganèse, mais en petite quantité; ces sortes de pierres ne sont donc, en réalité, que de vrais carbonates de calcium susceptibles de donner de la chaux plus ou moins pure par l'action immédiate du feu. Cette classe, qui fournit aux constructions le plus grand nombre de matériaux, comprend depuis les différentes variétés de marbre, jusqu'au calcaire grossier qui se trouve répandu avec tant de profusion dans les terrains tertiaires où il se dévoile par les débris des corps organisés qu'il contient. Son adhérence avec les mortiers dépend essentiellement de sa porosité, qui est extrêmement variable, et en même temps des aspérités des surfaces mises en contact. Ainsi que les pierres argileuses, les calcaires possèdent une grande affinité pour l'eau, et par suite, la plupart d'entr'elles se délitent plus ou moins facilement à la gelée; on remédie, si non totalement, du moins en partie, à cet inconvénient, en exploitant les pierres assez de temps, avant de les mettre en œuvre, pour qu'étant exposées, pendant la belle saison, au grand air et aux rayons directs du soleil, elles puissent être complètement desséchées au moment de leur emploi. L'expérience la plus concluante sur la gélivité des pierres, consiste à en immerger quelques fragments pendant un certain temps, puis à les exposer au froid rigoureux de l'hiver.

On divise encore vulgairement les calcaires en pierres dures et en pierres tendres: les premières sont celles qui se débitent à la scie dépourvue de dents, à l'eau et au grès; et les secondes se débitent avec la plus grande facilité au moyen de la scie à dents, sans autres accessoires. On désigne ordinairement par pierres de tailles celles qui possèdent de fortes dimensions, et que l'on emploie le plus ordinairement aux arêtes, aux ouvertures, et généralement aux parties apparentes des édifices; tandis que celles plus petites, qui constituent les maçonneries de remplissage et les faces cachées ou couvertes d'enduits, se nomment moellons; on fait cependant quelquefois subir au moellon certaines préparations qui le rendent propre à faire partie de constructions d'un certain mérite; lorsqu'il est simplement réglé par assises et piqué grossièrement, on dit qu'il est *smillé;* le moellon *piqué* est celui dont les arêtes étant conservées vives, au moyen du ciseau, présente un parement piqué à la fine pointe.

4. — On comprend dans la troisième classe, les pierres gypseuses, qui se composent d'acide sulfurique uni à la chaux, et qui, ainsi que celles des deux premières classes, ne sont point susceptibles de produire d'étincelles par le choc; ce sont de vrais sulfates de chaux, dont l'espèce la plus utile est, sans contredit, le gypse ou pierre à plâtre ordinaire; généralement friables et déliquescentes, ces pierres ne s'emploient que pour la fabrication du plâtre.

5. — La quatrième classe réunit les pierres scintillantes ou siliceuses, qui ne font pas généralement effervescence avec les acides, mais qui produisent l'étincelle par le choc; cette classe comprend un très grand nombre de pierres, parmi lesquelles, celles composées de fragments de roches de diverses natures, liées intimement entr'elles par un ciment naturel, tiennent, sans contredit, le premier rang; on désigne ordinairement ces sortes de roches par leur substance dominante; les principales sont : le porphyre et la siénite, la pierre meulière, la pierre à fusil, les granits compacts ou lamelleux, les gneiss, les grès, etc.

Leurs caractères éminents sont de posséder une grande dureté, d'opposer une forte résistance à la pression, et d'être généralement inaltérables à l'air comme à l'eau ; ces pierres, presque toujours compactes, ont peu d'adhérence avec les mortiers, et leur mise en œuvre est très dispendieuse, en raison des difficultés qu'elle présente, tant pour leur exploitation dans les carrières, que pour leur taille sur les chantiers.

Le granit dur est celui où le quartz se trouve en plus grande quantité; il convient parfaitement aux constructions hydrauliques; la difficulté qu'on éprouve à le travailler peut seule déterminer à lui préférer les pierres plus tendres. Le granit tendre, que l'on connaît aussi sous le nom de grison, ne contient qu'une légère quantité de quartz; il se taille plus aisément que le précédent; mais comme il est composé de grains friables, ayant peu de cohésion, il est difficile, en le taillant, de lui donner des arêtes vives et tranchantes, que, du reste, il ne saurait conserver longtemps, après avoir été mis en œuvre.

La pierre meulière est également siliceuse; sa structure est des plus hétérogènes; elle résiste généralement, sans altération, à l'action de l'air, de l'eau, de la gelée et même à celle de la chaleur la plus intense.

Les grès se composent de quartz en grains plus ou moins fins, réunis par un ciment naturel, siliceux, alumineux ou calcaire; ils acquièrent différents degrés de dureté, et par conséquent leur résistance à la pression est variable; on emploie avec avantage le grès dur au pavage des rues, souvent comme moellon, et quelquefois même comme pierre de taille.

6. Enfin, la cinquième classe comprend diverses pierres qui ne sont guère employées dans les constructions que pour la composition des mortiers; telles sont les pierres volcaniques, les laves, les pouzzolanes, etc.

7. On s'est livré à de nombreuses recherches pour déterminer la résistance des différentes pierres à l'écrasement et à la traction longitudinale; malgré les soins minutieux qui ont dû présider à ces opérations délicates, dirigées par des hommes d'un mérite éminent, on ne saurait pourtant considérer comme incontestables les résultats auxquels ils sont arrivés; il est important de n'appliquer qu'avec discernement ces mêmes résultats à l'emploi de pierres provenant de carrières différentes de celles d'où sortent les types, lors même qu'elles présenteraient avec ceux-ci une grande analogie; il sera donc prudent, lorsqu'on voudra se servir des pierres d'une nouvelle exploitation, de se livrer à aux expériences consignées dans le tableau suivant, à moins, toutefois, qu'il n'y ait une ressemblance parfaite avec celles déjà expérimentées.

			RÉSISTANCE						
INDICATION DES PIERRES.	PESANTEUR SPÉCIFIQUE.	A L'ÉCRASEMENT, par centimètre carré.			A LA TRACTION longitudinale.			OBSERVATIONS.
		Maximum	Minimum	Moyenne.	Maximum	Minimum	Moyenne.	
Iʳᵉ CLASSE. Pierres argileuses. { Pierre de Porc ou Roc puant...	2,66	»	»	681	»	»	»	Les pierres soumises à l'expér. sont de forme cubique.
Id. grise de Florence......	2,56	»	»	420	»	»	»	
IIᵉ CLASSE. Pierres calcaires. { Marbres.......................	2,65	788	308	548	»	»	»	
Liais de Bagneux............	2,28	444	133	288	»	»	»	
Pierre de Saillancour et de Caen	2,16	141	56	98	23,81	12,50	18,00	
Tuffeau de Nantes............	1,56	»	»	23	7,43	2,31	4,80	
IIIᵉ CLASSE. Pierres gypseuses. { Pierre à plâtre...............	1,92	»	»	71	»	»	»	
IVᵉ CLASSE. Pierres scintillantes { Porphyre....................	2,85	2,607	1,994	2300,50	86	65	75,50	
Granits.....................	2,78	736	423	580	64	10	37	
Schistes granitiqués..........	2,42	462	222	342	67	9	38	
Grès dur....................	2,50	920	813	866	»	»	»	
Grès tendre.................	2,44	77	31	40	»	»	»	
Vᵉ CLASSE. Pierres volcaniques { Basaltes....................	2,07	2,077	1,912	1994	71	40	55	
Laves......................	2,16	592	160	376	39	20	80	
Scories de volcans et Pierre ponce....................	0,91	58	34	46	19	3	11	

On a exprimé, en fonction de ses dimensions et de sa résistance à la traction par unité superficielle, l'effort perpendiculaire à la longueur, auquel
une pierre est susceptible de résister ; P désignant cet effort en kilogrammes, a la largeur de la pierre, b son épaisseur, l sa longueur et R sa résistance à la traction, par unité superficielle, exprimée en kilogrammes; on
aura, la pierre étant encastrée à l'une de ses extrémités et chargée à l'autre :

$$P = \frac{Rab^2}{6l}; \quad (1)$$

Les circonstances étant les mêmes, mais seulement la charge répartie sur
toute la longueur, on aura :

$$P = \frac{Rab^2}{3l}; \quad (2)$$

La pierre étant supportée par deux appuis séparés par la distance l, la formule devient :

$$P = \frac{2Rab^2}{3l}; \quad (3)$$

Dans cette même circonstance, la charge étant répartie uniformément suivant la longueur, on a :

$$P = \frac{4Rab^2}{3l}; \quad (4)$$

Lorsque la pierre est encastrée à ses deux extrémités, et que la charge agit
au milieu de la longueur, la formule est également :

$$P = \frac{4Rab^2}{3l}; \quad (5)$$

et la charge étant répartie suivant la longueur, il en résulte :

$$P = \frac{8Rab^2}{3l}. \quad (6)$$

Il sera bien de recourir à ces formules, dont l'application est fort simple,
pour déterminer l'épaisseur des dalles de recouvrement des ponceaux et aquéducs, lorsqu'on connaîtra la distance qui sépare les pieds-droits et la charge

que ces dalles doivent supporter ; ou réciproquement, connaissant l'épaisseur des dalles et leur charge, lorsqu'il s'agira de déterminer l'écartement qu'il serait imprudent d'excéder entre les appuis, on pourra également avoir recours à la table des résistances par unités superficielles, de différents matériaux, au moment de la rupture par traction longitudinale. (N° 7, p. 250.)

8. — Les briques sont des pierres artificielles produites par la cuisson de l'argile plus ou moins pure, à laquelle on a donné, lorsqu'elle était en pâte de consistance convenable, la forme voulue ; elles sont fusibles ou infusibles ; dans cette dernière circonstance, on les nomme briques *réfractaires*.

On rencontre presque partout l'argile propre à la fabrication des briques fusibles, et si elle ne possède pas le liant nécessaire, on y remédie par l'addition de sable ou d'autre argile de nature différente ; dans tous les cas, l'usage ne manque jamais de faire connaître les proportions convenables à ces différents mélanges.

L'argile réfractaire se rencontre moins communément.

La résistance de la brique à la force perpendiculaire à sa longueur, qui tendrait à la rompre vers le milieu, dépend non-seulement des soins qui ont présidé à sa fabrication, mais encore à la qualité de la terre à laquelle elle doit son origine et au degré de cuisson auquel elle a été soumise ; on reconnaît la bonté de la brique, lorsqu'elle est sonore, que sa cassure présente un grain fin et serré, qu'elle résiste aux intempéries et plus particulièrement à la gelée ; elle adhère facilement aux mortiers, et remplace avec avantage le moellon et même la pierre de taille, lorsqu'ils sont rares ou de mauvaise qualité.

9. — La chaux ou oxide de calcium ne se trouve point à l'état de pureté dans la nature, mais elle s'y rencontre fréquemment combinée avec les acides carbonique et sulfurique ; unie à l'acide carbonique, elle forme la craie, différentes variétés de marbres et autres pierres calcaires, qui constituent la deuxième classe ; avec l'acide sulfurique, elle produit le gypse ou pierre à plâtre, qui dépend également de la même catégorie.

La chaux est blanche, caustique ; sa pesanteur spécifique est de 2,3 ; c'est du carbonate de chaux naturel qu'on la retire, en exposant ce sel à une température très élevée ; en cet état, l'acide carbonique et la chaux se séparent, le premier en se dégageant à l'état gazeux, et la chaux en demeurant sous une forme solide.

Il est impossible de pouvoir, au seul aspect, apprécier le mérite d'une pierre à chaux; la pesanteur spécifique, la contexture, la couleur, la dureté et ses autres propriétés physiques ne seraient que des indices insuffisants ; la connaissance des parties constituantes d'une pierre, peut seule déterminer, d'abord, si elle est calcaire, puis la quantité et la nature de la chaux qu'elle contient. Les calcaires ayant la propriété de faire généralement effervescence avec les acides, il est extrêmement aisé de les distinguer des autres pierres; mais les carbonates de magnésie, de baryte et de strontiane ayant cette propriété commune avec le carbonate de chaux, on emploie le procédé suivant pour reconnaître le carbonate calcaire :

On dissout d'abord le carbonate dans l'acide nitrique, puis on verse dans la dissolution quelques gouttes d'acide sulfurique; si le carbonate est magnésien, il ne se forme aucun précipité, tandis que si c'est un carbonate de chaux, de baryte ou de strontiane, le précipité est très abondant; enfin, pour distinguer la chaux d'avec les deux autres bases, il ne reste plus qu'à ajouter au précipité une seconde quantité d'acide nitrique étendu d'eau, puis de soumettre le tout à l'ébullition; on provoque ainsi la dissolution totale du sulfate de chaux déjà formé, tandis que les autres terres, combinées à l'acide sulfurique, ne subissent aucune altération pendant l'expérience.

De tous les moyens qu'on peut mettre en usage pour apprécier le mérite d'un carbonate calcaire, le plus simple et le plus concluant est d'en soumettre un fragment dont le poids est connu, à une chaleur continue et très active, de manière à le tenir à l'état incandescent, et de le peser après la calcination, puis de le plonger pendant quelques minutes dans l'eau : Si la pierre est calcaire, on ne manquera pas d'observer une diminution sensible dans son poids; étant exposée à l'air, elle en absorbera l'humidité et l'acide carbonique; elle augmentera sensiblement de volume en se délitant, jusqu'à ce qu'elle devienne enfin pulvérulente en retournant à l'état de carbonate.

La chaux possède quelquefois la propriété de devenir, sous l'eau, aussi dure que les meilleures pierres à bâtir, tandis qu'en d'autres circonstances, elle n'y acquiert aucune consistance et demeure à l'état de pâte. La première est connue sous la dénomination de *chaux hydraulique,* parce qu'elle s'emploie de préférence pour les constructions destinées à demeurer sous les eaux ; et la seconde se nomme *chaux non hydraulique,* ou plutôt *chaux commune ;* la chaux qui ne contient point d'argile, ou qui n'en contient que très peu, n'est jamais hydraulique : elle est *grasse* ou *maigre.*

La *chaux grasse* se délite facilement lorsqu'elle est mise en contact avec l'eau; elle s'échauffe, se fend et augmente considérablement de volume en formant une pâte onctueuse. Elle provient de la calcination des marbres, de la craie et des pierres à chaux qui ne renferment que fort peu de matières étrangères; aussi est-elle généralement pure ou presque à l'état de pureté.

Mise en contact avec l'eau, la *chaux maigre* présente, mais à un bien moindre degré, tous les phénomènes offerts par la chaux grasse; elle provient de la calcination de carbonates qui contiennent une quantité notable de magnésie, à laquelle on doit attribuer le peu de cohésion dont jouit la pâte que forme cette chaux avec l'eau.

Grasse ou maigre, lorsqu'elle est réduite en pâte et placée sous l'eau, la chaux ordinaire se conserve indéfiniment en cet état; mais lorsqu'on l'expose à l'air, elle en absorbe bientôt l'acide carbonique, et ne tarde pas à acquérir une dureté remarquable.

La chaux hydraulique ne fuse que fort peu ou même pas du tout lorsqu'elle est humectée; réduite en poudre, elle absorbe l'eau, en produisant peu de chaleur et sans augmenter sensiblement de volume; elle forme une pâte courte qui durcit sous l'eau en peu de jours, et, qui exposée à l'air, ne prend de consistance que très difficilement. La chaux n'est hydraulique qu'autant que l'argile s'y trouve mêlée; un dixième de cette substance suffit pour rendre la chaux dont elle fait partie moyennement hydraulique; pour l'être éminemment, il est nécessaire qu'elle en contienne de vingt à trente pour cent. D'après cela, rien n'est plus facile que d'obtenir d'excellente chaux hydraulique artificielle, en calcinant des mélanges convenables d'argile et de carbonate de chaux.

On attribue, avec raison, la propriété que possède la chaux hydraulique réduite en pâte, de durcir par un séjour sous l'eau, à ce que les silicates dont elle se compose se mêlent d'abord à l'eau en l'absorbant, et passent à l'état d'hydrates qui contractent dans leur ensemble cette adhérence qui en fait le plus grand mérite.

Pour opérer la calcination des pierres à chaux, il suffit de les soumettre à l'action d'une forte chaleur immédiate et continue; il s'opère alors une séparation complète entre l'acide carbonique et l'eau de cristallisation qu'elles contiennent. Il serait inutile de donner ici la description des différents genres de fours que l'on emploie à cet effet.

L'expérience a suffisamment démontré que le mode d'extinction des différentes espèces de chaux produit une très grande influence sur la qualité des mortiers, mais qu'elle est moins sensible dans la fabrication des mortiers ordinaires que dans celle des mortiers hydrauliques.

10. On éteint la chaux de trois manières, savoir : par fusion, par immersion et spontanément en la soumettant à l'influence atmosphérique.

L'extinction par fusion, que l'on désigne également par extinction ordinaire, se pratique dans des bassins imperméables, dans lesquels on n'introduit que la quantité d'eau précisément nécessaire pour transformer la chaux en bouillie épaisse; il est essentiel de ne pas employer de prime-abord une trop grande quantité d'eau, de même qu'il serait nuisible d'en ajouter pendant l'effervescence, s'il arrivait qu'on l'eût par trop ménagée dès le début.

Pour éteindre la chaux par immersion, on réduit les fragments de chaux vive à la grosseur d'un cube ayant deux ou trois centimètres de côté, on les plonge dans l'eau à l'aide d'un panier, puis, lorsque l'eau commence à bouillonner, on les retire pour les verser dans des caisses où la chaux se réduit en poudre, en absorbant une faible quantité d'eau; pour la conserver en cet état, on doit éviter le contact de l'air, et surtout l'influence de l'humidité.

L'extinction spontanée se fait en exposant la chaux vive à l'action lente et continue de l'atmosphère; sous cette influence, elle se réduit en poussière fine et déliée, en produisant un léger dégagement de chaleur, sans vapeurs apparentes. Cette opération, qui ne doit jamais avoir lieu dans une atmosphère humide, est complètement terminée, lorsqu'il n'existe plus de fragments; la chaux éteinte d'après ce mode, doit être conservée comme dans le cas où l'on emploie le procédé par immersion.

L'extinction des chaux hydrauliques par la fusion exige des soins particuliers que M. Vicat indique de la manière suivante :

La chaux hydraulique prise vive et en pierres, se jette à la pelle dans un bassin imperméable : on l'y étend par couches d'égale épaisseur (de 20 à 25 centimètres); on y amène l'eau au fur et à mesure, et de telle manière qu'elle puisse circuler et pénétrer avec facilité dans les vides que les fragments de chaux vive laissent entr'eux. L'effervescence ne tarde guère à se manifester. On continue à jeter alternativement de la chaux et de l'eau, mais il faut bien se garder de brasser la matière et de la réduire en laitance, selon la mauvaise coutume des maçons; seulement, quand, par hasard, quelques pellées de chaux fusent à sec, on y dirige l'eau par des rigoles que l'on trace légèrement dans la pâte, et de temps en temps on enfonce un bâton pointu dans les endroits où l'on soupçonne que l'eau a pu manquer : si le bâton en sort enduit d'une chaux gluante, l'extinction est bonne; s'il s'en élève au contraire une fumée farineuse, c'est une preuve que la chaux a fusé à sec : on élargit alors le trou, on en pratique d'autres à côté, et l'on y amène l'eau.

11. — Quels que soient la nature de la chaux et le mode d'extinction employé, il est à remarquer que, par l'absorption, elle acquiert une augmentation de volume, qui, bien que variable selon les circonstances, n'en est pas moins digne d'attention. Il est impossible de pouvoir, au seul aspect, déterminer le rapport du volume d'une certaine chaux vive, à celui qu'elle acquiert durant l'extinction; l'expérience seule peut donner un résultat concluant; c'est cette différence de volume que l'on désigne ordinairement sous la dénomination de *foisonnement*.

Éteintes par fusion, les chaux grasses donnent en volume de 1,25 à 3,10 de pâte épaisse, pour un de chaux vive; et lorsqu'elles sont maigres, elles ne produisent, le plus ordinairement, que de 1,20 à 1,25.

L'extinction par immersion produit assez généralement de 1,50 à 1,70, tandis que l'extinction spontanée donne de 1,75 à 2,55.

Le foisonnement des chaux hydrauliques présente également des variétés difficiles à saisir rigoureusement, sans le secours de l'expérience; néanmoins on a remarqué que, par le procédé ordinaire ou par fusion, le foisonnement est à peine sensible, tandis que, par l'immersion, le volume de chaux vive étant 1, celui qu'elle acquiert s'élève quelquefois jusqu'à 1,40.

12. — Les ciments romains, ou plâtres-ciments sont des produits immédiats de la calcination de certains calcaires argileux; ce sont des chaux hydrauliques extrêmement énergiques; au lieu de les soumettre à l'extinction comme les autres chaux, on se borne, après la calcination, à les réduire en poudre fine et déliée, et à les conserver à l'abri du contact de l'air; pour les mettre en œuvre, il suffit de les gâcher à l'état de pâte un peu consistante, immédiatement avant leur emploi. Le plâtre-ciment offre cet avantage immense, qu'il durcit presque immédiatement après la mise en œuvre, sous l'eau comme dans l'air, et qu'il acquiert, avec le temps, une très grande dureté.

La pierre qui en est la base fut découverte en Angleterre, puis reconnue en diverses contrées de la France, à Boulogne-sur-Mer (Pas-de-Calais), à Pouilly (Saône-et-Loire), à Monthron (Charente), etc....; les produits de Pouilly et surtout ceux de Monthron surpassent en qualité les ciments anglais.

Voici pour cent parties de chacune des pierres à ciment qui viennent d'être désignées, leur composition chimique.

	Boulogne-sur-Mer.	Angleterre.	Pouilly.	Montbrou.
Carbonate de chaux............................	61,6	65,7	57,2	
Carbonate de magnésie........................	»	0,5	3,6	
Carbonate de fer..............................	6,0	6,0	6,6	
Carbonate de manganèse......................	»	1,9	»	
Argile. { Chaux..............................	»	»	»	40,58
Silice..............................	15,0	18,0	23,2	11,83
Alumine............................	4,8	6,6	2,0	2,51
Oxide de fer.......................	3,0	»	6,7	18,18
Oxide de manganèse................	»	»	»	3,30
Magnésie	»	»	»	20,81
Eau...............................	9,6	1,3	0,7	2,79
	100,0	100,0	100,0	100,00

13. — On nomme pouzzolanes et ciments, des substances naturelles ou artificielles qui ont la propriété, étant combinées avec la chaux commune, de composer des mortiers qui durcissent à l'air et sous l'eau ; les pouzzolanes naturelles sont des produits volcaniques, ou proviennent d'argiles naturelles calcinées par la chaleur des volcans : ces substances sont presque toujours à l'état pulvérulent, leur couleur due aux oxides de fer et de manganèse est variable.

L'analyse chimique des pouzzolanes naturelles a donné les moyens d'en produire d'artificielles, et ces procédés avaient même été devancés par les anciens, puisqu'il est constant que depuis la plus haute antiquité, les fragments de terres cuites pulvérisées, font partie de certains mortiers.

Indépendamment des débris de briques, tuileaux et autres fragments d'argiles cuites, réfractaires ou fusibles, on emploie aussi très avantageusement les laitiers et scories des hauts-fourneaux ; mais le peu d'énergie de ces différentes substances leur fait préférer, dans les grandes constructions, des pouzzolanes composées dans des conditions plus avantageuses ; ainsi, en certains lieux, on a trouvé convenable de gâcher ensemble trente parties de chaux éteinte, avec soixante-dix parties d'argile parfaitement corroyée, pour en former un composé de cent parties, qui, cuites et réduites en poudre, ont produit d'excellentes pouzzolanes ; en d'autres lieux, on a mélangé dix parties de chaux avec quatre-vingt-dix parties d'argile ; le tout dépend des circonstances locales et de la nature des matières premières dont il s'agit de tirer le meilleur parti ; des expériences bien dirigées ne manquent jamais de mettre en évidence la proportion des mélanges les plus avantageux.

On doit remarquer que c'est à la silice contenue dans les pouzzolanes et ciments hydrauliques que ces matières doivent leur hydraulicité.

Bien que les pouzzolanes n'exigent pas, comme la chaux, d'être conservées à l'abri, en lieux secs, il n'est pas moins convenable de les tenir à couvert en attendant leur emploi.

14. — Les sables sont calcaires, argileux ou métalliques et diversement colorés, suivant les oxides métalliques qui entrent dans leur composition; ils se distinguent, d'après leur origine, en sables fossiles, de rivière, de mer, et on les désigne, suivant leur degré de divisibilité, sous les noms de *gravier, arène ou gros sable, et sable fin;* leurs mélanges avec les différentes espèces de chaux ou seuls combinés avec les pouzzolanes et les ciments hydrauliques, ils produisent les différentes catégories de mortiers.

Les sables fins sont préférables, lorsqu'ils doivent être combinés avec les chaux hydrauliques, tandis qu'au contraire les gros sables l'emportent sur ceux-ci, s'il s'agit de chaux communes; lorsqu'on veut préparer des mortiers pour crépissages, les sables lavés ou de rivières sont les meilleurs; mais ils exigent alors une plus grande quantité de chaux.

15. — Les mortiers sont des composés qui résultent de la combinaison de la chaux avec les sables, les ciments, les pouzzolanes, etc...; leur composition est variable selon les contrées, relativement à la nature de la chaux et à celle des ingrédients qui doivent être manipulés avec elle.

Les mortiers se divisent en deux classes : les mortiers hydrauliques et les mortiers communs ou ordinaires.

Les mortiers hydrauliques sont ceux qui ont la propriété de durcir sous l'eau; les mortiers ordinaires sont dépourvus de cette propriété, ou ne la possèdent que d'une manière à peu près insensible; de l'une ou l'autre classe, les mortiers immergés sont parfaitement à couvert de la gélivité; mais il n'en est pas ainsi de ceux qui sont exposés à l'air, surtout lorsqu'ils sont saisis par le froid avant d'être parvenus à une parfaite dessiccation.

Il serait difficile d'assigner d'une manière générale et en même temps rigoureuse, la proportion de chaux qui doit entrer dans les mortiers, sa qualité, ainsi que le procédé employé pour son extinction, devant causer une influence marquée; néanmoins, on est à peu près d'accord, lorsque la chaux, éteinte par le procédé ordinaire, est réduite en pâte molle, de mettre une partie de chaux pour deux parties ou deux parties et demie de sable ou ciment; mais lorsque le sable est argileux, sa proportion peut être poussée jusqu'à trois fois, en volume, celle de la chaux.

Quand les chaux sont éteintes spontanément, on ne met que de un et demi à un et trois quarts des autres matières pour une partie de chaux; quelle que soit la nature du mortier, les proportions doivent être les mêmes; seulement les mortiers destinés à être exposés à l'air doivent avoir moins de consistance et sécher lentement à couvert des rayons du soleil et des courants d'air.

La manipulation des mortiers influe considérablement sur leur qualité; lorsqu'elle se pratique à tour de bras, ce ne doit être que sur de faibles quantités à la fois, afin que le corroyage soit complet; le procédé le plus en usage consiste à placer la chaux sur une aire préparée à cet effet, auprès des autres matières avec lesquelles elle doit être mélangée autant que possible sans addition d'eau; le corroyage se pratique à l'aide de rabots, à force de bras. Dans les travaux d'une grande importance, où l'on emploie à chaque instant des quantités notables de mortier, on met en usage, pour la manipulation, différents procédés mécaniques; tantôt ce sont des râteaux circulaires mus par un manége; d'autrefois des roues-meules mises en mouvement par le même procédé ou toute autre force motrice : quel que soit le mode de fabrication, il est à remarquer que, par l'agrégation, le volume de mortier obtenu est toujours moindre que la somme de ceux des ingrédients qui le composent, évalués séparément avant d'avoir été soumis à l'opération.

16. — *Mortier ordinaire.* — Le gros mortier qui s'emploie ordinairement pour les fondations et les maçonneries de remplissage, se compose d'une partie de chaux éteinte et de deux parties de sable sec.

Mortier fin pour pose. — Ce mortier se compose de deux parties de chaux éteinte, mélangées avec trois parties de sable sec, ou la même quantité de sciures de pierres tendres.

Mortier pour jointoiements. — Ce mortier se compose de deux parties de chaux éteinte combinées avec trois parties de pouzzolanes naturelles ou artificielles, ou bien avec la même quantité de ciment.

Mortier hydraulique de chaux et sable. — Il se compose de deux parties de chaux hydraulique éteinte par le procédé ordinaire et mesurée en pâte, combinées avec trois parties de sable fin.

Mortier de ciment. — Lorsqu'il s'agit de chaux commune ou faiblement hydraulique, on prend une partie de chaux éteinte par immersion et réduite en pâte, et deux parties de ciment; la manipulation doit, autant que possible, s'exécuter sans addition d'eau.

Mortier de ciment et scories. — On prend communément trois parties de chaux éteinte par immersion et mesurée en poudre, une partie de ciment et autant de scories réduites en poudre.

Mortier de pouzzolane naturelle. — Deux parties de chaux éteinte par immersion et trois parties de pouzzolane, constituent ce mortier, dont la manipulation et le corroyage doivent être exécutés sans addition d'eau.

Lorsque la chaux est hydraulique, on ajoute à la qualité du mortier en y faisant entrer le sable pour une certaine quantité; ainsi, l'on obtient de bons mortiers hydrauliques en prenant :

1° Sept parties de chaux hydraulique mesurée en pâte, quatre de ciment et quatre de sable sec;

2° Une partie de chaux hydraulique vive et réduite en poudre, une partie de pouzzolane, une partie de sable fin lavé ou de rivière, et deux parties d'eau;

3° Deux parties de chaux hydraulique éteinte par immersion et mesurée en poudre, une partie de pouzzolane volcanique et une de sable;

4° Huit parties de chaux hydraulique éteinte par immersion, trois parties de schistes calcinés, grès ferrugineux ou terre ocreuse, et trois parties de sable.

17. — Les plâtres-ciments, dont il a été parlé n° 12, page 256, font d'excellents mortiers; ils sont livrés au commerce, en poudre fine et déliée, qui, pour être mise en œuvre, ne demande plus qu'à être délayée avec une quantité d'eau convenable; la propriété que possède ce mortier de durcir, comme le plâtre, en fort peu de temps, exige qu'il soit mis en œuvre immédiatement après avoir été gâché; on a remarqué qu'il adhère beaucoup mieux lorsque les parties sur lesquelles il doit être appliqué, ont été mouillées.

Les mortiers doivent, en général, être employés promptement; on ne doit jamais les préparer à l'avance, parce que la disposition plus ou moins grande qu'ils ont à se solidifier, pourrait nécessiter une nouvelle manipulation qui ne saurait être exécutée sans addition d'eau, ce qui serait une des conditions les plus désavantageuses à leur ténacité : on doit également, lorsque les mortiers sont hydrauliques, les soustraire, après leur emploi, à l'influence dessiccative de l'atmosphère, en couvrant les maçonneries; l'expérience a suffisamment démontré ce que gagnent en solidité les maçonneries qui sèchent lentement, comparativement à celles dont la dessiccation est précipitée.

18. — Le béton est un mélange de mortier hydraulique avec des pierres concassées et réduites en fragments plus ou moins petits ; le principe essentiel des bétons étant le mortier, leur mérite est de durcir sous l'eau, avec la même promptitude que le mortier qui entre dans leur composition ; voici les proportions adoptées en quelques circonstances, et qui ont produit un mètre cube d'excellent béton.

1°

0 ^m 30 ^c de chaux vive.
0   38 de pouzzolane ou ciment artificiel.
0   17 de gros gravier.
0   38 de fragments de pierre.
——————
1 ^m 23 ^c

2°

0 ^m 42 ^c de chaux grasse employée vive.
0   21 de ciment.
0   75 de cailloux.
——————
1 ^m 38 ^c

3°

0 ^m 45 ^c de mortier, composé de $\left\{\begin{array}{l}\text{0}^m\ 22^c\text{ de chaux en pâte.}\\\text{0}\ \ \ 23\text{ de ciment, ou}\\\text{0}\ \ \ 23\text{ de sable sec.}\end{array}\right.$
0   87 de fragments de pierre.
——————
1 ^m 32 ^c

4°

0 ^m 23 ^c de chaux hydraulique en pâte.
0   40 de sable sec.
0   69 de cailloux ou fragments de pierre.
——————
1 ^m 32

Il est à remarquer que les pertes éprouvées, et l'agrégation des principes constituants pendant l'opération, réduisent le mélange à un mètre cube de béton prêt à être employé.

On procède à la manipulation en préparant d'abord le mortier, dans lequel on jette ensuite le gravier et les fragments ou recoupes de pierres, en mêlant le tout ensemble au moyen de rabots, de pelles, etc...

19. — Les différentes circonstances que l'on rencontre pour l'établissement des maçonneries hydrauliques, peuvent être réduites à trois principales :

En premier lieu, et c'est, sans contredit, la disposition la plus favorable, le terrain sur lequel on veut édifier offre assez de consistance pour que l'on puisse y asseoir immédiatement, et sans autre préparation, avec la certitude que le tassement sera uniforme et tout affouillement impossible; de semblables conditions ne peuvent être rigoureusement assurées que lorsque l'on rencontre des roches assez fermes pour pouvoir résister, non seulement à la pression produite plus tard par l'édifice, mais encore à l'action destructive des eaux; il est néanmoins certains terrains qui, propres à résister à la pression dont il vient d'être parlé, sont de nature à ne pouvoir vaincre l'action des eaux; telles sont les roches calcaires, tendres, argileuses, schisteuses, et même certains fonds de gravier ou de glaise; il suffit alors de les mettre à couvert de cet effet, au moyen d'un pavage général ou radier, sur lequel il est possible de construire ensuite comme sur le rocher lui-même.

Lorsqu'on rencontre ces sortes de terrains situés sous une profondeur d'eau qui n'excède pas deux mètres, on circonscrit l'espace destiné à la fondation, par un bâtardeau, qui se compose de deux enceintes parallèles de pieux et de palplanches, dans l'intervalle desquelles on enlève, au moyen de la drague, les graviers, boues, pierres, etc...; l'on met ensuite des terres franches ou mieux encore, de l'argile fortement comprimée entre les deux enceintes ou cloisons, de manière à isoler complètement la masse d'eau circonscrite par le bâtardeau qui doit être élevé au-dessus du niveau de la surface des eaux, de manière à éviter toute submersion pendant le cours des travaux. On procède ensuite aux épuisements à l'aide des machines en usage; le rocher étant à sec, est dressé et dérasé de manière à recevoir la première assise de l'édifice; ou bien encore, il est nivelé de manière à ce que l'on puisse convenablement y établir le radier.

Lorsqu'il s'agit de construire dans une eau profonde où la construction des bâtardeaux devient, sinon impossible, du moins extrêmement dispendieuse, on substitue au mode précédent les fondations en béton : on construit alors une caisse, ayant la forme d'une pyramide quadrangulaire tronquée, dont la capacité soit précisément égale au massif des fondations ; la caisse est disposée de manière à pouvoir être échouée sur l'emplacement même; puis enfin elle est remplie de béton jusqu'à trente ou quarante centimètres au-dessous des basses eaux ; c'est sur cette masse solidifiée que l'on établit ensuite les maçonneries.

20. — En second lieu, le fond sur lequel on veut bâtir peut être composé de matières molles, susceptibles d'être entraînées par les eaux courantes, ou maintenues dans leur état de mollesse par celles stagnantes, mais ayant au-dessous d'elles, à une profondeur accessible, une couche assez ferme pour résister au poids de l'édifice ; dans cette circonstance, il est convenable de recourir aux fondations sur pilotis, qui sont le plus ordinairement commandées par les fonds de terres franches, de tourbe, de sables mouvants, de graviers provenant d'alluvions, etc...; il est alors indispensable de battre un pieux de sonde jusqu'à ce qu'il oppose une résistance à peu près complète aux percussions réitérées du mouton ; cette opération, considérée comme simple expérience, indique d'une manière positive, les longueurs qu'il convient d'attribuer aux pieux, qui plus tard doivent transmettre la pression produite par le poids de la construction à la couche résistante, sans agir par compression sur celle intermédiaire, déjà reconnue incapable d'y pouvoir résister ; les pieux étant ensuite battus en nombre suffisant et de hauteur convenable, les fondations peuvent être établies de plusieurs manières, sur lesquelles il est bien de donner quelques renseignements.

On peut ceindre l'emplacement de la pile ou de la culée à construire par un bâtardeau, le mettre à sec au moyen des épuisements, puis déblayer à une certaine profondeur les matières intercalées entre les pieux, les remplacer par des maçonneries en pierres sèches, ou mieux encore, par un béton ; enfin recouvrir le tout par un grillage en bois, composé de longuerines et de traversines assemblées autant que possible à angles droits, et reposant sur l'extrémité supérieure des pieux, terminées en tenons disposés de manière à occuper des mortaises correspondantes, faites dans le grillage ; les cases de ce dernier sont remplies de bonnes maçonneries, sur lesquelles il est ensuite permis de fonder en toute sécurité.

L'on peut encore, sans épuisement, recéper les pieux à une certaine profondeur, à laquelle toutefois on a jugé convenable de commencer les maçonneries; on dispose ensuite une plate-forme en bois, tenant lieu de grillage, ayant ses bords plus élevés que la profondeur des eaux, disposée précisément au-dessus des pieux, de manière à ce qu'étant submergée, elle arrive directement sur ceux-ci; les maçonneries étant construites, déterminent la submersion à mesure que leur poids augmente; il arrive enfin un instant où le poids de la quantité d'eau déplacée, se trouvant moindre que celui des maçonneries, le caisson descend à la place qui lui est destinée; on continue les maçonneries jusqu'à ce qu'étant parvenues au-dessus du niveau des eaux, il soit permis de faire disparaître les faces latérales du caisson.

Après avoir battu des pieux et pratiqué l'épuisement, on se borne le plus souvent à battre à la hie des moellons, et à disposer sur les pieux un grillage dont les cases sont remplies de bonnes maçonneries; il arrive encore, et ce mode est sans contredit le plus économique, que l'on supprime totalement les pieux, en remplaçant les terres molles du déblai par une couche de sable fortement comprimée, sur laquelle repose le grillage qui supporte le radier général; d'autres fois on va même jusqu'à supprimer le grillage, en plaçant le radier immédiatement sur la couche de sable; ce dernier mode est suffisant toutes les fois qu'il s'agit de construire des ponceaux couverts en dalles qui ne produisent aucune poussée horizontale sur les culées, toute leur action se réduisant à une pression verticale uniformément répartie sur toute l'étendue qu'occupe leur base.

21. — Enfin, l'on fonde encore par encaissement et sur radier général, lorsque le terrain sur lequel il s'agit de construire est composé de matières sans consistance, au-dessous desquelles on ne peut espérer d'en rencontrer de solides qu'à une très grande profondeur; on bat alors deux files de palplanches suivant la largeur de la rivière, l'une en amont du pont à construire, et l'autre en aval; on enlève ensuite à une certaine profondeur, entre les deux files de pieux, les matières molles qui s'y trouvent, et qui sont remplacées par une forte couche de sable ou de béton, selon l'importance de la construction; on peut encore augmenter la consistance du fond sur lequel on se propose de construire ainsi, soit en battant en nombre suffisant des pieux de remplissage entre les deux files, soit en y pratiquant des jetées de moellons fortement comprimés à la hie, avant d'établir le banc factice qui doit supporter le radier.

22. — Après avoir consolidé le terrain des fondations par l'un des moyens

que nous venons de décrire, on posera une première assise de libages excédant le parement extérieur des maçonneries, de dix à quinze centimètres, pour former empattement avec le pavé des arches qui devra affleurer cette première assise; on en posera ensuite une seconde, formant liaison avec la première, sur un bain de mortier fin d'environ un centimètre et demi d'épaisseur ; pour l'asseoir convenablement, chaque pièce ayant été alignée dans les deux sens, est fortement comprimée par la percussion, à l'aide d'une hie en bois, opération qui ne manque pas de faire refluer le mortier surabondant, en comprimant celui qui reste pour remplir les inégalités des joints horizontaux. Avant de poser l'assise suivante, on dérase de niveau le lit supérieur de celle déjà placée, puis l'on en pose, en premier lieu, les deux pièces formant arêtes, pour servir de repères aux autres intercalaires, qui sont placées au cordeau, selon l'alignement droit des deux premières. Pour remplir les joints verticaux, on pratique ordinairement dans les faces contiguës de deux pièces, des abreuvoirs, dans lesquels on verse une quantité suffisante de mortier fin réduit à l'état de laitance, afin de remplir tous les vides, avant d'opérer le dérasement de l'assise dans son ensemble.

Après avoir ainsi monté les jambages ou pieds-droits jusqu'au niveau des naissances du berceau qu'il s'agit de poser, garni de laitance les derniers joints verticaux, et enfin dérasé les lits supérieurs formant sommiers, on disposera les cintres ou échafaudages qui doivent soutenir la voûte du berceau pendant sa construction. Les couchis, qui surmontent ces cintres, sur lesquels doivent appuyer les têtes des voussoirs, peuvent être disposés de deux manières : ou ils sont contigus et occupent dans leur ensemble la totalité du développement de la voûte, ou, s'ils sont espacés de manière à ce que chacun d'eux se trouve directement placé sous le milieu de la douelle qu'il supporte, en conservant de chaque côté un espace vide qui laisse entièrement à découvert les joints horizontaux suivant toute la longueur des douelles : dans le premier cas, la surface supérieure des couchis devant former exactement l'intrados de la voûte, supporte les voussoirs qui demeurent entièrement cachés jusqu'au décintrement; dans le second, au contraire, il est permis au poseur de s'assurer, pour chaque voussoir, si la tête s'accorde parfaitement avec celles de ceux déjà posés. Ceci admis, on établira sur chaque pied-droit la première assise de la voûte, en observant : 1° de faire accorder l'arête inférieure de la douelle avec celle supérieure des tableaux des jambages ; 2° de tenir, au moyen du dérasement, s'il en est besoin, le lit supérieur de cette première assise, dans un même plan normal à l'intrados, dont l'intersection avec cette surface doit nécessairement être une ligne horizontale ; 3° d'accorder les voussoirs extrêmes de chaque douelle avec le plan des têtes du berceau, comme si ces voussoirs n'étaient que de simples pierres des murs de têtes, en s'assurant, pour chaque assise, que les arêtes sont rigoureusement au-dessus du plan passant par les naissances, à une hauteur indiquée par les ordonnées, dont les longueurs et les positions respectives sont indiquées au projet, et peuvent être prises au besoin graphiquement sur l'épure en grandeur naturelle ; 4° enfin, s'il arrivait qu'en le posant, un voussoir n'eût pas tout-à-fait la même épaisseur que les autres, dépendants de la même assise, il faudrait ou le rogner immédiatement en tête, ou le faire descendre à l'intrados jusqu'à ce que le lit supérieur ne forme qu'un seul et même plan, se réservant de le régulariser à l'intrados, après le décintrement. On doit monter ensemble les deux côtés de la voûte, de manière à maintenir un équilibre parfait, qui seul peut conserver aux cintres leur forme primitive. Après avoir posé une douelle d'un certain côté, on doit donc poser celle correspondante de l'autre ; l'on arrivera ainsi jusqu'à la clef, qui ne doit être taillée que d'après la mesure qui en sera prise afin qu'elle occupe rigoureusement le vide compris entre les contre-clefs. La clef se trouvant préparée, sera mise en place en la faisant glisser jusqu'à ce qu'elle appuie également sur les contre-clefs ; en cet état, elle sera frappée légèrement en queue jusqu'à ce qu'elle arrive à la position qui lui est assignée, en se raccordant à l'intrados avec les douelles contiguës. Les joints de la partie supérieure de la voûte ne sont remplis qu'au moment de la pose de la clef, afin que la compression puisse agir sur les mortiers encore frais, sans les rompre ; tel est le mode employé généralement pour la pose. Cependant il est certains poseurs qui laissent, sans y mettre de mortier, une largeur de cinq à huit centimètres sur chaque lit, du côté de l'arête, de manière à ce qu'après la pose il reste, dans le joint, un vide que l'on fait disparaître plus tard au moyen du jointoiement, ainsi qu'il en sera parlé bientôt.

23. On laisse ordinairement sécher les mortiers avant d'opérer le décintrement, qui se fait avec précaution, et de telle sorte que le tassement s'opère avec lenteur de la même manière sur les deux côtés de la voûte : ainsi l'on commence par faire disparaître, en enlevant successivement les cales, les couchis les plus rapprochés des naissances, en nombre égal de chaque côté ; cette opération doit être faite en plusieurs jours, lorsqu'il s'agit d'un berceau de grandes dimensions, pour lequel il est prudent d'éviter la précipitation du tassement, afin de prévenir la rupture de certains voussoirs et l'altération des formes de l'édifice, dont la solidité pourrait même se trouver compromise si l'on agissait avec trop de précipitation et sans discernement. Il arrive aussi quelquefois que l'on pratique des traits de scie à travers les arbalétriers des fermes, de manière à ce que tout le système, cédant à la compression, s'affaisse lentement et sans perturbation ; les traits de scie sont ensuite dégagés au moyen d'entailles plus considérables, qui provoquent de plus en plus l'affaissement jusqu'à ce que la voûte se trouve entièrement isolée. D'autres fois, et ce mode est sans contredit préférable, les fermes reposent sur des étais, eux-mêmes placés d'aplomb sur des cales ou coins ayant la forme de prismes triangulaires, dont deux mis en sens opposés supportent chaque étai ou pilier. Cette disposition permet, en frappant la tête des coins, d'élever tout le système, ou en agissant en sens inverse, de le faire baisser de manière à le dégager totalement du poids de la voûte, lorsqu'il s'agit d'opérer le décintrement.

Ces différentes précautions ne sont rigoureusement nécessaires que dans les grands travaux pour lesquels on a dû recourir à des systèmes de cintres plus ou moins compliqués, dont la construction sera décrite dans le chapitre suivant. Lorsqu'il ne s'agit que de simples berceaux de quelques mètres d'ouverture, il suffit de dégager les couchis, ainsi qu'il vient d'être dit, en commençant par les naissances, et l'opération se continue sans interruption jusqu'au complet isolement de la voûte.   ·

24. — Malgré les soins minutieux et les précautions toutes spéciales qui président ordinairement à la taille et à la pose des différentes pièces de détail d'un ouvrage, il n'arrive pourtant jamais que, dans leur ensemble, elles atteignent le degré de perfection exigé par l'art ; de là la nécessité de soumettre cet ensemble à une nouvelle opération connue sous le nom de *ravalement* ou *ragréage,* qui a pour but de donner aux surfaces apparentes toute la précision possible.

Pour opérer le ragréage d'un mur droit, on devra d'abord apprécier son état à l'aide du fil-à-plomb et du cordeau, qui ne manqueront pas d'en mettre en évidence les moindres défauts ; on établira ensuite plusieurs repères tels qu'ils se trouvent tous dans le même plan vertical, passant en même temps par la partie la plus creuse du mur. Cette opération terminée, il ne s'agira plus que de faire disparaitre les parties saillantes comprises entre les différents repères, qui pourront être multipliés au besoin, et même réunis les uns aux autres au moyen de rigoles ou traces dirigées en différents sens, et

indiquant plus particulièrement les portions en saillies qui doivent être enlevées. Le ravalement des autres espèces de mur ne peut sérieusement offrir de
difficulté d'après ce qui vient d'être dit; seulement, au lieu d'être dans un
même plan vertical, les repères seront fixés dans un plan plus ou moins incliné.

Le ravalement des pieds-droits et des murs de têtes d'un berceau, se pratiquant comme pour des murs ordinaires, on ne saurait réellement rencontrer de difficulté que pour la surface intrados de la voûte : on commencera
d'abord par dresser les arêtes des naissances de manière à ce qu'elles s'ac-
cordent parfaitement avec la face extérieure des pieds-droits, qu'elles soient
parallèles et distantes d'une quantité égale à l'ouverture du berceau; on déterminera ensuite différents repères sur la surface de l'intrados, en disposant
perpendiculairement à l'axe du berceau, une règle horizontale correspondant
aux naissances, sur laquelle seront pris les pieds des ordonnées à la courbe
du cintre principal. La longueur de ces ordonnées étant appliquée pour chacune d'elles, indiquera vis-à-vis chaque arête de douelle, la quantité de matière à enlever. Les repères, qui pourront être ainsi multipliés à volonté, seront
d'abord réunis entre eux par des rigoles, puis les protubérances enlevées,
comme il a été dit pour les murs ordinaires. Les arêtes formées par la rencontre de la voûte avec les plans des murs de têtes, seront conservées vives
et sans épaufrures.

25. — Le ravalement étant terminé, on procède au jointoiement général en
curant les joints verticaux et horizontaux, à la profondeur de cinq centimètres environ; en les lavant avec soin, puis en les remplissant de mortier composé exprès pour cette opération; les joints sont humectés afin d'augmenter
l'adhérence du mortier avec la pierre; le mortier est fortement comprimé à
l'aide de fiches, jusqu'à ce que les joints n'en puissent plus contenir; enfin les
joints sont lissés à la spatule, jusqu'à ce qu'ils soient parfaitement dessé-
chés, ce qui a lieu lorsqu'ils deviennent brillants.

CHAPITRE VI.

CONSTRUCTIONS EN CHARPENTERIE.

§ Iᵉʳ. — DES BOIS EN GÉNÉRAL, LEURS DÉFAUTS, LEUR CONSERVATION, LEUR RÉSISTANCE; ASSEMBLAGES LES PLUS USITÉS.

Nº 1. — Les bois ont généralement pour base la fibre ligneuse; ils en contiennent toujours au moins les 0,96 de leur poids; néanmoins il existe une grande différence entre leurs pesanteurs spécifiques : les uns sont sensiblement plus lourds que l'eau, tandis que les autres flottent à sa surface.

Le tronc des arbres est la seule partie qui soit propre à la charpenterie; il se compose de l'écorce, de l'aubier et des fibres ligneuses ou bois proprement dit.

L'écorce se compose elle-même de trois parties distinctes, l'*épiderme*, membrane extrêmement mince qui enveloppe tout le végétal; le *parenchyme*, substance verte, qui contient une infinité de fibres se croisant en tous sens; et enfin les couches corticales ou *liber*, composées de membranes fort minces juxtaposées les unes sur les autres, et remplissant l'espace compris entre le parenchyme et l'aubier.

L'*aubier* est une couronne de bois tendre, qui sépare le cœur du bois d'avec le liber; cette partie du végétal s'augmente chaque année de certaines couches du liber qui s'identifient avec lui, tandis qu'il cède au cœur une certaine partie de lui-même.

Le bois proprement dit, ou *cœur de bois*, est la partie des couches ligneuses qui constituent le bois parfait, et qui se recouvrent à peu près concentriquement, depuis l'aubier jusqu'au milieu de l'arbre où se trouve le tissu médullaire ou moelle.

La nature du sol sur lequel ils ont végété influe d'une manière sensible sur la qualité des bois, même lorsqu'ils appartiennent à une même espèce;

ainsi les arbres accrus dans un sol profond et humide produisent un bois *gras* plus léger, plus mou, et capable d'une moins grande résistance que celui provenant d'arbres qui auraient végété dans une terre franche et peu humide; les arbres qui prospèrent dans cette condition sont d'une belle venue : leurs fibres, à peu près parallèles, sont pleines, serrées et douées d'une grande élasticité.

Dans un sol pierreux et peu profond, la végétation, beaucoup plus lente, produit des arbres moins élancés, dont les fibres ne sont que très rarement parallèles; leurs bois sont lourds, doués d'une grande résistance; ils ne contiennent ordinairement que très peu d'aubier. Les arbres ébranchés sur pied pendant leur croissance, produisent des bois défectueux.

2. — Les arbres dont la végétation est dérangée des voies naturelles, contractent, pendant leur croissance, des imperfections qui communiquent aux bois certains vices qu'il est fort important de connaître.

Parmi les bois défectueux, on remarque plus particulièrement ceux qui sont *gélifs, noueux, rebours, roulés, tranchés, moulinés, carriés, et sur le retour*.

Le bois est gélif, lorsqu'étant coupé transversalement, il présente des fentes se dirigeant du centre vers l'écorce; ce vice est quelquefois tellement apparent, que l'on aperçoit sur l'épiderme même, les traces de gélivures. Aux arbres sur pied, ces marques existent plus particulièrement sur le côté exposé au nord : les bois atteints de ce vice à un haut degré, ne sont guère propres aux constructions.

Le bois est noueux, lorsqu'il provient d'un terrain peu fertile, où les arbres, sans atteindre une grande hauteur, se chargent de branches qui, par leur adhérence avec le tronc, forment des nœuds plus ou moins prononcés, en raison de la grosseur des branches auxquelles ils doivent leur origine. Les bois noueux sont plus propres à la grosse charpenterie qu'aux travaux de menuiserie ou de charpenterie intérieure; ils sont généralement propres aux constructions hydrauliques.

On entend par bois rebours, ceux dont les fibres, au lieu d'être à peu près parallèles, prennent fréquemment des directions variées, qui s'opposent le plus souvent à ce qu'ils puissent être travaillés convenablement : sans nuire essentiellement à leur qualité, ce défaut les rend plus propres aux travaux grossiers qu'aux ouvrages délicats qui exigent un certain soin.

Lorsqu'un arbre isolé se trouve exposé à la rigueur des vents, il arrive quelquefois que l'agitation à laquelle il est en butte, s'oppose à la cohésion des couches annuelles qui en constituent le tronc, en laissant entr'elles des fentes concentriques plus ou moins apparentes, qui s'agrandissent plus tard par la dessication et précipitent la destruction des bois *roulés*.

Les bois tranchés sont ceux qui proviennent d'arbres courbés et noueux, qui auraient été redressés soit par l'équarrissage, soit au moyen de la scie ; ces bois, dont les fibres se trouvent ainsi tranchées, offrent peu de résistance.

Lorsqu'ils sont attaqués des vers, que l'aubier présente des taches blanches qui indiquent un commencement de décomposition, les bois sont moulinés ; enfin, lorsque le bois vermoulu a perdu, pour ainsi dire, toute consistance, on dit qu'il est carrié.

Les bois sur le retour sont ceux qui proviennent de vieux arbres en décrépitude, chez lesquels la végétation, ayant à peu près cessé ses fonctions, abandonne au dépérissement, d'abord les rameaux élevés, les branchages, et puis le tronc, avec cette circonstance particulière, que la décomposition prend son origine vers le centre ; ces sortes de bois ont bien moins de force que ceux qui seraient abattus pendant leur vigueur.

3. — On entend en général, par bois en *grume*, ceux qui, ayant été coupés, sont encore revêtus de leur écorce ; il est important de ne les laisser que le moins possible en cet état ; l'expérience ayant appris que la sève détermine la corruption, et qu'un prompt équarrissage, qui, du reste est plus facile, fait disparaître cet agent destructeur. On procède ordinairement à l'équarrissage immédiatement après que les arbres ont été abattus. On donne encore de la force au bois, en l'écorçant sur pied, vers le commencement du printemps, de manière à le pouvoir abattre à la fin de l'année, aussitôt qu'il est à peu près desséché sur pied ; ce procédé donne à l'aubier la densité et la dureté du cœur même de l'arbre.

Mis à couvert et placés dans des lieux secs et aérés, lorsqu'ils ont été équarris, les bois se conservent généralement bien ; mais il n'en est pas ainsi lorsqu'ils sont exposés à l'action destructive de l'atmosphère. On les préserve en général des influences atmosphériques, soit en les goudronnant, soit en les recouvrant d'un corps gras ou de plusieurs couches de peinture à l'huile ; leur enfouissement sous la terre, le sable ou la vase, les conserve parfaitement. Il en est ainsi de ceux qui sont immergés ; mais il est à remarquer que les bois conservés de cette sorte, ne peuvent être employés

plus tard que sous les eaux ou dans la terre, pour l'établissement de fondations, car leur emploi au contact de l'air peut faire naître de justes craintes
concernant leur changement d'état hygrométrique, susceptible de déterminer
l'altération, et, par suite, la pourriture. Quant il s'agit de les employer à
demeure fixe, dans la terre ou sous les eaux, il importe peu qu'ils soient secs
ou verts au moment de leur emploi; mais lorsqu'il s'agit de constructions à
l'air libre, les bois secs sont seuls admissibles.

4. — Une pièce de bois peut être soumise à l'action d'une force tendant à
la faire fléchir, de trois manières :

1° La force peut être dirigée perpendiculairement à la longueur de la
pièce;

2° Dans la direction même de cette longueur, de manière à la raccourcir
par la compression de ses fibres longitudinales ;

3° Dans la direction de la longueur, mais de façon à étendre la pièce en
allongeant ses fibres.

Le tableau suivant indique l'élasticité relative E et la résistance R, à la
flexion, par centimètres carrés, de certains bois soumis à un effort perpendiculaire à leur longueur :

ESSENCES des BOIS.	PESANTEURS SPÉCIFIQUES.			E Force nécessaire pour allonger ou raccourcir d'une quantité égale à sa longueur un prisme dont la section transversale est un centimètre carré.			R Résistance à la flexion, par centimètre carré, sous un effort dirigé transversalement à la longueur.		
	Maximum.	Minimum.	Moyenne.	Maximum.	Minimum.	Moyenne.	Maximum.	Minimum.	Moyenne.
				k	k	k	k	k	k
Chêne..	0,993	0,616	0,804	151,000	68,300	109,650	1,219	508	863
Sapin.........	0,753	0,464	0,608	129,300	55,850	92,575	950	454	702
Pin...........	0,622	0,396	0,509	73,987	43,309	58,648	828	357	592
Hêtre.........	0,696	0,690	0,693	»	»	95,896	852	666	759
Frêne.	0,811	0,690	0,750	»	»	115,597	1,020	800	910
Orme.	0,763	0,553	0,658	»	»	49,177	680	437	558
Châtaigner....	»	»	0,875	»	»	»	»	»	567
Noyer.	»	»	0,920	»	»	»	»	»	613
Bouleau.......	»	»	0,720	»	»	»	»	»	651
Sycomore	»	»	0,590	»	»	»	»	»	674
Acacia........	»	»	0,820	»	»	»	»	»	783
Aune..........	»	»	0,555	»	»	»	»	»	667
Platane.......	»	»	0,748	»	»	»	»	»	764
Saule.........	»	»	0,405	»	»	»	»	»	459
Peuplier.	0,511	0,374	0,442	»	»	»	718	411	504

Pour les bois qui ne peuvent plier, et dont la hauteur est de sept à huit fois leur moindre dimension, la résistance à l'écrasement est, par centimètre carré de section transversale :

> Pour le chêne, de..... 360 k.
> Pour le sapin, de...... 334
> Pour le pin, de......... 112
> Pour l'orme, de........ 89.

La résistance à la traction longitudinale parallèle aux fibres, est, par centimètre carré de section transversale :

> Pour le chêne, de.... 812 k.
> Pour le sapin, de..... 854
> Pour le hêtre, de..... 802
> Pour le frêne, de..... 1195
> Pour le tremble, de.. 650
> Pour le poirier, de... 667
> Pour le buis, de...... 1392.

En désignant par P la charge, par p la résistance par centimètre carré, et par S la moindre section transversale, on aura généralement pour les pièces chargées de bout, suivant leur axe, si elles ont une longueur au-dessous de huit fois leur largeur ou épaisseur, et par conséquent ne peuvent plier,

$$P = pS.$$

Quant à celles qui sont susceptibles de flexion, elles présentent les résultats suivants :

Si elles ont une longueur de huit à douze fois leur moindre dimension, la charge d'équarrissage

$$P = \frac{5\,pS}{6};$$

Si elles ont une longueur de douze à vingt-quatre fois leur moindre dimension, on a

$$P = \frac{pS}{2};$$

Si elles ont une longueur de vingt-quatre à trente-six fois leur moindre dimension,

$$P = \frac{pS}{4};$$

Enfin, si leur longueur est de trente-six à quarante-huit fois leur moindre dimension, l'on a

$$P = \frac{pS}{6}.$$

Lorsqu'il s'agit de pièces fortement saisies à l'une de leurs extrémités, et chargées transversalement à l'autre, d'un poids P, on a, a, b, l, étant les dimensions de la pièce et R la résistance, fournie par la table qui précède,

$$P = \frac{Rab^2}{6l},$$

et dans le cas où le poids serait uniformément réparti suivant la longueur de la pièce, on a

$$P = \frac{Rab^2}{3l}.$$

Lorsque la pièce porte, à ses deux extrémités, sur des appuis, et qu'elle est chargée d'un poids au milieu, la formule devient, l étant, dans ce cas, la distance comprise entre les appuis :

$$P = \frac{2\,Rab^2}{3l},$$

et la pièce étant fortement saisie à ses deux extrémités, la formule devient

$$P = \frac{4\,Rab^2}{3l}.$$

Le poids étant uniformément réparti sur une pièce reposant sur deux appuis, on a de même

$$P = \frac{4\,Rab^2}{3l}.$$

Enfin, le poids étant uniformément réparti suivant la longueur d'une pièce dont les extrémités sont invariablement saisies, il en résulte

$$P = \frac{8\,Rab^2}{3l}.$$

5. — En charpenterie, on entend par *assemblage* la réunion de deux ou quelquefois d'un plus grand nombre de pièces de bois, de manière à ne former qu'un seul système. Ainsi, pour augmenter la force des poutres qui, en dehors de leur propre poids, ont encore à supporter le plus souvent de fortes charges, on les compose de plusieurs pièces réunies, dont l'ensemble prend le nom de *poutres armées*.

La figure 433 est une poutre armée, composée de deux pièces assemblées en *crémaillère*. L'assemblage est maintenu dans le sens longitudinal, au moyen de *clefs* fortement serrées; et dans le sens transversal, par des boulons dont les têtes sont encastrées à la partie supérieure, et les tiges à la partie inférieure terminées par des vis munies de leurs écroux. L'assemblage des poutres de ce genre varie d'un grand nombre de manières; mais, dans tous les cas, on n'évalue la résistance dont elles sont susceptibles, qu'en faisant abstraction des parties découpées soit pour la pose des boulons soit pour l'établissement des clefs, etc...

Fig. 433, pl. XL.

Parmi les moyens qui s'emploient pour renforcer une poutre AB, l'un des plus simples est, sans contredit, d'établir une *sous-poutre*, CC', maintenue dans le sens de la longueur par des *arcs-boutants* ou *contre-fiches* CD et C'D', et retenue, suivant l'épaisseur, par des boulons accompagnés de leurs écroux.

Fig. 434, pl. XL.

Une poutre AB étant supportée par un *poteau* ou *poinçon* CD, on a dû rechercher quelle est la position la plus avantageuse qu'il convient de donner aux arcs-boutants AD et BD, dans le cas où l'on jugerait convenable d'en ajouter au système : il est rigoureusement démontré que, dans ce cas, afin que la poutre soit soutenue dans la meilleure condition possible, les arcs-boutants, doivent être inclinés à 45°; c'est-à-dire que l'on doit avoir AC = CD = BC.

Fig. 435, pl. XL.

Les assemblages à *mi-bois* sont ceux qui consistent à pratiquer aux deux pièces à assembler, des entailles à moitié de leur épaisseur, de manière à ce que, par la juxtà-position, les parties retranchées à l'une, soient occupées par celles qui, après cette opération, sont demeurées intactes à l'autre. Ces assemblages s'exécutent perpendiculairement ou obliquement selon le but que l'on se propose. On les rend stables, soit au moyen de chevilles en bois, soit à l'aide de chevilles en fer, et même avec des boulons.

Fig. 436, pl. XL.

L'assemblage à *queue d'aronde* ne diffère du précédent que par la forme de l'entaille, qui présente un évasement à la partie extérieure.

Fig. 437, pl. XL.

On exécute également des assemblages à *queues cachées* en faisant perdre la partie évasée de l'entaille dans l'épaisseur du bois. Pour les ouvrages qui exigent quelque soin, le dernier procédé est préférable.

Fig. 458, pl. XL.

Pour unir deux pièces de bois, dont l'une par bout, on emploie l'assemblage à *tenon* et *mortaise;* il consiste à pratiquer un trou ou mortaise rectangulaire dans l'une des pièces et à préparer le bout de l'autre, sous la forme d'un parallélipipède rectangle, de manière à ce qu'il occupe juste le vide de la mortaise;

Fig. 439, pl. XL.

l'assemblage est dit à *tenon passant*, si la mortaise et le tenon traversent la première pièce.

La mortaise ou le tenon, n'importe lequel, occupe ordinairement le tiers de l'épaisseur des bois; à moins, toutefois, que la circonstance n'exige que l'un des côtés demeure plus épais, alors l'assemblage est dit à *tenon avec renfort.*

Fig. 440, pl. XL. La figure 440 présente, en plan et en élévation, un assemblage à double tenon, et un autre à tenon avec *embrèvement.*

Fig. 441, pl. XL. L'assemblage à trait de Jupiter sert à réunir par bout deux pièces de bois , lorsqu'on n'en possède pas d'assez longues pour l'exécution de certains ouvrages; on pratique aux bouts des pièces à enter, des entailles formant des angles aigus, comme dans la figure 441. — Puis, après la supperposition, on fixe l'assemblage au moyen d'une clef. On ajoute quelquefois à cet assemblage des boulons ou tout autre appareil en fer, propre à assurer la stabilité.

Les assemblages se modifient d'un si grand nombre de manières , qu'il serait, sinon impossible, du moins très difficile de parler ici de tous. On peut, en général, les considérer comme variétés des cas dont il vient d'être parlé.

Fig. 442, pl. XL. On entend par *ferme* un assemblage principal, destiné à supporter les parties accessoires d'un système de charpenterie.

On nomme *travée* l'espace compris entre deux fermes consécutives; dans les bâtiments, les fermes qui supportent les combles, se composent le plus ordinairement, d'un *entrait* ou *tirant* AB; de deux *arbalétriers* CD et CE, qui, à leur partie inférieure, s'assemblent à tenon et mortaise dans le tirant, aux points A et B; et qui, à leur partie supérieure, se lient avec le *poinçon* CH, lequel est lui-même fixé à tenon sur le milieu du tirant; ou d'autres fois, assemblée avec un *faux-entrait* LM, parallèle au premier, et disposé pour prévenir l'écartement des arbalétriers, qui, sans cela, seraient susceptibles de flexion vers leurs points milieux L et M.

On évite encore la flexion des arbalétriers au moyen des *contrefiches* JK et JI, qui, d'une part, sont assemblées dans ceux-ci, et de l'autre dans le poinçon.

Enfin, on fortifie quelquefois le *faux-entrait* au moyen d'*aisseliers* EF et DG, assemblés à leur partie inférieure dans les arbalétriers.

Fig. 443, pl. XL. Les *moises* sont des pièces AB, CD, qui embrassent, au moyen d'entailles à mi-bois, d'autres pièces, CD, GF, GH, soit pour en empêcher l'écartement, soit pour éviter leur flexion en les liant transversalement ensemble. Les moises

sont horizontales (fig. 443), pendantes (fig. 444) ou obliques (fig. 445), suivant la position qu'elles occupent dans les systèmes de charpente dont elles
font partie. Chaque couple de moises est maintenu par des boulons en fer.

§ II. — BATARDEAUX, LEUR STABILITÉ, GRILLAGES ET PILOTIS, CINTRES
POUR LA POSE DES VOUTES EN MAÇONNERIE.

1. — Pour établir des maçonneries dans l'eau, on circonscrit ordinairement
le lieu sur lequel on se propose de fonder, par un bâtardeau assez éloigné de
la construction projetée, pour pouvoir, d'une part, disposer convenablement
les machines d'épuisement, et de l'autre, conserver un espace qui permette
aux ouvriers de fonctionner librement autour de leur ouvrage pendant sa construction. Lorsque les eaux tranquilles n'ont qu'une faible profondeur, une
simple jetée de terre dont les talus forment à droite et à gauche glacis, comme
dans les remblais ordinaires, suffit presque toujours pour opérer l'isolement
de la masse d'eau que l'on se propose d'épuiser ; mais lorsqu'il s'agit de placer
un bâtardeau dans des eaux profondes et quelquefois mues par un courant
plus ou moins rapide, on ne peut éviter de fixer les terres du corroi par
encaissement. Dans ce cas, deux files de pieux sont enfoncées en terre
parallèlement, de manière à conserver entr'elles l'épaisseur du bâtardeau.
Les pieux appartenant au même côté, sont ordinairement espacés d'un
mètre, de milieu en milieu ; ils sont fixés extérieurement par des *longrines*
chevillées et boulonnées. Les intervalles compris entre les pieux, sont garnis
au moyen de palplanches fixées dans le sol, de la même manière que les
pieux ; et enfin, l'on évite leur écartement, au moyen de *liernes* assemblées
à leur partie supérieure, au dessus du corroi. Cette dernière disposition est
essentielle, afin d'éviter les infiltrations à travers le bâtardeau, qui doit toujours dominer les plus hautes crues.

2. — A est le plan d'un bâtardeau en encaissement, disposé pour la cons- Fig. 446, pl. XL.
truction d'une pile ; B est une coupe verticale passant par la droite ED.
Indépendamment des précautions qui doivent présider à la construction
d'un bâtardeau, on en doit déterminer les conditions de stabilité, en appré-
ciant rigoureusement l'effort produit par la pression des eaux environnantes,
auxquelles il est appelé à résister. Ces eaux peuvent être tranquilles ou mouvantes : dans le premier cas, il suffit de considérer l'effet produit par la pression du fluide, à l'état d'équilibre, sur le parement extérieur du bâtardeau ; et

dans le second, d'apprécier celui que produit la violence du courant contre le même obstacle. Dans l'un et l'autre cas, l'on a pour but de faire connaître l'épaisseur du bâtardeau, afin qu'il puisse faire équilibre à la force qui tend à le renverser de dehors en dedans.

Fig. 446, pl. XL. **3.** — En premier lieu, soit IK, la profondeur des eaux dormantes qui agissent par pression contre le bâtardeau dont la hauteur est KO et l'épaisseur KR : si l'on porte de K en L, une longueur KL égale à KI, puis que l'on trace IL, le triangle IKL est la base du prisme qui seul agit contre la paroi IK : car le point K supportant une colonne d'eau ayant IK ou KL pour hauteur tout autre point M supporte une colonne proportionnelle lM ou MN, MN étant parallèle à KL ; et généralement tous les points de la verticale IK supportent des pressions qui constituent entr'elles le triangle IKL. Supposons maintenant OK $= h$, IK $=$ KL $= h'$; la densité de l'eau étant égale à l'unité, désignons par d celle des terres employées au bâtardeau, dont la largeur est x, et admettons que la pression produite par le prisme IKL soit concentrée au centre de gravité U, et agisse contre la paroi OK, au *centre de pression* X, avec le bras de levier

$$KX = \frac{h'}{3} :$$

Le moment du prisme, pris par rapport au point R, sera, la densité de l'eau étant 1,

$$h' \times \frac{h'}{2} \times \frac{h'}{3} = \frac{h'^3}{6}.$$

D'un autre côté, si l'on considère le poids du bâtardeau, dhx, placé au centre de gravité u', agissant suivant la verticale U'V', avec un bras de levier

$$V'R = \frac{x}{2},$$

le moment de cette force sera

$$dhx \times \frac{x}{2} = \frac{dhx^2}{2},$$

et l'on aura pour équation d'équilibre

$$\frac{dhx^2}{2} = \frac{h'^3}{6},$$

qui revient à

$$x^2 = \frac{2\,h'^3}{6\,dh},$$

ou

$$x^2 = \frac{h'^3}{3\,dh},$$

de laquelle on tire

$$x = \pm \sqrt{\frac{h'^3}{3\,dh}}.$$

Dans le cas particulier où l'on voudrait construire un bâtardeau de 1ᵐ 40ᶜ de hauteur, la profondeur des eaux à retenir n'étant que d'un mètre seulement, et la densité des terres de 1,15, l'on aurait

$$h = 1^m40^c,\; h' = 1^m00^c,\; d = 1,15,$$

et l'équation d'équilibre deviendrait, par la substitution de ces valeurs,

$$x = \pm \sqrt{\frac{1^3}{3 \times 1,15 \times 1.40}} = \pm \sqrt{\frac{1.00}{4.83}} = \pm 0^m 454^c.$$

Cette épaisseur, de 0ᵐ 454, ne renfermant que les strictes conditions d'équilibre, veut être sensiblement augmentée dans l'application, afin de procurer une stabilité suffisante. Il y a loin néanmoins de ce résultat à ceux consacrés par l'usage et la routine qui, sans raisons plausibles, prescrivent comme règle générale, de donner aux bâtardeaux une épaisseur égale à la profondeur des eaux qu'ils ont à maintenir.

4. — En second lieu, le bâtardeau étant exposé à la violence d'un courant, la pression qu'il doit vaincre est évidemment égale à l'effet dynamique dont le courant est susceptible. Il suffit donc de déterminer cet effet (chap. III, § 1, n° 11, pag. 115) dont l'expression, dans ce cas, constitue le second membre de l'équation, qui devient

Fig. 446, pl. XL.

$$\frac{dhx^2}{2} = DH^k,$$

de laquelle on tire

$$x = \pm \sqrt{\frac{2\,DH}{dh}}.$$

Pour application de ce principe, reprenons l'exemple précédent, dans lequel on a

$$h = 1^m 40^c, \; h' = 1^m 00^c, \; d = 1,15;$$

et admettons de plus que la vitesse des eaux, à leur surface,

$$V = 0^m 80^c :$$

On commencera d'abord par déterminer la vitesse moyenne v (Chap. III, § 1, n° 10, pag. 115), et l'on aura

$$v = 0,808 \times 0,80 = 0,6464;$$

Puis la dépense

$$D = 1 \times 0,6464 = 0,6464;$$

et enfin l'effet dynamique (chap. III, § 1, n° 11, pag. 115)

$$DH = 0,6464 \times \frac{1}{2} = 0,3232.$$

La valeur de x deviendra dans ce cas particulier :

$$x = \sqrt{\frac{2 \times 0.3232}{1.15 \times 1.40}} = \sqrt{\frac{0.6464}{1.61}} = 0^m 63^c.$$

Fig. 447, pl. XLI.

5. — Lorsque le terrain sur lequel on se propose d'élever des travaux de maçonnerie, offre peu de consistance, et qu'il faudrait, pour arriver à un fonds convenable à l'établissement, opérer des fouilles dispendieuses, et quelquefois même impossibles, on dispose les fondations sur un *simple grillage* ou sur un grillage supporté lui-même par des pieux ou pilotis. Un grillage se compose de longrines AB, CD, EF, GH, IJ, etc., disposées parallèlement, et espacées d'une manière convenable, assemblées à mi-bois et le plus souvent à angle droit, avec un certain nombre de *traversines* AK, ML,

Fig. 448, pl. XLI.

ON, également parallèles entre elles. Lorsqu'il devient impossible de former les assemblages à angle droit, comme dans la figure précédente, on les dispose obliquement, mais toujours de telle sorte que les longrines soient parallèles dans un sens, et les transversines dans l'autre, en formant entre elles des cases parallélogrammiques de peu d'étendue, susceptibles d'être remplies par des maçonneries en blocages. Les cases du grillage sont disposées de façon à ce que les pièces de bois supportent d'aplomb les premières assises des maçonneries. Ces différentes pièces sont ordinairement espacées d'un mètre, pris de milieu en milieu; on les rapproche même encore davantage lorsqu'elles ont de fortes charges à supporter.

PL. XLV.

On ne se borne pas toujours à établir des grillages partiels et indépendants les uns des autres, sous les différents massifs de maçonnerie qui appartiennent au même ouvrage; il est plus rassurant de rendre, pour ainsi dire, solidaires les unes des autres, les différentes parties de l'édifice, en le faisant, en entier, reposer sur un grillage général dont les cases peuvent cependant être, sans inconvénient, moins resserrées sous les parties vides que sous celles qui sont massives. La planche XLV contient un grillage de ce genre; il repose sur des pilotis battus jusqu'au refus, vis-à-vis chaque assemblage qui se trouve percé d'une mortaise disposée pour recevoir la tête de chaque pieux, taillée sous la forme de tenon : cette disposition a pour but, non-seulement de présenter une très forte résistance à la compression, mais encore de s'opposer énergiquement au moindre déplacement horizontal du grillage.

§ III. — CINTRES POUR LA POSE DES VOUTES, CHARGES QU'ILS ONT A SUPPORTER ; CINTRES RETROUSSÉS, FIXES ET MOBILES.

1. — Les cintres sont des systèmes de charpenterie employés provisoirement pour soutenir les voûtes pendant leur construction.

Un cintre se compose ordinairement d'un certain nombre de fermes semblables, dépendant du poids de la voûte dont on veut favoriser la pose ; ces fermes supportent, dans leur ensemble, les *couchis* sur lesquels reposent, soit directement, soit par l'intermédiaire de calles, les voussoirs, jusqu'au moment où la clef étant posée, la voûte peut seule se maintenir, et permettre l'enlèvement des échafaudages.

L'usage momentané des cintres, tout en dispensant d'en faire l'objet d'un travail fini, n'en oblige pas moins à leur donner et la forme et la force qui les rendent propres à remplir leur destination. La forme dépend essentiellement de celle de l'intrados de la voûte, à laquelle la surface extérieure du cintre doit être parfaitement égale. Quant à l'effort qu'il est appelé à vaincre, il se déduit facilement du poids des matériaux tenus en suspension avant la pose de la clef, qui doit être réparti par portions égales entre le nombre des fermes, en donnant aux différentes pièces qui composent ces dernières, des dimensions déduites, et de la force des bois mis en œuvre (§ 1, n° 4, pag. 272, 273 et 274), et de la charge que plus tard ils auront à supporter.

Les cintres sont *fixes* ou *mobiles* : fixes, lorsque la disposition des fermes ne peut permettre aucun changement de formes à mesure qu'ils reçoivent un

36

surcroît de charge ; mobiles, quand le système de charpenterie contient certaines articulations qui, tout en permettant différents changements de courbures, à mesure que les charges augmentent, ramènent le cintre à son état primitif, aussitôt que la voûte est complètement achevée.

Les cintres sont *retroussés* lorsqu'ils sont seulement appuyés contre les piles ou les culées, au lieu d'être supportés en outre, comme il arrive quelquefois, par des jambes de force intermédiaires.

2. — Pour les arches d'une petite base, ou qui, bien que larges, n'ont qu'une faible montée, on n'emploie que les cintres fixes, dont la construction est extraordinairement simple. AB est un entrait portant par ses extrémités, soit sur des jambes de force, soit directement sur le socle même de l'arche ; DC un poinçon ; DE et DF des *fiches*, qui, concurremment avec le poinçon, soutiennent les courbes ou *veaux*. Ces derniers supportent à leur tour les couchis, qui, dans ce cas, sont espacés de telle sorte, qu'ils laissent complètement en évidence les joints, à l'intrados de chaque douelle, pour faciliter régulièrement la pose.

Fig. 449, pl. XLI.

On construit encore des cintres du même genre, en ajoutant à ce système un plus grand nombre de fiches HG, IK et des arbalétriers AC et BC, qui, tout en empêchant la déviation des fiches, transmettent une portion de la charge qui pèse sur le point C, en A et en B. On peut aussi remplacer les courbes, ou pièces de veaux, par de simples planches d'une épaisseur convenable, solidement fixées sur les deux faces de chaque ferme ; leur partie extérieure doit former une courbure semblable à celle de l'intrados de la voûte, de manière à placer entre deux les couchis, qui, au lieu d'être espacés les uns des autres, comme dans le cas qui précède, peuvent être contigus, mais alors présenter dans leur ensemble une surface identique à celle de l'intrados.

Fig. 450, pl. XLI.

On trouve dans la planche XLV une ferme de cintre fixe, ayant servi à la pose d'une voûte en arc de cercle, de 5ᵐ 10ᶜ de base sur 1ᵐ 36ᶜ de montée ; l'entrait, de 0ᵐ 30ᶜ d'équarrissage, repose directement sur les maçonneries ; un poinçon et deux jambettes supportent les pièces de veaux, qui reposent, à leur extrémité, sur le socle. On prévient l'écartement des fermes, en fixant transversalement sur elles les couchis, ou bien encore en faisant usage de contrevents, ou mieux encore de moises horizontales.

Pl. XLV.

Les cintres fixes peuvent être renforcés lorsqu'il s'agit d'étayer des arches de plus grandes dimensions : ainsi, dans le cas qui nous occupe, quatre *poteaux*, ou pieds droits, soutiennent l'entrait sur lequel sont disposés un

Fig. 451, pl. XLI.

poinçon et deux poteaux liés entr'eux et avec les courbes, au moyen de quatre fiches et d'un faux entrait. On aurait également pu joindre à ce système deux arbalétriers. Afin d'empêcher toute déviation des fermes les unes à l'égard des autres, on les lie transversalement à leurs parties supérieure, intermédiaire et inférieure, au moyen de moises horizontales et de contrevents, ainsi qu'on peut le remarquer dans la figure 451, qui représente un cintre en plan et en élévation.

3. — Les cintres mobiles ne s'emploient guère que pour les grandes arches, dans les cas où il est impossible de se procurer des bois assez longs pour les principales pièces du système. On y supplée en inscrivant les uns aux autres trois ou un plus grand nombre de polygones réguliers, dont les côtés sont maintenus, pour chaque ferme, par un certain nombre de moises pendantes, solidement boulonnées. Quant à la stabilité des fermes entr'elles, on l'obtient au moyen de moises horizontales, disposées convenablement et en assez grand nombre. Ces moises, également boulonnées, offrent toute la sécurité possible. Ce genre de cintre, qui a été expérimenté en plusieurs circonstances, n'est pourtant pas sans inconvénient : la pose des voussoirs, à la suite des sommiers, n'amène d'abord qu'un changement peu sensible dans la courbure ; mais il n'en est plus ainsi quand la charge arrive vers les reins de la voûte : la pression énergique exercée sur les côtés, se transmet bientôt à la partie supérieure du cintre, qui s'élève d'autant plus que la charge augmente. On est le plus souvent forcé de charger convenablement le sommet, pour détruire l'effet dont il vient d'être parlé. Quoi qu'il en soit, ce mode a été mis en usage, et peut l'être encore dans les grandes circonstances.

§ IV. — DES PONTS EN CHARPENTERIE, PONTS ÉTABLIS SUR DES PILES EN MAÇONNERIE, SUR DES PALÉES ; ARCHES EN BOIS CONSTRUITES SUR DES CULÉES EN MAÇONNERIE.

1. — Malgré le peu de durée des ouvrages en bois lorsqu'ils sont exposés aux intempéries, il arrive néanmoins qu'en certaines circonstances on se trouve dans l'obligation d'établir des ponts en bois sur des cours d'eau plus ou moins importants. La rareté des matériaux de toute autre nature, peut seule autoriser cette détermination, contre laquelle on rencontre, comme objections principales, les frais d'entretien de ces sortes d'ouvrages

Fig. 452. pl. XLII.

et leur renouvellement total, dont le besoin se fait sentir à peu près tous les vingt ans.

Le cas le plus simple qui se présente dans la pratique, est celui où le pont projeté n'a que quatre à cinq mètres d'ouverture entre les culées que l'on peut faire en maçonneries. Dans cette circonstance, on dispose une *sablière* sur la dernière assise de chaque culée, puis des *poutrelles* parallèles à l'axe du chemin, espacées en raison du poids qu'elles doivent supporter, reposant par bouts sur les sablières ; les poutrelles portent à leur tour les solives, ou pièces de pont placées transversalement, sur lesquelles repose directement un plancher en madriers de forte résistance, ou *tablier*, sur lequel, enfin, est établie une chaussée en cailloutis, ou bien encore un second plancher en madriers de bois blanc, disposés transversalement, sur lequel s'opère le roulage. On place ensuite, sur les têtes du tablier, les *gardes-fous* et les *gardes-sables*, ces derniers n'ayant d'autre but que d'empêcher la disjonction des matériaux dans le cas seulement où le second plancher serait remplacé par une chaussée d'empierrement.

Lorsque le tablier ne doit supporter que de faibles charges, et que les poutrelles, dans leur ensemble, constituent entr'elles une résistance suffisante pour vaincre la pression, ces simples dispositions suffisent ; dans le cas contraire, on atténue la charge des poutrelles au moyen de contre-fiches, auxquelles il est encore facultatif d'ajouter, comme auxiliaires, des *sous-poutres*, comme dans la planche XLVI.

2. — Lorsque le débouché est trop considérable pour permettre une construction de ce genre, embrassant seule toute la largeur d'une rivière, on peut diviser cette largeur au moyen de piles en maçonnerie, remplissant, dans ce cas, l'office de culée, ainsi que cela a été exécuté dans la planche XLVI précitée. Enfin, si des circonstances quelconques s'opposent à l'édification des piles en maçonnerie, on les remplace par des files de pieux enfoncés dans le lit de la rivière, suivant la direction du courant, de manière à pouvoir servir d'appui aux poutres du tablier. Quand la rivière a peu de profondeur, des pieux d'une seule pièce suffisent ; mais lorsqu'il existe une hauteur considérable entre la partie inférieure du tablier et l'étiage, on modifie cette disposition en *recepant* les pieux, de manière à ce que leur jonction puisse permettre la séparation de chaque pieu en deux parties, dont l'une soit continuellement immergée, et l'autre le plus longtemps possible en contact avec l'air. Cette disposition, on le voit, tend à conserver

indéfiniment la partie inférieure, et, sans la déranger en quoi que ce soit, permet de remplacer celle supérieure lorsqu'elle devient en mauvais état.

Les files de pieux constituent ce que l'on nomme *palées;* la partie supérieure est ce que l'on entend par *hautes palées,* et la partie inférieure par celle de *basses palées;* l'espace compris entre deux palées consécutives, s'appelle *travée.*

La figure 453 représente les plan, élévation et coupe d'un pont en charpenterie : chaque palée se compose de cinq pieux battus jusqu'au refus, dont la partie supérieure est assemblée à tenon dans une traversine disposée de niveau, sur laquelle sont également assemblés de la même manière les poteaux qui supportent les sablières. L'écartement transversal des basses palées se trouve empêché, à leur partie inférieure, par les terres dont elles sont environnées de tous côtés, et à leur partie supérieure, par la pièce de bois qui leur sert de couronnement. Quant à l'écartement des hautes palées qui se trouve déjà retenu à leur partie inférieure par un assemblage à tenon, on l'anéantit complètement au moyen de *guettes* ou *contrevents,* qui tiennent en même temps les poteaux entre eux, à la traversine et à la sablière. Cinq poutres également espacées parrallèlement à l'axe de la voie, supportent les pièces de *pont* sur lesquelles repose le tablier. On diminue la charge des poutres au moyen de contrefiches qui en transmettent une partie directement sur les poteaux. On pourrait encore, au besoin, les renforcer au moyen de sous-poutres comme dans la planche XLVI.

Les pièces de pont excèdent, à droite et à gauche, la face extérieure des poutres extrêmes, de manière à pouvoir supporter extérieurement les contrefiches des *poteaux de lisses,* qui sont maintenus en sens opposés par d'autres contrefiches ou *boute-roues.*

Lorsque les pièces de bois destinées à faire les poutres n'ont pas assez de longueur, on assemble par bout et à trait de Jupiter, un certain nombre de poutrelles en plaçant les assemblages directement sur les palées. Cette précaution détruit la flexion des poutres et réduit à un seul et même système toutes les travées d'un même pont.

L'assemblage des *garde-fous* se modifie de plusieurs manières : tantôt il se compose de deux cours de lisses, le premier à hauteur d'appui couronnant les poteaux des parapets, dont il prévient l'écartement longitunal; le second occupant la hauteur intermédiaire entre le premier cours et le tablier, comme dans la figure 454. D'autres fois, comme dans celle 453, l'espace compris en-

Fig. 453, pl. XLII.

tre les lisses et les madriers du tablier, est occupé par des croix de Saint-André ou tout autre assemblage plus ou moins gracieux.

Fig. 454, pl. XLII.

3. — Lorsque les travées dépassent quatre à cinq mètres, on peut surmonter les poteaux par des *chapeaux* et renforcer les poutres au moyen de *sous-poutres* et de contre-fiches *liernées* d'équerre sur le milieu des chapeaux. L'écartement transversal est détruit par des moises qui sont boulonnées, ainsi que les chapeaux et les sous-poutres.

Dans cet exemple, les hautes et basses palées sont réunies au moyen de moises horizontales, également boulonnées à l'effet de faciliter les réparations à mesure que les besoins l'exigent.

Pl. XLVII.

4. — Enfin l'on peut construire des ponts en bois d'une grande ouverture sans établir de points d'appui entre les culées qui sont en maçonnerie, ou bien en ne construisant qu'un petit nombre de piles en pierre, faisant l'office de culées, dont les parties supérieures forment sommiers de manière à recevoir une voûte en charpente. Il y aurait peu de chose à dire sur ces sortes d'arches, d'après ce qui a déjà été présenté dans le paragraphe précédent, à l'égard des cintres à articulation; néanmoins, nous croyons devoir citer comme exemple le projet dont la planche XLVII contient les plan, élévation, coupe et développements : c'est une arche de vingt-deux mètres d'ouverture, établie suivant un arc de circonférence de 30° 20', décrit avec un rayon de $42^m 042^m$; la flèche est de $1^m 463^m$; la description de l'ouvrage et son métré consignés dans le devis, se trouvent à la fin du chapitre suivant, auquel le lecteur devra se reporter. Les annotations faites sur le dessin le mettront à même de comprendre les calculs auxquels il a fallu recourir, pour déterminer le rayon de courbure, l'épaisseur des culées, les longueurs à l'intrados et à l'extrados de chaque portion de courbe formant des polygones réguliers; la longueur des moises pendantes pour chaque point de la courbe, les ordonnées correspondantes à l'extrados et à l'intrados, etc.

Quant aux dimensions que doivent avoir les bois, il est toujours facile de les déterminer lorsque l'on connaît la charge maximum que le pont devra supporter (§ I, n° 4, pages 272, 273 et 274).

La cubature des bois ne saurait non plus offrir de difficulté d'après ce qui a été démontré au sujet des solides à faces planes (1re part., chap. II, § IV), et au surplus, le lecteur pourra recourir aux deux devis des ponts en charpenterie, qui se trouvent à la fin du dernier chapitre.

Les travaux en charpenterie exigent, pour leur conservation, que les bois soient goudronnés ou couverts de tout autre autre enduit, à plusieurs couches, sur toutes leurs faces, tant apparentes que cachées. Les différentes pièces doivent être disposées, autant que possible, de manière à ce que l'air puisse librement circuler tout autour. Pour prolonger la durée des constructions, on doit, en les visitant souvent, renouveler aussitôt que le besoin s'en fait sentir, les peintures ou autres enduits.

5. — Comme pour les travaux de maçonnerie, il est indispensable pour ceux de charpenterie, de tracer les épures en grandeur naturelle, contenant les lignes du projet, de manière à pouvoir obtenir avec toute la précision possible, la coupe des bois et leurs dimensions exactes; l'épure doit être à proximité du chantier, afin quelle puisse être consultée à chaque instant, avec le moindre déplacement possible.

CHAPITRE VII.

RÉDACTION DES PROJETS.

§ Iᵉʳ. — AVANT-PROJET, PROJET DÉFINITIF, DESCRIPTION DES TRAVAUX, AVANT-MÉTRÉ, ANALYSE DES PRIX, DÉTAIL ESTIMATIF, POIDS DES MATÉRIAUX, TEMPS EMPLOYÉ POUR LA MAIN-D'OEUVRE, VITESSE DE DIVERS VÉHICULES.

1. — La rédaction d'un projet exige des études spéciales dont le but est de présenter les meilleures conditions possible pour l'exécution des divers travaux dont un ouvrage se compose. Avant de procéder à la rédaction d'un travail rigoureux et définitif, il est donc nécessaire d'envisager les différentes circonstances qui se présentent, le plus souvent, sous plusieurs aspects, afin de choisir parmi les choses possibles, celles qui doivent être préférées comme étant les meilleures. De là, la nécessité de rédiger un *avant-projet* indiquant les dispositions de l'ouvrage, ses avantages, les objections et les dépenses approximatives auxquelles il peut donner lieu.

Tous ces faits doivent être présentés à l'administration, dans un rapport simple, clair et précis, divisé en trois parties: la première comprenant l'exposé sincère des faits; la seconde, les observations de l'auteur, qui doivent toujours être consciencieuses; et enfin, la troisième, ses conclusions, qui ne sont que la conséquence immédiate des deux premières parties.

L'administration se trouvant ainsi à même d'apprécier le mérite de ces conclusions, les adopte avec ou sans modifications; dans l'un ou l'autre cas, la décision administrative n'est que le prélude du projet définitif.

2. — Les opérations sont d'abord faites avec toute la rigueur possible. Il en est de même des dessins qui, en outre des détails, doivent encore présenter les dimensions cotées en chiffres intelligibles, de manière à ne rien abandonner à l'appréciation graphique, qui ne saurait jamais, quel que soit le rapport des échelles de proportion avec la grandeur naturelle, offrir une approximation suffisante. Viennent ensuite le mémoire dont il vient d'être parlé au numéro précédent, les *devis et cahier des charges*, *l'avant-metré des travaux*, *l'analyse des prix, et enfin le détail estimatif.*

Le devis doit contenir la description générale et détaillée des travaux; c'est un contrat passé entre l'administration et l'entrepreneur, qui énonce, pour chacune des parties contractantes, les engagements réciproques auxquels elle est tenue de se conformer. Sans être trop laconique, la rédaction de cette pièce doit éviter les détails fastidieux, en se renfermant dans des explications catégoriques, exemptes de doubles interprétations.

L'avant-métré contient l'appréciation exacte de chaque quantité de travail; il doit constater, autant que possible, et pour chaque partie d'ouvrage, les dimensions et les résultats, de manière à permettre une prompte et facile vérification.

L'analyse des prix doit présenter, avec tous ses détails, le prix de l'unité de chaque nature de travail.

Et enfin le détail estimatif est l'application des différents prix aux quantités de travail fournies par l'avant-métré.

Les descriptions générale et détaillée, ainsi que l'avant-métré, se déduisent immédiatement de la construction graphique accompagnée de ses cotes; et cette construction doit elle-même comprendre non-seulement les plan et élévation de l'ouvrage, mais encore toutes les coupes nécessaires pour qu'il soit parfaitement défini. Pour arriver à l'analyse des prix, on doit posséder certaines connaissances au moyen desquelles l'homme agit sur la matière pour l'approprier à ses besoins : les tableaux suivants sont disposés de façon à présenter d'une manière concise les faits les plus importants et les plus usuels.

(Voir le tableau d'autre part.)

Poids effectifs et résistance à l'écrasement de différents matériaux de construction.

NATURE DES MATÉRIAUX.	POIDS d'un MÈTRE CUBE en kilogrammes (1).		(2) RÉSISTANCE à l'écrasement par centimètre carré.	OBSERVATIONS.
	k	k	kilog.	
Terreau, de..................................	830 à	860	»	
Tourbe sèche................................	514		»	
Tourbe humide, de..........................	514	785	»	
Terre végétale franche, de..................	1,150	1,280	»	
Terre forte mélangée de pierrailles, de......	1,350	1,500	»	
Gravier, de..................................	1,370	1,500	»	
Cailloux, de.................................	1,500	1,658	»	
Recoupes de pierres et fragments de roches, de.	1,550	1,800	»	
Vases et boues, de..........................	1,600	1,640	»	
Argile et terre glaise, de...................	1,640	1,760	»	
Sable sec très fin, de.......................	1,400	1,430	»	
Sable fossile argileux, de...................	1,700	1,800	»	
Sable de rivière encore humide, de..........	1,770	1,860	»	
Scories de forges, de.......................	770	1,000	»	
Laitiers, de.................................	1,400	1,480	»	
Pouzzolanes, de.............................	1,130	1,160	»	
Briques, de.................................	1,500	1,650	150	
Chaux vive sortant du four, de..............	800	860	»	
Chaux éteinte en pâte ferme, de............	1,320	1,430	»	
Mortier de chaux et de sable, de............	1,850	2,140	35	
Mortier de chaux et de ciment, de..........	1,650	1,700	48	
Mortier de chaux et de scories, de.........	1,130	1,220	37	
Pierre à bâtir tendre, de...................	1,140	1,713	60	
Pierre franche, demi-roche, de..............	1,713	2,000	180	
Liais doux et roches, de....................	2,140	2,280	440	
Roches dures, de...........................	2,284	2,430	300	
Roches très compactes, de..................	2,500	2,713	300	
Quartz, pierre meulière poreuse, de.........	1,242	1,285	»	
Quartz, pierre meulière compacte, de.......	2,485	2,613	»	
Quartz arénacé, ou grès à bâtir, de.........	1,928	2,070	870	
Granit, siénite, gneiss, de..................	2,360	2,960	700	
Schiste grossier, de........................	1,813	2,784	»	
Schiste tégulaire, ardoise, de..............	2,742	2,860	»	
Maçonneries de pierre de taille, de.........	2,400	2,700	»	
Maçonneries de cailloux, de................	2,300	2,400	»	
Maçonneries de moellon ordinaire, de.......	2,150	2,250	»	
Maçonneries de briques, de.................	1,750	1,800	»	

(1) En ce qui concerne le poids, les matériaux sont réduits en fragments plus ou moins divisés, et exprimés d'une manière convenable.

(2) Quant aux forces portantes, elles sont supposées agir sur un centimètre carré de section transversale, les matériaux offrant dans ce cas une masse compacte.

Quant aux poids des substances homogènes qui forment des masses contiguës, on les obtiendra directement à l'aide du tableau des pesanteurs spécifiques (1re partie, chap. V, § II, n°s 1 et 2, pages 346 et 347.)

En exposant les résultats de plusieurs expériences faites sur le temps nécessaire à l'exécution de différents travaux, et pour simplifier les calculs dans les applications usuelles, on a exprimé le temps passé, pour mettre en œuvre l'unité d'une certaine matière, en fractions décimales de l'heure, prise pour unité de temps. Ceci met à même, connaissant le prix de la journée de travail qui est ordinairement de dix heures, d'apprécier au juste, et pour tous les lieux possibles, le prix d'un travail dont la durée serait connue, en heures et fractions décimales de l'heure, en opérant une simple multiplication ordinaire.

Dans le cas où le travail à évaluer n'aurait pas été constaté dans les tables, ou ne l'aurait été que d'une manière incomplète, on devrait recourir à de nouvelles expériences, seules propres à dévoiler la vérité.

(N° 1.)

TABLEAU contenant les Résultats d'Expériences faites sur le Temps employé pour l'exécution de certains Travaux de Terrassements.

NATURE des TERRASSEMENTS.	TEMPS PASSÉ PAR UN HOMME POUR OPÉRER SUR UN MÈTRE CUBE.									TEMPS PASSÉ POUR			OBSERVATIONS.
	SIMPLE FOUILLE sur un sol		JET SIMPLE	CHARGEMENT		REPRISE et chargement		DÉGA-LAGE des terres.	PILON-NAGE des terres.	LE TRANSPORT, allée et retour,		LE DÉCHARGEMENT d'un tombereau.	
	à l'état naturel.	déjà fouillé.	à la pelle.	dans un tombereau.	dans une brouette.	dans un tombereau.	dans une brouette.			d'un tombereau à 100m.	d'une brouette à 30m.		
1	2	3	4	5	6	7	8	9	10	11	12	13	14
	h. c.	h. c.	h. c.	h. c.	h. c.	h. c.	h. c.	h. c.	h. c.	h. c.	h. c.	h. c.	
Terre végétale	0 60	0 37	0 40	0 97	0 60	0 40	0 33	0 30	0 66	0 06	0 45	0 05	Si l'on admet trois hommes pour charger un tombereau, il en résulte que le temps passé par ce dernier, n'est réellement que le tiers des résultats consignés aux colonnes n°s 5 et 7.
Terre végétale un peu mélangée.	0 65	0 40	0 47	0 97	0 70	0 83	0 47	0 30	0 66	0 06	0 45	0 05	
Terre franche	0 80	0 49	0 58	0 97	0 60	0 83	0 33	0 30	0 66	0 06	0 45	0 05	
Terre glaise, argile	1 50	0 92	0 75	1 06	0 70	0 75	0 47	0 44	0 66	0 06	0 55	0 05	
Vase ou tourbe	1 30	0 83	0 80	1 20	0 75	0 80	0 50	0 54	0 66	0 06	» »	0 05	
Terre dure et pierreuse	1 54	0 94	1 12	0 97	0 70	0 75	0 43	0 44	0 66	0 06	0 55	0 05	
Tuf ordinaire	3 50	2 02	1 35	1 20	0 70	1 28	1 00	0 44	0 66	0 06	0 55	0 05	
Tuf très dur	5 40	2 70	1 80	1 20	0 70	1 28	1 00	0 44	0 66	0 06	0 55	0 05	
Roc extrait à la mine	5 50	2 70	1 83	1 20	0 70	1 28	1 02	0 44	0 66	0 06	0 55	0 05	

(N° 2.)

Tableau contenant les Résultats d'expériences faites sur le Temps employé pour l'exécution de certains Travaux de Maçonneries.

INDICATION des TRAVAUX EXÉCUTÉS.	DÉSIGNATION des OUVRIERS, ETC., EMPLOYÉS.	TEMPS passé pour l'exécution.
		h. c.
Extinction d'un mètre cube de chaux...	Un ouvrier manœuvre......	10 00
Fabrication d'un mètre cube de mortier à force de bras......................	Un ouvrier manœuvre.....	12 25
Fabrication d'un mètre cube de mortier au manége.	Un cheval attelé au manêge. Un manœuvre..............	2 00 3 33
Fabrication d'un mètre cube de béton...	Un manœuvre..............	16 00
Emploi sous l'eau d'un mètre cube de moellons pour enrochements.........	Un manœuvre..............	1 00
Façon d'un mètre cube de maçonnerie en moellons à pierre sèche.	Un maçon.................. Un goujat..................	7 50 10 00
Un mètre carré de parements vus de mur en moellons à pierre sèche......	Un maçon..................	5 00
Un mètre cube de maçonnerie en moellons, avec mortier de chaux et de sable	Un maçon.................. Un goujat..................	6 00 6 00
Idem, avec échafaudages..............	Un maçon.................. Un goujat..................	6 50 6 50
Un mètre cube de maçonnerie en pierre meulière, avec mortier.	Un maçon.................. Un goujat..................	7 50 7 50
Un mètre carré de parement de meulière posée à sec...................	Un maçon..................	0 80
Un mètre carré de parements de moellons hourdé et jointoyé..............	Un maçon.................	1 00
Un mètre carré de parements vus de moellons, hourdé pour voûtes........	Un maçon.................	1 50
Un mètre carré de moellon smillé pour parties planes......................	Un maçon.................	9 00
Idem pour parties courbes............	Un maçon.................	10 00
Un mètre carré de moellon piqué pour face plane......................	Un maçon.................	11 00
Un mètre cube de maçonneries de moellons piqués.	Un maçon............... Un manœuvre.............	5 00 8 00

INDICATION des TRAVAUX EXÉCUTÉS.	DÉSIGNATION des OUVRIERS, ETC., EMPLOYÉS.	TEMPS passé pour l'exécution.
		h. c.
Un mètre cube de moellons smillés......	Un maçon..........................	12 00
	Un manœuvre...................	12 00
Un mètre cube de maçonneries de liba-ges posés à sec.	Un poseur.....................	2 00
	Deux contre-poseurs........	2 00
	Un manœuvre.................	2 00
Idem avec mortier de chaux et sable.....	Un poseur......................	2 37
	Deux contre-poseurs.........	2 37
	Un manœuvre.................	2 37
Idem...............	Un maçon.....................	9 46
	Un goujat.....................	9 46
Un mètre cube de maçonneries de pierre de taille pour parement de murs, voûtes, etc.	Un poseur.....................	4 00
	Deux contre-poseurs........	4 00
	Un manœuvre.................	4 00
Idem...............	Un maçon.....................	15 00
	Un manœuvre.................	35 00
Un mètre cube de maçonnerie en pierre de taille pour caniveaux, gargouilles, dalles de recouvrement, etc.	Un maçon.....................	24 32
	Un goujat.....................	24 32
Un mètre cube de pierre de taille pour murs droits.	Un poseur.....................	3 38
	Un contre-poseur............	3 38
	Trois manœuvres............	3 38
Un mètre cube de pierre de taille pour voussoirs, fûts de colonnes et autres pièces arrondies.	Un poseur.....................	6 75
	Un contre-poseur............	6 75
	Trois manœuvres............	6 75
Pose d'un mètre carré de parement de pierre de taille.	Un poseur.....................	4 00
	Un contre-poseur............	4 00
	Trois manœuvres............	4 00
Sciage d'un mètre carré de pierre tendre.	Deux scieurs.................	4 75
Un mèt. car. de granit piqué à la pointe.	Un tailleur de pierre........	27 50
Idem........................	Un tailleur de pierre........	30 00
Un mèt. carré de moell⁰ˢ granit⁰ piqués.	Un tailleur de pierre........	22 25
Idem de schistes smillés.................	Un tailleur de pierre........	7 50
Idem de schistes seulement équarris.....	Un tailleur de pierre........	3 00
Un mètre carré de pierre de taille très soignée en granit........................	Un tailleur de pierre........	80 00

INDICATION des TRAVAUX EXÉCUTÉS.	DÉSIGNATION des OUVRIERS, ETC., EMPLOYÉS.	TEMPS passé pour l'exécution.
		h. c.
Fabrication et emploi d'un mètre cube de mortier pour chappe.	Un maçon.................. Un manœuvre...............	2 70 4 00
Un mètre cube de maçonneries en briques.	Un maçon................... Un manœuvre......., ...	5 00 5 00
Idem avec échafaudages...............	Un maçon............... Un manœuvre...	7 00 7 00
Un mètre carré de maçonneries en briques..............	Un maçon.............	1 20
Idem pour voûtes et parties courbes.....	Un maçon...............	1 80
Un mètre courant de rejointoiement de maçonnerie en pierre de taille.........	Un maçon et un manœuvre.	0 50
Idem de vieilles maçonneries............	Un maçon et un manœuvre.	0 60
Un mètre carré de jointoiement en pierre de taille, en moell°° piqués ou smillés.	Un maçon..................	3 00
Un mètre carré de smillage............	Un maçon et un manœuvre.	0 67

(N° 3.)

TABLEAU contenant les Résultats d'Expériences faites sur le Temps employé pour l'exécution de certains Travaux de Charpenterie.

INDICATION DES TRAVAUX.		DÉSIGNATION des OUVRIERS.	TEMPS passé pour l'exécution.
			h. c.
Façon d'un tenon en bois de chêne.	Longueur.:............ 0.30 Largeur.............. 0.20 Épaisseur, de 0.10 à 0.20	Un charpentier...,...:	1 82
Façon d'une mortaise pratiquée en bois de chêne.	Profondeur........... 0.30 Longueur............. 0.20 Largeur, de 0.10 à 0.20	Un charpentier.......	1 50
Façon d'un mètre carré de joints en about....		Un charpentier.......	10 50
Assemblage avec embrèvement.........'......		Un charpentier.......	5 00
Assemblage à queue d'aronde.................		Un charpentier......	6 00
Percement d'un mètre linéaire de trous de boulons sur le chantier...........................		Un charpentier.......	1 05

INDICATION DES TRAVAUX.	DÉSIGNATION des OUVRIERS.	TEMPS passé pour l'exécution.
		h. c.
Percement d'un mètre linéaire de trous de boulons sur place....................................	Un charpentier.......	3 00
Mèt. car. de trait de scie en gros bois de chêne.	Deux scieurs de long.	1 45
Petit bois de chêne.............................	Deux scieurs de long.	1 56
Petit bois d'orme..............................	Deux scieurs de long.	1 52
Sciage d'un mètre carré de bois de chêne dans le sens transversal............................	Deux charpentiers...	5 00
Façon d'un pieu................................	Un charpentier.......	2 00
Pose et démolition d'un mètre cube de bois carrés pour échafaudages.	Un charpentier....... Un manœuvre.........	15 00 2 00
Assemblage d'un mètre cube de bois avec tenons et mortaises.	Un charpentier....... Un manœuvre.........	34 00 34 00
Démolition d'un mètre cube de bois d'échafauds	Un charpentier....... Un manœuvre.........	0 83 1 24
Un mètre cube de liernes boulonnées avec des pieux, pour bâtardeaux.......................	Un charpentier.......	59 00
Démolition du même ouvrage.................	Un charpentier....... Un manœuvre.........	3 90 3 90
Façon d'un mètre cube d'entretoises boulonnées avec des pieux...........................	Un charpentier.......	41 00
Démolition du même travail....	Un charpentier....... Un manœuvre.........	3 12 3 91
Un mèt. cube d'entretoises simplement clouées.	Un charpentier.......	14 00
Démolition du même ouvrage..................	Un charpentier....... Un manœuvre.......	7 33 6 67
Un mètre de palplanches pour bâtardeaux.....	Un charpentier........	1 00
Battage des mêmes.............................	Un manœuvre.......	7 00
Arrachage des mêmes..........................	Un charpentier.,..... Quatre manœuvres..	0 25 0 25
Assemblage à joints carrés d'un mètre cube de madriers en bois de chêne...................	Un charpentier.......	13 00
Un mètre cube de poutres avec sous-poutres et contre-fiches..............................	Un charpentier.......	41 22
Pose et assujétissement d'un mètre cube de madriers.......................................	Un charpentier.......	9 00
Affûtage et dressage à joints carrés d'une palplanche. { Longueur......... 5ᵐ00 Largeur.......... 0 25 Epaisseur......... 0 10 }	Un charpentier......	1 00

INDICATION DES TRAVAUX.	DÉSIGNATION des OUVRIERS.	TEMPS passé pour l'exécution.
		h. c.
Affûtage et dressage à joints (Longueur.. 5ᵐ00) carrés d'une palplanche à { Largeur.... 0 25 rainures et languettes. (Epaisseur.. 0 10)	Un charpentier........	4 00
Battage à la sonnette à déclic....................	Un charpentier;...... Cinq manœuvres.....	3 00 3 00
Assemblage d'un mètre cube de bois pour cintres, au-dessus de 0 25 d'équarrissage.......	Un charpentier........	15 00
Idem au dessous de 0 25................	Un charpentier........	25 00
Un mètre cube de bois pour ponts, arcades, etc., au-dessus de 0 25 d'équarrissage............	Un charpentier........	40 00
Idem au-dessous de 0 25................	Un charpentier........	50 00
Pose d'un mètre cube de couchis pour cintres..	Un charpentier.......	7 00
Préparation et pose d'un mètre cube de pièces de pont................................	Un charpentier........	38 00
Un mètre cube de bois pour décintrement de voûtes ou démolition de ponts provisoires.	Un charpentier....... Deux manœuvres....	2 00 2 00

(Nᵒ 4.)

TABLEAU contenant les Résultats d'Expériences faites sur le Temps employé par kilogramme pour l'exécution de certains Travaux de Forge et de Serrurerie.

INDICATION DES TRAVAUX.	DÉSIGNATION des OUVRIERS.	TEMPS passé pour l'exécution.
		h. c.
Façon de pièces de fer de grandes dimensions, n'exigeant que quelques soudures aux extrémités.	Un forgeron......... Un chauffeur.........	0 05 0 05
Fabrication pour pièces de moyenne dimension.	Un forgeron......... Un chauffeur........	0 30 0 30
Fabrication de petites pièces avec trous et soudures.	Un forgeron........... Un chauffeur........	0 50 0 50
Pose, avec scellement dans la pierre, des mêmes pièces.	Un serrurier.......... Un aide............	0 05 0 05
Pose avec assemblage, rampes d'escalier, etc.	Un serrurier......... Un aide..............	0 07 0 07

(N° 5.)

TABLEAU contenant les Résultats d'Expériences faites sur le Temps employé pour l'exécution de certains Travaux de Peinture et Enduits.

INDICATION DES TRAVAUX.	DÉSIGNATION des OUVRIERS.	TEMPS passé pour l'exécution.
		h. c.
Un mètre carré de goudronnage sur bois neuf.	Un goudronneur.....	0 20
Idem sur vieux bois, avec grattage....	Un goudronneur.....	0 25
Un mètre carré de peinture en première couche.	Un peintre............	0 24
Idem en seconde couche..	Un peintre..........	0 47
Idem en troisième couche.	Un peintre............	0 51

(N° 6.)

TABLEAU contenant les Résultats d'Expériences relatives à la Vitesse de divers Véhicules.

INDICATION DES VÉHICULES AGISSANT SUR UNE VOIE.	NOMBRE DE MÈTRES PARCOURUS		
	dans une seconde.	dans une heure.	dans une journée de 10 heures.
	m c	m	m
Charrette attelée de deux bœufs...................	1 00	3,600	36,000
Charrette de roulier.............................	1 11	3,996	39,960
Un homme marchant à un bon pas.............	1 67	6,012	60,120
Voiture au trot ordinaire.....	2 78	10,008	100,080
Voiture de poste..................	3 33	11,988	119,880
Train ordinaire sur un chemin de fer.	11 00	39,600	396,000

§ II. — DEVIS D'UNE PARTIE DE CHEMIN.

DÉPARTEMENT
de

GRANDE VICINALITÉ.

CHEMIN DE GRANDE COMMUNICATION N°

ARRONDISSEMENT   *De*   *à*

Construction entre   **et**

Sur une longueur de 1,036ᵐ 50ᶜ.

DEVIS ET CAHIER DES CHARGES.

CHAPITRE PREMIER.

INDICATIONS GÉNÉRALES, PROFILS EN LONG ET EN TRAVERS.

Pl. XLIII.   ARTICLE PREMIER. — La partie de chemin à construire partira de , elle aboutira à

ART. 2. — L'axe du chemin présentera en plan les alignements droits et les courbes de raccordement indiquées au tableau ci-après :

INDICATION DES ALIGNEMENTS et de LEURS REPÈRES.	LONGUEURS des ALIGNEMENTS, non compris les courbes de raccordement.	LONGUEURS des COURBES.	ANGLES formés par les ALIGNEMENTS adjacents.	RAYONS DES COURBES de raccordement.	LONGUEURS DES TANG' comprises entre le sommet et le point de contact.
	m c	m c	m c	m c	m c
AB, de à	171 »				100 00 Sud.
BC, courbe circulaire à la suite...	» »	194 75	148° 00'	348 70	100 00 Nord.
CD, de à	205 »	» »			60 00 S.
DE, courbe circulaire à la suite..	» »	119 21	164° 00'	426 90	60 00 N.
EF, de à	109 53	» »			60 00 S.
FG, courbe circulaire à la suite...	» »	119 01	162° 00'	378 84	60 00 N.
GH, de à	118 »	» »			
Total des alignements droits..	603 53	432 97			
Total des alignements courbes..	432 97				
Longueur totale du projet.........	1036 50				

Art. 3. — Les courbes de raccordement seront des portions de circonférence se raccordant avec les alignements droits, aux distances de leurs points de rencontre, qui sont indiqués dans la dernière colonne du tableau qui précède.

Art. 4. — L'axe de la chaussée suivra les pentes et rampes qui sont indiquées dans le tableau ci-dessous : ΡΙ. XLIV.

DÉSIGNATION DES PENTES, RAMPES et des ouvrages pour l'écoulement des eaux.	N°s d'ordre des ouvrages pour l'écoulement des eaux.	PENTES.			RAMPES.		
		Longueurs.	Pente par mètre.	Abaissement.	Longueurs.	Rampe par mètre.	Élévation.
		m c	m	m c			
Du profil n° 1 au profil n° 2........	»	63 00	0 0266	1 68	»	»	»
Du profil n° 2 au profil n° 19.......	»	299 50	0 06014	18 03	»	»	»
Du profil n° 19 au profil n° 50......	»	674 00	0 01176	7 93	»	»	»
Aqueduc biais d'un mètre d'ouverture, à construire au profil n° 10.	1	» »	» »	» »	»	»	»
Aqueduc droit de 0ᵐ 50ᶜ d'ouverture, à construire au profil n° 24.	2	» »	» »	» »	»	»	»
Aqueduc droit de 0ᵐ 50ᶜ d'ouverture, à construire au profil n° 45.	3	» »	» »	» »	»	»	»
Totaux..............	»	1036 50	» »	27 64	»	»	»

Somme des abaissements.... 27ᵐ 64ᶜ   Cote d'arrivée............ 43ᵐ 60ᶜ
Somme des élévations....... 00 00   Cote de départ.......... 15 96

Différence........... 27 64   Différence égale...... 27 64

Art. 5. — La largeur de la chaussée sera de............ 4ᵐ 00ᶜ

La largeur des accotements.. { de droite sera de...... 2 00
{ de gauche sera de.... 2 00

Largeur totale du chemin..................... 8 00

Les accotements seront terminés latéralement par des talus en déblai ou en remblai et par un mur de soutènement et des fossés, comme il sera indiqué à l'article 10.

Art. 6. — La chaussée sera construite en empierrement sur toute sa longueur, qui est de 1036ᵐ 50ᶜ.

Art. 7. — La chaussée d'empierrement aura une épaisseur de trente centimètres : elle aura un bombement de $\frac{1}{30}$ de sa largeur, c'est-à-dire de huit centimètres ; le fond, réglé suivant un arc de circonférence parallèle à la courbe décrite transversalement par sa surface, sera formé de deux couches, dont la première composée de pierres ayant un volume de douze à quinze centimètres cubes au plus. Cette couche formera une épaisseur de vingt centimètres ; la seconde sera formée de pierres susceptibles de passer en tout sens dans un anneau de sept centimètres de diamètre intérieur ; elle aura une épaisseur de dix centimètres.

Art. 8. — Les accotements seront réglés suivant une pente en travers de quatre centimètres par mètre.

Art. 9. — Les fossés auront une profondeur de cinquante centimètres en contre-bas de l'arête exérieure des accotements ; leur largeur au fond sera de cinquante centimètres, et leurs talus seront réglés suivant une inclinaison de 26° 34' avec la verticale, ou, ce qui revient au même, formeront avec l'horizon un angle de 63° 26'. Cette disposition particulière est due au roc compacte dans lequel les fossés seront pratiqués.

Art. 10. — Les talus seront réglés ainsi qu'il suit : ceux en déblai, coupés d'aplomb entre les profils n°* 1 et 11 ; et pour l'autre partie du projet, inclinés à raison de 1 de base pour 1 de hauteur, ou à 45° ; ceux en remblai, du profil n° 9 à celui n° 18, seront maintenus, à droite de l'axe seulement, par un mur de soutènement ; pour le reste du projet, ils auront généralement 1 et demi de base pour 1 de hauteur, ou formeront, avec l'horizon, un angle de 33° 41'.

CHAPITRE II.

DESCRIPTION DES OUVRAGES ACCESSOIRES.

Art. 11. — Il sera établi un mur de soutènement dans les parties et suivant les dimensions indiquées dans le tableau ci-dessous :

INDICATION DES EMPLACEMENTS des murs de soutènement.	Longueur.	Hauteur moyenne non compris les parapets.	Fruit extérieur.	ÉPAISSEURS			INDICATION sur les parapets, les bornes, les barbacanes, etc.
				des fondations.	au niveau de l'accotement.	Réduite.	
Du profil n° 9 au profil n° 18, à droite de l'axe seulement......	m c 125 00	m c 5 13	1/6	m c 2 50	m c 1 46	m c 1 98	

Ce mur, construit en pierres de taille de petit appareil posées à sec, aura des chaînes en grand appareil, espacées de cinq mètres en cinq mètres, pris de milieu en milieu ; elles formeront liaison dans toute l'épaisseur du mur.

ART. 12. — Les ouvrages destinés à l'écoulement des eaux, auront les dimensions portées au tableau ci-dessous :

INDICATION DES OUVRAGES par les nᵒˢ d'ordre portés au tableau des pentes et rampes, et par les noms des localités s'il y a lieu.	Ouverture.	Flèche de la voûte.	Longueur entre les têtes.	Hauteur du socle.	Epaisseur ou largeur du socle.	Hauteur des pieds droits au-dessus du socle.	Epaisseur réduite des pieds droits.	Epaisseur du radier.	Epaisseur de la voûte à la clef, ou des dalles.	Haut' du remblai au-dessus des maçonneries.	MURS EN PROLONGEMENT des têtes.	
											Long' de chaque côté.	Epaisseur réduite.
	m c	m c	m c	m c	m c	m c	m c	m c	m c	m c	m c	m c
1. Aqueduc biais au profil nᵒ 9.	1 10	»	8 00	0 55	0 05	0 55	1 00	0 30	0 50	1 70	5 70	1 00
2. Aqueduc au profil nᵒ 24.......	0 50	»	8 00	» »	» »	0 80	0 80	0 30	0 33	» »	2 20	0 80
3. Aqueduc au profil nᵒ 45.....	0 50	»	8 00	» »	» »	0 80	0 80	0 30	0 33	» »	2 20	0 80

ART. 13. — Le seuil de l'aqueduc nᵒ 1, formé d'une seule pierre concave, ainsi qu'il est indiqué au dessin, formera larmier en dehors du parement extérieur du mur de tête, qui se trouvera ainsi préservé du contact des eaux réunies sur ce point.

ART. 14. — Il sera posé au-dessous et en aval, pour prévenir les affouillements, un pavé en blocage, dont le périmètre sera établi en tablettes de pierre de taille, réunies avec des joints convenables ; l'espace ainsi pavé, aura deux mètres soixante centimètres de largeur sur trois mètres dix centimètres de longueur.

ART. 15. — L'ouverture en amont communiquera avec le fossé au moyen d'un puisard taillé dans le roc, et qui ne sera revêtu d'aucune maçonnerie intérieure.

CHAPITRE III.

INDICATION DES LIEUX D'EXTRACTION, QUALITÉS ET PRÉPARATION DES MATÉRIAUX.

ART. 16. — Les matériaux destinés à la construction de la chaussée et à celle des ouvrages accessoires, seront choisis dans les lieux d'extraction ci-après désignés :

INDICATION des PARTIES DE CHEMIN.	N° D'ORDRE des LIEUX d'extraction.	DÉSIGNATION DES LIEUX D'EXTRACTION des matériaux.	NATURE des MATÉRIAUX.	Distance du lieu d'extrac- tion au chemin.	Longueurs des parties de chemin où les mêmes matériaux seront employés.	DISTANCE RÉDUITE des transports.
				m c	m c	m
Chaussée suivant toute la longʳ du chemin..	1	Exploitation des roches situées sur le bord du chemin sur toute sa longueur.	Calcaires compactes.	30 00	1036 50	30
Ouvrages accessoires..	2	Idem.	Idem.	30 00	» »	30

ART. 17. — Les pierres cassées pour la totalité de la chaussée d'empierre-ment, seront purgées de toute matière nuisible à sa solidité, soit au moyen du râteau après le cassage, soit au moyen du passage à la claie. Ces matériaux seront divisés conformément aux prescriptions de l'article 7.

Le cassage sera fait aux abords du chemin ; les pierres seront choisies parmi les plus dures que la localité présente, et réduites, pour chaque couche, aux dimensions prescrites aux articles qui précèdent.

ART. 18. — Les pierres destinées aux ouvrages accessoires, seront choisies parmi celles des plus fortes dimensions et de la meilleure qualité ; on rejettera comme impropre toute pierre terreuse ou gélive ; le parement vu sera smillé et les joints réglés suivant quatre ciselures.

La pierre de taille destinée aux têtes des aqueducs, aux chaines du mur de soutènement et à son parapet, sera choisie parmi les masses les plus com-pactes, échantillonnées sur le lieu ; elle devra être exempte de fissures et autres défauts.

Le sable employé aux maçonneries des aqueducs sera sec et graveleux, sans mélange de terre ; il sera également extrait aux abords du chemin, au lieu de........

ART. 19. — La chaux hydraulique proviendra de.........
Toute chaux grasse est proscrite et ne pourra être employée, quel que soit, du reste, son mérite.

CHAPITRE IV.

MODE D'EXÉCUTION DES TERRASSEMENTS ET DE LA CHAUSSÉE.

ART. 20. — Avant l'ouverture des travaux, le tracé sera opéré par les soins de l'agent-voyer ; l'entrepreneur sera tenu d'y assister. Il sera, en sa présence, établi sur l'axe, aux extrémités de chaque alignement droit, et sur les courbes de raccordement, à cinq mètres de distance les uns des autres, des piquets vis-à-vis chaque profil en travers; ces piquets numérotés seront enfoncés en terre, de manière à ce que leur partie supérieure indique avec précision la hauteur des remblais ou la profondeur des déblais.

Art. 21. — L'entrepreneur fournira les ouvriers et les piquets nécessaires à la reconnaissance du tracé; à défaut de quoi il y serait suppléé à ses frais.

Art. 22. — L'entrepreneur adjudicataire sera tenu de veiller à la conservation des piquets; il devra remplacer ceux qui seraient dérangés par une cause quelconque.

Art. 23. — L'entrepreneur commencera le travail général des terrassements lorsque le délai fixé par l'article 42, pour vérification du métré, sera expiré.

Art. 24. — Les surfaces des talus du parement des accotements et du fond de l'encaissement, seront exécutées conformément aux profils qui auront été remis à l'entrepreneur. Elles seront parfaitement dressées, de manière à ne présenter ni jarrets ni irrégularités.

Art. 25. — Si l'on rencontrait, dans quelques parties, des veines ou des bancs de rochers de nature à ne pas être taillés au pic, on ébaucherait les talus par arrachement; la forme de l'encaissement serait provisoirement dégrossie, pour être, plus tard, abaissée au niveau prévu, afin que la chaussée ait l'épaisseur requise. En ce qui concerne les accotements, on extirpera les blocs en saillie, et les cavités seront remplies de pierres cassées, de manière à ce que le parement soit parfaitement dressé. Les dimensions des fossés ne pourront être réduites que d'après une autorisation spéciale.

Art. 26. — L'entrepreneur ne pourra mettre en dépôt sur les propriétés riveraines, que l'excès des déblais sur les remblais, tel qu'il est prévu à l'avant-métré. Il devra disposer ces dépôts de manière à ce qu'ils ne nuisent pas à la culture et qu'ils ne retombent point dans les fossés. L'indemnité à payer aux riverains, lorsqu'il leur sera porté préjudice, demeure au compte de l'entrepreneur.

Art. 27. — En cas d'insuffisance des déblais, on aura recours aux emprunts sur les terrains qui bordent le chemin, pour former les remblais. L'indemnité due aux propriétaires pour ce fait, sera également à la charge de l'entrepreneur.

Art. 28. — Les remblais seront exécutés et régalés par couches de vingt centimètres d'épaisseur. Les brouettes et les tombereaux qui opéreront les transports, devront, autant que possible, passer sur chaque couche, afin d'en opérer le tassement.

Art. 29. — Dans les parties en déblai, on pourra de suite exécuter le profil définitif des accotements et de l'encaissement ; mais dans celles en remblai, on devra d'abord former un profil de niveau entre les arêtes extérieures des accotements ; puis, lorsque le tassement sera complètement opéré, on creusera l'encaissement et l'on donnera la pente voulue aux accotements. Cette main-d'œuvre est prévue dans le calcul des terrasses.

Art. 30. L'entrepreneur ne commencera la chaussée que lorsque l'agent-voyer aura vérifié les pentes et rampes, et qu'il se sera assuré que l'encaissement est partout préparé à la profondeur et suivant la forme prescrite. Dans les parties en remblai de plus de cinquante centimètres sur l'axe, on ne construira la chaussée qu'après un délai de trois mois au moins après l'achèvement des terrassements.

Art. 31. — Pour régler le bombement de la chaussée, l'atelier sera toujours muni d'une cerce, exécutée aux frais de l'entrepreneur, d'après le profil qui lui aura été donné pour type.

Art. 32. — Chaque ouvrier employé au cassage des matériaux devra être nanti d'un anneau ayant le diamètre prescrit par l'article 7.

Art. 33. — L'entrepreneur aura toujours sur l'atelier un niveau d'eau, une mire, une chaîne métrique et des voyants.

Art. 34. — Tous les matériaux destinés à la construction de la chaussée, seront vérifiés et reçus provisoirement avant leur emploi.

Art. 35. — La couche de fondations, ou première couche, sera formée de pierres juxta-posées à la main, aussi jointivement que possible, sur le fond de l'encaissement, les interstices demeurés vacants entre ces pierres étant remplis au moyen de pierres moins grosses, qui y seront enfoncées à la masse.

Art. 36. — La seconde couche sera cassée et emmétrée sur les accotements, puis répandue sur la première, après que celle-ci, éprouvée par le passage réitéré des voitures, aura été convenablement régalée et dressée, suivant la forme prescrite par l'article 7.

CHAPITRE V.

MODE D'EXÉCUTION DES OUVRAGES ACCESSOIRES.

ART. 37. — Les matériaux destinés aux maçonneries seront examinés et reçus avant leur emploi ; ceux qui seraient rebutés demeureront en vue du chantier jusqu'après l'achèvement des travaux, afin que l'on puisse avoir la certitude qu'ils sont demeurés sans emploi.

ART. 38. — La chaux sera éteinte d'après le procédé ordinaire, par couches de dix centimètres d'épaisseur, en n'employant que la quantité d'eau strictement nécessaire pour qu'aucune partie ne fuse à sec, et en évitant de la brasser pendant l'opération.

ART. 39. — Le mortier sera composé d'une partie de chaux éteinte et de deux parties de sable sec exactement mesurées ; la trituration sera faite à couvert des rayons du soleil et à l'abri de la pluie, avec des rabots en fer, en n'opérant que sur trente centièmes de mètre cube à la fois.

ART. 40. — La maçonnerie des aqueducs sera posée sur bain de mortier hydraulique de sept centimètres d'épaisseur ; celle du mur de soutènement sera posée à sec ; l'une et l'autre seront en pierre de taille prise au lieu indiqué à l'article 16.

ART. 41. — Le parement vu sera taillé proprement, sans flaches ni épaufrures ; les joints, sans démaigrissements en queue. Les dalles de recouvrement seront équarries de manière à pouvoir être rapprochées convenablement. Après l'exécution, les maçonneries en général seront ragréées, et celles des aqueducs, en particulier, jointoyées au mortier de même nature que celui qui aura servi à leur construction.

CHAPITRE VI.

MANIÈRE D'EXÉCUTER LES OUVRAGES.

ART. 42. — Après le piquetage auquel aura présidé l'agent-voyer et avant de commencer les travaux, l'entrepreneur devra se rendre compte de l'exactitude du calcul des terrasses, tant pour le cube que pour les distances de transport ; il lui sera accordé, à cet effet, un délai d'un mois, à partir de la notification qui lui aura été faite du piquetage. Avant l'expiration de ce délai, il devra demander la vérification contradictoire des parties de l'avant-métré

39

qui lui paraîtraient erronées, soit dans les profils qui ont servi de base, soit dans les résultats qui en ont été déduits. Toute réclamation ultérieure sera rejetée.

Les métrés partiels qui seront dressés par suite de cette vérification, et les parties de l'avant-métré qui n'auront donné lieu à aucune réclamation, serviront de base au règlement définitif du cube des terrasses et de leurs distances de transport. Les résultats ne devront être modifiés qu'à raison des terrassements supplémentaires qui pourraient être ordonnés pendant le cours des travaux, et qui seront l'objet d'avant-métrés particuliers préalablement présentés à l'approbation de l'administration, et, par suite, à l'acceptation de l'entrepreneur.

Les terrasses seront payées au déblai ; le foisonnement est évalué à $^1/_5$, de manière à ce qu'un mètre cube de déblai est supposé pouvoir remplir un vide d'un mètre vingt centièmes de mètre cube. Les terrassements occasionnés par les raccordements des pentes et rampes successives n'étant pas comptés, sont censés faire partie des faux-frais de l'entreprise, ainsi que la main-d'œuvre pour l'arrachage des arbres et haies que les propriétaires n'auront pas enlevés dans le délai qui leur aura été fixé.

Art. 43. — Lorsqu'il se présentera diverses natures de déblais, la proportion en sera déterminée contradictoirement par des métrés faits pendant l'exécution, soit à la requête de l'entrepreneur, soit à la diligence des agents-voyers.

A défaut de ces attachements contradictoires, la proportion constatée à l'avant-métré des déblais, sera maintenue dans le compte définitif, sans que l'entrepreneur puisse réclamer aucune modification.

Art. 44. — Quand les fouilles seront faites dans des bancs pierreux, et qu'une portion du déblai sera reconnue pouvoir être employée pour la construction des ouvrages accessoires ou de la chaussée d'empierrement, sans que cet emploi ait été prévu par le devis, ces matériaux seront comptés en déduction de ceux qui devront être fournis par l'entrepreneur, en lui allouant le prix du triage, du transport s'il y a lieu, du cassage et de l'emmétrage.

Art. 45. — Indépendamment des réceptions provisoires et partielles auxquelles seront soumis les matériaux de la chaussée, l'agent-voyer procèdera à une réception générale, afin de s'assurer si elle présente les formes et les dimensions prescrites ; les épaisseurs seront constatées au moyen de sondes faites, de distance en distance, sur certains points désignés par l'agent de l'administration. Dans le cas où ces épaisseurs seraient moindres que celles fixées par le devis, la chaussée ne sera comptée que pour son cube effectif, sans que l'entrepreneur se puisse prévaloir des résultats des réceptions partielles, ni du déchet provenant du tassement dont il est tenu compte au détail estimatif. Dans le cas d'une différence trop considérable, l'agent-voyer pourra, avant de procéder à la réception, exiger que l'épaisseur de la chaussée soit complétée.

L'entrepreneur ne pourra non plus se prévaloir des réceptions provisoires et partielles pour justifier de l'emploi de matériaux de mauvaises qualités ; la réception des parties où ils auraient été reconnus, serait également ajournée jusqu'à leur remplacement par des matériaux convenables.

CHAPITRE VII.

CONDITIONS PARTICULIÈRES ET GÉNÉRALES.

Art. 46. — Le délai de garantie sera de six mois pour les terrassements et les chaussées d'empierrement, et d'un an pour les ouvrages d'art.

L'entretien, pendant la durée de la garantie, pour les chaussées d'empierrement, consistera principalement à rabattre les bourrelets au fur et à mesure qu'ils se formeront, à ramener sur la chaussée les matériaux qui en seraient écartés par le roulage, à remplir les flaches et à prévenir la formation des ornières; enfin, à exécuter tous les travaux nécessaires pour maintenir la forme de la chaussée et réparer les effets du tassement.

Art. 47. — L'entrepreneur devra, en outre, maintenir les accotements, talus, fossés, etc., avec leurs pentes et dimensions, et réparer toutes les dégradations qui pourraient survenir aux ouvrages accessoires qui font partie de son entreprise.

Art. 48. — La retenue de garantie sera égale au dixième de la valeur des ouvrages exécutés depuis l'origine de l'entreprise, lequel dixième ne sera payé qu'après la réception définitive.

Art. 49. — Tous les travaux seront exécutés dans les délais qui seront déterminés par l'affiche qui précédera l'adjudication. Le degré d'avancement devra toujours être proportionnel au laps de temps écoulé depuis l'ouverture des travaux, et aux crédits alloués pour chaque exercice.

Art. 50. — Enfin, l'adjudicataire demeure entièrement soumis à toutes les lois et à tous les règlements relatifs aux entreprises publiques.

AVANT-MÈTRE DES TRAVAUX.

1re SECTION.

TERRASSEMENTS.

OBSERVATIONS. — Les terrasses sont calculées par la méthode des sections moyennes, c'est-à-dire en multipliant la demi-somme des surfaces de déblai et de remblai de deux profils consécutifs par la distance qui les sépare.

Cependant, cette méthode abrégée étant susceptible d'entraîner dans de graves erreurs, lorsqu'un profil entièrement en déblai est précédé ou suivi d'un autre entièrement en remblai, ou que le premier, offrant une surface de nature quelconque, assez grande, le second se réduit à une surface de même nature, extrêmement petite ; dans ces cas, qui ne sont pas rares, la voie de décomposition en solides élémentaires devient indispensable. Le tableau suivant est disposé de manière à présenter tout à la fois et les résultats de la méthode abrégée et ceux qui résultent de la décomposition, ainsi que les éléments qui constituent les solides partiels.

Cette manière d'opérer occasionne nécessairement la répétition de quelques longueurs dans la colonne n° 9 ; mais voulant, par l'addition de cette colonne, obtenir la somme des entre-profils, c'est-à-dire la longueur réelle du projet, on a été obligé de créer une colonne auxiliaire n° 10, pour y faire figurer les longueurs, sitôt qu'elles seront répétées.

Toutes les fois qu'un profil en travers ne formera que deux pentes ou rampes, on pourra employer avec avantage les *Tables de Surfaces de Déblai et de Remblai*, dressées par ordre de M. le Directeur-général des ponts et chaussées ; alors, il suffira d'indiquer, dans la colonne n° 2, le côté de l'axe auquel appartient la surface donnée par les *Tables*, de porter cette surface partielle dans la colonne n° 5, et de continuer les opérations comme pour les autres cas.

La colonne n° 18 servira à indiquer, s'il y a lieu, le foisonnement des déblais ; dans le cas contraire, les cubes de la 11e colonne seront inscrits de nouveau dans la 19e.

Les nombres à porter dans la 20ᵉ colonne sont, pour chaque profil, le plus petit des deux cubes, soit de déblai, soit de remblai ; la différence de ce cube avec le plus grand, sera portée dans les colonnes 21 ou 23, selon sa nature.

Lorsque plusieurs profils consécutifs présenteront une série non interrompue de cubes en excès, en déblai ou en remblai, on en fera la somme dans les 22ᵉ et 24ᵉ colonnes; c'est sur ces cubes totaux, ainsi obtenus, que s'opèrera la distribution indiquée par les 25ᵉ, 26ᵉ et 27ᵉ colonnes. On a prévu, dans la 26ᵉ, le cas où une partie des matériaux provenant des déblais devrait être employée dans la construction de la chaussée et des ouvrages d'art.

La 28ᵉ colonne indiquera les profils sur lesquels les déblais en excès devront être transportés, et les lieux où ils seront déposés dans le cas où ils ne trouveraient pas d'emploi en remblai, ou bien dans le cas où cet emploi sur le chemin serait plus dispendieux que des emprunts. Elle indiquera aussi l'usage auquel seront destinés les déblais réservés.

Les 29ᵉ, 30ᵉ, 31ᵉ, 32ᵉ, 33ᵉ, 34ᵉ, 35ᵉ, 36ᵉ et 37ᵉ colonnes, présenteront, vis-à-vis de chacun des cubes compris dans les 25ᵉ, 26ᵉ et 27ᵉ, la distance à laquelle ils doivent être transportés, en ayant égard, s'il y a lieu, à la hauteur à laquelle il sera nécessaire de les élever. (Chap. IV, § II, nᵒˢ 17 et 18, pag. 170, 171, 172 et 173.)

Au reste, la disposition du tableau indique avec assez de clarté les opérations à faire et les places respectives qui sont spécialement réservées aux différents résultats.

(Voir le Tableau d'autre part.)

Numéros des profils.	DÉSIGNATION des FIGURES.	DIMENSIONS Longueur.	Largeur.	SURFACES partielles.	par profils.	totales.	moyennes.	LONGUEURS ENTRE LES PROFILS. Réelles.	Auxiliaires.	CUBES en déblais pour chaque profil.	en remblais pour chaque profil.	CLASSIFICATION DES DÉBLAIS Terre ordinaire.	Pioche montée.	Roc au pic.	Roc à la pince.	Roc à la poudre.	
1	2	3	4	5	6	7	8	9	10	11	12	13	14	15	16	17	1
1	Fossé à droite de l'axe..	0.75	0.50	0.38	0.76												
	Idem à gauche....	0.75	0.50	0.38		1.52	0.76	63.00	»	47.88	»	»	»	47.88	»	»	»
2	Fossé à droite de l'axe..	0.75	0.50	0.38	0.76												
	Idem à gauche....	0.75	0.50	0.38													
2	....	»	»	»	0.76	16.64	8.32	37.00	»	307.84	»	»	»	207.84	»	100.00	5
3	....	»	»	»	15.88												
3	....	»	»	»	15.88	41.68	20.84	10.00	»	208.40	»	»	»	108.40	»	100.00	3
4	....	»	»	»	25.80												
4	....	»	»	»	25.80	53.10	26.55	20.00	»	531.00	»	»	»	231.00	»	300.00	8
5	....	»	»	»	27.30												
5	....	»	»	»	27.30	59.10	29.55	32.50	»	960.38	»	»	»	460.38	»	500.00	16
6	....	»	»	»	31.80												
6	....	»	»	»	31.80	42.57	21.38	30.00	»	641.40	»	»	»	341.40	»	300.00	10
7	....	»	»	»	10.97												
7	....	»	»	»	10.97	17.26	8.63	10.00	»	86.30	»	»	»	86.30	»	»	1
8	....	»	»	»	6.29												
8	....	»	»	»	6.29	6.29	3.14	5.00	»	15.70	»	15.70	»	»	»	»	
9	....	»	»	»	10.80	10.80	5.40	5.00	»	»	27.00	»	»	»	»	»	
9	....	»	»	»	10.80												
10	Trapèze à droite....	1.98	3.83	7.58	7.84	18.64	9.32	10.00	»	»	93.20	»	»	»	»	»	
	Triangle id....	0.66	0.40	0.26													
10	Triangle à gauche....	4.30	1.52	6.54	6.92	»	3.46	»	10	34.60	»	»	»	34.60	»	»	
	Fossé id....	»	»	0.88													
10	A droite de l'axe....	»	»	»	7.84	33.24	16.62	15.00	»	»	249.30	»	»	»	»	»	
11	....	»	»	»	25.40												
10	A gauche de l'axe....	»	»	»	6.92	6.92	3.46	»	15	51.90	»	»	»	51.90	»	»	
11	....	»	»	»	25.40	56.88	28.44	10.00	»	»	284.40	»	»	»	»	»	
12	....	»	»	»	31.48												
12	....	»	»	»	31.48	60.14	15.07	10.00	»	»	150.70	»	»	»	»	»	
13	....	»	»	»	28.66												
	A reporter....	....	....	....	....	....	....	257.50	....	2885.40	804.60	15.70	»	1569.70	»	1300.00	480

ÈS DES CUBES DES DÉBLAIS les remblais. Par suite non interrompue de profils. 22	EXCÈS DES CUBES DES REMBLAIS sur les déblais. Par profil. 23	Par suite non interrompue de profils. 24	DÉBLAIS EN EXCÈS à porter en remblais sur le chemin. 25	en dépôt ou réserve p.r un autre usage. 26	EMPRUNTS pour remblais. 27	INDICATION des lieux d'emploi ou de dépôt des déblais en excès. — OBSERVATIONS sur les remblais. 28	au jet de pelle. 29	à la brouette à 30ᵐ. 30	à 50ᵐ. 31	au tombereau à 90ᵐ. 32	à 100ᵐ. 33	à 120ᵐ. 34	à 200ᵐ. 35	à 240ᵐ. 36	Dist. moyenne des transport au tombereau. 37
3247.06	»	»	3247.06	»	»	3247ᵐ 06ᶜ à transporter entre les profils nᵒˢ 16 et 17.	»	»	»	»	»	3247.06			
»	»	»	»	»	»	»	18.31								
»	8.69														
»	93.20														
»	»	»	»	»	»	»	40.36								
»	148.39	685.38	»	»	»										
»	»	»	»	»	»	»	60.55								
»	284.40														
»	150.70														
3247.06	685.38	685.38	3247.06	»	»		119.22	»	»	»	»	3247.06			

Numéros des profils.	DÉSIGNATION des FIGURES.	DIMENSIONS. Longueur.	Largeur.	SURFACES particelles.	par profils.	totales.	moyennes.	LONGUEURS ENTRE LES PROFILS. Réelles.	Auxiliaires.	CUBES en déblais pour chaque profil.	en remblais pour chaque profil.	CLASSIFICATION DES DÉBLAIS. Terre ordinaire.	Pioche montaire.	Roc au pic.	Roc à la pince.	Roc à la poudre.	Foisonnement.
1	2	3	4	5	6	7	8	9	10	11	12	13	14	15	16	17	18
	Report.....	....	....	....	....		......	257.50	.....	2885.40	804.60	15.70	»	1569.70	»	1300.00	480.
13 / 14	....	»	»	»	28.66 / 28.22	56.88	28.44	15.00	»	»	426.60	»	»	»	»	»	
14	....	»	»	»	28.22												
15	Trapèze à droite........ / Trapèze à gauche...... / Triangle à gauche......	5.15 / 2.88 / 1.12	3.14 / 4.00 / 0.56	16.17 / 11.32 / 0.63	28.12	56.34	28.17	20.00	»	»	563.40	»					
15 / 16	....	»	»	»	28.12 / 20.30	48.42	24.21	10.00	»	»	242.10	»	»	»	»	»	
16 / 17	....	»	»	»	20.30 / 13.60	33.90	16.95	15.00	»	»	254.25	»	»	»	»	»	»
17	....	»	»	»	13.60												
18	Triangle à droite........ / Idem à gauche...... / Trapèze idem............ / Triangle idem..........	3.19 / 2.70 / 2.48 / 2.27	0.94 / 2.00 / 1.00 / 0.69	3.00 / 5.40 / 2.48 / 1.56	12.44	26.04	13.02	20.00	»	»	260.40	»	»	»	»	»	»
18 / 19	....	»	»	»	12.44 / 9.18	21.62	10.81	25.00	»	»	270.25	»	»	»	»	»	»
19 / 20	....	»	»	»	9.18 / 11.80	20.98	10.49	30.00	»	»	314.70	»	»	»	»	»	»
20 / 21	....	»	»	»	11.80 / 13.00	24.80	12.40	30.00	»	»	372.00	»	»	»	»	»	»
21	....	»	»	»	13.00												
22	Triangle à droite........ / Trapèze idem .... / Triangle à gauche......	2.65 / 2.02 / 1.44	1.92 / 4.00 / 1.38	5.89 / 8.08 / 1.99	15.16	28.16	14.08	20.00	»	»	281.60	»	»	»	»	»	»
22	Triangle à gauche........ / Fossé idem	1.10 / »	1.05 / »	1.15 / 0.38	1.53		0.76	»	20	15.20	»	15.20	»	»	»	»	2
22 / 23	Côté de droite.......... / Côté idem...........	»	»	»	15.16 / 7.58	22.74	11.37	50.00	»	»	568.50	»	»	»	»	»	
22 / 23	Côté de gauche.......... / Côté idem..........	»	»	»	1.53 / 3.06	4.59	2.29	»	50	114.50	»	14.50	»	50.00	»	50.00	19
	A reporter........	....	....	....	......	......	.....	492.50	....	3015.10	4358.40	45.40	»	1619.70	»	1350.00	502

DES CUBES DÉBLAIS remblais. Par suite non interrompue de profils.	EXCÈS DES CUBES DES REMBLAIS sur les déblais. Par profil.	Par suite non interrompue de profils.	DÉBLAIS EN EXCÈS à porter en remblais sur le chemin.	en dépôt ou réservés pr un autre usage.	EMPRUNTS pour remblais.	INDICATION des lieux d'emploi ou de dépôt des déblais en excès. — OBSERVATIONS sur les remblais.	NOMBRE DE MÈTRES CUBES DE TERRASSES TRANSPORTÉS au jet de pelle.	à la brouette à 30ᵐ.	à 50ᵐ.	au tombereau à 90ᵐ.	à 100ᵐ.	à 120ᵐ.	à 200ᵐ.	à 240ᵐ.	Dist. moyenne des transp. au tombereau.
22	23	24	25	26	27	28	29	30	31	32	33	34	35	36	37
3247.06	685.38	685.38	3247.06	»	D		119.22	»	»	»	»	3247.06			
»	426.60														
»	563.40														
»	242.10														
»	254.25														
»	260.40	2985.30													
»	270.25														
»	314.70	»	»	»	303.95	A emprunter 303ᵐ 95ᶜ aux abords du chemin.	»	303.95							
»	312.00														
»	281.60														
»	»	»	»	»	»	»	17.73								
»	492.99	492.99													
»	»	»	»	»	»	»	133.58								
3247.06	4163.67	4163.67	3247.06	»	303.95		270.53	303.95	»	»	»	3247.06			

40

Numéros des profils	DÉSIGNATION des FIGURES.	DIMENSIONS.		SURFACES				LONGUEURS ENTRE LES PROFILS.		CUBES		CLASSIFICATION DES DÉBLAIS SUIVANT LES DIVERSES NATURES DE TERRAINS.					Foisonnement
		Longueur.	Largeur.	partielles.	par profils.	totales.	moyennes.	Réelles.	Auxiliaires.	en déblais pour chaque profil.	en remblais pour chaque profil.	Terre ordinaire.	Poche montense.	Roc au pic.	Roc à la pince.	Roc à la poudre.	
1	2	3	4	5	6	7	8	9	10	11	12	13	14	15	16	17	1
	Report.....	....	....	....	....	....	....	492.50	....	3015.10	4358.40	45.40	»	1619.70	»	1350.00	502
23	Côté de droite....	»	»	»	7.58	»	3.79	»	20	»	75.80						
23 24	Côté de gauche.........	» »	» »	» »	1.53 3.70	5.23	2.61	30.00	»	78.33	»	18.33	»	60.00	»	»	13
24 25	....	» »	» »	» »	3.70 13.12	16.82	8.41	15.00	»	126.15	»	26.15	»	50.00	»	50.00	21
25 26	...... Triangle à droite....... Trapèze à gauche...... Triangle *idem*..... Fossé *idem*.....	1.60 2.20 2.83 »	1.57 5.00 1.80 »	2.51 11.00 5.09 0.38	13.12 18.98	32.10	16.05	20.00	»	321.00	»	21.00	»	250.00	»	50.00	53
26 26	Triangle à droite....... *Idem*.............	0.00 »	0.88 »	0.53 0.53	» »	» »	0.26 0.26	» »	5 3	» »	1.30 »	»	»	»	»	»	»
26 27	Côté de gauche........	» »	» »	» »	18.98 21.20	40.18	20.09	20.00	»	0.78	»	0.78	»	»	»	»	0
27 28	....	» »	» »	» »	21.29 0.80	» »	10.64 0.40	9.40 0.60	» »	100.02 »	» 0.24	50.02 »	» »	50.00 »	» »	» »	17 1
28 29	....	» »	» »	» »	0.80 2.00	2.80	1.40	10.00	»	»	14.00	»	»	»	»	»	»
29 30 30 31	....	» » » »	» » » »	» » » »	2.00 8.60 8.60 6.03	» » » »	1.00 4.30 4.30 3.01	1.60 3.40 5.50 4.50	» » » »	» 14.62 23.65 »	1.60 » » 13.55	» 14.62 23.65 »	» » » »	» » » »	» » » »	» » » »	2 3
31 32	....	» »	» »	» »	6.03 5.63	11.66	5.83	10.00	»	»	58.30	»	»	»	»	»	»
32 33	....	» »	» »	» »	5.63 15.88	21.51	10.75	5.00	»	»	53.75	»	»	»	»	»	»
33 34	....	» »	» »	» »	15.88 10.39	26.27	13.13	8.00	»	»	105.04	»	»	»	»	»	»
	A reporter......	....	....	....	....	....	....	635.50	....	3679.65	4681.98	199.95	»	2029.70	»	1450.00	613

CUBES ... déblais.	EXCÈS DES CUBES des remblais sur les déblais.		DÉBLAIS en excès à porter.		EMPRUNTS pour remblais.	INDICATION des lieux d'emploi ou de dépôt des déblais en excès. — OBSERVATIONS sur les remblais.	NOMBRE DE MÈTRES CUBES DE TERRASSES TRANSPORTÉS	à la brouette		au tombereau					Dist. moyenne des transp.t au tombereau.
Par suite non interrompue de profils.	Par profil.	Par suite non interrompue de profils.	en remblais sur le chemin.	en dépôt ou réserve pr un autre usage.			au jet de pelle.	à 30m.	à 50m.	à 90m.	à 100m.	à 120m.	à 200m.	à 240m.	
22	23	24	25	26	27	28	29	30	31	32	33	34	35	36	37
247.06	4163.67	4163.67	3247.06	»	303.95		270.53	303.95	»	»	»	3247.06			
						119m 67c à transporter entre les profils 21 et 22.	»	»	»	.	»	119.67			
613.05	»	»	613.05	»	»	492m 99c à transporter aux profils 22 et 23.	»	»	»	492.99					
						0m 39c à transporter au profil n° 26.	»	0.39							
»	0 39	0.39													
»	»	»	»	»	»	»	0.91								
»	»	»	»	»	»	»	14.24								
132.29	»	»	132.29	»	»	132m 29c à transporter entre les profils 30 et 32.	»	»	132.29						
»	»	»	»	»	»	»	15.15								
»	58.30														
»	53.75	217.09													
»	105.04														
992.40	4381.15	4381.15	3992.40	»	303.95		300.83	304.34	132.29	492.99	»	3366.73			

Numéros des profils.	DÉSIGNATION des FIGURES.	DIMENSIONS Longueur.	Largeur.	SURFACES partielles.	par profils.	totales.	moyennes.	LONGUEURS ENTRE LES PROFILS. Réelles.	Auxiliaires.	CUBES en déblais pour chaque profil.	en remblais pour chaque profil.	CLASSIFICATION DES DÉBLAIS Terre ordinaire.	Pioche et montoise.	Roc au pic.	Roc à la pince.	Roc à la poudre.
1	2	3	4	5	6	7	8	9	10	11	12	13	14	15	16	17
	Report......			......	......	......	......	635.50	.....	3679.65	4681.98	199.95	»	2029.70	»	1450.00 6
34 35	....	» »	» »	» »	10.89 27.07	37.46	18.73	25.00	»	»	468.25	»	»	»	»	
35 36	....	» »	» »	» »	27.07 15.37	42.44	21.22	30.00	»	»	636.60	»	»	»	»	
36 37	....	» »	» »	» »	15.37 12.00	27.37	13.68	10.00	»	»	136.80	»	»	»	»	
37	....	»	»	»	12.00	16.90	8.45	15.00	»	»	126.75	»	»	»	»	
38	Triangle à droite....... Triangle id........	1.55 1.55	1.16 2.00	1.80 3.10	4.90											
38	Triangle à gauche...... Triangle idem........ Fossé à gauche...........	3.55 3.55 »	2.50 1.20 »	8.88 4.26 0.38	13.52		6.76	»	10	67.60	»	37.60	»	30.00	»	
38 39	A gauche de l'axe........ Fossé à gauche...........	» »	» »	» »	13.52 0.38	13.90	6.95	50.00	»	347.50	»	147.50	»	200.00	»	
38 39	A droite de l'axe......... Idem...............	» »	» »	» »	4.90 0.81	5.71	2.85	»	50	»	142.50	»	»	»	»	
39 40	A droite de l'axe........	» »	» »	» »	0.81 6.74	7.55	3.77	10.00	»	»	37.70	»	»	»	»	
39 40	A gauche............ Fossé à gauche...........	» »	» »	» »	0.38 0.38	0.76	0.38	»	10	3.80	»	3.80	»	»	»	
40 41	....	» »	» »	» »	6.74 0.24	6.98	3.49	40.00	»	»	139.60	»	»	»	»	
40 41	Fossé à gauche........... Fossé id...........	» »	» »	» »	0.38 0.38	0.76	0.38	»	40	15.20	»	15.20	»	»	»	
41 42	Fossé à gauche...........	» »	» »	» »	0.38 2.58	2.96	1.48	50.00	»	74.00	»	34.00	»	40.00	»	
42 43	....	» »	» »	» »	2.58 2.38	4.96	2.48	30.00	»	74.40	»	34.40	»	40.00	»	
43 44	....	» »	» »	» »	2.38 7.12	9.50	4.75	10.00	»	47.50	»	27.50	»	20.00	»	
	A reporter......			......	......	......	......	905.50	.....	4309.65	6370.18	499.95	»	2359.70	»	1450.00 7

DES CUBES ... remblais. Par suite non interrompue de profils. 22	EXCÈS DES CUBES ... sur les déblais. Par profil. 23	Par suite non interrompue de profils. 24	DÉBLAIS EN EXCÈS à porter en remblais sur le chemin. 25	en dépôt ou réservés p' un autre usage. 26	EMPRUNTS pour remblais. 27	INDICATION des lieux d'emploi ou de dépôt des déblais en excès. — OBSERVATIONS sur les remblais. 28	au jet de pelle. 29	à la brouette à 30m. 30	à 50m. 31	au tombereau à 90m. 32	à 100m. 33	à 120m. 34	à 200m. 35	à 240m. 36	Dist. moyenne de transp au tomber. 37
3992.40	4381.15	4381.15	3992.40	»	303.95		300.83	304.34	132.29	492.99	»	3366.73			
»	468.25														
»	636.60	1368.40	»		177.04	177 m 04 c à emprunter aux abords du chemin.	»	177.04							
»	136.80														
»	126.75														
484.27	»	»	484.27	»	»	484 m 27 c à transporter entre les profils 34 et 35.	»	»	»	»	484.27				
»	142.50														
»	33.27	315.37	»	»	»		4.43								
»	139.60														
246.27	»	»	246.27	»	»	246 m 27 c à transporter entre les profils n°s 34 et 38.	»	»	»	»	»	»	246.27		
4722.94	6064.92	6064.92	4722.94	»	480.99		305.26	481.38	132.29	492.99	484.27	3366.73	246.27		

41

Numéros des profils.	DÉSIGNATION des FIGURES.	DIMENSIONS Longueur.	Largeur.	SURFACES partielles.	par profils.	totales.	moyennes.	LONGUEURS ENTRE LES PROFILS. Réelles.	Auxiliaires.	CUBES en déblais pour chaque profil.	en remblais pour chaque profil.	CLASSIFICATION DES DÉBLAIS SUIVANT LES DIVERSES NATURES DE TERRAINS. Terre ordinaire.	Pioche montée.	Roc au pic.	Roc à la pince.	Roc à la poudre.	Foisonnement.
1	2	3	4	5	6	7	8	9	10	11	12	13	14	15	16	17	1
	Report.....							905.50		4309.65	6370.18	499.95	»	2359.70	»	1450.00	718
44 45		» »	» »	»	7.12 9.86	16.98	8.49	35.00	»	297.15		197.15	»	100.00	»	»	49
45 46		» »	» »	»	9.86 1.46	11.32	5.66	20.00	»	113.20		63.20	»	50.00	»	»	18
46 47		» »	» »	»	1.46 2.28	3.74	1.87	10.00	»	18.70		18.70	»	»	»	»	3
47		»	»		2.28												
48	Fossé à droite............ Trapèze idem............ Triangle à gauche........ Fossé idem...........	1.62 1.65 »	7.00 0.82 »	0.38 11.34 1.35 0.38	13.45	15.73	7.86	6.00	»	47.16	»	37.16	»	10.00	»	»	
48 49		» »	» »	»	13.45 3.74	17.19	8.59	20.00	»	171.80	»	71.80	»	100.00	»	»	2
49		»	»	»	3.74												
50	Fossé à droite............ Fossé à gauche..........	» »	» »	0.38 0.38	0.76	4.50	2.25	40.00	»	90.00	»	45.00	»	45.00	»	»	1
								1036.50		5047.66	6370.18	932.96	»	2664.70	»	1450.00	84

DES CUBES us déblais es remblais,	EXCÈS DES CUBES des remblais sur les déblais,		DÉBLAIS in excès à porter		EMPRUNTS pour remblais.	INDICATION des lieux d'emploi ou de dépôt des déblais en excès. — OBSERVATIONS sur les remblais.	NOMBRE DE MÈTRES CUBES DE TERRASSES TRANSPORTÉS								
Par suite non interrompue de profils.	Par profil.	Par suite non interrompue de profils.	en remblais sur le chemin.	en dépôt ou réservé p.r un autre usage.			au jet de pelle.	à la brouette		au tombereau					Distance moyenne.
								à 30m.	à 50m.	à 90m.	à 100m.	à 120m.	à 200m.	à 240m.	109m
22	23	24	25	26	27	28	29	30	31	32	33	34	35	36	37
4722.94	6064.92	6064.92	4722.94	»	480.99		205.26	481.38	132.29	492.99	484.27	3366.73	246.27	»	
						545m 62c à transporter entre les profils nos 34 et 38.	»	»	»	»	»	»	545.62		
860.99	»	»	860.99	»	»	315m 37c à transporter entre les profils 38 et 41.	»	»	»	»	»	»	»	315.37	
5583.93	6064.92	6064.92	5583.93	»	480.99		305.26	481.38	132.29	492.99	384.27	3366.73	791.89	315.37	

2ᵉ SECTION.

CHAUSSÉE, CANIVEAUX ET CASSIS.

La longueur totale de la chaussée d'empierrement est de 1036 mèt. 50 c.

3ᵉ SECTION.

OUVRAGES D'ART.

DÉSIGNATION DES OUVRAGES ET PARTIES D'OUVRAGES et indication de leur nature.	NOMBRE DES PARTIES ou pièces semblables.	DIMENSIONS RÉDUITES.			SURFACES		CUBES		POIDS.
		Longueur pour chacune ou ensemble.	Largeur.	Hauteur ou épaisseur.	auxiliaires.	définitives.	auxiliaires.	définitifs.	
FOUILLES POUR FONDATIONS.		m c	m c	m c	m c	m c	m c	m c	
Aqueduc nº 1, à construire au profil nº 9..............	»	5.00	3.30	3 50	» »	16.50	» »	57.75	
Profil nº 9..........................	»	» 10.00	»	»	1.88	1.84	18.40		
Profil nº 10........................	»	»	»	»	1.80				
Profil nº 10........................	»	» 15.00	»	»	1.80	1.50	22.50		
Profil nº 11........................	»	»	»	»	1.20				
Profil nº 11........................	»	» 10.00	»	»	1.20	1.10	11.00		
Profil nº 12........................	»	»	»	»	1.00				
Profil nº 12........................	»	» 10.00	»	»	1.00	1.00	10.00		
Profil nº 13........................	»	»	»	»	1.00				
Profil nº 13........................	»	» 15.00	»	»	1.00	1.00	15.00	152.70	
Profil nº 14........................	»	»	»	»	1.00				
Profil nº 14........................	»	» 20 00	»	»	1.00	1.00	20.00		
Profil nº 15........................	»	»	»	»	1.00				
Profil nº 15........................	»	» 10.00	»	»	1.00	1 00	10 00		
Profil nº 16........................	»	»	»	»	1.00				
Profil nº 16........................	»	» 15.00	»	»	1.00	1.00	15.00		
Profil nº 17........................	»	»	»	»	1.00				
Profil nº 17........................	»	» 20.00	»	»	1.00	1.04	20 80		
Profil nº 18........................	»	»	»	»	1.08				
Aqueduc nº 2, à construire au profil nº 24..........	»	8 00	»	»	»	3.70	»	29.60	
Aqueduc nº 3, à construire au profil nº 45..........	»	8.00	»	»	»	5.22	»	41.76	
TOTAL des fouilles.................	»	»	»	»	»	»	»	281.81	

Mur de souténement à construire entre les profils nᵒˢ 9 et 18.

DÉSIGNATION DES OUVRAGES ET PARTIES D'OUVRAGES et indication de leur nature.	NOMBRE DES PARTIES ou pièces semblables.	DIMENSIONS RÉDUITES.			SURFACES		CUBES		POIDS.
		Longueur pour chacune ou ensemble.	Largeur.	Hauteur ou épaisseur.	auxiliaires.	définitives.	auxiliaires.	définitifs.	
MAÇONNERIES EN PIERRE DE TAILLE, AVEC MORTIER DE CHAUX ET SABLE.		m c	m c	m c	m c	m c	m c	m c	
Pieds droits à la hauteur du socle..	2	8.10	1.00	0.55	»	8.10	4.45	8.90	
Idem au-dessus du socle..	2	8.00	0.90	0.55	»	7.20	3.96	7.92	
Dalles de recouvrement............	»	8.00	2.00	0.50	»	16.00	»	8.00	
Aqueduc n° 1. Mur de tête, côté d'amont.........	»	3.00	1.00	1.70	»	3.00	»	5.10	
Idem du côté d'aval.......	»	8.70	1.00	1.70	»	8.70	»	14.79	
Parapet, côté d'aval	»	8.70	0.70	0.90	»	6.09	»	5.48	
Pieds droits......................	2	8.00	0.80	0 80	»	6.40	5.12	10.24	
Aqueduc n° 2. Dalles de recouvrement............	»	8.00	0.90	0.33	»	7.20	»	2.38	
Murs de tête..................	2	4.40	0.80	0.53	»	3.52	1.86	3.72	
Aqueduc semblable, n° 3............	»	»	»	»	»	»	»	16.34	
TOTAL des maçonneries avec mortier.....	»	»	»	»	»	»	»	82.87	
MAÇONNERIÉS POSÉES A SEC.									
Profil n° 9.......................	»	»	»	»	8.66	8.66	86.60		
Profil n° 10......................	»	10.00	»	»	8 66				
Profil n° 10......................	»	»	»	»	8.66	8.68	130.20		
Profil n° 11......................	»	15.00	»	»	8.70			456.50	
Profil n° 11......................	»	»	»	»	8.70	10.85	108.50		
Profil n° 12......................	»	10.00	»	»	13.00				
Profil n° 12......................	»	»	»	»	13.00	13.12	131.20		
Profil n° 13......................	»	10.00	»	»	13.24				
A reporter..	»	»	»	»	»	»	»	456.50	

DÉSIGNATION DES OUVRAGES ET PARTIES D'OUVRAGES et indication de leur nature.	NOMBRE DES PARTIES OU PIÈCES SEMBLABLES.	DIMENSIONS RÉDUITES.			SURFACES		CUBES		POIDS.
		Longueur pour chacune ou ensemble.	Largeur.	Hauteur ou épaisseur.	auxiliaires.	définitives.	auxiliaires.	définitifs.	
		m c	m c	m c	m c	m c	m c	m c	m c
Report....................	»	»	»	»	»	»	»	456.50	
Profil n° 13................	»	15.00	»	»	13.24	13.05	195.75		
Profil n° 14................	»	»	»	»	12.86				
Profil n° 14................	»	20.00	»	»	12 86	13.51	270.20		
Profil n° 15................	»	»	»	»	13.16				
Profil n° 15................	»	10.00	»	»	13.16	12 58	125.80	864.75	
Profil n° 16................	»	»	»	»	12.00				
Profil n° 16................	»	15.00	»	»	12.00	10 00	150 00		
Profil n° 17................	»	»	»	»	8.00				
Profil n° 17................	»	20.00	»	»	8.00	6.15	123.00		
Profil n° 18................	»	»	»	»	4.30				
Parapet.................	»	125.00	0.70	0.90	»	»	»	78.75	
TOTAL des maçonneries posées à sec....	»	»	»	»	»	»	»	1400.00	
PAVÉS OU RADIERS, AU MÈTRE CARRÉ.									
Aqueduc n° 1. { Sous l'aqueduc................	»	8.00	1.00	»	»	8.00			
En avant de la tête, côté d'aval...	»	3.20	2.60	»	»	8 32			
Aqueduc n° 2................	»	8.00	0.50	»	»	4.00			
Aqueduc n° 3................	»	»	»	»	»	4.00			
TOTAL des mètres carrés de radiers........	»	»	»	»	»	24.32			

ANALYSE DES PRIX.

1re SECTION.

TERRASSEMENTS.

Bases des Prix.

Le prix, par jour, d'un ouvrier terrassier, est de................ 2 f. 00 c.
Celui d'un ouvrier mineur, de...................................... 2 50
Celui d'une voiture attelée d'un seul cheval, conducteur com-
  pris , de.. 5 00
      Idem   attelée de deux chevaux.................... 10 00

Les prix de transport des terres à la brouette seront déterminés par la formule

$$x = \frac{2\,p\mathrm{D}}{1000}, (1)$$

dans laquelle x représente le prix qu'il s'agit de déterminer ;
p le prix de la journée de l'ouvrier ;
D la distance du transport.
Cette formule ne sera appliquée que jusqu'à une distance de cinquante mètres.

Les prix de transport au tombereau des diverses espèces de matières, seront déterminés par la formule

$$x = \frac{\mathrm{P}\,(2\,\mathrm{D} + d)}{\mathrm{L} \times c}, (2)$$

dans laquelle x représente le prix qu'il s'agit de déterminer ;
P le prix de la journée de la voiture, y compris le conducteur ;
D la distance du transport;
d la distance répondant au temps perdu pour le chargement et le déchargement ;

L le parcours journalier de la voiture, lorsqu'elle marche sans interruption ; il est de 36,000 mètres ;

Et c le cube du chargement.

Cette dernière formule prendra, suivant les diverses espèces de matières et la force de l'attelage, les expressions indiquées au tableau ci-après, en fonction de la distance D. Ce tableau fait également connaître les limites entre lesquelles les transports seront considérés comme exécutés au moyen d'une voiture à un cheval, à deux chevaux, etc.

INDICATION des MATIÈRES A TRANSPORTER.	CUBE du CHARGEMENT, élément c.			DISTANCE d, répondant au temps du chargement.			EXPRESSION DU PRIX DU TRANSPORT, formule (2) réduite en nombre, à l'exception de la distance D.			LIMITES D'APPLICATION de la formule (2).		
	Voiture à			Voiture à			Voiture à			Voiture à		
	1 cheval.	2 chevaux.	3 chevaux.	1 cheval.	2 chevaux.	3 chevaux.	1 cheval.	2 chevaux.	3 chevaux.	1 cheval.	2 chevaux.	3 chevaux.
Roches extraites au pic et à la poudre..........	0 50	»	»	400	»	»	$\dfrac{\text{D} + 400}{1800}$	»	»	de 50ᵐ à 109	»	»

Sous-détails.

NUMÉRO ET OBJET des SOUS-DÉTAILS.	DÉTAIL DES FOURNITURES et MAIN-D'ŒUVRE	PRIX	
		élémentaire.	d'application.
		f. c.	f. c.
N° 1. Prix d'un mètre cube de terre franche, fouillée et transportée au jet de pelle.	Fouille, les 0,08 d'une journée de terrassier, à 2 fr. 00 c......................	0 16	
	Jet à la pelle, les 0,04 d'une journée de terrassier, à 2 fr. 00 c.................	0 12	
	Fourniture d'outils, surveillance et faux frais.................................	0 10	
	TOTAL....................	0 38	
	1/10 de bénéfice pour l'entrepreneur......	0 04	
	Prix du mètre cube................	»	0 42

NUMÉRO ET OBJET des SOUS-DÉTAILS.	DÉTAIL DES FOURNITURES et MAIN-D'ŒUVRE.	PRIX élémentaire.	d'application.
		f. c.	f. c.
N° 2. Prix d'un mètre cube de terre franche, fouillée et transportée à 30 mètres de distance.	Fouille, les 0,08 d'une journée de manœuvre, à 2 fr. 00 c......................	0 16	
	Chargement dans une brouette, les 0,06 d'une journée, à 2 fr. 00 c................	0 12	
	Transport dans des brouettes, à 30 mèt., d'après la formule (1).................	0 12	
	Fourniture d'outils, surveillance et faux-frais...........................	0 12	
	TOTAL......................	0 52	
	1/10 de bénéfice pour l'entrepreneur......	0 05	
	Prix du mètre cube......................	»	0 57
N° 3. Prix d'un mètre cube de terre franche, fouillée et transportée à 50 mètres de distance.	Fouille, les 0,08 d'une journée de terrassier, à 2 fr. 00 c......................	0 16	
	Chargement, dans une brouette, les 0,06 d'une journée, à 2 fr. 00 c............	0 12	
	Transport dans les brouettes, à 50 mètres, d'après la formule (1).................	0 20	
	Fourniture d'outils, surveillance et faux-frais...........................	0 12	
	TOTAL......................	0 60	
	1/10 de bénéfice pour l'entrepreneur.....	0 06	
	Prix du mètre cube......................	»	0 66
N° 4. Prix d'un mètre cube de terre franche, fouillée et transportée à 109 mèt. de distance.	Fouille, les 0,08 d'une journée de terrassier, à 2 fr. 00 c......................	0 16	
	Chargement dans un tombereau, 0,09 de journée à 2 fr. 00 c......................	0 18	
	Transport à 109 mètres, d'après la formule (2)......................	0 28	
	Fourniture d'outils, surveillance et faux-frais...........................	0 12	
	TOTAL	0 74	
	1/10 de bénéfice pour l'entrepreneur.......	0 07	
	Prix du mètre cube......................	»	0 81

NUMÉRO ET OBJET des SOUS-DÉTAILS.	DÉTAIL DES FOURNITURES et MAIN-D'ŒUVRE.	PRIX	
		élémen- taire.	d'appli- cation.
		f. c.	f. c.
N° 5. Prix d'un mètre cube de roc extrait au pic, fouillé et trans- porté à 109 mètres de distance.	Fouille, les 0,35 d'une journée de terras- sier, à 2 fr. 00 c......................	0 70	
	Chargement dans un tombereau, 0,12 de journée, à 2 fr. 00 c..................	0 24	
	Transport à 109 mètres, dans un tombe- reau, formule (2)..................	0 28	
	Fournit⁻ d'outils, surveill⁻ et faux-frais.	0 14	
	TOTAL......................	1 36	
	1/10 de bénéfice pour l'entrepreneur......	0 14	
	Prix du mètre cube.....................	»	1 50
N° 6. Prix d'un mètre cube de roc extrait à la mine, et transporté à 109 mètres de distance.	Exploitation, une demi-journée de mineur, à 2 fr. 50 c.......................	1 25	
	Un kilogramme de poudre de mine.........	2 00	
	Chargement dans un tombereau, 0,12 de journée de manœuvre à 2 fr............	0 24	
	Transp⁻ à 109 mèt., selon la formule (2)...	0 28	
	Fournit⁻ d'outils, surveill⁻ et faux-frais.	0 14	
	TOTAL....................	3 91	
	1/10 de bénéfice..........................	0 39	
	Prix du mètre cube.....................	»	4 30

2ᵉ SECTION.

CHAUSSÉE D'EMPIERREMENT.

N° 7. Prix d'un mètre cou- rant de chaussée d'empierrement.	Extraction de 1 mèt. 20 c. de pierre, 0,42 de journée de terrassier, à 2 fr. 00 c....	0 84	
	Chargement dans une brouette, 0,07 de journée d'un terrassier, à 2 fr..........	0 14	
	Transp⁻ à 30 mèt., d'après la formule (1) ..	0 12	
	Préparation de l'encaissement, pose des bordures, cassage et emploi de la pierre. ¾ de journée d'un ouvrier terrassier, à 2 fr. 00 c........................	1 50	
	Fournit⁻ d'outils, surveill⁻ et faux-frais.	0 10	
	TOTAL....................	2 70	
	1/10 de bénéfice.......................	0 27	
	Prix du mètre linéaire.......................	»	2 97

3e SECTION.

TRAVAUX D'ART.

Bases des Prix.

Le prix par jour d'un ouvrier maçon est de.......................... 2 f. 00 c.

Le prix de la journée d'un tailleur de pierre est de............... 2 50

Celui de la journée d'un maître poseur.............................. 3 00

Le prix du mètre cube de pierre de taille rendue à pied d'œuvre

est de... 5 00

Celui du mètre cube de moellon est de.............................. 1 00

Le prix du mètre cube de sable est de.............................. 3 50

Celui du mètre cube de chaux vive est de.......................... 25 00

Sous-Détails.

NUMÉRO ET OBJET des SOUS-DÉTAILS.	DÉTAIL DES FOURNITURES et MAIN-D'ŒUVRE.	PRIX	
		élémentaire.	d'application.
		f. c.	f. c.
N° 8. Prix d'un mètre cube de chaux éteinte.	Fourniture de 1 mètre 10 cent. de chaux vive, y compris le déchet, à 25 fr. le mèt.	27 50	
	Extinction, une journée de manœuvre....	2 00	
	Frais pour la préparation du bassin........	0 30	
	TOTAL.....................	29 80	
	Le foisonnement étant dans le rapport de deux à trois, le mètre cube de pâte reviendra aux deux tiers de celui-ci.......	»	19 87
N° 9. Prix d'un mètre cube de mortier avec chaux et sable.	0 mèt. 40 cent. de chaux en pâte, à 19 fr. 87 c. le mètre cube.....................	7 95	
	0 mèt. 80 cent. de sable à 3 fr. 50 c. le mètre cube...........................	2 80	
	Approche des matériaux, une journée de manœuvre.............................	2 00	
	Manipulation, une journée de manœuvre.	2 00	
	Fournitre d'outils, surveillce et faux-frais.	0 10	
	TOTAL...................	14 85	
	1/10 de bénéfice pour l'entrepreneur......	1 48	
	Prix du mètre cube......................	»	16 33

NUMÉRO ET OBJET des SOUS-DÉTAILS.	DÉTAIL DES FOURNITURES et MAIN-D'ŒUVRE.	PRIX élémentaire.	d'application.
		f. c.	f. c.
	1 mèt. 10 cent. de pierre de taille, y compris le déchet, à 5 fr. 00 c..............	5 50	
	0 mét. 12 cent. de mortier, à 16 fr. 33 c. le mètre cube........................	1 96	
N° 10. Prix d'un mètre cube de maçonner¹ avec mortier de chaux et sable.	Approche des matériaux, 1/10 de journée de manœuvre, à 2 fr................	0 20	
	Taille, une journée de tailleur de pierre, à 2 fr. 50 c.....................	2 50	
	Pose, 1/3 de journée de poseur, à 3 fr....	1 00	
	Séchage, 1/10 de journée de maçon, à 2 fr.	0 20	
	TOTAL.......................	11 36	
	1/10 de bénéfice pour l'entrepreneur......	1 14	
	Prix du mètre cube.....................	»	12 50
	Un mètre cube de moellons ou forts libages.	1 00	
	Bardage, 1/10 de journée de manœuvre, à 2 fr...........................	0 20	
N° 11. Prix d'un mètre cube de maçonneries à pierre sèche.	Une journée de tailleur de pierre..........	2 00	
	Pose, 1/3 de journée de poseur, à 3 fr....	1 00	
	TOTAL.....................	4 20	
	1/10 de bénéfice......................	0 42	
	Prix du mètre cube.....................	»	4 62
	0 mèt. 30 cent. de moellon, à 1 fr. le mètre cube............................	0 30	
N° 12. Prix d'un mètre carré de pavé en blocage.	0 mèt. 10 cent. de sable, à 3 fr. 50 c. le mètre cube........................	0 35	
	1/2 journée de maçon, à 2 fr..............	1 00	
	TOTAL.....................	1 65	
	1/10 de bénéfice......................	0 17	
	Prix du mètre carré...................	»	1 82

DÉTAIL ESTIMATIF DES TRAVAUX.

INDICATION DES OUVRAGES.	NUMÉROS des sous-détails.	QUANTITÉS.	PRIX de l'unité.	DÉPENSES		
				par article.	par ouvrage.	par section de l'avant-métre.
		m. c.	f. c.	f. c.	f. c.	f. c.
Terre végétale franche, fouillée et jetée à la pelle.................................	1	305 26	0 42	128 21		
Terre végétale franche, fouillée et trans-portée à 30 mètres.........................	2	481 38	0 57	274 39		
Terre végétale franche, fouillée et trans-portée à 50 mètres......................	3	132 29	0 66	87 31	12954 39	12954 39
Terre végètale franche, fouillée et trans-portée à 109 mètres..................	4	650 78	0 81	527 13		
Roc au pic, fouillé et transporté à 109 mèt.	5	3108 81	1 50	4663 21		
Roc à la mine, extrait et transporté à 109 mètres...............	6	1691 66	4 30	7274 14		
Chaussée d'empierrement..................	7	1036 50	2 97	3078 40	3078 40	3078 40
Fouilles de fondations des travaux d'art au jet de pelle...............	1	281 81	0 42	118 36	118 36	
Maçonneries en pierre de taille avec mor-tier......	10	82 87	12 50	1035 88	1035 88	7666 50
Maçonneries posées à sec.....................	11	1400 00	4 62	6468 00	6468 00	
Pavés ou radiers...........................	12	24 32	1 82	44 26	44 26	
TOTAL..............................						23699 29

Le présent détail estimatif, montant à la somme de vingt-trois mille six cent quatre-vingt-dix-neuf francs vingt-neuf centimes, a été dressé par le soussigné.

A le

DÉPARTEMENT

de

ARRONDISSEMENT

e

§ III. — DEVIS DES TRAVAUX A EXÉCUTER POUR LA CONSTRUCTION D'UN PONT EN MAÇONNERIE, COMPOSÉ DE TROIS ARCHES AYANT CHACUNE CINQ MÈTRES D'OUVERTURE, SUR LA RIVIÈRE DE   , CHEMIN DE GRANDE COMMUNICATION N°   , DE   A

DEVIS ET CAHIER DES CHARGES.

CHAPITRE PREMIER.

DESCRIPTION GÉNÉRALE.

Pl. XLV.

Ce pont sera construit à angle droit, sur l'axe du chemin ; il se composera de trois arches ayant chacune cinq mètres d'ouverture jusqu'à la hauteur du socle, lequel formant une retraite de cinq centimètres sur le contour des piles et culées, portera à cinq mètres dix centimètres l'ouverture des arches à leur partie supérieure. La longueur entre les têtes sera de huit mètres, dans lesquels se trouvent comprises les épaisseurs des parapets.

Dans son ensemble, l'édifice aura pour bases quatre massifs de fondations, établis sur pilotis à une profondeur moyenne d'un mètre soixante-dix centimètres, en contre-bas des rives qui présentent en cet endroit très peu d'élévation au-dessus de l'étiage.

Les massifs correspondants aux culées auront trois mètres trente centimètres de largeur, sur une longueur moyenne de neuf mètres soixante ; et ceux sur lesquels reposeront les piles, auront cette même longueur de neuf mètres soixante centimètres, sur un mètre soixante-cinq de large. Ces massifs, formés de pierres des plus fortes dimensions possibles, seront montés d'aplomb jusqu'à la hauteur de l'étiage actuel, où sera établi un pavé général, formé de tablettes en pierre de taille, tirées à vingt centimètres d'épaisseur : là, les culées se réduiront à trois mètres et les piles à un mètre seulement ; les unes et les autres ne conserveront ces épaisseurs respectives que jusqu'à la hauteur du socle, c'est-à-dire à quatre-vingts centimètres au-dessus du radier, où il existera une retraite générale sur le contour apparent de chaque massif.

Les piles en amont comme en aval, et en dehors des huit mètres compris d'une tête à l'autre, se termineront par des avant et arrière-becs formés en tiers-point, dont l'angle saillant sera déterminé par l'intersection de deux arcs de cercle de soixante degrés, décrits avec un rayon d'un mètre. La surface convexe de chaque bec, en amont et en aval, aura pour génératrice les deux arcs réunis.

Quant aux culées, elles se termineront par des murs en ailes, formant, avec les têtes du pont, des angles de trente-six degrés trente minutes, et se raccordant avec la face visible de ces mêmes culées au moyen d'arcs de cercle de soixante degrés, ce qui établira des portions de becs semblables à ceux des piles.

Les murs en ailes seront adhérents aux massifs des culées, lesquelles étant montées en pierre de taille des plus fortes dimensions à la hauteur de l'extrados, se termineront, à leur partie extérieure, vers les murs en ailes, par une surface gauche, suivant l'inclinaison du talus des remblais de la chaussée. Les couronnements des murs en ailes, ou plutôt ceux des prolongements des culées, formant les surfaces gauches dont il vient d'être parlé, seront formés de pierres de taille formant larmier, ainsi qu'il est indiqué au dessin.

Les voûtes, dont les génératrices seront des arcs de cercle de trente-deux degrés huit minutes, décrits avec un rayon de neuf mètres vingt-deux centimètres, reposeront sur des pieds droits d'un mètre dix; ces voûtes, ainsi surbaissées, auront trente-six centimètres de flèche et soixante-dix-huit d'épaisseur à la clef; elles se composeront de quinze douelles ayant chacune trois cent quarante-quatre millimètres de développée, joints compris. L'extrados horizontal se terminera, sur les têtes et pour les trois arches, à une moulure générale de vingt-cinq centimètres d'épaisseur; il sera recouvert d'une chappe de cinq centimètres.

Enfin, les têtes seront surmontées de parapets ayant quatre-vingts centimètres de hauteur sur quarante-cinq d'épaisseur.

La chaussée d'empierrement sera formée, sur le pont, de fragments de silex concassés et réduits de manière à pouvoir passer en tous sens dans un anneau de deux centimètres et demi de diamètre.

Il sera placé une borne ou boute-roue aux extrémités de chaque parapet.

CHAPITRE II.

CONDITIONS ET MODE D'EXÉCUTION.

ARTICLE PREMIER. — Le tracé des travaux sera confié aux soins d'un voyer, chargé de leur direction. Les déblais seront opérés suivant les piquets plantés par cet agent, à la profondeur à laquelle doit être placé le grillage;

les terres provenant de ces fouilles seront transportées à la suite du pont et déposées sur le tracé du chemin pour y former le remblai de la chaussée.

ART. 2. — Les frais d'épuisement, ceux de construction de bâtardeaux et battage de pieux, ne pouvant être évalués avec assez d'approximation pour figurer au devis, demeurent à la charge de l'administration, qui fera exécuter les travaux par attachement, avec les ouvriers que l'entrepreneur sera tenu de fournir en temps opportun et en nombre suffisant.

ART. 3. — Les fouilles étant terminées et dressées de niveau pour recevoir les massifs des fondations, il sera battu jusqu'au refus des pieux ou pilots, au nombre de cent trois, en bois de chêne; leurs têtes, recepées suivant un même plan horizontal, supporteront un grillage en bois de même espèce. Le grillage se composera de sept longrines et de treize traversines, assemblées à angle droit et à mi-bois. Les cases du grillage seront remplies de maçonneries en moellons avec mortier de chaux et sable, puis recouvertes de charrois de pierres de taille placés avec de bons joints, dans leur entier, et liés ensemble avec mortier de même nature.

ART. 4. — Chaque massif étant parvenu à la hauteur de quatre-vingts centimètres, sera dressé à l'herminette, de manière à ce que le lit extérieur présente une surface horizontale propre à recevoir la première assise de l'édifice.

ART. 5. — Les fondations ainsi terminées, l'agent-voyer indiquera avec exactitude les traces horizontales des piles et culées, afin de diriger ainsi lui-même l'ensemble du travail.

ART. 6. Les pierres de taille destinées aux parements des pieds droits et autres parties apparentes, auront quarante centimètres de hauteur d'assise; elles formeront alternativement carreaux et boutisses.

ART. 7. — Les joints verticaux seront pleins et piqués sur un retour d'équerre de trente centimètres. Les lits horizontaux seront sans démaigrissement en queue et les pierres toujours posées suivant leurs lits de carrière.

ART. 8. — Après l'achèvement de la maçonnerie, on opèrera le jointoiement et le ragréage général, en vidant les joints à la profondeur de cinq centimètres. Après les avoir curés et lavés, on les remplira de mortier foulé au moyen de fiches, et qui sera lissé à la spatule, jusqu'à ce que les joints deviennent secs et brillants.

ART. 9. — Toutes les maçonneries, de quelque importance qu'elles soient, seront en pierre de taille provenant des meilleurs lits des carrières de   ; cette pierre ne devra présenter aucune fissure ou autre défaut.

Art. 10. — Le sable sera pris à   , et débarrassé de toute matière étrangère.

Art. 11. — La chaux proviendra de   ; elle sera amenée sur l'atelier au fur et à mesure de l'emploi ; elle arrivera directement du four, autant que possible ; dans le cas contraire, elle sera tenue à l'abri, afin d'éviter l'extinction spontanée.

Art. 12. — L'extinction sera faite par aspersion et au moyen d'arrosoirs, sur des tas d'un dixième de mètre cube, placés sur une aire solide, préparée à cet effet. Lorsqu'elle aura absorbé toute son eau et qu'il ne se dégagera plus aucune vapeur, on la soumettra à la manipulation, en y ajoutant de l'eau en faible quantité, jusqu'à ce qu'elle forme une pâte ayant la consistance de l'argile prête à être mise en œuvre pour le moulage des tuiles. L'extinction sera toujours faite un jour avant la composition du mortier.

Art. 13. — Le mortier employé aux maçonneries sera composé d'une partie de chaux éteinte et de deux parties de sable sec. On commencera par manipuler la chaux jusqu'à ce qu'elle ait acquis le degré de mollesse qu'elle avait après l'extinction. On y ajoutera ensuite, peu à peu, le sable, sans addition d'eau, en continuant l'opération jusqu'à ce que le mélange soit parfait. Il n'en sera préparé, à chaque fois, que la quantité susceptible d'être employée pendant la journée.

Art. 14. — Le mortier destiné au jointoiement sera composé d'une partie de chaux combinée avec deux parties de ciment, sans addition d'eau, le mélange étant soumis aux mêmes préparations que le précédent.

Art. 15. — Tous les matériaux destinés à la construction seront déposés sur l'atelier, où ils seront scrupuleusement examinés par l'employé directeur des travaux, qui devra dresser procès-verbal de leur réception, dans le cas où il les reconnaîtrait convenables ; dans le cas contraire, ils devront rester en vue du chantier jusqu'à l'achèvement des travaux, afin que l'on ait la certitude qu'ils sont demeurés sans emploi.

Art. 16. — L'adjudicataire se conformera, pour les dimensions des pièces et pour les autres dispositions de l'édifice, aux prescriptions du présent et au dessin qui lui est annexé, dont il pourra prendre connaissance toutes les fois qu'il le jugera convenable. Si, pendant l'exécution des travaux, l'on reconnaissait l'utilité d'apporter quelques modifications au projet, il sera tenu de s'y conformer ; mais alors il y sera fait droit au décompte général.

ART. 17. — Aucun changement au projet arrêté ne sera toléré dans l'application, sans une autorisation spéciale de M. le Préfet, sur la proposition de M. le Voyer en chef.

ART. 18. — L'entrepreneur adjudicataire sera tenu, pendant la durée des travaux, de les surveiller lui-même; et s'il éprouvait le besoin de s'absenter pour plusieurs jours, il choisirait et ferait agréer un représentant capable de le remplacer, de manière à ce qu'aucune opération ne puisse être suspendue ni même retardée en raison de son absence.

ART. 19. — Les travaux devront être commencés immédiatement, pour être continués avec le plus de célérité possible ; ils devront être terminés au plus tard le

ART. 20. — Immédiatement après le complet achèvement des travaux, ils seront soumis à une réception provisoire, et resteront néanmoins à la charge de l'entrepreneur, qui continuera sa garantie jusqu'à leur réception définitive, qui aura lieu un an après.

ART. 21. — Outre les clauses et conditions imposées par le présent à l'entrepreneur adjudicataire, il sera encore assujéti aux dispositions réglementaires de M. le Préfet et à celles contenues dans les instructions de M. le Directeur général des ponts et chaussées.

ART. 22. — Les paiements seront effectués par cinquièmes, au fur et à mesure de l'avancement des travaux, suivant la disponibilité des fonds; néanmoins, le dernier cinquième, ou solde, ne pourra être délivré qu'après la réception définitive.

AVANT-MÉTRÉ DES TRAVAUX.

DESIGNATION DES OUVRAGES ET PARTIES D'OUVRAGES, Indication de leur Nature.	NOMBRE DES PARTIES ou pièces semblables.	DIMENSIONS réduites.		SURFACES		HAUTEUR OU ÉPAISSEUR réduite.	CUBES	
		Longueur.	Largeur.	auxiliaires.	définitives.		auxiliaires.	définitifs.
FOUIL-LES. Culée rive droite	»	10.70	3.30	» »	35.31	1.45	51.20	121.82
Culée rive gauche	»	10.70	3.30	» »	35.31	2.00	70.62	
Sous les piles	2	9.72	1.65	» »	16.04	0.80	12.83	25.66
Cube total des fouilles	»	»	»	» »	» »	»	»	147.48
MAÇONNERIE. Culées à la hauteur du radier	2	10.70	3.30	» »	35.31	0.80	28.25	56.50
Piles idem	2	9.72	1.65	» »	16.04	0.80	12.83	25.66
Massif du pont à la hauteur de l'extrados, non compris les parties saillantes	»	23.20	8.00	185.60	» »	2.24	415.74	
A déduire le vide des arches	3	»	»	» »	» »	»	172.08	
Reste	»	»	»	» »	» »	»	243.66	
A déduire la chappe	»	23.20	8.00	» »	185.60	0.05	9.28	
Reste en maçonnerie	»	»	»	» »	» »	»	234.38	234.38
Cube des avant et arrière-becs à la hauteur du socle	»	»	»	0.74	» »	0.80	0.59	
Du socle au chaperon	»	»	»	0.60	» »	0.67	0.40	
Chaperon	»	»	»	0.74	» »	0.20	0.15	
Total	6	»	»	» »	» »	»	1.14	6.84
Murs en ailes	4	2.50	1.78	» »	4.45	1.64	7.29	29.16
Moulures	2	18.30	1.00	» »	18.30	0.25	4.58	9.16
Parapets	2	23.20	0.41	» »	9.51	0.80	7.61	15.22
Bornes	4	1.25	0.10	0.130	» »			
	»	1.10	0.08	0.090	0.328	0.20	0.065	0.26
Moyenne géométrique	»	»	»	0.108				
Total de la maçonnerie	»	»	»	» »	» »	»	»	377.18

DÉSIGNATION DES OUVRAGES ET PARTIES D'OUVRAGES, Indication de leur Nature.	NOMBRE DES PARTIES ou pièces semblables.	DIMENSIONS réduites.		SURFACES		HAUTEUR ou épaisseur réduite.	CUBES	
		Longueur.	Largeur.	auxiliaires.	définitives.		auxiliaires.	définitifs.
		m c	m c	m c	m c	m c	m c	m c
PAREMENT VU — Piles et culées à la hauteur des naissances.	3	20 20	1.10	22.12	66.36			
Becs à la hauteur des chaperons	6	1.88	0 36	0 68	4 08			
Les chaperons	6	1.88	0.38	0.71	4 26			
Bandeau extérieur des têtes	»	5.40	1.14	6 16				
A déduire la surface du segment	»	»	»		1 64			
RESTE	6	»	»	4.52	27.12			
Voûtes	3	5.16	8.00	41.28	123.84			
Murs en ailes	»	3.10	0.90	2.79				
Leur couronnement	»	2.50	1.80	2.00				
	4	»	»	4.79	19.16			
Moulures	2	23 00	0.25	5.75	11 50			
Parapets	Ensemble	36.40	2.05	» »	74.62			
Idem, les bouts	»	0.80	0 80	0.64	» »			
Bornes	4	1.10	0 20	0.22	0.88			
TOTAL du parement vu	»	»	»	» »	331 82			
Pavé sous les arches	3	9.73	4 40	42.81	128.43			
CINTRES. Entraits	5	5.10	0.30	» »	1.53	0.30	2.30	
Poinçons	5	0.85	0.25	» »	0 21	0.25	0.25	
Fiches ou poitrails	10	0 68	0 25	» »	0 17	0.25	0.42	
Pièces de veaux	5	5.30	0.30	» »	1.59	0.15	1.20	
TOTAL des bois employés aux cintres	3	»	»	» »	» »	»	4.17	12.51
GRILLAGE ET PILOTIS. Longrines	7	23.00	0.25	» »	5 75	0 25	1.44	10.08
Idem sous les murs en ailes	4	3.70	0 25	» »	0 92	0.25	0.23	0.92
Traversines sous les massifs	10	12.00	0.25	» »	3.00	0.25	0.75	7.50
Idem sous les arches	3	8 50	0 25	» »	2 12	0.25	0.53	1.59
Pieux	103	2.40	0.25	» »	0.60	0.25	0.15	15.45
TOTAL des bois employés aux fondations	»	»	»	» »	» »	»	»	35.54
TOTAL de la charpenterie	»	»	»	» »	» »	»	»	48.05
Madriers pour couchis	3	8 00	3.00	24.00	72.00			

ANALYSE DES PRIX.

Bases des Prix.

Le mètre cube de pierre de taille de vaut, rendu à pied d'œuvre...	5 f.	50 c.
Le mètre cube de chaux vive	22	00
Le mètre cube de sable	4	00
Le mètre cube de ciment...................................	15	00
Le mètre cube de bois de chêne équarri........................	50	00
Le prix d'une journée de manœuvre est de.......................	1	50
Idem d'un maçon................................	2	00
Idem d'un tailleur de pierre....................	2	50
Idem d'un poseur..............................	3	00
Idem d'un charpentier........................	2	50

Sous-Détails.

N° 1.
Prix
d'un mètre cube
de chaux éteinte.

1.08 de chaux vive, y compris le déchet, à 22 fr. le mètre.......................................	23	76
Extinction, une journée de manœuvre............	1	50
Frais pour la construction de l'aire..............	0	30
TOTAL.......................	25	56
Le foisonnement étant dans le rapport de deux à trois, le mètre cube de pâte reviendra aux deux tiers de celui-ci............................	17	04

N° 2.
Prix
d'un mètre cube
de mortier
avec chaux et sable.

0.40 de chaux en pâte, à 17 fr. 04 c. (Sous-détail n° 1)...	6	82
0.80 de sable, à 4 fr. le mètre.....................	3	20
Approche des matérᵗ, une journée de manœuvre..	1	50
Manipulation, *idem*......................	1	50
Fourniture d'outils et faux frais..................	0	10
PRIX du mètre cube...........	13	12

N° 3.
Prix
d'un mètre cube
de mortier
avec
chaux et ciment.

0.40 de chaux en pâte, à 17 fr. 04 c. (Sous-détail n° 1)... 6 f. 82 c.
0.80 de ciment, à 15 fr. le mètre.................. 12 00
Approche des matér°, une journée de manœuvre. 1 50
Manipulation,   *idem*................... 1 50
Fourniture d'outils et faux frais................... 0 10

               Prix du mètre cube.......... 21 92

N° 4.
Prix d'un mètre cu-
be de terre fouillée
pour fondations et
transportée sur le
chemin.

Fouille et charge, demi-journée de manœuvre
     à 1 fr. 50 c.. 0 75
Transport à un relais de brouette................ 0 10
Outils et faux frais............................... 0 05

             Total......................... 0 90

Un dixième de bénéfice pour l'entrepreneur..... 0 09

            Prix du mètre cube.......... 0 99

N° 5.
Prix d'un mètre cu-
be de maçonnerie.

1.10 de pierre de taille, y compris le déchet, à
     5 fr. 50 c.. 6 05
0.12 de mortier de chaux et sable, à 13 fr. 12 c. 1 57
Bardage, une journée de manœuvre à 1 fr. 50 c. 1 50
Une journée et demie de poseur à 3 fr............ 4 50
Séchage, une demi-journée de maçon à 2 fr..... 1 00

             Total......................... 14 62

Un dixième de bénéfice pour l'entrepreneur.... 1 46

            Prix du mètre cube.......... 16 08

N° 6.
Prix d'un mètre car-
ré de parement vu,
ragréage et join-
toiement.

Une journée de tailleur de pierre................. 2 50
0.05 de mortier avec chaux et ciment, à 21 f. 92 c. 0 11
Un dixième de journée de maçon à 2 fr.......... 0 20

             Total......................... 2 81

Un dixième de bénéfice pour l'entrepreneur..... 0 28

            Prix du mètre carré........ 3 09

N° 7.
Prix d'un mètre carré de pavé sous les arches.

0.22 de pierre, y compris le déchet, à 5 fr. 50 c.	1 f.	21 c.
0.04 de sable à 4 fr. le mètre......................	0	16
Une journée de maçon..............................	2	00
TOTAL............................	3	37
Un dixième de bénéfice pour l'entrepreneur.....	0	34
PRIX du mètre carré.........	3	71

N° 8.
Prix d'un mètre cube de bois de chêne, employé aux cintres, grillages et pilotis.

Achat d'un mètre cube de bois de chêne équarri.	50	00
Un vingtième de déchet pour assemblage.........	2	50
Six journées de charpentier à 2 fr. 50 c...........	15	00
Une journée de manœuvre........................	1	50
TOTAL...........................	69	00
Un dixième de bénéfice pour l'entrepreneur.....	6	90
PRIX du mètre cube.........	75	90
Après le décintrement, les bois devant rester à l'entrepreneur, le prix du mètre cube sera réduit aux deux tiers, c'est-à-dire à...........	50	60

N° 9.
Prix d'un mètre carré de madriers en bois de chêne pour couchis.

0.125 de bois de chêne équarri, à 50 fr., y compris le déchet...............	6	20
Un quart de journée de deux scieurs de long à 4 fr.	1	00
Pose et assujétissement, un dixième de journée.	0	25
TOTAL........................	7	45
Un dixième de bénéfice pour l'entrepreneur.....	0	74
PRIX du mètre carré.........	8	19
Mais après le décintrement, les madriers devant rester à l'entrepreneur, le prix du mètre carré sera réduit de moitié, c'est-à-dire à...........	4	09

N° 10.
Prix d'un mètre cube de mortier avec chaux et ciment, pour chappe.

Un mètre cube de mortier avec chaux et ciment.	21	92
Passage à la truelle jusqu'à parfaite dessiccation, une journée de maçon...........................	2	50
Transport du mortier, une journée de goujat....	1	50
Outils et faux frais.............................	0	30
TOTAL......................	26	22
Un dixième de bénéfice pour l'entrepreneur.....	2	62
PRIX du mètre cube.........	28	84

N° 11.
Prix d'un mètre li-
néaire de chaus-
sée d'empierre-
ment sur le pont.

Ramassage dans les champs de 1 m. 80 c. de silex.   1 f. 80 c.
Cassage, une demi-journée de manœuvre.......   0   75
Transport à mille mètres..........................   1   10
Emploi sur la chaussée...........................   0   50
                                                        ────────
                    TOTAL.......................   3   15

Un dixième de bénéfice pour l'entrepreneur....   0   31

              PRIX du mètre linéaire......   3   46

DÉTAIL ESTIMATIF DES TRAVAUX.

INDICATION DES OUVRAGES.	N°˙ des détails.	QUANTITÉS.	PRIX	
			de l'unité.	par ouvrage.
		m. c.	f. c.	f. c.
Fouilles des fondations....................	4	147 48	0 99	146 01
Maçonnerie (au mètre cube)................	5	377 18	16 08	6065 05
Parement vu (au mètre carré).............	6	331 82	3 09	1025 32
Pavé sous les arches (au mètre carré)........	7	128 43	3 71	476 47
Bois pour cintres (au mètre cube)...........	8	12 51	50 60	633 01
Bois pour grillages et pilotis................	8	35 54	75 90	2697 49
Madriers pour couchis......................	9	72 00	4 09	294 48
Chape (au mètre cube).....................	10	9 28	28 84	267 63
Empierrement (au mètre linéaire)...........	11	23 20	3 46	80 27
TOTAL.........................				11685 73

Le présent détail estimatif, montant à la somme de onze mille six cent quatre-vingt-cinq francs soixante-treize centimes, a été dressé par le soussigné.

A   le

DÉPARTEMENT
de

ARRONDISSEMENT
d

§ IV. — DEVIS DES TRAVAUX A EXÉCUTER POUR LA CONSTRUCTION D'UN PONT EN MAÇONNERIE ET EN CHARPENTERIE, COMPOSÉ DE SIX TRAVÉES AYANT CHACUNE CINQ MÈTRES CINQUANTE CENTIMÈTRES D'OUVERTURE, SUR LA RIVIÈRE DE   , CHEMIN DE GRANDE COMMUNICATION N°   , DE   A

DEVIS ET CAHIER DES CHARGES.

CHAPITRE PREMIER.

DESCRIPTION GÉNÉRALE.

PL. XLVI.

Ce pont sera établi à angle droit, sur l'axe du chemin; il se composera de six travées ayant chacune cinq mètres cinquante centimètres d'ouverture au-dessus du socle, se réduisant à cinq mètres quarante centimètres vis-à-vis de celui-ci. La largeur du tablier sera de six mètres, y compris l'épaisseur des lisses; il reposera sur cinq piles et deux culées construites en pierre de taille.

Tout l'édifice reposera sur sept massifs de fondations, établis sur le roc, correspondant aux cinq piles et aux deux culées; chacun de ces massifs, dont l'épaisseur variera suivant l'inclinaison du banc calcaire sur lequel ils seront tous établis, parvenu à la hauteur du pavé général placé horizontalement à l'étiage actuel, sera recouvert de pièces de chaudron propres à recevoir la maçonnerie apparente des piles et culées, formant retraite de vingt centimè-tres sur le contour de chaque massif.

Les piles, en amont comme en aval, et en dehors des six mètres compris d'une tête à l'autre, se termineront par des avant et arrière-becs semi-cylin-driques jusqu'à la hauteur du socle, c'est-à-dire à quatre-vingt-douze centi-mètres au-dessus des fondations; là, l'épaisseur des piles, jusqu'alors d'un mètre cinquante-deux centimètres, se réduira à celle d'un mètre quarante-deux au profit des travées, qui auront alors cinq mètres cinquante centimètres d'ouverture, ce qui forme, à la hauteur du socle, une retraite de cinq centi-mètres, régnant sur le contour entier de chaque pile. La partie supérieure de chacune d'elles, c'est-à-dire la maçonnerie comprise entre le socle et la partie inférieure du tablier, sera montée verticalement, à l'exception des avant et arrière-becs, qui prendront la forme de demi-cônes tronqués, dont l'apothème inclinera vers l'axe du dixième de la hauteur, prise immédiatement au-dessous de la moulure, ce qui donnera un diamètre d'un mètre dix centimètres à la base supérieure du tronc, tandis que celui de la base inférieure, sera d'un mètre quarante-deux. Enfin les parties saillantes des piles, en amont et en aval, seront couronnées par une seule pierre, formant chaperon, telle qu'elle est indiquée à l'épure.

Tout ce qui vient d'être dit relativement aux avant et arrière-becs des piles, s'applique exactement à ceux des culées, si ce n'est que le périmètre de ces derniers n'est qu'un quart de conférence, tandis qu'il est d'une demi à ceux qui viennent d'être décrits.

Chaque pile sera surmontée de deux sablières, sur lesquelles viendront s'appuyer d'une manière uniforme les poutres du tablier, qui ne formera qu'un seul système, composé ainsi qu'il suit :

Cinq poutres ayant trente centimètres d'équarrissage sur quarante-un mètres cinquante-deux centimètres de longueur, seront établies horizontalement et parallèlement à l'axe du pont ; elles porteront immédiatement sur les sablières et seront espacées d'un mètre quatre cent vingt-cinq millimètres, pris de milieu en milieu. Pour former cette longueur de quarante-un mètres cinquante centimètres, on réunira bout-à-bout six poutrelles de même force, de manière à ce que le lieu de réunion corresponde sur l'axe de chaque pile, et l'on emploiera, à cet effet, l'assemblage à trait de Jupiter. Sous chaque travée, il sera placé, afin d'atténuer l'effort auquel doivent résister les poutres, cinq sous-poutres, maintenues par dix contre-fiches, dont les points d'appui seront fixés à quarante-six centimètres au-dessus du socle, ou, ce qui est la même chose, sur le lit inférieur de la quatrième assise, à partir des fondations. Chaque sous-poutre sera fixée à sa poutre correspondante au moyen d'une couple de boulons à tête carrée, dont les écrous de même forme visseront de bas en haut. Chaque assemblage à trait de Jupiter, pourra de même être assujéti par deux boulons fixés de la même manière que précédemment, si toutefois le voyer chargé de la surveillance des travaux, le juge nécessaire.

Vingt-cinq pièces de pont de vingt centimètres d'équarrissage, légèrement encastrées à angle droit dans les poutres, de manière toutefois à ce que les embrèvements les affaiblissent le moins possible, seront fixées transversalement, et auront alternativement six mètres et sept mètres quatre-vingt-quatre centimètres de longueur, de façon à ce que, de deux en deux, un prolongement extérieur de quatre-vingt-douze centimètres puisse servir à supporter les poteaux de lisses.

Enfin les intervalles compris entre les différentes pièces de pont, seront remplis par des madriers de douze centimètres d'épaisseur, assemblés à joints carrés et fixés aux poutres d'une manière invariable, au moyen de chevilles en bois.

Les parapets seront formés chacun de onze poteaux fixés transversalement par des contre-fiches dont les points d'appui seront pris sur les pièces de pont intérieurement et sur leur prolongement extérieur. Dans le sens longitudinal, ils seront assujétis par deux cours de lisses, fixées elles-mêmes par leurs extrémités dans les dés en pierre de taille placés aux quatre coins du pont, et formant retour, pour donner au chemin sa largeur ordinaire de huit mètres au sortir du pont.

Le tablier sera couvert d'un empierrement formé de gros gravier provenant des sables de la rivière passés à la claie, dont les parties les plus divisées seront réservées pour la composition du mortier à employer pour les maçonneries. Le pavé du pont aura trente centimètres d'épaisseur sur l'axe du chemin, se réduisant à vingt sur les côtés, où il sera maintenu par des garde-sable fixés aux madriers du tablier et aux poteaux de lisses.

Enfin les gros bois seront enduits d'une composition propre à leur conservation pendant une longue suite d'années; cette composition et les proportions de ces principes élémentaires, seront analysées plus loin.

Les petits bois composant les parapets, seront peints à l'huile, couleur olive et à trois couches.

CHAPITRE II.

CONDITIONS ET MODE D'EXÉCUTION DES OUVRAGES.

Fouilles des Fondations.

ARTICLE 1er. — Le tracé des travaux sera confié aux soins d'un voyer chargé de leur direction. Les déblais seront opérés suivant les piquets plantés par cet agent, à la profondeur du rocher, pour les différents massifs, et seulement à celle de l'étiage actuel pour les parties pavées; les sables qui en proviendront seront transportés à la suite du pont, sur les deux rives, et déposés sur le tracé du chemin pour y former le remblai de la chaussée.

Art. 2. — Les frais d'épuisements, de construction de bâtardeaux et d'enlèvement de terres ou sables autres que ceux portés au devis, ne pouvant, par la nature même des travaux à exécuter, être évalués avec une approximation suffisante, demeurent à la charge de l'administration, qui fera exécuter les travaux par attachement, avec les ouvriers que l'entrepreneur sera tenu de fournir en temps utiles et en nombre suffisant.

Art. 3. — Les fouilles des fondations étant opérées, le rocher sera arasé et parfaitement dressé pour recevoir les massifs des fondations, établis en maçonnerie de moellons, avec mortier de chaux et sable.

Art. 4. — Chaque massif, parvenu à la hauteur de l'étiage actuel, sera couvert de pièces de chaudron reposant sur un lit de mortier fin d'un centimètre et demi d'épaisseur. Pour bien asseoir ces pierres sur leurs lits, on les battra jusqu'au refus d'une hie de bois non ferrée à sa partie inférieure; cette opération fera refluer le mortier surabondant, en comprimant fortement celui qui doit rester pour remplir les inégalités des lits. On dérasera ensuite à l'herminette le lit extérieur, de manière à ce qu'il présente un plan horizontal, propre à recevoir les premières assises de l'édifice.

Maçonneries.

Art. 5. Les maçonneries des fondations se trouvant ainsi terminées, et le lit extérieur des pièces de chaudron dérasé parfaitement de niveau, l'agent-voyer surveillant les travaux, indiquera rigoureusement les traces horizontales des piles et culées, afin de diriger ainsi lui-même la pose des assises qui devront s'élever plus tard au-dessus du sol. Quant à la pose de celles formant les avant et arrière-becs, elle se fera à l'aide d'une règle directrice, munie d'un fil à plomb, dont la direction formera, avec le côté de la règle, un angle de cinq degrés quarante-trois minutes.

Art. 6. — Les pierres de taille formant le parement des socles, les pieds droits et autres parties apparentes, auront quarante-six centimètres de hauteur d'assise; elles formeront alternativement carreaux et boutisses, ayant quarante et soixante centimètres de longueur.

Art. 7. — Les joints verticaux seront pleins et piqués sur un retour d'équerre de trente centimètres. Les lits horizontaux seront sans démaigrissement en queue, les pierres étant toujours posées suivant leurs lits de carrière.

ART. 8. — Après l'achèvement de la maçonnerie, on opérera le jointoie-ment et le ragréage général, en vidant les joints à la profondeur de cinq cen-timètres. Après les avoir curés et lavés, on les remplira de mortier que l'on foulera au moyen de fiches, et qui sera lissé à la spatule jusqu'à ce que les joints deviennent secs et brillants.

ART. 9. — La pierre de taille proviendra des lits des carrières de ; elle ne devra présenter aucune fissure ni défaut.

ART. 10. — Le moellon choisi, sera pris aux carrières de ; il ne sera mis en œuvre que plusieurs mois après son extrac-tion, afin que la dessiccation devenue à peu près complète, les gelées ne puis-sent avoir que peu ou point de prise sur les parties aqueuses contenues dans les pores.

ART. 11. Le sable sera pris dans le lit de la rivière, sur les lieux mêmes ; il sera passé à la claie avant son emploi, le gravier étant réservé pour la cons-truction du pavé.

ART. 12. — La chaux pourra indifféremment être prise, à , ou à ; elle sera amenée sur l'atelier, au fur et à mesure de l'emploi ; elle arrivera directement du four, autant que possible, et dans le cas contraire, elle sera tenue à l'abri, pour éviter l'extinction spon-tanée.

ART. 13. — L'extinction de la chaux aura lieu d'après le procédé ordinaire ou par fusion, au moyen d'un bassin imperméable, dans lequel il ne sera in-troduit que la quantité d'eau précisément nécessaire pour transformer la chaux en une pâte ayant la consistance de l'argile prête à être mise en œuvre, pour le moulage des tuiles. L'extinction sera toujours faite un jour avant la composi-tion des mortiers.

ART. 14. Le mortier employé aux maçonneries sera composé d'une partie de chaux éteinte et de deux parties de sable sec. On commencera par mani-puler la chaux, jusqu'à ce qu'elle ait acquis le degré de mollesse qu'elle avait après l'extinction ; on y ajoutera ensuite, peu à peu, le sable, sans addition d'eau, en continuant l'opération jusqu'à ce que le mélange soit parfait. Il ne sera préparé, en même temps, que la quantité de mortier susceptible d'être employée pendant la journée.

ART. 15. — Le mortier destiné au jointoiement, comme le précédent, sera composé d'une partie de chaux, mais alors combinée avec deux parties de ciment sans addition d'eau, le mélange étant soumis aux mêmes préparations.

Charpenterie.

ART. 16. — Tous les bois employés auront au moins dix-huit mois d'abattage; ils seront essence chêne, de bonne qualité, équarris à vive arête et sans aubier, ne présentant aucune flache ni gelivure. Ceux qui seraient reconnus atteints d'échauffure, de roulure, attaqués de vers, ou avoir d'autres défauts, seraient rebutés comme impropres à la construction.

ART. 17. — Les assemblages seront faits avec soin , et d'une bonne exécution. Les madriers formant le plancher seront réunis avec de bons joints; ils seront de trois longueurs différentes, savoir :

D'un mètre quarante-huit centimètres ;
De trois mètres ;
Et de quatre mètres cinquante-deux centimètres.

On les emploiera, ainsi qu'il est indiqué au plan, de manière à ce qu'ils forment entre eux les liaisons les plus avantageuses à la solidité du tablier.

Enduits et Peintures.

ART. 18. L'enduit employé pour la conservation des gros bois, sera composé ainsi qu'il suit. On emploiera sur 100 parties :

1°   75 00 parties de goudron ;
2°   15 00 parties d'huile de noix ;
3°   7 50 de tuileaux pulvérisés et passés au tamis fin.
4°.   2 50 de suif.

Total. 100 00

Cet enduit sera répandu à deux couches sur les gros bois, en ayant soin de n'établir la seconde que lorsque celle qui l'aura précédée sera parfaitement sèche.

ART. 19. — Les petits bois seront peints à trois couches, couleur olive : le jaune de Berry, le vert de gris et une petite quantité de noir seront broyés à l'huile de lin et détrempés avec la même huile sans essence; on ajoutera ensuite progressivement la quantité de noir suffisante pour obtenir la teinte voulue; le mélange souvent agité avant son emploi, ne devra jamais filer à la brosse.

Serrurerie.

Art. 20. — Le fer employé aux boulons des sous-poutres, des garde-sable (et aux assemblages des poutres, s'il y a lieu), sera de bonne qualité, exempt de pailles. Les têtes des boulons seront carrées, et les pas de vis pratiqués au moyen d'une filière à coussinets.

CHAPITRE III.

CONDITIONS GÉNÉRALES.

Art. 21. — Tous les matériaux destinés à la construction du pont, de quelque nature qu'ils soient, seront déposés sur l'atelier, où ils seront scrupuleusement examinés par l'employé directeur des travaux, qui devra dresser procès-verbal constatant leur réception dans le cas où il les reconnaîtrait convenables ; et dans le cas contraire, dire qu'ils doivent demeurer en vue du chantier jusqu'à l'achèvement des travaux, afin que l'on puisse avoir la certitude qu'ils sont demeurés sans emploi.

Art. 22. — L'adjudicataire se conformera, pour les dimensions des pièces et pour les autres dispositions de l'édifice, aux prescriptions du présent devis et au dessin qui lui est annexé, dont il pourra prendre connaissance toutes les fois qu'il le jugera convenable. Si, pendant le cours des travaux, on jugeait utile d'introduire quelques modifications, il serait obligé de s'y conformer ; mais alors il en serait tenu compte au règlement général.

Art. 23. — Aucun changement au projet arrêté ne sera toléré dans l'application, sans une autorisation spéciale de M. le préfet, sur la proposition des agents-voyers.

Art. 24. — L'entrepreneur adjudicataire sera tenu, pendant la durée des travaux, de les surveiller lui-même, et s'il éprouvait le besoin de s'absenter pour quelque temps, il choisirait et ferait agréer un représentant capable de le remplacer, de manière à ce qu'aucune opération ne puisse être suspendue ni même retardée en raison de son absence.

Art. 25. — Les travaux devront être commencés immédiatement après l'adjudication, pour être continués sans relàche, à moins d'obstacles trop puissants; ils devront être terminés au plus tard le

Art. 26. — Immédiatement après le complet achèvement des travaux, ils seront soumis à une réception provisoire, et resteront néanmoins à la charge de l'entrepreneur, qui continuera sa garantie jusqu'à leur réception définitive, qui aura lieu un an après.

Art. 27. — Outre les clauses et conditions imposées par le présent devis à l'entrepreneur adjudicataire, il sera encore assujéti aux dispositions réglementaires de M. le préfet, à celles contenues dans les instructions de M. le directeur-général des ponts-et-chaussées, et au cahier des charges.

Art. 28. — Les paiements seront effectués par cinquième, au fur et à mesure de l'avancement des travaux, sauf le dernier, qui ne pourra être délivré qu'après la réception définitive et suivant la rentrée des fonds, ainsi qu'il est stipulé au cahier des charges.

AVANT-MÉTRÉ DES TRAVAUX.

DÉSIGNATION DES OUVRAGES ET PARTIES D'OUVRAGES, Et Indication de leur Nature.	Nombre des parties ou pièces semblables	DIMENSIONS réduites. Longueur	Largeur	SURFACES auxiliaires	définitives	Hauteur ou épaisseur réduite	CUBES auxiliaires	définitifs	POIDS auxiliaires	définitifs
		m. c	m. c	m. c		m. c	m. c	m. c		
FOUILLE COMPRISE ENTRE L'ÉTIAGE et la rive droite.	»	1.15	1.16	1.33						
	»	2.24	0.63	1.41						
	»	10.00	2.29	22.90						
	»	2.36	0.70	1.65	40.53	7.00		283.71		
	»	2.50	2.05	7.18						
	»	1.30	1.00	1.30						
	»	3.50	0.80	2.80						
	»	2.45	0.80	1.96						
								578.06		
FOUILLE COMPRISE ENTRE L'ÉTIAGE et la rive gauche.	»	2.54	0.89	2.26						
	»	3.00	0.58	1.74						
	»	1.06	1.00	1.06						
	»	1.55	1.50	2.33						
	»	2.58	0.96	2.48						
	»	1.82	3.50	6.37						
	»	1.21	1.00	1.21	42.05	7.00		294.35		
	»	2.68	1.04	2.79						
	»	5.50	1.76	9.68						
	»	1.47	1.18	1.74						
	»	2.20	2.67	5.87						
	»	2.99	1.10	3.29						
	»	1.14	1.08	1.23						
CUBE TOTAL des fouilles............	»	»	»	»	»	»	»	578.06		
MAÇONNERIE EN MOELLON.										
Massif des fondations, culée rive droite........	»	7.90	2.00	»	15.80	0.20	3.16	3.16		
1re Pile...... Non compris les avant et arrière-becs..............	»	6.00	2.00	12.00	15.14	0.32	4.84	4.84		
Avant et arrière-becs..........	»	6.28	0.50	3.14						
2e Pile...... Non compris les avant et arrière-becs..............	»	6.00	2.00	12.00	15.14	0.50	7.57	7.57		
Avant et arrière-becs..........	»	6.28	0.50	3.14						
3e Pile...... Non compris les avant et arrière-becs..............	»	6.00	2.00	12.00	15.14	0.63	9.53	9.53		
Avant et arrière-becs..........	»	6.28	0.50	3.14						
À reporter..,..............	»	»	»	»	»	»	»	25.10		

DÉSIGNATION DES OUVRAGES ET PARTIES D'OUVRAGES, Et Indication de leur Nature.	NOMBRE DES PARTIES ou pièces semblables.	DIMENSIONS réduites.		SURFACES		RAPPORT DU DÉCROISSEMENT réduite.	CUBES		POIDS	
		Longueur.	Largeur.	auxiliaires.	définitives.		auxiliaires.	définitifs.	auxiliaires.	définitifs.
		m c	m c	m c	m c	m c	m c	m c		
Report.....	»	»	»	»	»	»	»	25.10		
4ᵉ Pile...... { Non compris les avant et arrière-becs..............	»	6 00	2.00	12.00	15.14	0.74	11.20	11.20		
Avant et arrière-becs..........	»	6.28	0 50	3 14						
5ᵉ Pile....... { Non compris les avant et arrière-becs..............	»	6 00	2.05	12.30	18.87	0 90	16.98	16.98		
Avant et arrière-becs..........	»	6.44	1 02	6 57						
Massif des fondations, culée rive gauche.......	»	8.30	2.46	»	19 92	1.04	20 72	20.72		
Au-dessus des fondations. { Culée...............,...........	2	6.84	1 00	»	6.84	3 20	21 89	43.78		
Cube total d'une pile..........	»	»	»	»	»	»	30.26	»		
Moins la pierre de taille........	»	»	»	»	»	»	22.95	»		
RESTE en moellon.......	»	»	»	»	»	»	7.31	7.31		
CUBE TOTAL du moellon.................	»	»	»	»	»	»	»	125.09		
MAÇONNERIE EN PIERRE DE TAILLE.										
Pièces de chaudron. { Sans les avant et arrière-becs.	6	6 00	1 90	11.40	14.20	0.30	4.26	25 56		
Avant et arrière-becs..........		5 97	0.47	2.80						
Les deux premières assises à la haut du socle. { Sans les avant et arrière-becs.	6	12.00	0.92	11.04	15.44	0 50	7.77	46 62		
Avant et arrière-becs..........		4.78	0.92	4.40						
Détail d'une pile au-dessus du socle. { Les cinq assises au-dessus du socle.....................	»	12.00	2.10	»	25.20	0.50	12.60			
Surface de la base inférieure des becs.....................	»	4.46	0.35	1.50						
Surface de la base supérieure.	»	3.46	0.27	0.93	3.69	0.61	2.25	91.08		
Surface moyenne géométrique, entre elles.................	6	»	»	1.20						
Couronnement ou chaperon...	»	3 46	0.27	»	0.93	0.09	0.08			
Têtes au-dessus du chaperon.	»	1.64	0.30	»	0.50	0.50	0.25			
TOTAL d'une pile au-dessus du socle............	»	»	»	»	»	»	15.18			
Murs en retour...........................	4	1.00	4.00	»	4.00	0.50	2 00	8.00		
Dés, chacun d'une seule pièce..........	4	2.70	0.40	»	1.08	0.85	0.92	3.68		
CUBE TOTAL de la pierre de taille.........	»	»	»	»	»	»	»	174.94		

DÉSIGNATION DES OUVRAGES ET PARTIES D'OUVRAGES, Et Indication de leur Nature.	Nombre des parties ou pièces semblables.	DIMENSIONS réduites.		SURFACES		Nature ou épaisseur réduite.	CUBES		POIDS	
		Longueur.	Largeur.	auxiliaires.	définitives.		auxiliaires.	définitifs.	auxiliaires.	définitifs.
		m c	m c	m c	m c					
PAREMENT VU.										
Les deux premières assises à la haut' du socle, { Sans les avant et arrière-becs.	»	12 00	0 92	11.04						
Avant et arrière-becs.........	»	4.78	0 92	4 40						
Détail d'une pile au-dessus du socle. { Les cinq assises au-dessus du socle, sans y comprendre les becs..................	»	12 00	2.10	25.20	303.06					
Circonférence de la base inférieure des becs............	6	4 46								
Circonférence de la base supérieure.................	»	3 46								
Moyenne arithmétique........	»	3 96	1.84	7 29						
Couronnement ou chaperon....	»	3 46	0 60	2.08						
Têtes au-dessus du chaperon..	»	1.64	0.30	0 50						
TOTAL d'une pile au-dessus du socle..........	»	»	»	50 51						
Murs en retour.....................	4	1.00	4.00	4.00	16.00					
Détail d'un dé. { Face intérieure..............	»	2.68	0 90	2.41						
Id. extérieure..............	»	2 65	0 90	2.39	26 60					
Les deux bouts réunis........	»	0.80	0 90	0 72						
Le dessus...................	4	2.83	0.46	1.13						
TOTAL d'un dé..........	»	»	»	6 65						
TOTAL GÉNÉRAL des mètres carrés de parement vu....................	»	»	»	»	345 66					
PAVÉ.										
Sous une travée. { Sous l'une des travées........	6	7.50	5 40	40.50	246 00					
Raccordements avec les becs..	»	»	»	0 50						
TOTAL pour une travée.	»	»	»	41.00						
TOTAL des mètres carrés de pavé.......	»	»	»	»	246 00					

DÉSIGNATION DES OUVRAGES ET PARTIES D'OUVRAGES, Et Indication de leur Nature.	NOMBRE DES PARTIES ou pièces semblables.	DIMENSIONS réduites. Longueur.	Largeur.	SURFACES auxiliaires.	définitives.	HAUTEUR OU ÉPAISSEUR réduite.	CUBES auxiliaires.	définitives.	POIDS auxiliaires.	définitifs.
		m c	m c	m c	m c	m c	m c	m c		
CHARPENTERIE.										
Contre-fiches..	60	2 65	0.20	0 53	»	0 20	0.106	6 36		
Sous-poutres...	30	2 14	0 20	0 43	»	0 20	0 086	2.58		
Sablières..	12	6 00	0 20	1 20	»	0 20	0.240	2 88		
Poutres..	5	41 52	0 30	12 46	»	0 30	3 738	18 64		
Pièces de pont (les plus courtes)..................	14	6 00	0 20	1 20	»	0 20	0 240	3 36		
Idem (les plus longues)..................	11	7.84	0.20	1.57	»	0 20	0 310	3.41		
Poteaux des parapets..............................	22	0 90	0.14	0 13	»	0.14	0.018	0 40		
Contre-fiches..	22	1.40	0 14	0.20	»	0.14	0 028	0.62		
Boute-roues..	22	0 60	0.14	0 08	»	0.14	0.011	0 24		
Premier cours de lisses.............................	2	41 00	0 08	3.28	»	0 08	0 262	0.52		
Second cours de lisses.............................	2	41 00	0 18	7 38	»	0.14	1 033	2 07		
Garde-sable..	2	41 52	0.10	4 15	»	0 20	0 830	1 66		C
CUBE TOTAL des bois..................	»	»	»	»	»	»	»	42.74		
PLANCHER.										
Sur le pont, à la longueur des poutres........	»	41 52	6 00	»	249.12					
TOTAL des mètres carrés..............	»	»	»	»	249.12					
ENDUIT.										
Contre-fiches, faces latérales.	60	2.65	0.80	2 12	13.20					
Idem, bouts........		0 20	0.40	0 08						
Sous-poutres, faces latérales..	30	2.14	0 80	1.71	53 70					
Idem, bouts..........		0.20	0.40	0.08						
Sablières, faces latérales......	12	6 00	0.80	4.80	58 56					
Idem, bouts..............		0.20	0 40	0.08						
Poutres, faces latérales........	5	41.52	1 20	49.82	250 00					
Idem, bouts..............		0 30	0 60	0.18						
Pièces de pont, les plus courtes	14	6.00	0.80	4 80	68 32					
Idem, bouts..........		0.20	0 40	0 08						
Pièces de pont, les plus longues	11	7 84	0.80	6 27	69 85					
Idem, bouts..........		0.20	0.40	0 08						
Plancher, faces latérales........	1	41 52	12 24	508 20	518.16					
Idem, bouts..............		41.52	0 24	9 96						
Garde-sable, faces latérales..	2	41 52	0 60	24 91	49 90					
Idem, bouts..........		0 20	0.20	0.04						
TOTAL des mètres superficiels de gros bois.	»	»	»	»	1081.69					

Surfaces des gros bois.

DÉSIGNATION DES OUVRAGES ET PARTIES D'OUVRAGES, Et Indication de leur Nature.	Nombre des pièces semblables, ou pièces semblables	DIMENSIONS réduites.		SURFACES		nombre de surfaces réduite.	CUBES		POIDS	
		Longueur.	Largeur.	auxiliaires.	définitives.		auxiliaires.	définitifs.	auxiliaires.	définitifs.
		m c	m c	m c	m c	m c	m c	m c	k g	k g
PEINTURE.										
Surfaces des petits bois. { Poteaux..................	22	0.90	0 56	0 50	11.00					
Contre-fiches...............	22	1.40	0.56	0.78	21.56					
Idem bouts............		0 14	0.14	0.20						
Boute-roues...............	22	0.60	0.56	0.34	7.48					
1er cours de lisses.............	2	41.00	0.32	13 12	26.24					
2e cours, ou main courante...	2	41.00	0.64	26 24	52.48					
TOTAL des mètres superficiels de petit bois.	»	»	»	»	118.76					
SERRURERIE.										
Chevilles en fer pour les garde-sable. { Tige.........	»	0.40	0 047	»	0.01880	0.004	0.00007520			
Tête.........	46	0.055	0.055	»	0.00302	0.015	0.00004530			43.168
TOTAL.........	»	»	»	»	»	0 00012050		0.0055480		
Boulons pour assemblages à trait de Jupiter. { Tige.........	»	0 85	0 063	»	0.02205	0.005	0.00011025			
Tête.........	»	0 055	0 055	»	0.00302	0 015	0.00004530		78 211	245 604
Ecroux.........	50	0.055	0.055	»	0 00302	0 015	0.00004530			
TOTAL.........	»	»	»	»	»	0.00020085		0.0100425		
Boulons pour sous-poutres. { Tige.........	»	0.55	0 063	»	0.03465	0.005	0.00017325			
Tête.........	»	0.055	0 055	»	0.00302	0 015	0.00004530		124 225	
Ecroux.........	60	0.055	0.055	»	0 00302	0.015	0.00004530			
TOTAL.........	»	»	»	»	»	0.00026345		0.0158070		
TOTAL du fer.........	»	»	»	»	»	»		0.0313925		245 604

ANALYSE DES PRIX.

Bases des Prix.

Le mètre cube de pierre de taille de vaut, rendu à pied d'œuvre..	21 f.	00 c.
Le mètre cube de moellon choisi, provenant de	2	50
Le mètre cube de chaux vive	18	50
Le mètre cube de sable, y compris l'extraction dans la rivière et le passage à la claie....................................	1	50
Le mètre cube de ciment..	15	00
Le mètre cube de bois de chêne équarri........................	45	90
Le prix d'une journée de manœuvre est de.......................	1	50
Idem d'un maçon.................................	2	00
Idem d'un tailleur de pierre....................	2	50
Idem d'un poseur..............................	3	00
Idem d'un charpentier...........................	2	50

Sous-Détails.

N° 1.
Prix
d'un mètre cube
de chaux éteinte.

1.08 de chaux vive, y compris le déchet, à 18 fr. 50 c. le mètre..................................	19	98
Extinction, une journée de manœuvre...........	1	50
Frais pour la construction du bassin.............	0	30
TOTAL......................	21	78
Le foisonnement étant dans le rapport de deux à trois, le mètre cube de pâte reviendra aux deux tiers de celui-ci...................................	14	52

N° 2.
Prix
d'un mètre cube
de mortier
avec chaux et sable.

0.40 de chaux en pâte, à 14 fr. 52 c. (Sous-détail n° 1)..	5	81
0.80 de sable, à 0 fr. 50 c. le mètre.............	1	20
Approche des matér⁵, une journée de manœuvre.	1	50
Manipulation, *idem*....................	1	50
Fourniture d'outils et faux frais.................	0	10
PRIX du mètre cube..........	10	11

N° 3.
Prix
d'un mètre cube
de mortier
avec
chaux et ciment.

0.40 de chaux en pâte, à 14 fr. 52 c. (Sous-détail n° 1)..	5 f. 81 c.
0.80 de ciment, à 15 fr. le mètre...................	12 00
Approche des matér², une journée de manœuvre.	1 50
Manipulation, *idem*..............	1 50
Fourniture d'outils et faux frais...................	0 10
Prix du mètre cube..........	20 91

N° 4.
Prix d'un mètre cube de sable fouillé pour fondations et transporté sur le chemin.

Fouille et jet à la pelle, un tiers de journée de manœuvre à 1 fr. 50 c..........................	0 50
Transport à un relais de brouette................	0 10
Outils et faux frais..............................	0 05
TOTAL........................	0 65
Un dixième de bénéfice pour l'entrepreneur.....	0 07
Prix du mètre cube..........	0 72

N° 5.
Prix d'un mètre cube de maçonnerie de moellon avec mortier de chaux et sable.

Un mètre cube de moellon, y compris le déchet...	2 50
0.33 de mortier de chaux et sable, à 10 fr. 11 c. (Sous-détail n° 2)............................	3 34
Façon, une demi-journée de maçon à 2 fr......	1 00
Bardage, une demi-journée de manœuvre à 1 fr. 50 c..	0 75
Fourniture d'outils et faux frais...................	0 10
TOTAL........................	7 69
Un dixième de bénéfice pour l'entrepreneur....	0 77
Prix du mètre cube..........	8 46

N° 6.
Prix d'un mètre cube de maçonnerie en pierre de taille avec mortier de chaux et sable.

1.10 de pierre de taille, y compris le déchet, à 21 fr. le mètre...............................	23 10
0.12 de mortier de chaux et de sable, à 10 fr. 11 c. le mètre. (Sous-détail n° 2)..............	1 21
Bardage, une journée de manœuvre............	1 50
Pose, une journée et demie de poseur à 3 fr.....	4 50
Séchage, une demi-journée de maçon............	1 00
TOTAL........................	31 31
Un dixième de bénéfice pour l'entrepreneur.....	3 13
Prix du mètre cube..........	34 44

N° 7.
Prix d'un mètre carré de parement vu et jointoiement.

Une journée de tailleur de pierre	2 f.	50 c.
Jointoiement; 0.02 de mortier avec chaux et ciment, à 20 f. 91 c. (Sous-détail n° 3)	0	10
Un dixième de journée de maçon à 2 fr	0	20
TOTAL	2	80
Un dixième de bénéfice pour l'entrepreneur	0	28
PRIX du mètre carré	3	08

N° 8.
Prix d'un mètre carré de pavé sous les travées.

0.22 de moellon, y compris le déchet, à 2 fr. 50 c. le mètre	0	55
Un cinquième de journée de paveur ou maçon à 2 fr.	0	40
0.01 de sable à 1 fr. 50 c. le mètre	0	01
TOTAL	0	96
Un dixième de bénéfice pour l'entrepreneur	0	09
PRIX du mètre carré	1	05

N° 9.
Prix d'un mètre cube de bois de chêne employé au tablier.

Achat d'un mètre cube de bois de chêne équarri.	45	90
Un vingtième de déchet pour assemblage	2	29
Un quart de journée de cinq manœuvres pour chargement et déchargement	1	87
Six journées de charpentier à 2 fr. 50 c	15	00
TOTAL	65	06
Un dixième de bénéfice pour l'entrepreneur	6	50
PRIX du mètre cube	71	56

N° 10.
Prix d'un mètre carré de madriers pour plancher.

0.125 de bois de chêne équarri à vive arête, y compris le déchet, à 45 fr. 90 c	5	74
Sciage, un quart de journée de deux scieurs de long à 5 fr	1	25
Pose et assujétissement, un quart de journée de charpentier à 2 fr. 50 c	0	62
TOTAL	7	61
Un dixième de bénéfice pour l'entrepreneur	0	76
PRIX du mètre carré	8	37

46

N° 11.   Prix d'un kilogramme de fer doux pour chevilles
             et boulons, main d'œuvre et pose............ 1 f. 15 c.

N° 12.   Prix d'un mètre carré d'enduit, fourniture des
             matières et emploi...... ,...... .... 0 40

N° 13.   Prix d'un mètre carré de peinture olive, four-
             niture des matières et emploi.................. 0 62

N° 14.
Prix d'un mètre li-
néaire d'empier-
rement sur le ta-
blier.

Le passage à la claie est compris à l'extraction
   du sable pour les trois quarts................. 0 50
Transport, une demi-journée de manœuvre à
   1 fr. 50 c...................................... 0 75
Façon, un dixième de journée de manœuvre à
   1 fr. 50 c...................................... 0 15

                              TOTAL...................... 1 40

Un dixième de bénéfice pour l'entrepreneur.... 0 14

                        PRIX du mètre linéaire...... 1 54

DÉTAIL ESTIMATIF DES TRAVAUX.

INDICATION DES OUVRAGES.	N° des détails.	QUANTITÉS.	PRIX	
			de l'unité.	par ouvrage.
		m. c.	f. c.	f. c.
Fouilles des fondations........................	4	578 06	0 72	416 20
Maçonnerie en moellon......................	5	125 09	8 46	1058 26
Maçonnerie en pierre de taille..............	6	174 94	34 44	6024 93
Parement vu et jointoiement...............	7	345 66	3 08	1064 63
Pavé sous les travées......................	8	246 00	1 05	258 30
Charpenterie................................	9	42 74	71 56	3058 47
Plancher....................................	10	249 12	8 37	2085 13
Serrurerie..................................	11	245 60	1 15	282 44
Enduit......................................	12	1081 69	0 40	432 68
Peinture....................................	13	118 76	0 62	73 63
Empierrement...............................	14	43 50	1 54	66 99
Somme à valoir pour frais imprévus	»	»	»	723 27
TOTAL..............................				15544 93

Le présent détail estimatif, montant à la somme de quinze mille cinq cent quarante-quatre francs quatre-vingt-treize centimes, y compris une somme à valoir de sept cent vingt-trois francs vingt-sept centimes pour travaux imprévus, a été dressé par le soussigné.

À   le

DÉPARTEMENT
de

ARRONDISSEMENT
de

§ V. — DEVIS DES TRAVAUX A EXÉCUTER POUR LA CONSTRUCTION D'UN PONT EN MAÇONNERIE ET EN CHARPENTERIE, COMPOSÉ D'UNE SEULE TRAVÉE DE VINGT-DEUX MÈTRES D'OUVERTURE, SUR LA RIVIÈRE DE CHEMIN DE MOYENNE COMMUNICATION N°   DE   A

DEVIS ET CAHIER DES CHARGES.

CHAPITRE PREMIER.

DESCRIPTION GÉNÉRALE.

Pl. XLVII.

Établi à angle droit sur l'axe du chemin, ce pont sera composé d'une seule arche ayant vingt-deux mètres d'ouverture au-dessus du socle et seulement vingt-et-un mètres quatre-vingt-dix centimètres au-dessous, La largeur du tablier sera de trois mètres, y compris l'épaisseur des cours de lisses ; le système se composera de quatre fermes de charpenterie également espacées, reposant sur deux culées en maçonnerie.

Chaque ferme formera un cintre composé de trois cours de courbes superposées et réunies entre elles au moyen d'assemblages boulonnés, ainsi qu'il est indiqué à l'épure. La courbure sera déterminée par un arc de circonférence de 30° 20', décrit avec un rayon de 42ᵐ 042, sous-tendu par une corde de vingt-deux mètres, ayant un mètre quatre cent soixante-trois millimètres de flèche.

Les courbes, disposées comme il est indiqué au dessin, auront un mètre sept cent treize millimètres de développée à l'intrados ; elles seront liées trois à trois par un boulon à tête et écrou vissant de bas en haut ; chaque boulon, dont la tige cylindrique aura vingt-huit millimètres de diamètre, sera disposé au milieu de chacune des courbes ; pour assujétir leur assemblage et éviter tout glissement entre elles, il sera passé des clés de huit centimètres d'épaisseur.

Les courbes auront vingt centimètres de largeur sur quinze d'épaisseur ; elles seront posées sur-le-champ, de manière à ce que chaque cours de courbe présente une largeur uniforme de soixante centimètres en regard des têtes ; les abouts des courbes seront arrondis suivant un arc de circonférence décrit

avec un rayon d'un mètre soixante-sept centimètres ; il sera pourvu au remplissage du vide compris entre deux courbes consécutives, au moyen d'un cous-
sinet de même épaisseur que les courbes, pris dans une pièce de bois délardée
suivant la même courbure.

Les joints formés par les courbes avec les coussinets qui les séparent, seront
couverts par des moises pendantes doubles, ayant vingt centimètres d'équarrissage, entaillées de six centimètres pour embrasser les courbes, de manière
à ce qu'il reste trois centimètres de vide à l'effet de faciliter la circulation de
l'air ; ces moises seront dirigées suivant les rayons de courbure et distribuées
de manière à être espacées, de milieu en milieu, de 1^m 713 pris sur l'arc intrados ; elles seront assujéties au moyen de deux boulons de même grosseur
que ceux employés à l'assemblage des courbes : l'un à la partie inférieure, au
dessous, et l'autre à la partie supérieure, liant chaque couple de moises avec
la poutre correspondante du tablier.

Pour éviter l'écartement des moises pendantes, et par suite celui des courbes
et des poutres auxquelles elles sont assujéties, les quatre fermes seront liées
entre elles par des moises horizontales doubles de vingt centimètres d'équarrissage, reposant transversalement sur l'extrados des cours de courbes,
embrassant chaque couple de moises pendantes, et entaillées de manière à
conserver entre elles trois centimètres de vide. Chaque couple de moises horizontales aura quatre mètres de longueur et sera assujéti au moyen de cinq
boulons, dont la grosseur de tige sera la même que celle des précédents.

Les poutres porteront directement, de trente centimètres, sur deux sablières
disposées transversalement sur le couronnement des culées ; elles auront,
ainsi que les courbes, vingt centimètres sur quinze d'équarrissage.

Les pièces de pont, de quinze centimètres d'équarrissage, entaillées de
sept dans les poutres, seront au nombre de vingt-et-une ; elles seront de deux
longueurs : les unes de cinq mètres, les autres de trois mètres quarante centimètres, ainsi que les madriers du tablier, qui n'auront que huit centimètres
d'épaisseur et affleureront la partie supérieure des pièces de pont.

Les pièces de pont, espacées de mètre en mètre, pris de milieu en milieu,
seront posées alternativement, de manière à ce que, de deux en deux, il soit
possible d'établir les poteaux de lisses sur celles qui excèderont d'un mètre à
droite et à gauche les arêtes des poutres extérieures.

Les poteaux de lisses seront assemblés sur les pièces de pont et espacés de
deux en deux mètres ; ils auront quinze centimètres d'équarrissage sur quatre-
vingt-dix centimètres de hauteur ; ils seront maintenus par des liens pendants,

formant larmiers sur l'extrémité de chaque pièce de pont, et par des jambes de forces ou boute-roues, disposés du côté de la voie.

Les lisses auront dix-huit centimètres sur quinze d'équarrissage ; elles seront posées sur le plat et arrondies à leur partie supérieure, comme devant servir d'appui aux passants. Les sous-lisses, de dix centimètres d'équarrissage, seront posées en losange, ainsi qu'il est indiqué à l'épure.

Les madriers du tablier destinés à remplir les vides compris entre deux pièces de pont consécutives, auront trois mètres quarante centimètres de longueur, sur huit centimètres d'épaisseur.

Les garde-sable, de vingt centimètres d'épaisseur, seront entaillés avec les poteaux de lisses et assujétis, au moyen de chevilles en fer, aux pièces de pont.

La voie sera couverte d'un empierrement ayant vingt centimètres d'épaisseur sur les côtés et trente sur l'axe du chemin ; cette chaussée sera formée de gravier extrait dans le lit même de la rivière et passé à la claie, afin de le purger des terres et des sables fins qu'il pourrait contenir.

Toutes les faces cachées des bois seront goudronnées, et celles apparentes, peintes à l'huile, à trois couches différentes, de couleur rouge.

Les têtes et écrous des boulons seront peints en noir.

La face extérieure des culées, ainsi que celle des murs en retour, seront construits en pierre de taille jusqu'à la hauteur de l'extrados des courbes ; le reste des maçonneries vues, en moellons smillés, à l'exception des arrêtiers et des parapets en forme de dés, qui seront également en pierre de taille et disposés de manière à recevoir les bouts des cours de lisses, tant en amont qu'en aval.

Les massifs des culées auront quatre mètres vingt centimètres d'épaisseur jusqu'à la hauteur du tablier, ou, ce qui revient au même, ils seront montés d'aplomb jusqu'à la hauteur des sablières.

Les murs en retour, construits ainsi qu'il vient d'être dit, auront un dixième de fruit, à partir du socle, qui règnera tant sur leur longueur que sur le pourtour des culées, à cinquante centimètres au-dessus du radier général établi sous la travée.

CHAPITRE II.

CONDITIONS ET MODE D'EXÉCUTION DES OUVRAGES.

Fouilles et Constructions des Maçonneries.

ARTICLE PREMIER. — Le tracé des travaux sera confié aux soins du voyer local, chargé de leur direction et de leur surveillance. Les déblais, qui consistent à enlever la jetée de pierre sur laquelle s'effectue aujourd'hui le passage à gué, s'opéreront à un mètre de profondeur sur l'axe du chemin, de manière à rendre uniforme le lit de la rivière, en le débarrassant d'un obstacle dont les circonstances seules ont pu autoriser l'établissement. Les matériaux provenant du déblai seront déposés sur le chemin, aux abords du pont, pour en faciliter l'accès en formant le remblai de la chaussée.

Le plat-fond de la rivière se trouvant ainsi déblayé et dressé de niveau, on établira les maçonneries des culées à cinquante centimètres en contre-bas.

ART. 2. — Les pierres de taille employées aux parties apparentes, seront réglées par assises et disposées par carreaux et boutisses, ayant alternativement trente et cinquante centimètres de queue.

ART. 3. — Les joints verticaux seront pleins et piqués sur un retour d'équerre de trente centimètres, les lits horizontaux sans démaigrissement en queue et les pierres toujours posées suivant leurs lits de carrière.

ART. 4. — A l'achèvement des maçonneries, on en fera le jointoiement et le ragréage général : pour cela, on videra les joints, tant verticaux qu'horizontaux, à la profondeur de cinq centimètres ; après les avoir curés et lavés, ils seront remplis de mortier foulé et lissé jusqu'à ce que les joints soient secs et brillants.

ART. 5. — La pierre de taille sera prise aux carrières de
et choisie parmi les meilleurs lits.

ART. 6. — Le moellon, également choisi, proviendra des carrières placées le plus à proximité du chantier ; il ne sera mis en œuvre que lorsqu'étant parfaitement desséché, les gelées ne pourront dans la suite le détériorer ; placée par assise, chaque pièce devra présenter un parement piqué au marteau et relevé sur quatre ciselures.

ART. 7. — Le sable sera pris dans le lit de la rivière et passé à la claie ou au crible avant d'entrer dans la composition des mortiers.

ART. 8. — La chaux sera prise à   . Elle ne sera rendue sur l'atelier qu'à mesure qu'elle pourra être employée ; dans le cas contraire, elle serait tenue à l'abri.

ART. 9. — L'extinction sera faite par aspersion ; après avoir absorbé toute son eau, elle sera soumise à la manipulation, en lui ajoutant de l'eau en quantité suffisante.

Art. 10. — Le mortier des maçonneries sera composé d'une partie de chaux éteinte et de deux parties de sable sec et manipulé à la manière ordinaire.

Art. 11. — Le mortier employé au jointoiement se composera d'une partie de chaux éteinte combinée avec deux parties de ciment.

Charpenterie.

Art. 12. — Les bois à mettre en œuvre seront essence chêne, parfaitement secs et des meilleures qualités, équarris à vive arête et sans aubier.

Art. 13. — Pour assurer la bonne exécution des différents assemblages et celle de la construction dans son ensemble, l'entrepreneur sera tenu, avant de commencer les travaux dont il sera devenu adjudicataire, de mettre à la disposition de M. le voyer en chef un petit modèle du pont, construit sur une échelle de cinq centimètres pour un mètre.

Art. 14. — Les madriers employés au tablier formeront dans leur longueur la largeur de la voie, c'est-à-dire qu'ils auront trois mètres vingt centimètres, comme les pièces de pont qui ne sont pas destinées à supporter les potelets.

Art. 15. — Les surfaces cachées des bois seront goudronnées ; quant à celles apparentes, elles seront peintes en rouge, à trois couches distinctes, dont la première détrempée à l'essence ; les têtes de boulons et leurs écrous seront peints en noir.

CHAPITRE III.

CONDITIONS GÉNÉRALES.

Art. 16. — Tous les matériaux, de quelque nature qu'ils soient, seront soumis à l'acceptation de l'employé directeur des travaux, lequel en fera la réception en présence de M. le maire de la commune de
ou de son délégué.

Art. 17. — L'entrepreneur adjudicataire sera tenu de se conformer en tout point aux clauses et conditions qui lui sont imposées par le présent devis, et, au besoin, de se reporter à l'épure qui y est annexée. Si cependant il arrivait que, pendant l'exécution des travaux, l'on jugeât convenable d'introduire quelques modifications au projet, l'adjudicataire devrait s'y conformer, mais il en serait tenu compte d'après les prix analytiques, déduction faite du rabais.

Art. 18. — Les travaux seront commencés immédiatement après l'adjudication et terminés au plus tard le

Art. 19. — Les travaux dont il s'agit étant purement communaux, s'il arrivait que la commune pût en effectuer une partie, tels que déblais pour fondations, transport de terrassements ou fourniture de matériaux quelconques, ces travaux seraient déduits à l'entrepreneur, d'après les conditions mêmes de son marché.

Art. 20. — Les travaux achevés seront soumis à une réception provisoire et demeureront néanmoins à la charge de l'entrepreneur jusqu'à la réception définitive, qui aura lieu un an après.

Art. 21. — Outre les clauses et conditions imposées par le présent devis, l'adjudicataire demeure encore assujéti aux dispositions réglementaires de M. le préfet, ainsi qu'à celles contenues dans les instructions de M. le directeur-général des ponts-et-chaussées et dans le cahier des charges.

Art. 22. — Les paiements seront effectués par cinquièmes, proportionnellement à l'avancement des travaux, sauf le dernier, qui se composera des dixièmes retenus pour garantie, qui n'aura lieu qu'après la réception définitive.

AVANT-MÉTRÉ DES TRAVAUX.

DÉSIGNATION DES OUVRAGES ET PARTIES D'OUVRAGES, Et Indication de leur Nature.	NOMBRE DES PARTIES ou pièces semblables.	DIMENSIONS réduites.		SURFACES		HAUTEUR ou ÉPAISSEUR réduite.	CUBES		POIDS.
		Longueur.	Largeur.	auxiliaires.	définitives.		auxiliaires.	définitifs.	
		m c	m c	m c m c	m c	m c	m c	m c	k g
MAÇONNERIES EN PIERRE DE TAILLE.									
Fouilles des fondations et déblai dans le lit de la rivière, sous la travée..........	»	30.40	5.70	»	173.28	1.80	»	311.90	
A la hauteur du socle............	»	3.10	0.40	1.24	»	0.50	0.62		
Entre le socle et l'extrados des courbes...........	»	3.00	0.40	1.20	»	2.00	2.40		
Arêtiers au-dessus des courbes..	»	1.44	0.50	0.72	»	0.40	0.29		
Idem...........	»	1.44	0.50	0.72	»	0.40	0.29		
Murs en retour à la haut' du socle.	»	1.85	0.40	0.74	»	0.50	0.37		
Idem...........	»	1.85	0.40	0.74	»	0.50	0.37		
Arêtier adhérent à la culée......	»	0.52	0.40	0.21	»	3.90	0.82		
Idem...........	»	0.52	0.40	0.21	»	3.90	0.82		
Arêtier extérieur...............	»	0.53	0.53	0.28	»	3.90	1.09		
Idem...........	»	0.53	0.53	0.28	»	3.90	1.09		
Moulures................	»	12.10	0.85	10.29	»	0.46	4.73		
Parapets................	»	9.50	0.40	3.80	»	0.90	3.42		
TOTAL............	2	»	»	»	»	»	16.71	33.42	
MAÇONNERIES EN MOELLON.									
	»	4.80	0.76	3.65	2.79	4.40	12.28		
	»	4.40	0.44	1.94					
Culée rive gauche...............	»	6.60	2.24	14.78	12.61	4.40	55.48		
	»	5.80	1.80	10.44					
Murs de soutènement dans le prolongement des culées.........	»	2.40	1.40	3.36	»	4.40	14.78		
TOTAL de la culée rive gauche.	»	»	»	»	»	»	82.54		
Culée rive droite.............	»	»	»	»	»	»	82.54		
Prolongement des murs de soutènement............	»	5.40	1.40	7.56	»	4.40	33.27		
TOTAL............	»	»	»	»	»	»	198.35		
A déduire la maçonnerie en pierre de taille.	»	»	»	»	»	»	33.42		
IL RESTE pour le cube des maçonneries en moellon........	»	»	»	»	»	»	164.93		

DÉSIGNATION DES OUVRAGES ET PARTIES D'OUVRAGES, Et Indication de leur Nature.	NOMBRE DES PARTIES ou pièces semblables.	DIMENSIONS réduites. Longueur.	Largeur.	SURFACES auxiliaires.	définitives.	HAUTEUR OU ÉPAISSEUR réduite.	CUBES auxiliaires.	définitifs.	POIDS.
PAVÉS SOUS LA TRAVÉE.									
Sous la travée, d'une culée à l'autre........	»	22.00	3.00	»	66 00				
CHARPENTERIE.									
Moises pendantes......	96	156.27	0 20	31 25	»	0.20	6.25		
Moises horizontales......	24	96 00	0.20	19.20	»	0.20	3 84		
Poutres........	4	90 40	0.20	18.08	»	0.15	2 71		
Cours de courbes,......	4	89.66	0.60	53.80	»	0 15	8 07		
Pièces de pont........	10	50 00	0 15	7 50	»	0 15	1.18		
Pièces de pont......	11	37.40	0.15	5 61	»	0 15	0.84	28.20	
Poteaux de lisses......	20	18.00	0.15	2.70	»	0 15	0.41		
Liens pendants......	20	26.00	0.15	3 90	»	0 15	0.59		
Jambes de force......	20	13.00	0 15	1.95	»	0.15	0 29		
Cours de lisses......	2	44.00	0.18	7 92	»	0.15	1.19		
Sous-lisses......	»	88 00	0 10	8 80	»	0 10	0.88		
Garde-sable......	»	44 00	0 20	8 80	»	0 20	1.76		
Sablières......	2	6.00	0.20	1 20	»	0 20	0 24		
Plancher du tablier, déduction faite de l'espace qu'occupent les pièces de pont......	»	17.80	3 40	»	60 52				
GOUDRONNAGES ET PEINTURES.									
SURFACES GOUDRONNÉES. Moises pendantes......	96	156 27	0.80	125 02					
Moises horizontales......	24	96.00	0.80	76 80					
Poutres......	4	90.40	0 30	27 12					
Cours de courbes......	4	89 66	2.10	188.29					
Pièces de pont......	10	50 00	0 60	30 00	638 51				
Pièces de pont......	11	37.40	0.60	22.44					
Jambes de force	20	13 00	0 60	7.80					
Garde-sable......	2	44 00	0.80	35.20					
Sablières......	2	6 00	0.80	4 80					
Plancher du tablier......	»	17 80	6 80	121 04					
SURFACES PEINTES. Poteaux de lisses......	20	18 00	0 60	10.80					
Liens pendants......	20	26.00	0 60	15.60	90 64				
Cours de lisses......	2	44.00	0 66	29 04					
Sous-lisses......	»	88 00	0 40	35.20					
SERRURERIE.									
Tiges de boulons. { Boulons en fer pour courbes	52								
Idem pr moises pendantes.	96	108 68	0.8796	0 95596	»	0.007	0.00669		
Idem pr moises horizont'ss.	60								
Têtes d'écroux. { Têtes de boulons......	208								
Écroux pour boulons	208	6 24	0.18849	1.17618	»	0 015	0.01764	0 028	220.920
Chevilles pr garde-sable. { Tiges......	42	16 80	0 047	0.78960	»	0.004	0 00316		
Têtes......	42	0.63	0 055	0 03465	»	0 015	0 00052		
TOTAL du fer employé......	»	»	»	»	»	»	»		220.920

ANALYSE DES PRIX.

Bases des Prix.

Le mètre cube de pierre de taille de   vaut, rendu à pied d'œuvre.. 22 f. 00 c.

Le mètre cube de moellon choisi, provenant de   2   00

Le mètre cube de chaux vive   15   00

Le mètre cube de sable, y compris l'extraction dans la rivière et le passage à la claie.................:................................... 1   50

Le mètre cube de bois de chêne équarri........................... 45   00

Le prix d'une journée de manœuvre est de....................... 2   00

      Idem   d'un maçon................................ 2   50

      Idem   d'un tailleur de pierre.................... 2   50

      Idem   d'un charpentier.......................... 2   50

La rivière torrentielle se trouvant complètement à sec pendant la construction, le mètre cube d'eau coûtera...................... 1   50

Sous-Détails.

N° 1.
Prix
d'un mètre cube
de chaux éteinte.

1.10 de chaux vive, y compris le déchet, à 15 fr. le mètre..	16	50
0.33 d'eau pour l'extinction, à 1 fr. 50 c........	0	50
Extinction, une journée de manœuvre............	2	00
Frais pour la construction du bassin..............	0	30
TOTAL......................	19	30
Le foisonnement étant du tiers, le mètre cube de pâte coûtera..	12	87

N° 2.
Prix
d'un mètre cube
de mortier
avec chaux et sable.

0.40 de chaux en pâte, à 12 fr. 87 c. (Sous-détail n° 1)...	5	15
0.80 de sable, à 1 fr. 50 c. le mètre.............	1	20
Approche des matér², une journée de manœuvre.	2	00
Manipulation, *idem*......................	2	00
Fourniture d'outils et faux frais....................	0	15
PRIX du mètre cube..........	10	50

N° 3. Prix d'un mètre cube de fouilles pour fondations.	Fouille et charge, une demi-journée de manœuvre à 2 fr.	1 f. 00 c.
	Transport à un relai de brouette.	0 15
	Fourniture d'outils et faux frais.	0 05
	TOTAL.	1 20
	Un dixième de bénéfice pour l'entrepreneur.	0 13
	PRIX du mètre cube.	1 33

N° 4. Prix d'un mètre cube de maçonnerie de moellon avec mortier de chaux et sable.	Un mètre cube de moellon, y compris le déchet.	2 00
	0.33 de mortier de chaux et sable, à 10 fr. 50 c. (Sous-détail n° 2).	3 50
	Façon, une demi-journée de maçon à 2 fr. 50 c.	1 25
	Bardage, une demi-journée de manœuvre à 2 fr.	1 00
	Fourniture d'outils et faux frais.	0 10
	TOTAL.	7 85
	Un dixième de bénéfice pour l'entrepreneur.	0 79
	PRIX du mètre cube.	8 64

N° 5. Prix d'un mètre cube de maçonnerie en pierre de taille avec mortier de chaux et sable.	1.10 de pierre de taille, y compris le déchet, à 22 fr. le mètre.	24 20
	0.12 de mortier de chaux et de sable, à 10 fr. 50 c. le mètre. (Sous-détail n° 2).	1 26
	Deux journées de maçon à 2 fr. 50 c.	5 00
	Une journée et demie de manœuvre à 2 fr.	3 00
	TOTAL.	33 46
	Un dixième de bénéfice pour l'entrepreneur.	3 35
	PRIX du mètre cube.	36 81

N° 6. Prix d'un mètre carré de pavé sous la travée.	0.22 de moellon, y compris le déchet, à 2 fr.	0 44
	Un quart de journée de maçon à 2 fr. 50 c.	0 62
	0.01 de sable à 1 fr. 50 c. le mètre.	0 02
	TOTAL.	1 08
	Un dixième de bénéfice pour l'entrepreneur.	0 11
	PRIX du mètre carré.	1 19

N° 7.
Prix d'un mètre cube de bois de chêne à employer au tablier.

Achat d'un mètre cube de bois de chêne équarri.	45 f. 00 c.
Un dixième de déchet pour assemblage...........	4 50
Une journée et demie de manœuvre pour bardage...	3 00
Six journées de charpentier à 2 fr. 50 c...........	15 00
TOTAL...............................	67 50
Un dixième de bénéfice pour l'entrepreneur.....	6 75
PRIX du mètre cube...........	74 25

N° 8.
Prix d'un mètre carré de plancher pour le tablier.

0.130 de bois de chêne, y compris le déchet, à 45 fr. le mètre................................	5 85
Sciage, une demi-journée de deux scieurs-de-long,...	2 50
Pose et assujétissement, un quart de journée de charpentier..	0 62
TOTAL...............................	8 97
Un dixième de bénéfice pour l'entrepreneur.....	0 90
PRIX du mètre carré...........	9 87

N° 9.	Prix d'un mètre carré d'enduit au goudron......	0 40

N° 10.	Prix d'un mètre carré de peinture à trois couches (rouge).....................................	0 80

N° 11.	Prix d'un kilogramme de fer doux pour boulons.	1 20

N° 12.
Prix d'un mètre linéaire de chaussée d'empierrement.

1.20 de gravier, au même prix que le sable.....	1 50
Transport et emploi, une journée de manœuvre.	2 00
TOTAL...............................	3 50
Un dixième de bénéfice pour l'entrepreneur....	0 35
PRIX du mètre linéaire......	3 85

DÉTAIL ESTIMATIF DES TRAVAUX.

INDICATION DES OUVRAGES.	N⁰ˢ des détails.	QUANTITÉS.	PRIX	
			de l'unité.	par ouvrage.
		m. c.	f. c.	f. c.
Fouilles des fondations............:...........	3	311 90	1 33	414 83
Maçonnerie en moellon........................	4	164 93	8 64	1425 00
Maçonnerie en pierre de taille...............	5	33 42	36 81	1230 19
Pavé du radier...............................	6	66 00	1 19	78 54
Bois de charpenterie.........................	7	28 20	74 25	2093 85
Plancher du tablier..........................	8	60 52	9 87	597 33
Goudronnage.................................	9	638 51	0 40	255 40
Peinture....................................	10	90 64	0 80	72 51
Fer pour boulons et chevilles................	10	220 92	1 20	265 10
Chaussée d'empierrement....................	12	32 00	3 85	123 20
Petit modèle porté au devis........	»	»	»	20 00
TOTAL.........................				6575 95

Le présent détail estimatif, montant à la somme de six mille cinq cent soixante-quinze francs quatre-vingt-quinze centimes, a été dressé par le soussigné.

A   le

TABLE DES MATIÈRES

CONTENUES DANS LA DEUXIÈME PARTIE.

—•••◦ ◦◦◦◦◦◦◦◦◦◦◦ ◦◦••—

CHAPITRE III. — DU MOUVEMENT DES EAUX.

§ 1ᵉʳ. — INTRODUCTION, COURS D'EAU NATURELS, LEUR JAUGEAGE.

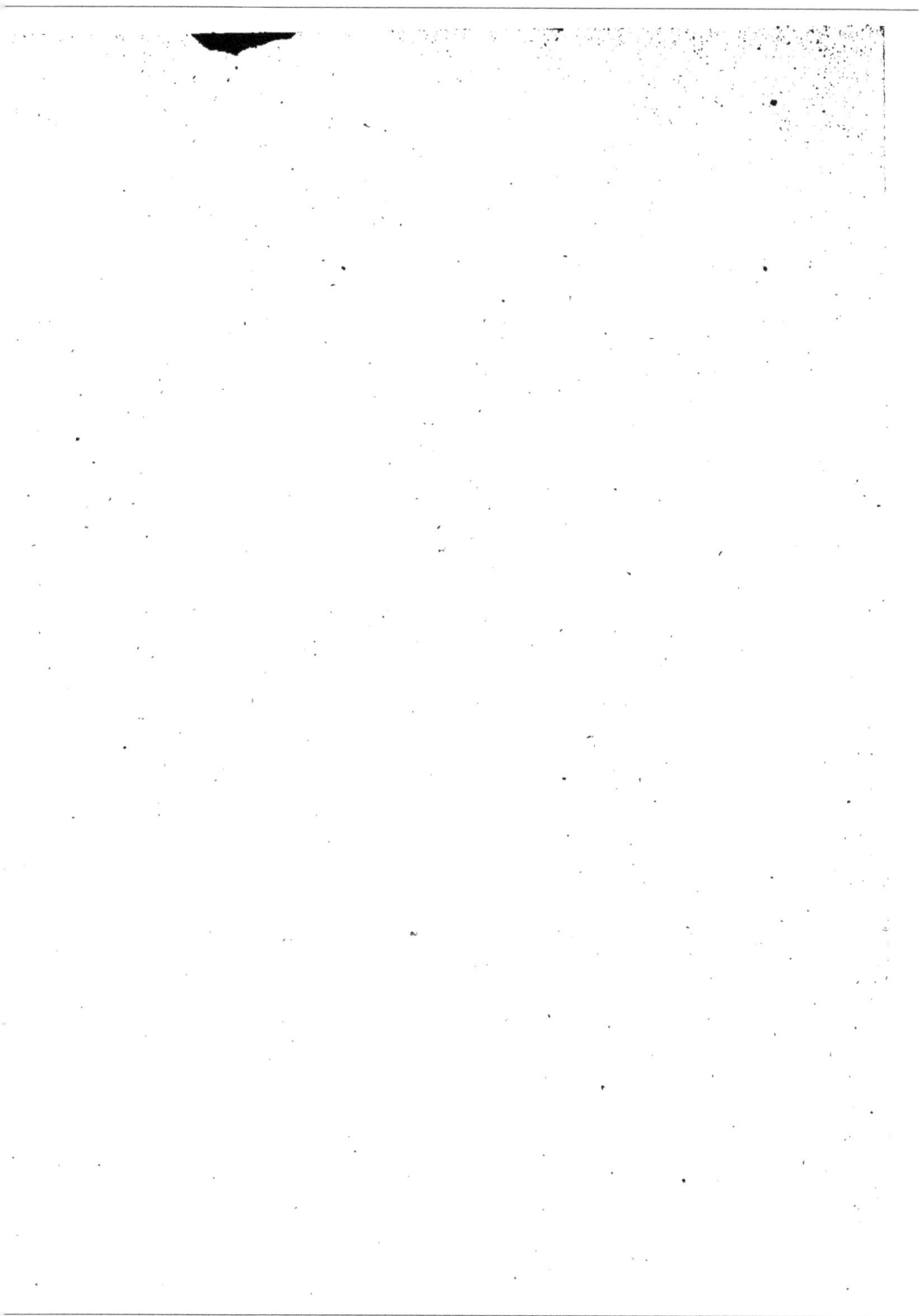

www.ingramcontent.com/pod-product-compliance
Lightning Source LLC
Chambersburg PA
CBHW061111220326
41599CB00024B/3995